普通高等学校省级规划教材

新编普通高等院校物理专业系列教材

理论物理概论

倪致祥　黄时中◎编著

中国科学技术大学出版社

内容简介

本书内容主要包括理论力学、电动力学、量子力学和热力学统计物理的基本内容，适用于需要初步掌握理论物理但是学时不够的有关专业使用。本书在编写中融入了科学方法论和科学计算软件 Mathematica，对许多难点问题有独到的处理，因此也可以作为学习四大力学的参考。

图书在版编目(CIP)数据

理论物理概论/倪致祥，黄时中编著．—合肥：中国科学技术大学出版社，2015．3
普通高等学校省级规划教材
新编普通高等院校物理专业系列教材
ISBN 978-7-312-03179-3

Ⅰ．理…　Ⅱ．①倪…②黄…　Ⅲ．理论物理学—高等学校—教材　Ⅳ．O41

中国版本图书馆 CIP 数据核字(2013)第 056213 号

出版　中国科学技术大学出版社
安徽省合肥市金寨路 96 号，230026
http://press.ustc.edu.cn
印刷　合肥市宏基印刷有限公司
发行　中国科学技术大学出版社
经销　全国新华书店
开本　710 mm×960 mm　1/16
印张　22.5
字数　416 千
版次　2015 年 3 月第 1 版
印次　2015 年 3 月第 1 次印刷
定价　40.00 元

新编普通高等院校物理专业系列教材

编　委　会

总　序

物理学是研究物质的结构、性质、基本运动规律及其相互作用的科学.物理学拓展我们认识自然的疆界,深化我们对其他学科的理解,是科学发展和技术进步最重要的基础,并为人类文明做出了巨大贡献.物理学的进步对社会发展、人类生活的改善以及人类文明的进步有着不可估量的影响.

大学本科物理专业教育的主要目的是为社会培养训练有素的物理人才.不仅要向学生传授最基础的物理专业知识,而且要注重培养学生对现代物理概念和观念的深入理解,更要注重培养学生获取知识的能力、分析问题和解决问题的能力,掌握物理学中的科学研究方法,激发学生的求知热情、探索兴趣和创新精神,为物理专业学生的未来发展打下良好的基础.

科学在不断地创新,教育同样需要不断地创新.在科学技术迅速发展的新时代,如何进行物理专业教学的改革,以提高人才培养的质量和效率,是物理学工作者和物理教育工作者都应该关心的问题.2006年6月成立的"2006～2010年教育部高等学校物理学与天文学教学指导委员会物理学类专业教学指导分委员会"由来自35所高校的39名委员组成,主任委员是清华大学物理系的朱邦芬院士.根据教育部高教司《关于批准高等理工教育教学改革与实践项目立项的通知》(教高司函[2005]246号)的文件精神,本届物理教指委在上届物理教指委(2001～2005年)的大量工作基础上,认真学习,深入调查,充分讨论,广泛征求意见,多次反复修改,历时四年制定出《高等学校物理学本科指导性专业规范》(2010年版)和《高等学校应用物理学本科指导性专业规范》(2010年版),努力使这两个规范成为我国高等学校办本科物理学专业和应用物理学专业的指导性文件,成为制订培养方案和教学计划的基本依据.两个《规范》是高校办物理学专业和应用物理学专业的最低要求,低于这个要求就不能称为合格的物理学或应用物理学本科教育.鉴于各高校多层次办专业的实际情况,在两个《规范》中已留出了一定的自主设计空间,供各高校办专业时根据具体情况来选择,体现各自办学特色.鼓励各高校根据自身条件,超越《规范》要求,进一步提高教学质量.

安徽省几所大学物理院系的老师，也就是本套丛书的作者们，向来重视物理教学改革和教学研究，曾合作编写了一套适合非物理学专业学生的《大学物理学》教材，收到了良好的效果，并取得了宝贵的经验. 他们积极关注物理专业教学的发展方向，认真学习并决意按照最新的《高等学校物理学本科指导性专业规范》(2010年版)编写一套创新的教材：在《高等学校物理学本科指导性专业规范》所规定的知识结构的基础上，结合实际教学的学时要求，力求建立一个简洁的、贯通的物理教学体系，将一些基础性的、重要的物理概念讲清楚；结合最新的物理教学研究成果，努力将物理学中的重点、难点，尤其是以往教材始终未能很好地讲明白的问题，用最简洁的处理方式解释清楚；积极引入最新的教学手段，譬如将计算软件Mathematica引入到教学中，让学生学以致用，既简化了教学，同时也能激发学生的学习兴趣……

作者们这些富有创意的设想和勇于探索的精神都是值得肯定的. 作为"物理学类专业教学指导分委员会"的一员，我希望本套丛书的出版可以给物理专业的教学改革增添生气，同时也为新的《高等学校物理学本科指导性专业规范》的实施以及进一步改进提供宝贵的支持. 新教材本身是探索的结果，难免有不足之处，敬请广大物理同行、读者朋友提出批评指正的意见，相信作者们一定会欢迎并衷心感谢的.

尹 民

2012 年 3 月于中国科学技术大学

前　言

本书是作者三十多年来潜心研究理论物理课程的教学与改革的经验总结，其中包含了作者对许多教学内容的深入分析和独特处理. 主要特点有：

在内容上，突出了理论物理的核心思想和主要方法，如对称性、统一性、理想化、模型化和量纲分析、数量级分析、微元分析及近似处理等，并用尽可能简洁的叙述和较少的篇幅介绍了课程标准中规定的绝大部分内容.

在结构上，加强了理论力学、电动力学、量子力学和热力学统计物理学四大板块之间的联系，以哈密顿量和波粒二象性为主要线索将整个理论物理内容有机地结合在一起，使各个部分的内容相互照应，形成一个整体.

在方法上，把科学方法论融入具体内容的推演过程中，灵活地使用归纳法、演绎法和类比法等，既能简化推理过程，又能培养学生的创新精神和应用能力.

此外，本书中安排了较多的例题和习题，供学习者参考和练习，它们也起到了拓展课本内容的作用。

本书的完成要衷心地感谢安徽省教学改革示范专业、理论物理教学团队和教育部高等学校特色专业建设点等项目经费的资助，北京师范大学喀兴林先生、阜阳师范学院黄志达先生等专家的鼓励和帮助，以及阜阳师范学院有关领导和部门的关心和支持. 另外也要感谢中国科学技术大学出版社的精心组织和认真编辑.

由于作者的学识所限，书中难免有错误或疏漏之处，敬请读者不吝赐教.

编　者

2014 年 10 月

目　录

第 1 章　经典力学基础

经典力学是研究宏观物体在低速范围内机械运动所遵循的基本规律的一门学科.所谓机械运动,是指物体在空间的相对位置随时间而改变的现象,它是物质运动最简单、最基本的运动形态.各种复杂的、高级的运动形态,都包含有这种最基本的运动形态.所谓低速运动,即指物体运动的速率远远小于光速的情况.在一般情况下,物体机械运动的规律由相对论力学描述,而相对论力学可以看成经典力学的一种推广.所谓宏观物体,是指尺度远大于原子尺度的客体.对于微观粒子,其运动遵循量子力学的规律.实验表明:量子力学的理论与经典力学的理论可通过对应原理而相互联系.因此,经典力学是我们学习其他理论物理内容的入门向导,也是近代工程技术的理论基础.

经典力学的主要任务,就是归纳机械运动所遵循的普遍规律,确定物体的运动状况或物体之间相互作用的性质,其核心是牛顿运动定律.本章主要讲述经典力学的基本概念和基本规律,在第 2 章中介绍经典力学基本理论的一些重要应用,在第 3 章中将讲述一种与牛顿理论不同的处理力学问题的新方法,即分析力学.

1.1　运动的描述

1.1.1　运动学方程

在很多实际问题中,物体的形状和大小与所研究的问题无关,或者所产生的影响很小,这时我们就可以在尺度上把它看成一个几何点,而不必考虑它的形状和大小,认为它的质量就集中在这个点上.这种理想化的模型,叫做质点.例如,在研究行星运动时,虽然行星本身很大,但是它的半径比起它绕太阳运动的轨道半径却小得多,因此我们在这一类问题中,就可以把行星当做质点,但在研究它们(例如地球)的自转时,就不能把它们当做质点了.

尽管在有些问题中,物体不能看成质点,但是总可以把它看成若干个质点的集合,即质点组.例如,刚体可以看成两点间距离保持不变的特殊质点组.因此,研究力学一般都从研究质点开始.

为了研究质点的机械运动,首先应该确定它在空间的位置.然而质点的位置只具有相对的意义,为了明确起见,应当先指定另外一个物体作为计算位置的标准,这个作为标准的物体叫做参照系.在参照系明确之后,我们就可以在它上面建立适当的坐标系,来确定质点在空间的相对位置.

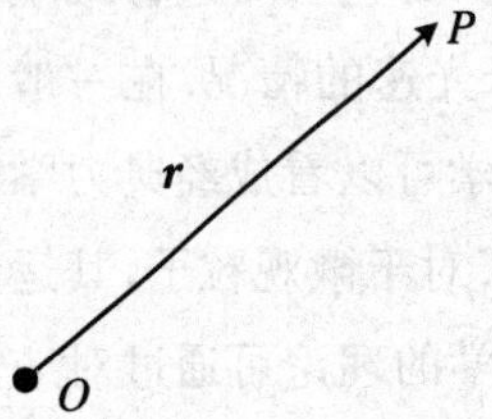

图 1.1 位矢

对于一定的参照系,某一质点 P 的位置,可用一个引自坐标系原点 O 到质点 P 的矢量 $\boldsymbol{r}$ 来表示.

$\boldsymbol{r} = \boldsymbol{OP}$,叫做 P 点相对于原点 O 的位矢,如图 1.1 所示.由于质点相对于参照系运动,故其位矢应随时间 t 而变化,即为时间 t 的函数.用数学语言写出来,即为

$$\boldsymbol{r} = \boldsymbol{r}(t) \tag{1.1.1}$$

在特殊情况下,位矢 $\boldsymbol{r}$ 也可能为常矢量,这时质点 P 相对于参照系的位置将不发生变化,我们说该质点处于相对静止状态,或简称静止.

公式(1.1.1)给出了质点 P 在任一时刻所占据的空间位置,即质点 P 的机械运动规律,通常称之为质点 P 的运动学方程.

1.1.2 轨道方程

质点运动的基本特点是具有轨道性质,主要表现在以下两个方面:第一,在每一时刻 t,质点具有确定的位置 $\boldsymbol{r}(t)$;第二,随着时间的连续变化,质点在空间中描出一条连续曲线.换句话说,运动学方程 $\boldsymbol{r}(t)$ 是 t 的单值、连续函数.质点运动所描出的曲线,通常称为轨道.轨道的形状完全由 $\boldsymbol{r}(t)$ 决定,因此 $\boldsymbol{r}(t)$ 又可以作为轨道的参数方程.在适当的坐标系中,消去时间 t 后,即可得到通常的轨道方程形式.

按照轨道的形状,质点的运动可以分为直线运动和曲线运动.由于运动的相对性,轨道的形状也依赖于参照系的选择.相对于某一参照系为直线运动的质点,相对于另一参照系可能变为曲线运动,反之亦然.例如,从做匀速直线运动的火车上自由落下的物体,若以火车为参照系,则轨道是直线;若以地面为参照系,其轨道却成了抛物线.

质点在运动中所经过的路程为相应轨道的弧长，如图 1.2，设在 t 时刻，质点位于 P，在 $t+\Delta t$ 时刻质点运动到了 P' 位置，其位移为 $\Delta \boldsymbol{r}$，走过的路程为 Δs.

由图 1.2 可以看出，在一般情况下 $\Delta \boldsymbol{r}$ 的大小与 Δs 并不相等. 这是因为位移 $\Delta \boldsymbol{r}$ 只和运动质点的初末位置有关，而路程 Δs 则取决于质点运动的过程. 然而当过程的时间间隔 Δt 趋于 0 时，曲线上的弧 $\overset{\frown}{PP'}$ 与弦 $\overline{PP'}$ 趋于重合，考虑到

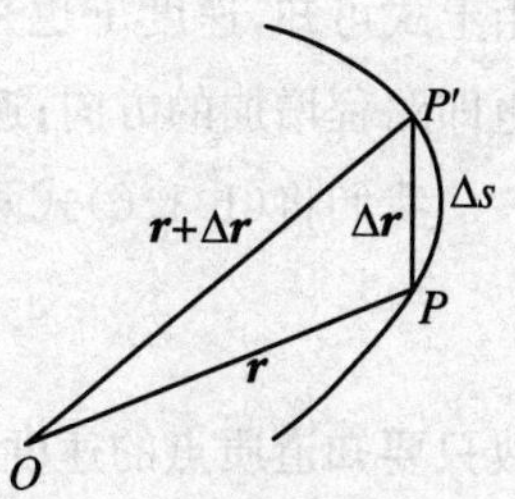

图 1.2

$$\Delta s = \overset{\frown}{PP'}, \quad |\Delta \boldsymbol{r}| = \overline{PP'}$$

故有

$$\lim_{\Delta t \to 0} \frac{|\Delta \boldsymbol{r}|}{\Delta s} = 1 \tag{1.1.2}$$

即

$$\mathrm{d}s = |\mathrm{d}\boldsymbol{r}| \tag{1.1.3}$$

按定义，轨道的切线方向为 $\mathrm{d}\boldsymbol{r}$ 的方向，故轨道切线方向的单位矢量 $\boldsymbol{\tau}$ 为

$$\boldsymbol{\tau} = \frac{\mathrm{d}\boldsymbol{r}}{\mathrm{d}s} \tag{1.1.4}$$

而轨道的法线方向为 $\mathrm{d}\boldsymbol{\tau}$ 的方向，故轨道法线方向的单位矢量 $\boldsymbol{n}$ 可表示为

$$\boldsymbol{n} = \rho \frac{\mathrm{d}\boldsymbol{\tau}}{\mathrm{d}s} \tag{1.1.5}$$

其中比例系数 $\rho = \mathrm{d}s/|\mathrm{d}\boldsymbol{\tau}|$ 称为轨道的曲率半径. 当轨道为半径 a 的圆时，ρ 就等于圆半径 a. 在一般情况下，曲率半径 ρ 随着轨道上点的位置变化而变化. 在给定点，$\boldsymbol{n}$ 总是与该点的切向量 $\boldsymbol{\tau}$ 垂直，指向轨道曲线的凹侧.

1.1.3　速度与加速度

由于质点的相对运动，其位矢一般总是随时间而变化的. 位矢 $\boldsymbol{r}(t)$ 对时间 t 的导数称为该质点的瞬时速度，简称速度，常以 $\boldsymbol{v}$ 表示，其大小 v 称为速率. 在力学中我们常用点“·”表示某力学量对时间 t 的导数，故有

$$\boldsymbol{v} = \frac{\mathrm{d}\boldsymbol{r}}{\mathrm{d}t} = \dot{\boldsymbol{r}} \tag{1.1.6}$$

由公式(1.1.4)可知 $\mathrm{d}\boldsymbol{r} = \mathrm{d}s\boldsymbol{\tau}$，故有

$$\boldsymbol{v} = \frac{\mathrm{d}s}{\mathrm{d}t}\boldsymbol{\tau} = \dot{s}\boldsymbol{\tau} \tag{1.1.7}$$

考虑到 $\boldsymbol{\tau}$ 为单位矢量，因此有大小关系

$$v = \dot{s} \tag{1.1.8}$$

由上式可知，速度 $\boldsymbol{v}$ 也是个矢量，速度矢量的方向与 $\boldsymbol{\tau}$ 相同，即沿轨道的切线正向，也即路程增加的方向；速度矢量的大小(即速率)为路程 s 对时间的导数.

我们将(1.1.6)式两边对 t 作定积分，即有

$$\int_0^t \boldsymbol{v}\mathrm{d}t = \int_{\boldsymbol{r}(0)}^{\boldsymbol{r}(t)} \mathrm{d}\boldsymbol{r} = \boldsymbol{r}(t) - \boldsymbol{r}(0) \tag{1.1.9}$$

故只要知道质点的速度 $\boldsymbol{v}(t)$和初始位置 $\boldsymbol{r}(0)$，便可解出其运动方程：

$$\boldsymbol{r}(t) = \boldsymbol{r}(0) + \int_0^t \boldsymbol{v}(t)\mathrm{d}t \tag{1.1.10}$$

在运动过程中，如果质点速度 $\boldsymbol{v}$ 的大小不变，我们称为匀速率运动，否则称为变速率运动；如果质点速度 $\boldsymbol{v}$ 的方向不变，则为直线运动，否则为曲线运动；反之亦然. 当质点作匀速率直线运动时，其速度 $\boldsymbol{v}$ 为常矢量，在运动过程中不随时间变化. 在一般情况下，速度是时间的函数，其大小和方向都可以随时间变化.

速度 $\boldsymbol{v}(t)$对时间 t 的导数，称为质点的瞬时加速度，简称加速度，常用 $\boldsymbol{a}$ 表示. 即

$$\boldsymbol{a} = \frac{\mathrm{d}\boldsymbol{v}}{\mathrm{d}t} = \dot{\boldsymbol{v}} = \ddot{\boldsymbol{r}} \tag{1.1.11}$$

将(1.1.7)式代入上式，即有

$$\boldsymbol{a} = \ddot{s}\boldsymbol{\tau} + \dot{s}\dot{\boldsymbol{\tau}} = \ddot{s}\boldsymbol{\tau} + \dot{s}\frac{\mathrm{d}\boldsymbol{\tau}}{\mathrm{d}s}\cdot\frac{\mathrm{d}s}{\mathrm{d}t} = \ddot{s}\boldsymbol{\tau} + \frac{\dot{s}^2}{\rho}\boldsymbol{n} \tag{1.1.12}$$

计算过程中利用了公式(1.1.5). 由上式可以看出质点加速度 $\boldsymbol{a}$ 的切向分矢量为 $\ddot{s}\boldsymbol{\tau}$，通常用 $a_\tau\boldsymbol{\tau}$ 表示，叫做切向加速度，其大小 a_τ 称为加速度的切向分量；法向分矢量为 $\dot{s}^2/\rho\boldsymbol{n}$，通常用 $a_n\boldsymbol{n}$ 表示，叫做法向加速度，其大小 a_n 称为加速度的法向分量. 考虑到公式(1.1.8)，立刻得到

$$\begin{cases} a_\tau = \ddot{s} = \dot{v} \\ a_n = \dfrac{\dot{s}^2}{\rho} = \dfrac{v^2}{\rho} \end{cases} \tag{1.1.13}$$

由上面的推导可以看出，切向分量 a_τ 是由速度大小的改变所引起的，如果速度的大小保持不变，则 $a_\tau = 0$；而法向分量 a_n 则是由速度方向的改变引起的，它总是为非负值. 当质点沿曲线运动时，由于速度的方向随时间改变，故 a_n 一般不等于 0，而质点加速度的大小为

$$a = \sqrt{a_\tau^2 + a_n^2} \tag{1.1.14}$$

与(1.1.10)式类似,只要知道质点的加速度 $\boldsymbol{a}(t)$和初始速度 $\boldsymbol{v}(0)$,便可解出其速度

$$\boldsymbol{v}(t) = \boldsymbol{v}(0) + \int_0^t \boldsymbol{a}(t)\mathrm{d}t \tag{1.1.15}$$

例 1.1.1 设质点 P 的运动方程为$\boldsymbol{r}=2t\boldsymbol{i}+t^2\boldsymbol{j}$,其中,$\boldsymbol{i}$ 和$\boldsymbol{j}$ 为彼此相互垂直且方向固定的两个单位矢量.试求:

① 质点运动的速度和速率;

② 加速度及其切向分量 a_τ 和法向分量a_n;

③ 轨道的曲率半径 ρ 与时间 t 的关系.

解 ① 由定义,速度 $\boldsymbol{v}=\dot{\boldsymbol{r}}=2\boldsymbol{i}+2t\boldsymbol{j}$,速率 $v=|\boldsymbol{v}|=\sqrt{\boldsymbol{v}\cdot\boldsymbol{v}}=\sqrt{4+4t^2}=2\sqrt{1+t^2}$;

② 加速度为 $\boldsymbol{a}=\ddot{\boldsymbol{r}}=2\boldsymbol{j}$,其大小为 $a=|\boldsymbol{a}|=2$.

利用(1.1.13)式,加速度的切向分量为 $a_\tau=\dot{v}=2t/\sqrt{1+t^2}$.

由(1.1.14)式,加速度的法向分量为 $a_n=\sqrt{a^2-a_\tau^2}=2/\sqrt{1+t^2}$.

③ 由(1.1.13)式,可得轨道的曲率半径为 $\rho=v^2/a_n=2\,(1+t^2)^{3/2}$.

1.2 坐 标 系

上节中我们用位矢 $\boldsymbol{r}(t)$来描述质点的运动,并由此导出了质点运动的速度 $\boldsymbol{v}$ 和加速度$\boldsymbol{a}$,这种方法的优点是简洁、直观.但也有个缺点,即数学运算不太方便.为了克服这一缺点,本节中,我们介绍质点运动的另一种描述方法——坐标法.最常用的坐标系有直角坐标系,其坐标变量为(x,y,z);还有柱坐标系,其坐标变量为(ρ,φ,z).由于坐标是标量而不是矢量,因此可以直接运用我们熟知的数学分析知识.

1.2.1 直角坐标系

在直角坐标系中,质点的位置由其所在点的坐标值(x,y,z)决定.当质点运动时,其三个坐标值一般都要随时间而改变,其运动学方程的形式应为

$$\begin{cases} x = x(t) \\ y = y(t) \\ z = z(t) \end{cases} \tag{1.2.1}$$

由解析几何知识可知,公式(1.2.1)为一空间曲线的参数方程,在此式中消去参数 t 后,即可得曲线方程的明显表达式,即轨道方程.例如:

$$\begin{cases} y = f_1(x) \\ z = f_2(x) \end{cases} \tag{1.2.2}$$

为了进一步研究质点运动的速度 $\boldsymbol{v}$ 和加速度 $\boldsymbol{a}$ 与坐标(x,y,z)的关系,我们在直角坐标系中引入一组基矢 $\boldsymbol{e}_x,\boldsymbol{e}_y,\boldsymbol{e}_z$,其中 $\boldsymbol{e}_x$ 为沿坐标 x 轴正向的单位矢量,$\boldsymbol{e}_y$ 和 $\boldsymbol{e}_z$ 分别为沿 y 轴和 z 轴正向的单位矢量,习惯上也常用 $\boldsymbol{i},\boldsymbol{j},\boldsymbol{k}$ 来表示.由矢量加法的平行四边形法则,可得位矢 $\boldsymbol{r}$ 与坐标(x,y,z)的关系式

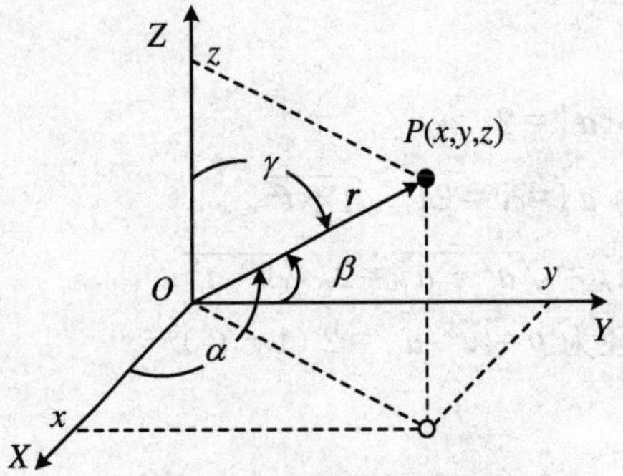

图 1.3　位置矢量和坐标

$$\boldsymbol{r} = x\boldsymbol{e}_x + y\boldsymbol{e}_y + z\boldsymbol{e}_z = x\boldsymbol{i} + y\boldsymbol{j} + z\boldsymbol{k} \tag{1.2.3}$$

其大小为 $r = \sqrt{x^2+y^2+z^2}$,与坐标轴的夹角分别为

$$\begin{cases} \cos\alpha = \dfrac{x}{r} \\ \cos\beta = \dfrac{y}{r} \\ \cos\gamma = \dfrac{z}{r} \end{cases} \tag{1.2.4}$$

由于坐标轴的方向是不变的,故基矢 $\boldsymbol{e}_x,\boldsymbol{e}_y$ 和 $\boldsymbol{e}_z$ 都是常矢量,而且满足正交归一性关系

$$\boldsymbol{i}\cdot\boldsymbol{i} = \boldsymbol{j}\cdot\boldsymbol{j} = \boldsymbol{k}\cdot\boldsymbol{k} = 1,\quad \boldsymbol{i}\cdot\boldsymbol{j} = \boldsymbol{j}\cdot\boldsymbol{k} = \boldsymbol{k}\cdot\boldsymbol{i} = 0 \tag{1.2.5a}$$

考虑到通常三个坐标轴是按右手螺旋法则组成的,故其基矢还应满足关系式

$$\boldsymbol{i}\times\boldsymbol{j} = \boldsymbol{k},\quad \boldsymbol{j}\times\boldsymbol{k} = \boldsymbol{i},\quad \boldsymbol{k}\times\boldsymbol{i} = \boldsymbol{j} \tag{1.2.5b}$$

将关系式(1.2.3)两边对时间 t 求导,容易得到

$$\boldsymbol{v} = \dot{x}\boldsymbol{i} + \dot{y}\boldsymbol{j} + \dot{z}\boldsymbol{k} \tag{1.2.6}$$

将上式与速度 $\boldsymbol{v}$ 在基矢量上的分解式 $\boldsymbol{v} = v_x\boldsymbol{i} + v_y\boldsymbol{j} + v_z\boldsymbol{k}$ 相比较,即有

$$\begin{cases} v_x = \dot{x} \\ v_y = \dot{y} \\ v_z = \dot{z} \end{cases} \tag{1.2.7}$$

这样,我们就找到坐标与速度之间的关系了.利用关系式(1.2.6)容易看出,速度的大小为

$$v = \sqrt{v_x^2 + v_y^2 + v_z^2} = \sqrt{\dot{x}^2 + \dot{y}^2 + \dot{z}^2} \tag{1.2.8}$$

再将关系式(1.2.6)两式对时间 t 求导,我们得到

$$\boldsymbol{a} = \ddot{x}\boldsymbol{i} + \ddot{y}\boldsymbol{j} + \ddot{z}\boldsymbol{k} \tag{1.2.9}$$

与加速度 $\boldsymbol{a}$ 的分解式 $\boldsymbol{a} = a_x\boldsymbol{i} + a_y\boldsymbol{j} + a_z\boldsymbol{k}$ 比较,即有

$$\begin{cases} a_x = \dot{v}_x = \ddot{x} \\ a_y = \dot{v}_y = \ddot{y} \\ a_z = \dot{v}_z = \ddot{z} \end{cases} \tag{1.2.10}$$

加速度 $\boldsymbol{a}$ 的大小为

$$a = \sqrt{a_x^2 + a_y^2 + a_z^2} = \sqrt{\ddot{x}^2 + \ddot{y}^2 + \ddot{z}^2} \tag{1.2.11}$$

1.2.2 柱坐标系

在解力学问题时,直角坐标虽然用得最多,但有时采用其他坐标系更方便.柱坐标系也是一种很常用的坐标系,在柱坐标系中,质点的位置由坐标值(ρ,φ,z)决定,其运动学方程为

$$\begin{cases} \rho = \rho(t) \\ \varphi = \varphi(t) \\ z = z(t) \end{cases} \tag{1.2.12}$$

上式中消去参数 t 后,即可得轨道方程

$$\begin{cases} \rho = \rho(\varphi) \\ z = z(\varphi) \end{cases} \tag{1.2.13}$$

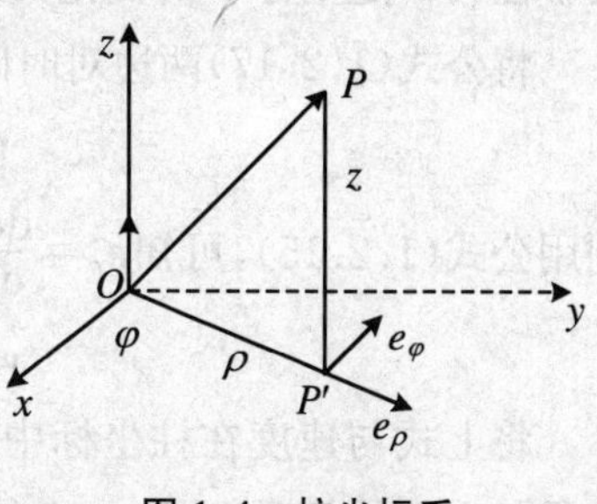

图 1.4　柱坐标系

与直角坐标系类似,为了进一步研究质点运动的速度和加速度与坐标的关系.我们必须在柱坐标中引入基矢 $\boldsymbol{e}_\rho$,$\boldsymbol{e}_\varphi$ 和 $\boldsymbol{k}$(如图 1.4).其中 $\boldsymbol{k}$ 仍和 z 轴正向一致,$\boldsymbol{e}_\rho$ 和 $\boldsymbol{e}_\varphi$ 在 Oxy 平面内,$\boldsymbol{e}_\rho$ 沿位矢 $\boldsymbol{r}$ 在 Oxy 平面内的分矢量 $\boldsymbol{OP'}$ 的方向,$\boldsymbol{e}_\varphi$ 与 $\boldsymbol{e}_\rho$ 相垂直.由图 1.4 可以看出,随着质点的运动,P

点的位置在不断地变化，虽然 $\boldsymbol{k}$ 仍为常矢量，但 $\boldsymbol{e}_\rho$ 和 $\boldsymbol{e}_\varphi$ 的方向却在相应地不断变化，不再是常矢量了.

基矢 $\boldsymbol{e}_\rho$ 和 $\boldsymbol{e}_\varphi$ 随 P' 点变化的规律可以通过它们与直角坐标系的基矢 $\boldsymbol{i}$ 和 $\boldsymbol{j}$ 之间的变换关系导出. 因为 $\boldsymbol{e}_\rho$ 和 $\boldsymbol{e}_\varphi$ 的大小均为 1，故由图 1.5 可得如下关系

$$\begin{cases} \boldsymbol{e}_\rho = \cos\varphi \boldsymbol{i} + \sin\varphi \boldsymbol{j} \\ \boldsymbol{e}_\varphi = -\sin\varphi \boldsymbol{i} + \cos\varphi \boldsymbol{j} \end{cases} \tag{1.2.14}$$

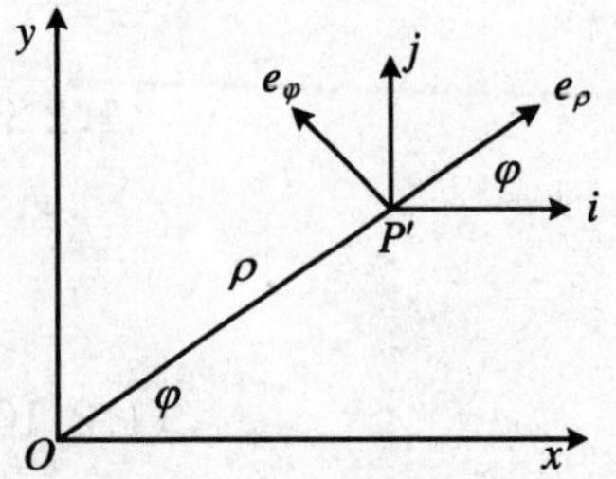

图 1.5　柱坐标的基矢

因为 $\boldsymbol{i}$ 和 $\boldsymbol{j}$ 为常矢量，故公式(1.2.14)表明 $\boldsymbol{e}_\rho$ 和 $\boldsymbol{e}_\varphi$ 仅是坐标 φ 的函数. 它随 φ 角的变化率为

$$\begin{cases} \dfrac{\mathrm{d}\boldsymbol{e}_\rho}{\mathrm{d}\varphi} = -\sin\varphi \boldsymbol{i} + \cos\varphi \boldsymbol{j} = \boldsymbol{e}_\varphi \\ \dfrac{\mathrm{d}\boldsymbol{e}_\varphi}{\mathrm{d}\varphi} = -\cos\varphi \boldsymbol{i} - \sin\varphi \boldsymbol{j} = -\boldsymbol{e}_\rho \end{cases} \tag{1.2.15}$$

与直角坐标系的基矢一样，柱坐标的基矢也满足正交归一性关系

$$\boldsymbol{e}_\varphi \cdot \boldsymbol{e}_\varphi = \boldsymbol{e}_\rho \cdot \boldsymbol{e}_\rho = 1, \quad \boldsymbol{e}_\varphi \cdot \boldsymbol{e}_\rho = \boldsymbol{e}_\rho \cdot \boldsymbol{k} = \boldsymbol{k} \cdot \boldsymbol{e}_\varphi = 0 \tag{1.2.16a}$$

和右手螺旋关系

$$\boldsymbol{e}_\rho \times \boldsymbol{e}_\varphi = \boldsymbol{k}, \quad \boldsymbol{e}_\varphi \times \boldsymbol{k} = \boldsymbol{e}_\rho, \quad \boldsymbol{k} \times \boldsymbol{e}_\rho = \boldsymbol{e}_\varphi \tag{1.2.16b}$$

建立了基矢之后，由图 1.4 可以给出位矢 $\boldsymbol{r}$ 与坐标(ρ,φ,z)的关系式

$$\boldsymbol{r} = \rho \boldsymbol{e}_\rho + z\boldsymbol{k} \tag{1.2.17}$$

其中位矢 $\boldsymbol{r}$ 随坐标 φ 的变化关系隐含在基矢 $\boldsymbol{e}_\rho$ 之中.

将公式(1.2.17)两边对时间 t 求导，有

$$\boldsymbol{v} = \dot{\rho} \boldsymbol{e}_\rho + \rho \dot{\boldsymbol{e}}_\rho + \dot{z} \boldsymbol{k} \tag{1.2.18}$$

利用公式(1.2.15)，可知 $\dot{\boldsymbol{e}}_\rho = \dfrac{\mathrm{d}\boldsymbol{e}_\rho}{\mathrm{d}\varphi}\dfrac{\mathrm{d}\varphi}{\mathrm{d}t} = \dot{\varphi}\boldsymbol{e}_\varphi$，代入上式后即得

$$\boldsymbol{v} = \dot{\rho} \boldsymbol{e}_\rho + \rho\dot{\varphi} \boldsymbol{e}_\varphi + \dot{z} \boldsymbol{k} \tag{1.2.19}$$

将上式与速度在柱坐标中的分解式 $\boldsymbol{v} = v_\rho \boldsymbol{e}_\rho + v_\varphi \boldsymbol{e}_\varphi + v_z \boldsymbol{k}$ 相比较，可得速度分量与坐标的关系

$$\begin{cases} v_\rho = \dot{\rho} \\ v_\varphi = \rho\dot{\varphi} \\ v_z = \dot{z} \end{cases} \tag{1.2.20}$$

而由(1.2.16)式，可得速度的大小为

$$v = \sqrt{v_\rho^2 + v_\varphi^2 + v_z^2} = \sqrt{\dot{\rho}^2 + \rho^2\dot{\varphi}^2 + \dot{z}^2} \tag{1.2.21}$$

我们通常称 v_ρ 为速度的径向分量，它是由 ρ 的变化引起的；而 v_φ 称为速度的横向分量，它是由基矢 $\boldsymbol{e}_\rho$ 方向的变化所引起的. 当质点约束在 Oxy 平面中运动时，坐标 $z=0$，此时柱坐标系就转化为平面极坐标系，ρ 就是位矢 $\boldsymbol{r}$ 的大小，$\boldsymbol{e}_\rho$ 为位矢 $\boldsymbol{r}$ 的方向，v_ρ 和 v_φ 的物理意义非常明显.

对公式(1.2.19)两边求导，即有

$$\begin{aligned}\boldsymbol{a} &= \ddot{\rho}\boldsymbol{e}_\rho + \dot{\rho}\,\dot{\boldsymbol{e}}_\rho + (\dot{\rho}\dot{\varphi} + \rho\ddot{\varphi})\boldsymbol{e}_\varphi + \rho\dot{\varphi}\dot{\boldsymbol{e}}_\varphi + \ddot{z}\boldsymbol{k} \\ &= (\ddot{\rho} - \rho\dot{\varphi}^2)\boldsymbol{e}_\rho + (\rho\ddot{\varphi} + 2\dot{\rho}\dot{\varphi})\boldsymbol{e}_\varphi + \ddot{z}\boldsymbol{k}\end{aligned} \tag{1.2.22}$$

与加速度 $\boldsymbol{a}$ 在柱坐标的分解式 $\boldsymbol{a} = a_\rho\boldsymbol{e}_\rho + a_\varphi\boldsymbol{e}_\rho + a_z\boldsymbol{k}$ 相比较，即可得加速度分量与坐标的关系

$$\begin{cases} a_\rho = \ddot{\rho} - \rho\dot{\varphi}^2 \\ a_\varphi = \rho\ddot{\varphi} + 2\dot{\rho}\dot{\varphi} = \dfrac{1}{\rho}\dfrac{\mathrm{d}}{\mathrm{d}t}(\rho^2\dot{\varphi}) \\ a_z = \ddot{z} \end{cases} \tag{1.2.23}$$

而加速度 $\boldsymbol{a}$ 的大小为

$$a = \sqrt{a_\rho^2 + a_\varphi^2 + a_z^2} \tag{1.2.24}$$

例 1.2.1　某质点在柱坐标系中的运动方程为 $\rho = \mathrm{e}^{ct}$，$\varphi = bt$，$z = a$，式中，a，b，c 都是常数，试求其速度与加速度.

解　将题目所给的运动方程代入速度分量表达式(1.2.20)，得到

$$\begin{cases} v_\rho = \dot{\rho} = c\mathrm{e}^{ct} = c\rho \\ v_\varphi = \rho\dot{\varphi} = b\rho \\ v_z = \dot{z} = 0 \end{cases}$$

因此

$$v = \sqrt{v_\rho^2 + v_\varphi^2 + v_z^2} = \sqrt{b^2 + c^2}\,\rho$$

将运动方程代入加速度分量表达式(1.2.23)，可得

$$\begin{cases} a_\rho = \ddot{\rho} - \rho\dot{\varphi}^2 = c^2\mathrm{e}^{ct} - \mathrm{e}^{ct}\cdot b^2 = (c^2 - b^2)\rho \\ a_\varphi = \rho\ddot{\varphi} + 2\dot{\rho}\dot{\varphi} = 2bc\rho \\ a_z = \ddot{z} = 0 \end{cases}$$

因此有

$$a = \sqrt{a_\rho^2 + a_\varphi^2 + a_z^2} = \sqrt{(c^2 - b^2)^2 + (2bc)^2}\rho = (b^2 + c^2)\rho$$

1.3　牛顿运动定律

前两节讨论的都是运动学的内容，只描述质点如何运动，而不考虑为什么会这样运动.动力学则是在运动学的基础上，进一步研究质点运动状态发生变化的原因.本节讲述的三个牛顿运动定律就是经典动力学的基本规律，它是牛顿根据前人对机械运动规律的认识和研究成果，再加上他自己长期的观察、实验和理论思考所作出的科学总结.

1.3.1　第一定律与惯性系

牛顿第一定律：任何物体（质点）如果没有受到其他物体的作用，都将保持静止或匀速直线运动状态.也就是说：物体如果不受其他物体的作用，其速度将保持不变.

物体在不受其他物体作用时，保持运动状态不变的性质称为惯性，惯性是物质的一种固有属性.物体的质量是其惯性大小的量度，牛顿第一定律又称为惯性定律.

我们知道，研究物体的运动时先要选定参照系.在运动学中，参照系可以任意选择，视研究的方便而定.但是在动力学中，参照系就不能任意选择，因为牛顿运动定律不是对任何参照系都成立的.

牛顿第一定律能成立的参照系叫做惯性参照系.在惯性参照系中，牛顿第二、第三定律也都成立.从表面上看，好像牛顿第一定律是我们即将讲到的第二定律的一个特例或推论，但是实际上它决定了第二定律的适用范围，是整个牛顿定律的基础.

要决定一个参照系是不是惯性系，只能依赖观察和实验.根据天体运动的研究，人们发现以太阳中心为参照物可以得到一个精确度很高的惯性系.而实验又表明，地球不是惯性系.但是地球参照系与惯性系的偏差很小，因此我们常常可以把地球看做近似程度相当好的惯性系.由经典运动学的速度相加法则可以证明，任何相对于惯性系做匀速直线运动的参照系都是惯性系，这个性质称为伽利略相对性原理.

牛顿运动定律不成立的参照系称为非惯性系.以后如不特殊声明,所取的参照系均为惯性系,或者为近似惯性系.

例 1.3.1　将地面作为惯性系处理力学问题时,估计可能出现的误差程度.

解　地面上的物体一方面绕地轴转动,自转周期约为 1 天,即 $T_1 \approx 24 \times 60^2 = 8.52 \times 10^4$ (s),地面到自转轴的距离约为 $R_1 = 6.4 \times 10^6$ (m)(数量级);另一方面又随地心绕太阳做近似的匀速圆周运动,公转周期约为 1 年,即 $T_2 \approx 365 \times 24 \times 60^2 = 3.15 \times 10^7$ (s),地心到太阳的距离约为 $R_2 \approx 1.5 \times 10^{11}$ (m),因此相对太阳具有加速度,不是一个精确的惯性系.自转引起的加速度大小为 $a_1 \approx R_1 \left(\frac{2\pi}{T_1}\right)^2 \approx 0.034$ $(\mathrm{m \cdot s^{-2}})$,公转引起的加速度大小为 $a_2 \approx R_2 \left(\frac{2\pi}{T_2}\right)^2 \approx 0.006$ $(\mathrm{m \cdot s^{-2}})$,因此地面参考系相对惯性系的偏差主要由自转决定.考虑到地面力学问题中的特征加速度为重力加速度 g,因此地面参照系对惯性系的相对偏差大约为 $a_1/g \approx 0.003\,4$.

1.3.2　第二定律与运动微分方程

牛顿第二定律:当一物体(质点)受到外力作用时,该物体所获得的加速度与合外力成正比,与物体的质量成反比,加速度的方向与合外力的方向一致.

力是物体间的相互作用,它可使物体的运动速度和形状发生变化,产生加速度和形变.如果令 $\boldsymbol{F}$ 代表作用在质点上的合外力,m 代表质点的质量,$\boldsymbol{a}$ 代表质点的加速度,则在适当选择单位后,牛顿第二定律的数学表达式为

$$\boldsymbol{F} = m\boldsymbol{a} \tag{1.3.1}$$

在国际单位制(SI)中,质量的单位为千克(kg),加速度的单位为米/秒^2 $(\mathrm{m \cdot s^{-2}})$,则力的单位为牛顿.

一般说来,作用力是位矢 $\boldsymbol{r}$,速度 $\dot{\boldsymbol{r}}$ 及时间 t 的函数,故牛顿第二定律的数学形式为运动微分方程

$$m\ddot{\boldsymbol{r}} = \boldsymbol{F}(\boldsymbol{r}, \dot{\boldsymbol{r}}, t) \tag{1.3.2}$$

上面的方程给出了运动的原因(受力)与实际运动之间的关系,也叫动力学方程.

方程(1.3.2)是矢量形式的微分方程,不便于求解,因此,我们通常选用适当的坐标系,把它写成分量形式,用坐标来表示.例如,在选用直角坐标系时,运动微分方程可化为

$$\begin{cases} m\ddot{x} = F_x(x,y,z;\dot{x},\dot{y},\dot{z};t) \\ m\ddot{y} = F_y(x,y,z;\dot{x},\dot{y},\dot{z};t) \\ m\ddot{z} = F_z(x,y,z;\dot{x},\dot{y},\dot{z};t) \end{cases} \tag{1.3.3}$$

式中，F_x，F_y，F_z是作用在质点上的合外力$\boldsymbol{F}$在三个坐标轴上的分量，当然也是坐标、速度分量和时间的函数.式(1.3.3)中每一个方程都是二阶常微分方程，这个微分方程组的通解中有六个积分常数.这六个积分常数可由质点的初始条件决定，即由 $t=0$ 时质点的初位置 $x=x_0$，$y=y_0$，$z=z_0$和初速度 $\dot{x}=v_{x0}$，$\dot{y}=v_{y0}$，$\dot{z}=v_{z0}$所决定.

质点如做直线运动，则可取该直线为 x 轴，于是 $y=z=0$，$\dot{y}=\dot{z}=0$，(1.3.3)式化为

$$\begin{cases} m\ddot{x} = F_x(x,\dot{x},t) \\ 0 = F_y(x,\dot{x},t) \\ 0 = F_z(x,\dot{x},t) \end{cases} \tag{1.3.4}$$

运动微分方程组中的第一式保持微分方程形式，其余两式退化为约束条件.

同理，如质点做平面曲线运动，则可取运动平面为 Oxy 平面，方程组(1.3.3)约化为

$$\begin{cases} m\ddot{x} = F_x(x,y;\dot{x},\dot{y};t) \\ m\ddot{y} = F_y(x,y;\dot{x},\dot{y};t) \end{cases} \tag{1.3.5}$$

当合外力 $\boldsymbol{F}$ 具有轴对称性时，即 $\boldsymbol{F}=F_\rho(\rho,\dot{\rho};z,\dot{z};t)\boldsymbol{e}_\rho+F_z(\rho,\dot{\rho};z,\dot{z};t)\boldsymbol{k}$时，采用柱坐标系较方便，这时质点的运动微分方程为

$$\begin{cases} m(\ddot{\rho}-\rho\dot{\varphi}^2) = F_\rho \\ m(\rho\ddot{\varphi}+2\dot{\rho}\dot{\varphi}) = 0 \\ m\ddot{z} = F_z \end{cases} \tag{1.3.6}$$

其中，F_ρ 及F_z分别称为合外力$\boldsymbol{F}$ 的径向分量及 z 分量.

1.3.3　第三定律与质点组

牛顿第三定律：当质点 A 对质点 B 有一个作用力 $\boldsymbol{F}_{BA}$ 的同时，质点 B 也对质点A 有一个反作用力 $\boldsymbol{F}_{AB}$，作用力与反作用力的大小相等，方向相反，并且在同一直线上，即

$$\boldsymbol{F}_{AB} = -\boldsymbol{F}_{BA} \tag{1.3.7}$$

考虑到 $\boldsymbol{F}_{AB}$ 与 $\boldsymbol{F}_{BA}$ 在同一直线上，该直线应为两质点的连线，如图 1.6 所示. 由此可以推出

$$\boldsymbol{r}_A \times \boldsymbol{F}_{AB} + \boldsymbol{r}_B \times \boldsymbol{F}_{BA} = (\boldsymbol{r}_A - \boldsymbol{r}_B) \times \boldsymbol{F}_{AB} = 0 \tag{1.3.8}$$

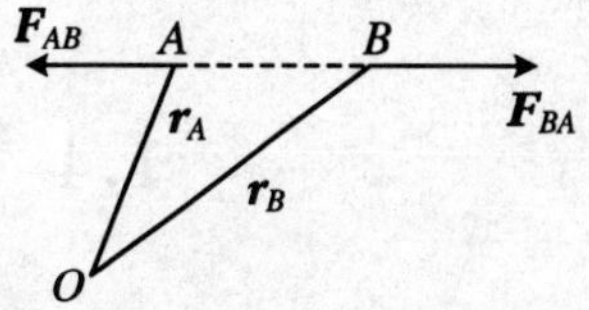

图 1.6

定义 $\boldsymbol{M} = \boldsymbol{r} \times \boldsymbol{F}$ 为力 $\boldsymbol{F}$ 对原点 O 的力矩矢量，则上式可改写为

$$\boldsymbol{M}_{AB} + \boldsymbol{M}_{BA} = 0 \tag{1.3.8a}$$

现在我们来考虑若干个相互作用着的质点所组成的质点组，组内各质点间的相互作用力称为内力，组外的物体对质点组内任一质点的作用力称为外力. 设组内第 j 个质点对第 i 个质点的作用力为 $\boldsymbol{f}_{ij}$，则由(1.3.7)式可知

$$\boldsymbol{f}_{ij} + \boldsymbol{f}_{ji} = 0$$

其中，i，j 为组内任意一对质点. 假定该质点组由 n 个质点组成，质点组内各质点所受合内力 $\boldsymbol{F}_i^{(\mathrm{i})} = \sum\limits_{j=1, j\neq i}^{n} \boldsymbol{f}_{i,j}\ (i = 1,2,\cdots,n)$ 的矢量和(主矢)亦必等于零，即

$$\boldsymbol{F}^{(\mathrm{i})} = \sum_{i=1}^{n} \boldsymbol{F}_i^{(\mathrm{i})} = \sum_{i\neq j} \boldsymbol{f}_{ij} = 0 \tag{1.3.9}$$

式中的上标(i)表示内力，求和对两个下标的所有不同排列进行，即 $\sum\limits_{i\neq j} = \sum\limits_{i=1}^{n} \sum\limits_{j=1, j\neq i}^{n}$.

同理，由于组内任何一对内力对某定点力矩的矢量和为 0，组内各质点所受合内力矩的矢量和(主矩)亦为 0. 即

$$\boldsymbol{M}^{(\mathrm{i})} = \sum_{i=1}^{n} \boldsymbol{M}_i^{(\mathrm{i})} = \sum_{i\neq j} \boldsymbol{r}_i \times \boldsymbol{f}_{ij} = 0 \tag{1.3.10}$$

值得注意的是，不能认为内力系的主矢和主矩为 0，内力就不会影响质点组内各质点的运动了. 因为作用力和反作用力是分别作用在不同质点上的，尽管内力系的 $\boldsymbol{F}^{(\mathrm{i})} = 0$，$\boldsymbol{M}^{(\mathrm{i})} = 0$，但是各个质点所受到的合内力和合内力矩并不为零，故仍会对组内各质点的运动产生影响. 可以证明：仅当质点组是刚体时，内力才不改变组内各质点的运动状况.

1.4 动力学基本定理和守恒律

按牛顿运动定律,质点的运动状况可以用其速度来标志,但是速度并不是一个可加性的物理量,不便于处理质点组动力学问题.在本节中,我们将引入动量、角动量、动能等可加性物理量,并由牛顿定律导出与之相应的动力学定理和守恒律,来处理质点和质点组的动力学问题.

1.4.1 动量定理与动量守恒律

设质点的质量为 m,它与速度的乘积叫做该质点的动量.动量是一个矢量,它的方向与速度 $\boldsymbol{v}$ 相同,通常用 $\boldsymbol{p}$ 表示,即

$$\boldsymbol{p} = m\boldsymbol{v} \tag{1.4.1}$$

在经典力学中,质量 m 通常是常数,所以利用牛顿第二定律可以得到

$$\frac{\mathrm{d}\boldsymbol{p}}{\mathrm{d}t} = \boldsymbol{F} \tag{1.4.2}$$

式中,$\boldsymbol{F}$ 是质点所受的合力,这个关系称为质点的动量定理.在机械运动的范围内,质点间运动的传递总是通过动量的交换来实现的.

动量是一个可加性的物理量,由 n 个质点组成的质点组,其总动量等于组内各质点动量的矢量和,即

$$\boldsymbol{P} = \sum_{i=1}^{n} \boldsymbol{p}_i \tag{1.4.3}$$

其中,$\boldsymbol{p}_i$ 为组内第 i 个质点的动量.设该质点受到组内其他质点的作用力,合内力为 $\boldsymbol{F}_i^{(i)}$;还受到组外质点的作用力,合外力为 $\boldsymbol{F}_i^{(e)}$,由公式(1.4.2)即可得

$$\frac{\mathrm{d}\boldsymbol{P}}{\mathrm{d}t} = \sum \frac{\mathrm{d}\boldsymbol{p}_i}{\mathrm{d}t} = \sum \boldsymbol{F}_i^{(i)} + \sum \boldsymbol{F}_i^{(e)}$$

上式中右边第一项为质点组内力的主矢 $\boldsymbol{F}^{(i)}$,由公式(1.3.9)可知 $\boldsymbol{F}^{(i)} = 0$;第二项为外力的主矢,记为 $\boldsymbol{F}^{(e)}$,故有

$$\frac{\mathrm{d}\boldsymbol{P}}{\mathrm{d}t} = \boldsymbol{F}^{(e)} \tag{1.4.5}$$

这个关系称为质点组的动量定理,即质点组的总动量对时间的导数等于作用在质

点组上诸外力的矢量和.这个定理和质点的动量定理(1.4.2)极为相似,在质点组内只有一个质点的情况下也正确,只不过这时所有的作用力均为外力,故不需要用上标(e)来加以区别.

公式(1.4.5)为动量定理的导数形式,把它两边对时间 t 积分,可得到动量定理的积分形式

$$\int_{t_1}^{t_2} \mathrm{d}\boldsymbol{P} = \int_{t_1}^{t_2} \boldsymbol{F}^{(\mathrm{e})}\mathrm{d}t$$

即

$$\Delta\boldsymbol{P} = \boldsymbol{P}(t_2) - \boldsymbol{P}(t_1) = \int_{t_1}^{t_2} \boldsymbol{F}^{(\mathrm{e})}\mathrm{d}t = \boldsymbol{I}^{(\mathrm{e})} \tag{1.4.6}$$

我们把力对时间的积分称为冲量,记为 $\boldsymbol{I}$,冲量是矢量,它表示力的时间积累效应.因此公式(1.4.6)表明,质点组的动量改变量等于外力的冲量.

如果用直角坐标系,我们还可以把公式(1.4.5)和(1.4.6)改写为分量形式,即

$$\begin{cases} \dot{P}_x = F_x^{(\mathrm{e})} \\ \dot{P}_y = F_y^{(\mathrm{e})} \\ \dot{P}_z = F_z^{(\mathrm{e})} \end{cases} \tag{1.4.5a}$$

和

$$\begin{cases} \Delta P_x = \int_{t_1}^{t_2} F_x^{(\mathrm{e})}\mathrm{d}t = I_x^{(\mathrm{e})} \\ \Delta P_y = \int_{t_1}^{t_2} F_y^{(\mathrm{e})}\mathrm{d}t = I_y^{(\mathrm{e})} \\ \Delta P_z = \int_{t_1}^{t_2} F_z^{(\mathrm{e})}\mathrm{d}t = I_z^{(\mathrm{e})} \end{cases} \tag{1.4.6a}$$

式中,$P_x = \sum_i p_{ix}$,$P_y = \sum_i p_{iy}$,$P_z = \sum_i p_{iz}$ 为质点组总动量的分量.

在柱坐标系中,基矢 $\boldsymbol{e}_\rho$,$\boldsymbol{e}_\varphi$ 不是常矢量,它们与质点所在的位置有关.因此,一般来说 $P_\rho \neq \sum_i p_{i\rho}$,即动量的柱坐标分量不具有可加性,故动量定理不采用柱坐标形式.

由动量定理(1.4.5)可看出,如外力的主矢等于零,则该质点组的总动量为常矢量,其直角坐标系的各分量均保持不变,这个关系叫做质点组的动量守恒律.即当质点组不受外力作用或所受外力的矢量和为0时,质点组的总动量不随时间变化.

如果作用在质点组上的诸外力在某一轴(设为 x 轴)上的投影之和为零,即 $F_x^{(e)}=0$,则由(1.4.5a)可得 $\mathrm{d}P_x/\mathrm{d}t=0$,故有

$$P_x = \sum p_{ix} = \sum m_i v_{ix} = \text{常数}$$

在这种情况下,虽然质点组所受到诸外力的主矢并不一定为零,其总动量不一定守恒,但是总动量在某个轴(现为 x 轴)上的分量却可以守恒,这表明动量守恒定律的三个分量式可以单独成立.

1.4.2 质心和质心运动定理

在质点组动力学中,原则上可以用隔离体法,对质点组内每一质点应用牛顿运动定律列出运动微分方程.如果质点组中的质点数目为 n,每一质点须列出 3 个二阶微分方程,得到 $3n$ 个二阶微分方程组成的方程组,当 n 较大时,很难进行解算.此外,内力一般是未知量,更增加了问题的复杂性.但是,利用动力学基本定理(如动量定理),则对整个质点组来讲可将这些未知的内力消去,从而求出质点组在外力作用下运动的某些整体性质.

在对整个质点组运用动量定理时,可以发现存在一特殊点,它的运动很容易确定.如果以这个特殊点作为参照点,又常能使问题简化,我们把这个特殊点叫做质点组的质量中心,简称质心.假定质点组内 n 个质点的质量分别为 $m_1, m_2, \cdots, m_n$,分别位于 $P_1, P_2, \cdots, P_n$ 各点,这些点对某一指定的参照系原点 O 的位矢为 $\boldsymbol{r}_1, \boldsymbol{r}_2, \cdots, \boldsymbol{r}_n$,则质心 C 对原点 O 的位矢 $\boldsymbol{r}_c$ 为

$$\boldsymbol{r}_c = \boldsymbol{OC} = \sum_{i=1}^{n} \frac{m_i \boldsymbol{r}_i}{m} \tag{1.4.7}$$

此处 $m = \sum_{i=1}^{n} m_i$ 为质点组的总质量.因此我们可以把质心的位矢 $\boldsymbol{r}_c$ 看作诸质点位矢的平均值,只是这种平均并不是简单的算术平均,而是带有权重的平均,其权重就是质量.

采用直角坐标系,我们可以把(1.4.7)式写成分量形式,即

$$\begin{cases} x_c = \sum \dfrac{m_i x_i}{m} \\ y_c = \sum \dfrac{m_i y_i}{m} \\ z_c = \sum \dfrac{m_i z_i}{m} \end{cases} \tag{1.4.7a}$$

将(1.4.7)式两边对时间 t 求导,即有

$$\boldsymbol{v}_c = \dot{\boldsymbol{r}}_c = \sum \frac{m_i \dot{\boldsymbol{r}}_i}{m} = \frac{\boldsymbol{P}}{m} \quad \text{或} \quad m\boldsymbol{v}_c = \boldsymbol{P} \tag{1.4.8}$$

上式给出了质心速度 $\boldsymbol{v}_c$ 与质点组总动量 $\boldsymbol{P}$ 的关系,其形式和单个质点的速度与动量间的关系(1.4.1)相同.

对(1.4.8)式两边再求一次导数,可得

$$m\boldsymbol{a}_c = m\dot{\boldsymbol{v}}_c = \dot{\boldsymbol{P}} = \boldsymbol{F}^{(e)} \quad \text{或} \quad m\ddot{\boldsymbol{r}}_c = \boldsymbol{F}^{(e)} \tag{1.4.9}$$

式中,$\boldsymbol{a}_c = \ddot{\boldsymbol{r}}_c$ 为质心的加速度.方程(1.4.9)表明,质点组质心的运动就好像单个质点的运动一样,此质点的质量等于整个质点组的总质量,作用在此质点上的力等于作用在质点组上所有外力的矢量和,这就是质心运动定理.故质点组受已知的外力作用时,组内每一质点如何运动虽然无法确定,但此质点组质心的运动却可由公式(1.4.9)完全确定.当质点组为孤立系统时(即不受任何外力作用),质心做匀速直线运动.

1.4.3 动量矩定理与动量矩守恒律

设矢量 $\boldsymbol{A}$ 位于 P 点,则该矢量对空间任意点 Q 的矢量矩 $\boldsymbol{B}$ 定义为

$$\boldsymbol{B} = \boldsymbol{QP} \times \boldsymbol{A} \tag{1.4.10}$$

如取 Q 为坐标系原点 O,则矢量矩为

$$\boldsymbol{B} = \boldsymbol{r} \times \boldsymbol{A} \tag{1.4.11}$$

其中,$\boldsymbol{r} = \boldsymbol{OP}$ 为矢径.如果我们取直角坐标系,此时

$$\boldsymbol{r} = x\boldsymbol{i} + y\boldsymbol{j} + z\boldsymbol{k}, \quad \boldsymbol{A} = A_x\boldsymbol{i} + A_y\boldsymbol{j} + A_z\boldsymbol{k}$$

则有

$$\boldsymbol{B} = \boldsymbol{r} \times \boldsymbol{A} = \begin{vmatrix} \boldsymbol{i} & \boldsymbol{j} & \boldsymbol{k} \\ x & y & z \\ A_x & A_y & A_z \end{vmatrix} = (yA_z - zA_y)\boldsymbol{i} + (zA_x - xA_z)\boldsymbol{j} + (xA_y - yA_x)\boldsymbol{k}$$

与 $\boldsymbol{B} = B_x\boldsymbol{i} + B_y\boldsymbol{j} + B_z\boldsymbol{k}$ 相比较,则可得矢量矩 $\boldsymbol{B}$ 的分量表示式

$$\begin{cases} B_x = yA_z - zA_y \\ B_y = zA_x - xA_z \\ B_z = xA_y - yA_x \end{cases} \tag{1.4.11a}$$

这里的分量 B_x,B_y 和 B_z 分别称为矢量 $\boldsymbol{A}$ 对 x 轴、y 轴和 z 轴的矩.

质点的动量对空间某点或某轴线的矩叫做动量矩,也叫角动量,它对原点的动

量矩为

$$L = r \times p = mr \times v \tag{1.4.12}$$

式中，r 为质点的位矢. 上式的分量形式，即动量 p 对 x, y, z 轴的矩为

$$\begin{cases} L_x = yp_z - zp_y = m(y\dot{z} - z\dot{y}) \\ L_y = zp_x - xp_z = m(z\dot{x} - x\dot{z}) \\ L_z = xp_y - yp_x = m(x\dot{y} - y\dot{x}) \end{cases} \tag{1.4.12a}$$

如果采用柱坐标，则有 $r = \rho e_\rho + zk, v = \dot{\rho} e_\rho + \rho\dot{\varphi} e_\varphi + \dot{z}k$，对原点的动量矩为

$$\begin{aligned} L &= L_\rho e_\rho + L_\varphi e_\varphi + L_z k \\ &= mr \times v \\ &= m\begin{vmatrix} e_\rho & e_\varphi & k \\ \rho & 0 & z \\ \dot{\rho} & \rho\dot{\varphi} & \dot{z} \end{vmatrix} \\ &= -mz\rho\dot{\varphi} e_\rho + m(z\dot{\rho} - \rho\dot{z}) e_\varphi \\ &\quad + m\rho^2\dot{\varphi} k \end{aligned} \tag{1.4.12b}$$

例 1.4.1　当质点约束在 $z = 0$ 的平面上运动时，求角动量矢量.

解　容易看出，在题设条件下有 $z = 0, \dot{z} = 0$，代入(1.4.12a)后，得到角动量在直角坐标系中的形式为 $L = m(x\dot{y} - y\dot{x})k = L_z k$；将题设条件代入(1.4.12b)后，得到角动量在柱坐标系中的形式为 $L = m\rho^2\dot{\varphi} k = L_z k$，其中，$L_z$ 为质点对 z 轴的动量矩.

同样的，作用在 P 点的力 F 对空间某点或某轴线的矩叫做力矩，它对原点的 O 的矩为

$$M = r \times F \tag{1.4.13}$$

对 x, y, z 轴的矩则为

$$\begin{cases} M_x = yF_z - zF_y \\ M_y = zF_x - xF_z \\ M_z = xF_y - yF_x \end{cases} \tag{1.4.13a}$$

一般说来，欲求某矢量对某一轴线的矩，可先求该矢量对该轴线上某一点的矢量矩，再投影到该轴线上即可. 例如，力 F 对过原点且方向为 n 的某轴线的矩为 $M_n = n \cdot M$.

对(1.4.12)式两边求导，容易得到

$$\dot{\boldsymbol{L}} = m\dot{\boldsymbol{r}} \times \boldsymbol{v} + m\boldsymbol{r} \times \dot{\boldsymbol{v}} = m\boldsymbol{v} \times \boldsymbol{v} + \boldsymbol{r} \times m\boldsymbol{a} = \boldsymbol{r} \times \boldsymbol{F}$$

即

$$\dot{\boldsymbol{L}} = \boldsymbol{M} \tag{1.4.14}$$

写成分量式即为

$$\begin{cases} \dot{L}_x = M_x \\ \dot{L}_y = M_y \\ \dot{L}_z = M_z \end{cases} \tag{1.4.14a}$$

这个关系式叫做质点的动量矩定理，也叫角动量定理．即质点对惯性系中固定点或某固定轴线的动量矩对时间的导数，等于作用在该质点上的力对于该点或该轴的力矩．

动量矩也是一个可加性的物理量，因此对一个质点组，其对空间某定点 Q 的总动量矩等于质点组中诸质点对该点的动量矩的矢量和，即

$$\boldsymbol{L} = \sum_{i=1}^{n} \boldsymbol{L}_i \tag{1.4.15}$$

其中，$\boldsymbol{L}_i$ 为组内第 i 个质点对 Q 点的动量矩．设该质点受到的合内力为 $\boldsymbol{F}_i^{(i)}$，$\boldsymbol{F}_i^{(i)}$ 对 Q 点的力矩为 $\boldsymbol{M}_i^{(i)}$，受到的合外力为 $\boldsymbol{F}_i^{(e)}$，$\boldsymbol{F}_i^{(e)}$ 对 Q 点的力矩为 $\boldsymbol{M}_i^{(e)}$．由公式(1.4.14)可知

$$\dot{\boldsymbol{L}}_i = \boldsymbol{M}_i^{(i)} + \boldsymbol{M}_i^{(e)} \tag{1.4.16}$$

由此，我们将(1.4.15)式两边对时间 t 求导，即有

$$\dot{\boldsymbol{L}} = \sum \dot{\boldsymbol{L}}_i = \sum \boldsymbol{M}_i^{(i)} + \sum \boldsymbol{M}_i^{(e)}$$

上式中右边第一项为质点组内力的主矩 $\boldsymbol{M}^{(i)}$，由公式(1.3.10)可知 $\boldsymbol{M}^{(i)} = 0$，第二项为外力的主矩，记为 $\boldsymbol{M}^{(e)}$，则有

$$\dot{\boldsymbol{L}} = \boldsymbol{M}^{(e)} \tag{1.4.17}$$

这就是质点组的动量矩定理，它跟质点的动量矩定理(1.4.14)类似，可用文字表述为：质点组对任一固定点的动量矩对时间的导数，等于诸外力对同一点的力矩的矢量和．

上式为导数形式，将两边对时间 t 积分，即可得到动量矩定理的积分形式

$$\int_{t_1}^{t_2} \mathrm{d}\boldsymbol{L} = \int_{t_1}^{t_2} \boldsymbol{M}^{(e)} \mathrm{d}t$$

即

$$\Delta \boldsymbol{L} = \boldsymbol{L}(t_2) - \boldsymbol{L}(t_1) = \int_{t_1}^{t_2} \boldsymbol{M}^{(e)} \mathrm{d}t \tag{1.4.18}$$

上式的右端为力矩对时间的积分,称为冲量矩.因此(1.4.18)式的物理意义为:质点组对任一固定点的动量矩的改变量等于诸外力对同一点的冲量矩的矢量和.

如果用直角坐标系,我们也可以把公式(1.4.17)和(1.4.18)改写为分量形式,即对轴线的动量矩定理.

$$\begin{cases} \dot{L}_x = M_x^{(e)} \\ \dot{L}_y = M_y^{(e)} \\ \dot{L}_z = M_z^{(e)} \end{cases} \tag{1.4.17a}$$

和

$$\begin{cases} \Delta L_x = \int_{t_1}^{t_2} M_x^{(e)} \mathrm{d}t \\ \Delta L_y = \int_{t_1}^{t_2} M_y^{(e)} \mathrm{d}t \\ \Delta L_z = \int_{t_1}^{t_2} M_z^{(e)} \mathrm{d}t \end{cases} \tag{1.4.18a}$$

其中

$$\begin{cases} L_x = \sum L_{ix} = \sum m_i(y_i\dot{z}_i - z_i\dot{y}_i) \\ L_y = \sum L_{iy} = \sum m_i(z_i\dot{x}_i - x_i\dot{z}_i) \\ L_z = \sum L_{iz} = \sum m_i(x_i\dot{y}_i - y_i\dot{x}_i) \end{cases} \quad \begin{cases} M_x^{(e)} = \sum M_{ix}^{(e)} = \sum (y_iF_{iz}^{(e)} - z_iF_{iy}^{(e)}) \\ M_y^{(e)} = \sum M_{iy}^{(e)} = \sum (z_iF_{ix}^{(e)} - x_iF_{iz}^{(e)}) \\ M_z^{(e)} = \sum M_{iz}^{(e)} = \sum (x_iF_{iy}^{(e)} - y_iF_{ix}^{(e)}) \end{cases}$$

如果作用在质点组上的诸外力对某一固定点的力矩的矢量和 $\boldsymbol{M}^{(e)} = 0$,那么有

$$\boldsymbol{L} = 常矢量$$

这个关系叫做质点组的动量矩守恒律.

跟动量守恒律的情况类似,如果作用在质点组上的诸外力对某定点 O 的力矩的矢量和虽不为零,但对以 O 为原点的某一坐标轴(设为 z 轴)的投影之和 $M_z^{(e)}$ 为零,则有

$$L_z = \sum m_i(x_i\dot{y}_i - y_i\dot{x}_i) = 常数$$

即动量矩的诸分量可以单独守恒.

1.4.4 动能定理与机械能守恒律

对一个质量为 m 的质点,如果它的速度为 $\boldsymbol{v}$,则数量积 $m\boldsymbol{v}\cdot\boldsymbol{v}/2$ 叫做该质点

的动能，动能是一个标量，通常用 T 表示，即

$$T = \frac{1}{2}m\boldsymbol{v}\cdot\boldsymbol{v} = \frac{1}{2}mv^2 \tag{1.4.19}$$

它在直角坐标下的形式为

$$T = \frac{1}{2}m(\dot{x}^2 + \dot{y}^2 + \dot{z}^2) \tag{1.4.19a}$$

在柱坐标下的形式为

$$T = \frac{1}{2}m(\dot{\rho}^2 + \rho^2\dot{\varphi}^2 + \dot{z}^2) \tag{1.4.19b}$$

将(1.4.19)式两边微分，即有

$$\mathrm{d}T = m\boldsymbol{v}\cdot\mathrm{d}\boldsymbol{v} = m\frac{\mathrm{d}\boldsymbol{r}}{\mathrm{d}t}\cdot\mathrm{d}\boldsymbol{v} = m\frac{\mathrm{d}\boldsymbol{v}}{\mathrm{d}t}\mathrm{d}\boldsymbol{r} = m\boldsymbol{a}\cdot\mathrm{d}\boldsymbol{r}$$

利用牛顿第二定律，容易推出

$$\mathrm{d}T = \boldsymbol{F}\cdot\mathrm{d}\boldsymbol{r} \tag{1.4.20}$$

上式右边的 $\boldsymbol{F}\cdot\mathrm{d}\boldsymbol{r}$ 称为力 $\boldsymbol{F}$ 对质点做的元功，通常用 $\mathrm{d}W$ 表示，关系式(1.4.20)称为质点的动能定理，它说明质点动能的微分等于作用在该质点上的合力所做的元功.

把(1.4.20)式两边积分，则有

$$\Delta T = T_2 - T_1 = W \tag{1.4.21}$$

其中，ΔT 表示动能的改变量，

$$W = \int_\Gamma \boldsymbol{F}\cdot\mathrm{d}\boldsymbol{r} \tag{1.4.22}$$

是合力在此过程中所做的功，表示力的空间积累，积分路径 Γ 为质点运动的轨道，(1.4.21)式为质点的动能定理的积分形式. 由力的合成法则可知，合力的功等于分力在同样过程中所做的功之和.

在一般情况下，力 $\boldsymbol{F}$ 是质点位矢 $\boldsymbol{r}$，速度 $\dot{\boldsymbol{r}}$ 和时间 t 的函数，此时功的计算比较困难. 如果 $\boldsymbol{F}$ 仅为位矢 $\boldsymbol{r}$ 的单值可微函数，即是一个力场，则可取适当的坐标系进行积分来计算功. 如果把力 $\boldsymbol{F}(\boldsymbol{r})$ 和位移 $\mathrm{d}\boldsymbol{r}$ 都用直角坐标的分量表示，则有

$$W = \int_\Gamma F_x\mathrm{d}x + F_y\mathrm{d}y + F_z\mathrm{d}z \tag{1.4.22a}$$

如果把力 $\boldsymbol{F}(\boldsymbol{r})$ 和位移 $\mathrm{d}\boldsymbol{r}$ 都用柱坐标的分量表示，则有

$$W = \int_\Gamma F_\rho\mathrm{d}\rho + F_\varphi\rho\mathrm{d}\varphi + F_z\mathrm{d}z \tag{1.4.22b}$$

功的数学形式为曲线积分，与质点所经过的路径有关. 同样的力沿两条不同路

径的曲线积分，即使端点相同，也可能得出不同的结果.但在某些特殊情况下，曲线积分 W 的值只与路径的两个端点有关，而与路径中间的具体情况无关，即对 A 到 B 之间的任意两条路径 $\widehat{ACB}$ 和 $\widehat{ADB}$（如图 1.7）的曲线积分都有

$$W_{\widehat{ACB}} = W_{\widehat{ADB}}$$

这种力场称为保守力场，反之则称为非保守力场.

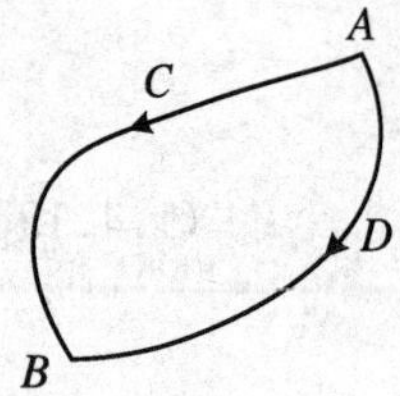

图 1.7

保守力场 $\boldsymbol{F}(\boldsymbol{r})$ 的功仅由起点和终点的位置决定，故可表示为 $\int_{r_A}^{r_B} \boldsymbol{F} \cdot \mathrm{d}\boldsymbol{r}$ 而不必标出具体积分路径，在计算时可以任意选取一条方便的路径进行.当终点 $\boldsymbol{r}_B$ 取固定值 $\boldsymbol{r}_0$ 时，积分值为起点位矢 $\boldsymbol{r} = \boldsymbol{r}_A$ 的单值可微函数，这个函数称为保守力场 $\boldsymbol{F}(\boldsymbol{r})$ 的势函数，记为 $V(\boldsymbol{r})$.即

$$V(\boldsymbol{r}) = \int_{r}^{r_0} \boldsymbol{F} \mathrm{d}\boldsymbol{r} = -\int_{r_0}^{r} \boldsymbol{F} \mathrm{d}\boldsymbol{r} \tag{1.4.23}$$

显然，当 $\boldsymbol{r} = \boldsymbol{r}_0$ 时，势函数 $V = 0$，因此 $\boldsymbol{r}_0$ 称为势函数的零点.势函数零点的位置一般可以任取，以方便为宜.

利用势函数，可以把保守力 $\boldsymbol{F}(\boldsymbol{r})$ 对质点所做的功简明地表示出来，设质点的初位置为 $\boldsymbol{r}_1$，末位置为 $\boldsymbol{r}_2$，则有

$$W = \int_{r_1}^{r_2} \boldsymbol{F} \mathrm{d}\boldsymbol{r} = \int_{r_0}^{r_2} \boldsymbol{F} \mathrm{d}\boldsymbol{r} - \int_{r_0}^{r_1} \boldsymbol{F} \mathrm{d}\boldsymbol{r} = V(\boldsymbol{r}_1) - V(\boldsymbol{r}_2)$$

即

$$W = -\Delta V = -(V_2 - V_1) \tag{1.4.24}$$

故保守力对质点所做的功等于其势函数的减少量，因此势函数描述了保守力场对质点做功的能力，也称为质点在保守力场中的势能.从推导过程中可以看出，选取不同的势函数零点对结果没有任何影响.

对(1.4.23)式的两边求梯度，即可得势函数 $V(\boldsymbol{r})$ 与保守力 $\boldsymbol{F}$ 的关系式

$$\boldsymbol{F} = -\nabla V(\boldsymbol{r}) \tag{1.4.25}$$

其中，$\nabla = \boldsymbol{i}\frac{\partial}{\partial x} + \boldsymbol{j}\frac{\partial}{\partial y} + \boldsymbol{k}\frac{\partial}{\partial z}$ 为矢量微分算符，写成分量形式即为

$$F_x = -\frac{\partial V}{\partial x}, \quad F_y = -\frac{\partial V}{\partial y}, \quad F_z = -\frac{\partial V}{\partial z} \tag{1.4.25a}$$

由此可得关系式

$$\begin{cases}\dfrac{\partial F_z}{\partial y}-\dfrac{\partial F_y}{\partial z}=-\dfrac{\partial^2 V}{\partial y\partial z}+\dfrac{\partial^2 V}{\partial z\partial y}=0\\[2ex]\dfrac{\partial F_x}{\partial z}-\dfrac{\partial F_z}{\partial x}=-\dfrac{\partial^2 V}{\partial z\partial x}+\dfrac{\partial^2 V}{\partial x\partial z}=0\\[2ex]\dfrac{\partial F_y}{\partial x}-\dfrac{\partial F_x}{\partial y}=-\dfrac{\partial^2 V}{\partial x\partial y}+\dfrac{\partial^2 V}{\partial y\partial x}=0\end{cases}\tag{1.4.26a}$$

写成矢量形式即为

$$\nabla\times \boldsymbol{F}=0\tag{1.4.26}$$

公式(1.4.26)既是力场 $\boldsymbol{F}(\boldsymbol{r})$存在势函数的充要条件，也是 $\boldsymbol{F}(\boldsymbol{r})$为保守力场的充要条件.

由动能定理(1.4.21)式和保守力场功的表达式(1.4.24)式可知，当质点在保守力 $\boldsymbol{F}$ 作用下由初态 1 变成末态 2 时，有关系式

$$T_2-T_1=W=-(V_2-V_1)$$

即

$$T_2+V_2=T_1+V_1=E=\text{常数}\tag{1.4.27}$$

上式表明在非保守力不做功的条件下，质点的动能与势能之和，即机械能不变，这个结果称为质点的机械能守恒定律.

由于能量是个可加性物理量，故当无非保守力做功时，质点组的总机械能也守恒. 即

$$E=\sum_{i=1}^{n}T_i+\sum_{i=1}^{n}V_i+\sum_{i\neq j}^{n}\sum_{j=1}^{n}V_{ij}=\text{常数}\tag{1.4.28}$$

其中 T_i为第 i 个质点的动能，V_i为第 i 个质点在外力场中的势能，V_{ij}为第 i 个质点与第 j 个质点的相互作用势能，上式称为质点组的机械能守恒定律.

例 1.4.2　证明有心力场 $\boldsymbol{F}(\boldsymbol{r})=F(r)\boldsymbol{e}_r\,(\boldsymbol{e}_r=\boldsymbol{r}/r)$一定是保守力场，并求出其势函数.

解　令 $f(r)=F(r)/r$，则 $\boldsymbol{F}(\boldsymbol{r})=f(r)\boldsymbol{r}=f(r)(x\boldsymbol{i}+y\boldsymbol{j}+z\boldsymbol{k})$，代入式(1.4.26)后得到

$$\nabla\times \boldsymbol{F}=\begin{vmatrix}\boldsymbol{i}&\boldsymbol{j}&\boldsymbol{k}\\ \dfrac{\partial}{\partial x}&\dfrac{\partial}{\partial y}&\dfrac{\partial}{\partial z}\\ f(r)x&f(r)y&f(r)z\end{vmatrix}$$

$$=f'\left[\left(z\frac{\partial r}{\partial y}-y\frac{\partial r}{\partial z}\right)\boldsymbol{i}+\left(x\frac{\partial r}{\partial z}-z\frac{\partial r}{\partial x}\right)\boldsymbol{j}\right.$$

$$+\left(y\cdot\frac{\partial r}{\partial x}-x\cdot\frac{\partial r}{\partial y}\right)\boldsymbol{k}\Big]=0$$

这证明了有心力场是保守力场.其势函数为

$$V=-\int_{r_0}^{r}F(r)\boldsymbol{e}_r\cdot\mathrm{d}\boldsymbol{r}=-\int_{r_0}^{r}F(r)\boldsymbol{e}_r\cdot(\boldsymbol{e}_r\mathrm{d}r+r\mathrm{d}\boldsymbol{e}_r)=-\int_{r_0}^{r}F(r)\mathrm{d}r$$

计算中利用了关系 $\boldsymbol{e}_r\cdot\mathrm{d}\boldsymbol{e}_r=\frac{1}{2}\mathrm{d}\boldsymbol{e}_r^2=0$.

刚体是一种理想化的特殊质点组,在其内部任意两个质点之间的距离都不会改变.利用这个性质,只要确定了三个不同线质点的位置,就完全确定了刚体的位置.我们可以取一个质点作为刚体的基点,需要三个坐标确定其位置;取第二个质点与基点的连线作为轴,需要两个坐标确定其方位;由相对轴的转角可以确定第三个质点的位置,这样就可以完全描述刚体在空间位置了.

如果刚体绕某个固定的轴转动,我们取该轴为 z 轴,建立柱坐标.组成刚体的第 i 个质点的位置为 $P_i(\rho_i,\varphi_i,z_i)$,由刚体的性质可知,坐标 ρ_i, z_i 都是常数,唯一可变化的坐标为 φ_i,其变化率 $\dot{\varphi}_i=\omega$ 为一个与具体质点位置无关的量,称为刚体绕 z 轴转动的角速度.由(1.4.12b)式可知,第 i 个质点沿 z 轴的角动量为

$$L_{zi}=m_i\rho_i^2\dot{\varphi}_i=m_i\rho_i^2\omega$$

于是整个刚体沿 z 轴的角动量为

$$\sum_i L_{zi}=\sum_i m_i\rho_i^2\omega=I\omega \tag{1.4.29}$$

其中

$$I=\sum_i m_i\rho_i^2 \tag{1.4.30}$$

为刚体绕 z 轴的转动惯量,是刚体在转动过程中惯性大小的量度.

类似地,刚体绕 z 轴的转动动能为

$$T=\frac{1}{2}\sum_i m_i\rho_i^2\omega^2=\frac{1}{2}I\omega^2 \tag{1.4.31}$$

习　题　1

1. 证明:质点做匀速率曲线运动时,其加速度与速度垂直.

2. 质点以初速率 v_0 开始做半径为 a 的圆周运动，其加速度与速度之间的夹角 θ 保持不变，求其后质点速率的变化规律.

3. 质点的轨道方程为 $\rho=\dfrac{a(1-e^2)}{1+e\cos\varphi}$，角速度 $\dot{\varphi}=\omega$ 为常数，求其速度的大小.

4. 设质点的运动方程为 $x=R(kt-\sin kt)$，$y=R(1-\cos kt)$，试求其速度和加速度，并由此求出轨道的曲率半径. 此处 R 和 k 均为常数.

5. 某船向东航行，速率为 15 km/h，在正午经过某灯塔，另一船以同样速度向北航行，在下午 1 点 30 分经过此灯塔. 问在什么时候两船距离最近？最近时距离为多少？

6. 某质点在柱坐标系中的速度分量为 $v_\rho=\lambda\rho$，$v_\varphi=\mu\varphi$，式中 λ，μ 都是常数，试求其加速度分量 a_ρ，a_φ.

7. 质量为 m 的质点以初速度 v_0 竖直上抛到阻力为 mk^2gv^2 的媒质中，求此质点落回抛出点时的速度.

8. 质量为 m 的质点受与距离成反比的引力作用在一直线上运动，比例系数为 k，如该质点从距离力心为 a 的地方由静止出发，求其到达力心所需要的时间.

9. 质点受与距离 3/2 次方成反比的引力作用在一直线上运动，证明该质点从静止在无穷远处到达距离力心为 a 的 A 点处的速率和自 A 点静止出发到达距离力心为 $a/4$ 处的速率相同.

10. 检验 $\boldsymbol{F}=(ay-2bxy^3)\boldsymbol{i}+(ax-3bx^2y^2)\boldsymbol{j}$ 是否为保守力，如是，求出其势能.

11. 按照汤川秀树提出的核力理论，质子与中子之间的相互作用能为 $V=-\dfrac{ke^{-\alpha r}}{r}$ $(k>0)$，求相互作用力.

12. 证明：质点组的动能等于集中到质心时的运动动能与相对质心运动的动能之和，即 $E=E_c+E_r$，其中

$$E=\frac{1}{2}\sum_i m_i v_i^2,\ E_c=\frac{1}{2}mv_c^2,\ E_r=\frac{1}{2}\sum_i m_i \boldsymbol{v}_i'^2,$$

$$m=\sum_i m_i,\ \boldsymbol{v}_i'=\boldsymbol{v}_i-\boldsymbol{v}_c$$

13. 证明：质点组的动量矩等于集中到质心时的动量矩与相对质心运动的动量矩，即 $\boldsymbol{L}=\boldsymbol{L}_c+\boldsymbol{L}_r$，其中

$$\boldsymbol{L}=\sum_i m_i\boldsymbol{r}_i\times\boldsymbol{v}_i,\ \boldsymbol{L}_c=m\boldsymbol{r}_c\times\boldsymbol{v}_c,\ \boldsymbol{L}_r=\sum_i m_i\boldsymbol{r}_i'\times\boldsymbol{v}_i',$$

$$m=\sum_i m_i,\ \boldsymbol{r}_i'=\boldsymbol{r}_i-\boldsymbol{r}_c,\ \boldsymbol{v}_i'=\boldsymbol{v}_i-\boldsymbol{v}_c$$

14. 质量为 m 的质点以速率 v，入射角 θ_1 从一个势能为常数 V_1 的半空间运动到另一个势能为常数 V_2 的半空间，求该质点在通过分界面后的折射角 θ_2.

15. 一个光滑弹性球与另一个同样的静止球发生斜撞，证明碰撞后两者的速度垂直.

16. 质量为 M 的一颗炮弹在飞行过程中爆炸为两部分，两部分质量之比为 k，即 $m_1:m_2=k$.爆炸后 m_1仍沿原方向运动，m_2静止.设爆炸时有能量 Q 转换为机械能，求刚爆炸后 m_1的速度及爆炸前炮弹的速度.

17. 半径为 R，质量为 m 的均匀圆盘，绕通过其中心的竖直轴以匀角速度 ω 转动，求圆盘绕该轴的动量矩和动能.

18. 半径为 R，质量为 m 的均匀圆盘，放在粗糙水平桌上，绕通过其中心的竖直轴转动.开始时的角速度为 ω_0，圆盘与桌面的摩擦系数为 μ，问经过多少时间后圆盘将停止转动.

第 2 章　典型的力学问题

2.1　一 维 运 动

如果质点只在一条直线上运动，称之为一维运动. 更一般地，如果质点的位置可以只用一个坐标来描述，其运动也认为是一维运动. 一维运动不仅易于求解，而且本身也具有一定的实际意义，不少高维的运动问题往往可以分解为若干个一维运动来处理. 本节我们先讨论一维运动的一般情况，然后再着重讲述一种特别有用的一维运动——一维简谐振动.

2.1.1　一般性质

若质点沿 x 轴做一维运动，此时的运动微分方程为

$$m\ddot{x} = F(x;\dot{x},t) \tag{2.1.1}$$

在给定初始条件：当 $t=0$ 时，$x=x_0$，$\dot{x}=v_0$ 后，我们可由此解出其运动方程.

如果 $\boldsymbol{F}=F(x)\boldsymbol{i}$ 为一维力场，则满足保守力场的条件 $\nabla\times\boldsymbol{F}=0$，对应的势能函数为

$$V(x) = -\int_{x_0}^{x} F(x)\mathrm{d}x \tag{2.1.2}$$

其中，x_0 为势能零点. 在这种情况下，质点的机械能守恒定律成为

$$\frac{1}{2}m\dot{x}^2 + V(x) = E \tag{2.1.3}$$

由于质点的动能 $T=m\dot{x}^2/2$ 不能为负值，故上式要求

$$E \geqslant V(x) \tag{2.1.4}$$

这表明质点的总机械能必须大于或等于其势能，满足这个条件的坐标 x 的取值范围称为(经典)允许区，反之称为(经典)禁止区，质点只能在允许区内运动. 根据这个不等式，我们只要知道势函数 $V(x)$，而不必具体求解运动微分方程，就可以确

定质点能量 E 与其运动范围之间的关系.

设质点的势能函数 $V(x)$ 如图 2.1 所示,图中曲线称为势能曲线.按(2.1.4)式,质点的能量 E 不能小于势能的最小值 E_1.如果 $E=E_2$,则由图可知,只有在 $x_1 \leqslant x \leqslant x_2$ 条件下,不等式 $E \geqslant V(x)$ 才能成立,其中 x_1 及 x_2 是方程 $V(x)=E_2$ 的两个根.这表明具有能量为 E_2 的质点只能在 x_1 到 x_2 之间运动,这种限制在有限范围内的运动称为束缚运动.当质点能量在 $E_1<E<0$ 区间时,都是束缚运动.束缚运动的范围由势能曲线 CDG 所确定,这部分能形成束缚运动的势能常形象地称为势阱.

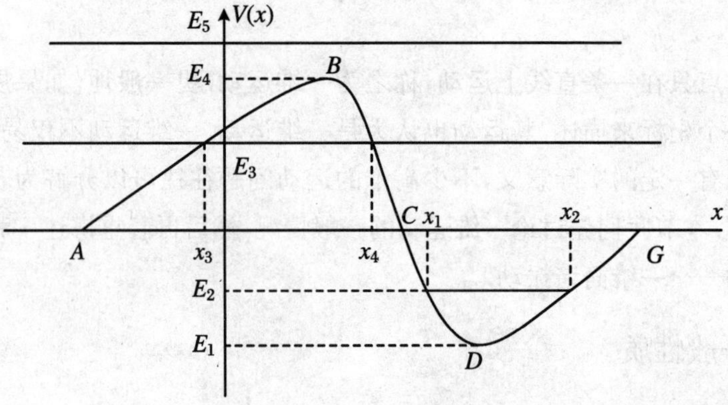

图 2.1

当质点能量 $E>0$ 时,其运动范围可以延伸到无穷远处.例如,当 $E=E_5$ 时,质点可在 $-\infty<x<\infty$ 区间内运动;当 $E=E_3$ 时,质点可在 $-\infty<x\leqslant x_3$,或者 $x_4\leqslant x<\infty$ 的区间内运动,这类运动都称为非束缚运动.

对于 $E=E_3$ 的质点,如果开始在 $x_4\leqslant x<\infty$ 的区间内运动,是否后来会跑到 $-\infty<x\leqslant x_3$ 的区间中去呢?不会,因为质点要从前一区间运动到后一区间,必须经过 $x_3<x<x_4$ 区间,而这一区间中的 $E_3<V(x)$,质点不可能进入;反之,开始时在 $-\infty<x\leqslant x_3$ 中运动的质点也不会跑到 $x_4\leqslant x<\infty$ 中去,ABC 部分的势能对于能量在 $E_4>E>0$ 范围内的质点来说是不可逾越的壁垒,常称之为势垒.

在上述定性分析的基础上,我们来定量求解运动方程.由式(2.1.3)可得

$$\frac{\mathrm{d}x}{\mathrm{d}t}=\pm\sqrt{\frac{2}{m}[E-V(x)]} \tag{2.1.5}$$

式中正号和负号分别表示质点沿 x 轴正向和负向的运动.积分上式就得到

$$t=\pm\sqrt{\frac{m}{2}}\int_{x_0}^{x}\frac{\mathrm{d}x}{\sqrt{E-V(x)}}\tag{2.1.6}$$

上式给出了一维保守力场中的质点运动方程的通解，给定了初始运动状态，即当 $t=0$ 时，$x=x_0$，$\dot{x}=v_0$ 后，就可以确定式中的积分常数 $E=\frac{1}{2}mv_0^2+V(x_0)$，也就求出了所需的特解.

在束缚运动的情况下，利用(2.1.6)式求得质点从 x_1 到 x_2（见图 2.1）所用的时间为

$$T_+=\sqrt{\frac{m}{2}}\int_{x_1}^{x_2}\frac{\mathrm{d}x}{\sqrt{E-V(x)}}\tag{2.1.7}$$

当质点达到 x_2 时，它的能量等于势能，动能和速度都变为零.这时它的受力等于势能曲线的负斜率，$F<0$，即受到一个朝着 x 轴负方向的力.因此质点到达 x_2 后，将向着返回 x_1 的方向运动.所以 x_2 是一个运动的转向点.同理，质点从 x_2 回到 x_1 所用的时间为

$$T_-=-\sqrt{\frac{m}{2}}\int_{x_2}^{x_1}\frac{\mathrm{d}x}{\sqrt{E-V(x)}}\tag{2.1.8}$$

容易发现 $T_-=T_+$.类似的分析可知 x_1 也是一个转向点，质点到达 x_1 后，再度转向 x_2 运动.

总之，束缚运动是质点在两个转向点 x_1 和 x_2 之间来回振动的周期性运动.质点完成一个运动循环所用的时间称为周期，周期 T 等于

$$T=2T_+=\sqrt{2m}\int_{x_1}^{x_2}\frac{\mathrm{d}x}{\sqrt{E-V(x)}}\tag{2.1.9}$$

由此可见质点的运动周期一般是与质点的能量 E 有关的.

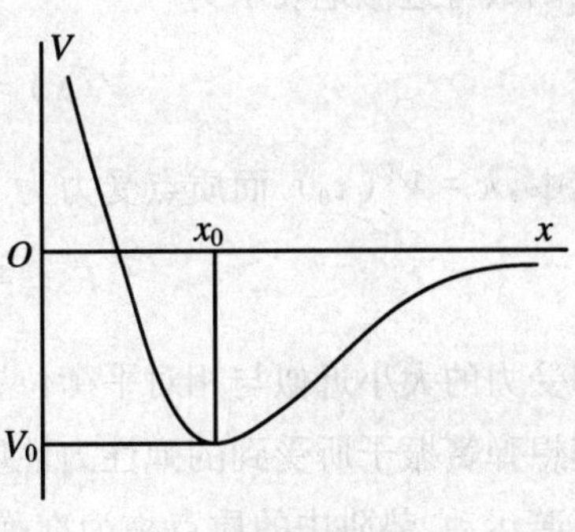

图 2.2

转向点则给出了质点运动的范围，两个转向点之间的距离决定了束缚运动的振幅，一般也是质点能量的函数.

例 2.1.1　计算质量为 m，能量为 E 的质点在势阱 $V(x)=V_0\tan^2(x/a)$ 中运动的振幅和周期.

解　在势阱中质点的允许运动范围为 $V_0\tan^2(x/a)\leqslant E$，由此解出 $|x|\leqslant a\arctan\sqrt{E/V_0}$，这说明运动的转折点为 $x=\pm A$，$A=a\arctan\sqrt{E/V_0}$ 为运动的

振幅.

由公式(2.1.9),可以计算出运动周期为

$$T = \sqrt{2m}\int_{-A}^{A}\frac{\mathrm{d}x}{\sqrt{E - V_0\tan^2(x/a)}} = \sqrt{\frac{2m}{V_0}}\int_{-A}^{A}\frac{\mathrm{d}x}{\sqrt{\tan^2(A/a) - \tan^2(x/a)}}$$

$$= \pi a\sqrt{\frac{2m}{V_0}}\cos\frac{A}{a} = 2\pi\sqrt{\frac{ma^2}{2V_0}}\frac{1}{\sqrt{1 + E/V_0}} = 2\pi\sqrt{\frac{ma^2}{2(E + V_0)}}$$

可见在该势阱中的粒子,其运动周期随着能量的增大而减小.

2.1.2 准弹簧振子运动的简谐近似

对任意一个如图 2.2 的势阱,它在 x_0处有极小值 V_0. 当质点能量 $E = V_0$时,质点只能处在位置 x_0处静止不动,所以势能曲线的极小值的位置相当于质点的平衡位置. 当能量略大于 V_0时,质点可以在 x_0附近做束缚运动. 但是运动范围很小,因此位移也很小,我们可以把势能函数 $V(x)$在 x_0点附近作泰勒展开

$$V(x) = V_0 + V'(x_0)(x - x_0) + \frac{1}{2}V''(x_0)(x - x_0)^2 + \frac{1}{6}V'''(x_0)(x - x_0)^3 + \cdots$$

因为 x_0是 $V(x)$的极小值点,故 $V'(x_0) = 0$,考虑到$|x - x_0|$ 很小,故在 x_0附近势能函数可近似地表示为

$$V(x) \approx V_0 + \frac{1}{2}k(x - x_0)^2 \tag{2.1.10}$$

其中,$k = V''(x_0)$. 而质点受力为

$$F = -\frac{\mathrm{d}V}{\mathrm{d}x} \approx -k(x - x_0) \tag{2.1.11}$$

即受力的大小近似与相对平衡位置的位移成正比,受力的方向指向平衡位置,这与理想弹簧振子所受到的弹性力性质相同,可以称之为准弹性力,对应的运动称为准简谐运动,势阱中的质点称为准弹簧振子. 在小位移的情况下,准弹性力可以近似地等效为弹性力,准简谐运动也近似为简谐运动.

下面来求解一维准弹簧振子的运动. 为了简单起见,我们将平衡位置取为坐标系的原点,即 $x_0 = 0$,适当选取势能零点,使 $V_0 = 0$,这样(2.1.10)式就简化为

$$V(x) \approx \frac{1}{2}kx^2 \tag{2.1.12}$$

对于能量为 E 的质点,由(2.1.4)式可以求出其运动范围近似为$|x| \leqslant A =$

$\sqrt{2E/k}$，转折点为 $x = \pm A$. 按照(2.1.9)式，它的运动周期为

$$T \approx \sqrt{2m}\int_{-A}^{A}\frac{\mathrm{d}x}{\sqrt{E - kx^2/2}} = 2\sqrt{\frac{m}{k}}\int_{-A}^{A}\frac{\mathrm{d}x}{\sqrt{A^2 - x^2}} = 2\pi\sqrt{\frac{m}{k}} \qquad (2.1.13)$$

因此得到运动的圆频率为

$$\omega = \frac{2\pi}{T} = \sqrt{\frac{k}{m}}$$

由(2.1.6)式，我们得到运动方程

$$t \approx \frac{1}{\omega}\int_{x_0}^{x}\frac{\mathrm{d}x}{\sqrt{A^2 - x^2}} = \frac{1}{\omega}\sin^{-1}\frac{x}{A}\bigg|_{x_0}^{x} = \frac{1}{\omega}\left(\sin^{-1}\frac{x}{A} - \sin^{-1}\frac{x_0}{A}\right) \qquad (2.1.14)$$

整理后即可得到

$$x \approx A\sin(\omega t + \theta_0) \qquad (2.1.15)$$

其中，$\theta_0 = \sin^{-1}(x_0/A)$称为初位相.

上面的结果说明，准简谐振子的运动方程近似为正弦函数，其周期 T 近似为一个与能量无关的确定值，振幅 A 与能量的平方根成正比.

(2.1.15)式也可以由运动微分方程(2.1.1)式直接得到，在准简谐振子的情况下有

$$m\ddot{x} \approx -kx \quad 或 \quad \ddot{x} + \omega^2 x \approx 0 \qquad (2.1.16)$$

其通解为

$$x \approx a\cos\omega t + b\sin\omega t \qquad (2.1.17)$$

令 $a = A\sin\theta_0$，$b = A\cos\theta_0$，即回到了(2.1.15)式.

利用初始条件 $t = 0$ 时，$x = x_0$，$\dot{x} = v_0$ 可以推出 $a = x_0$，$b = v_0/\omega$，故特解为

$$x \approx x_0\cos\omega t + \frac{v_0}{\omega}\sin\omega t \qquad (2.1.18)$$

例 2.1.2　用简谐近似计算例 2.1.1 中质点的运动方程和周期，并与精确的结果做比较.

解　显然，势能函数在 $x = 0$ 处取极小值 $V = 0$，将其在 $x = 0$ 处作泰勒展开，得到

$$V(x) = V_0\tan^2\left(\frac{x}{a}\right) \approx V_0\left(\frac{x}{a}\right)^2$$

与简谐振子的弹性势能 $V(x) = kx^2/2$ 进行比较，得到劲度系数为 $k = 2V_0/a^2$. 于

是可以求出近似的运动方程为 $x \approx A\sin(\omega t+\theta_0)$，其中振幅近似满足条件 $E=\frac{1}{2}kA^2=\frac{A^2V_0}{a^2}$，即 $A=a\sqrt{\frac{E}{V_0}}$；运动周期为 $T=2\pi\sqrt{\frac{m}{k}}=2\pi\sqrt{\frac{ma^2}{2V_0}}$. 与例 2.1.1 中的精确结果相比，相对误差为

$$\frac{\Delta A}{A}=1-\frac{\arctan\sqrt{E/V_0}}{\sqrt{E/V_0}}=\frac{E}{3V_0}-\frac{E^2}{5V_0^2}+\cdots$$

$$\frac{\Delta T}{T}=\sqrt{\frac{E+V_0}{V_0}}-1=\frac{E}{2V_0}-\frac{E^2}{8V_0^2}+\cdots$$

这个误差随着质点能量的增大而迅速增大.

例 2.1.3　实际的简谐振子在运动过程中都会受到阻力，从而使它的振荡衰减下来. 最常见的阻尼是和速度成比例的力 $f=-p\dot{x}$，显然这是一种耗散力，它把谐振子的机械能逐渐地转为其他形式的能量. 讨论这个阻力对谐振子运动的影响.

解　在有阻尼力 f 的情况下，运动微分方程(2.1.16)式应改为

$$m\ddot{x}=-kx-p\dot{x}$$

令 $\beta=p/(2m)$，上述方程简化为

$$\ddot{x}+2\beta\dot{x}+\omega^2x=0$$

当 $0<\beta<\omega$ 时，其通解为

$$x(t)=Ae^{-\beta t}\sin(\sqrt{\omega^2-\beta^2}\,t+\theta_0)$$

将上式与(2.1.15)式比较，可以看出阻尼的存在会产生两方面的影响：一是解中的圆频率减小为 $\omega'=\sqrt{\omega^2-\beta^2}$；二是振幅变成了 $A'=Ae^{-\beta t}$，即振幅不再是常数，而是随时间按指数形式衰减. 由振幅与机械能 E 的关系，可进一步得到

$$E=\frac{1}{2}kA'^2=\frac{1}{2}kA^2e^{-2\beta t}=E_0e^{-2\beta t}$$

式中，$E_0=kA^2/2$ 为 $t=0$ 时刻的机械能.

2.1.3　自洽平均方法

上面将一个准弹簧振子近似为理想弹簧振子的简谐近似方法，在质点距离平衡位置的位移很小的时候是一种有效的做法，但是也存在着明显的不足. 定性地说，简谐近似方法不能反映运动周期随着能量变化的情况；定量地说，随着能量的增加，相对误差也迅速地增加，该方法也就失效了. 此外，有时候势能在极小值点展开式的二阶导数为零，这时就无法运用简谐近似方法. 在上述情况下，往往可以采

用自洽平均方法来进行处理. 下面,我们通过一个典型的例子来具体说明自洽平均方法.

对称双弹簧振子的物理模型可以用一个质量为 m 在光滑水平面上运动的小球来描述,它与两个劲度系数为 k、原长为 l 的轻质弹簧相连,在平衡时这两个弹簧成一条直线. 小球的运动可以分解为沿弹簧方向的纵振动及垂直弹簧方向的横振动. 以小球的平衡位置为原点 O,垂直弹簧方向为 X 轴建立坐标系,则在横振动的情况下,系统的势能为

$$V = 2 \cdot \frac{1}{2} k \Delta l^2 = k\left(\sqrt{l^2 + x^2} - l\right)^2 \tag{2.1.19}$$

在微振动的条件下,位移 x 远远小于弹簧原长 l,即 $x \ll l$. 利用牛顿二项式展开,上式可以简化为

$$V = \frac{1}{4} \cdot \frac{kx^4}{l^2} \tag{2.1.20}$$

显然,这样的势能无法用简谐近似方法处理.

与上述势能对应的力为

$$F = -V' = \frac{-kx^3}{l^2} \tag{2.1.21}$$

代入牛顿第二定律,立刻得到运动微分方程

$$m\ddot{x} = \frac{-kx^3}{l^2} \tag{2.1.22}$$

式(2.1.22)是一个二阶非线性常微分方程,很难严格求解,下面采用自洽平均方法来近似计算. 首先将方程中的 x^3 写成 $x^2 x$,并把其中的 x^2 项用其周期平均值来代替,由此得到近似方程

$$\ddot{x} + \omega^2 \cdot x = 0 \tag{2.1.23}$$

其中

$$\omega = \sqrt{\frac{k\overline{x^2}}{ml^2}} \tag{2.1.24}$$

称为振动的有效角频率,它与小球横向位移的方均根值成正比.

不失一般性,我们可以假设初始条件为 $x(0) = A$,$\dot{x}(0) = 0$,其中 A 为小球横振动的振幅. 将初始条件代入近似方程(2.1.23),容易得到特解为

$$x = A\cos(\omega t) \tag{2.1.25}$$

由于(2.1.25)式的右边含有效角频率 ω,而它又与位移 x 的方均根值有关,因此并

没有给出问题的明显解.为了得到解的明显形式,我们利用自洽条件

$$\overline{x^2} = \frac{1}{T}\int_0^T x^2 \mathrm{d}t \tag{2.1.26}$$

式中,$T = 2\pi/\omega$ 为特解的周期.将(2.1.25)式代入(2.1.26)式,可以算出

$$\overline{x^2} = \frac{1}{2}A^2 \tag{2.1.27}$$

再代回(2.1.24)式中,得到有效频率的明显形式为

$$\omega = \sqrt{\frac{k}{2m}} \cdot \frac{A}{l} \tag{2.1.28}$$

于是可以得到问题的自洽平均近似解为

$$x = A\cos\left(\sqrt{\frac{k}{2m}} \cdot \frac{At}{l}\right) \tag{2.1.29}$$

对应的周期为

$$T = \frac{2\pi}{\omega} = \frac{2\pi l}{A}\sqrt{\frac{2m}{k}} = \frac{\sqrt{2}l}{A}T_0 \tag{2.1.30}$$

其中,$T_0 = 2\pi\sqrt{m/k}$ 为单弹簧振子振动的周期.

利用计算机进行数值计算,可以得到小球横振动周期的严格解为

$$T_{\text{Exact}} = \frac{5.2l}{A}\sqrt{\frac{2m}{k}} \tag{2.1.31}$$

与自洽平均方法得到的近似解相比,定性的结果完全相同,定量的误差大约为20%.考虑到问题的复杂性,因此这样的结果还是可以接受的.

2.2 有心运动

一般来讲,如果运动质点所受的力的作用线始终通过某一定点,我们就说这个质点所受的力是有心力,而这个定点则叫做力心.如果有心力又是个力场,其量值仅为矢径(即质点和力心间距离) r 的函数,则称为有心力场.质点在有心力场中的运动简称为有心运动,有心运动是质点运动的一种很常见、很重要的形式.本节先讨论有心运动的一般性质,然后再重点讲述质点在平方反比的有心力场中运动的具体规律.

2.2.1　一般性质

当质点做有心运动时，我们通常取力心为坐标原点，这时有心力 $\boldsymbol{F}$ 可表示为

$$\boldsymbol{F} = F(r)\boldsymbol{e}_r \tag{2.2.1}$$

式中，$\boldsymbol{e}_r = \boldsymbol{r}/r$ 为位矢方向的单位矢量，$F(r)$ 表示有心力量值，如 $F(r)>0$，则力的方向背离原点，表现为斥力；如 $F(r)<0$，则力的方向趋于原点，表现为引力.

因为有心力 $\boldsymbol{F}$ 与位矢 $\boldsymbol{r}$ 共线，故其对原点的力矩 $\boldsymbol{M}=\boldsymbol{r}\times\boldsymbol{F}=0$，由动量矩守恒定律可知，做有心运动时质点的动量矩

$$\boldsymbol{L} = \text{常矢量} \tag{2.2.2}$$

按定义，动量矩为 $\boldsymbol{L}=\boldsymbol{r}\times\boldsymbol{p}$，故有

$$\boldsymbol{r}\cdot\boldsymbol{L} = L_x\cdot x + L_y\cdot y + L_z\cdot z = 0 \tag{2.2.3}$$

因为动量矩守恒，其分量 L_x，L_y，L_z 均为常数，故上式代表了一个过原点 O 的平面，法线方向为动量矩的方向. 这说明在有心力场中，质点只能在垂直于动量矩的平面内运动，故有心运动问题实质上是一个平面运动问题.

以动量矩的方向为 z 轴建立柱坐标，这时质点的运动平面为 $z=0$，其位矢为

$$\boldsymbol{r} = \rho\boldsymbol{e}_\rho + z\boldsymbol{k} = \rho\boldsymbol{e}_\rho \tag{2.2.4}$$

即 $\boldsymbol{e}_r=\boldsymbol{e}_\rho$，$r=\rho$. 有心力又可以表示为

$$\boldsymbol{F} = F(r)\boldsymbol{e}_r = F(\rho)\boldsymbol{e}_\rho \tag{2.2.5}$$

这样，动量矩就可以表示为 $\boldsymbol{L}=m\rho^2\dot{\varphi}\boldsymbol{k}$，动量矩守恒定律可表示为

$$m\rho^2\dot{\varphi} = L = \text{常数}\quad\text{或}\quad\rho^2\dot{\varphi} = h = \text{常数} \tag{2.2.6}$$

其中，$h=L/m$ 为单位质量的角动量，质点的运动微分方程为

$$\begin{cases} m(\ddot{\rho}-\rho\dot{\varphi}^2) = F(\rho) \\ m(\rho\ddot{\varphi}+2\dot{\rho}\dot{\varphi}) = 0 \end{cases} \tag{2.2.7}$$

例 1.4.1 中证明了有心力场是保守力场，其势函数为

$$V = -\int_{\rho_0}^{\rho} F(\rho)\mathrm{d}\rho \tag{2.2.8}$$

其中，ρ_0 为势能零点. 对于有心力场中的运动质点，机械能守恒定律成为

$$E = \frac{1}{2}mv^2 + V(\rho) = \frac{1}{2}m(\dot{\rho}^2+\rho^2\dot{\varphi}^2) + V(\rho) = \text{常数} \tag{2.2.9}$$

2.2.2　有心运动的分解

做有心运动的质点，在取柱坐标后，由牛顿运动定律可以得到两个二阶运动微

分方程(2.2.7),由角动量守恒律和机械能定恒律又得到两个一阶运动微分方程(2.2.6)和(2.2.9)式.由于只有两个独立坐标 ρ 和 φ,因此这四个方程并不独立.我们把(2.2.6)式两边对时间求导,可以推出(2.2.7)中的第二式,因此这两个方程是等价的.因为(2.2.6)式中只含有 φ 的导数,故又称为横向方程.

由(2.2.6)式可得 $\dot{\varphi}=L/(m\rho^2)$,代入方程(2.2.7)第一式后,得到一个关于 ρ 的二阶微分方程

$$m\ddot{\rho} = F(\rho) + \frac{L^2}{m\rho^3} \tag{2.2.10}$$

代入方程(2.2.9)后,又可以得到一个关于 ρ 的一阶微分方程

$$\frac{1}{2}m\dot{\rho}^2 + V(\rho) + \frac{L^2}{2m\rho^2} = E \tag{2.2.11}$$

将上式两边对时间 t 求导数,并注意到 $\frac{\mathrm{d}V}{\mathrm{d}t}=\frac{\mathrm{d}V}{\mathrm{d}\rho}\cdot\frac{\mathrm{d}\rho}{\mathrm{d}t}=-F(\rho)\dot{\rho}$,即可得到(2.2.10)式.因此,这两个方程也是完全等价的,统称为径向方程.

由以上的分析可以看出,质点的有心运动可以分解为横向运动和径向运动两个部分,横向运动由方程(2.2.6)决定,径向运动由方程(2.2.10)式或(2.2.11)式决定.

我们将方程(2.2.10)与一维运动方程(2.1.1)式对比一下,就可以看出二者在形式上是非常类似的.(2.2.10)式中的 ρ 相当于一维运动中的 x,而与一维运动中的力 $F(x)$对应的是有效力

$$F_{\mathrm{e}}(\rho) = F(\rho) + \frac{L^2}{m\rho^3} \tag{2.2.12}$$

根据这个对应关系,我们就可以通过类比来研究有心运动中的径向运动部分.

值得提出的是,在制约径向运动的有效力 $F_{\mathrm{e}}(\rho)$中,除了有心力 $F(\rho)$之外,还有一个附加项 $L^2/m\rho^3$,这项的物理意义又是什么呢?实际上它就是我们在普通物理中学过的惯性离心力.由于质点在做径向运动的同时,还在做横向运动,以角速度 $\omega=\dot{\varphi}$ 绕力心旋转,质点的径向在不断地变化着.当我们单独讨论质点的径向运动时,就相当于处在一个角速度为 ω 的转动坐标系中,从而质点还应受到惯性离心力 $m\omega^2\rho$.利用(2.2.6)式,立即可以看出这恰好是有效力中的附加项 $L^2/m\rho^3$.角动量 L 越大,惯性离心力 $L^2/m\rho^3$ 也就越大.有效力中含有角动量 L 反映了横向运动对径向运动的影响.

同样的,径向方程(2.2.11)与一维运动方程(2.1.3)的形式完全一致,与一维

运动中的势能 $V(x)$ 相对应的是有效势能

$$V_e(\rho) = V(\rho) + \frac{L^2}{2m\rho^2} \quad (2.2.13)$$

其中，$V(\rho)$ 为有心力的势能，$L^2/2m\rho^2$ 是惯性离心力 $L^2/m\rho^3$ 的势函数，称为惯性离心势.

与一维运动类似，依照势函数 $V(\rho)$ 的形式及能量 E 的大小也可以分析出质点运动是束缚的还是非束缚的. 倘若有效势能 $V_e(\rho)$ 具有图 2.3 所示的形式，那么质点的运动可以分为以下两类：

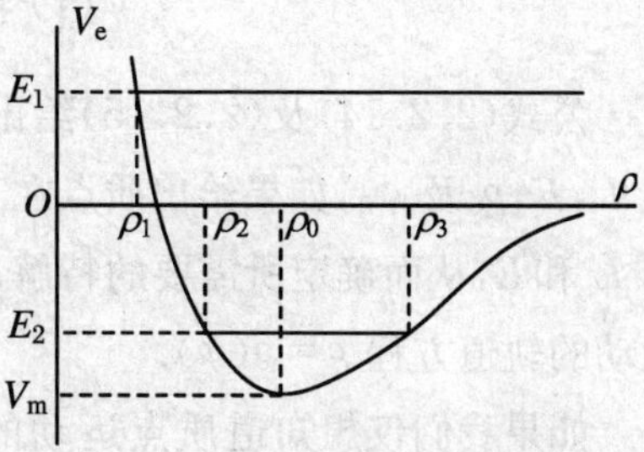

图 2.3　有心力场的有效势能

（ⅰ）当 $E>0$ 时，质点的运动是非束缚的. 如果质点能量为 E_1，它可以在 $\rho_1 \leqslant \rho < \infty$ 之间运动，可以远离力心. 从无穷远处以能量 E_1 及角动量 L 射向力心的质点，当它的径向坐标到达 ρ_1 后，就转向远离力心，再跑到无穷远处. 转向点 ρ_1 是方程 $E_1 = V_e(\rho)$ 的根.

（ⅱ）当 $E<0$ 时，质点的运动是束缚的，如果质点能量为 E_2，它只能在 $\rho_2 \leqslant \rho \leqslant \rho_3$ 之间运动，不能远离力心，转向点 ρ_2 及 ρ_3 分别称为近心点及远心点，它们是方程 $E_2 = V_e(\rho)$ 的两个根. 显然，这两个根都是质点能量 E_2 及角动量 L 的函数.

束缚运动有一个特殊情况，当质点能量等于有效势能 $V_e(\rho)$ 的极小值 V_m 时，质点的径向位置只能处在 ρ_0 处，即没有径向运动. 没有径向运动的质点是否静止呢？通常不是. 因为这时质点的角速度 ω 不为零，即仍有转动. 所以，$E = V_m$ 的运动一般是圆周运动. 因为 V_m 是由方程 $\mathrm{d}V_e/\mathrm{d}\rho = 0$ 决定的，故 V_m 为角动量 L 的函数. 条件 $E = V_m$ 表明，仅当质点的能量与其角动量满足这个特定的关系时，质点才可能做圆周运动. 所以圆周运动是一种很特殊的有心运动.

利用径向运动与一维运动的关系，类比(2.1.6)式，我们可以得到关系式

$$\mathrm{d}t = \pm\sqrt{\frac{m}{2}}\frac{\mathrm{d}\rho}{\sqrt{E - V_e(\rho)}}$$

上式积分后就得到

$$t = \pm\sqrt{\frac{m}{2}}\int_{\rho_0}^{\rho}\frac{\mathrm{d}\rho}{\sqrt{E - V_e(\rho)}} \quad (2.2.14)$$

这就给出了径向坐标 ρ 与 t 的关系，即径向方程的解 $\rho(t)$. 将结果代入(2.2.6)式后积分，即可得到横向方程的解.

$$\varphi(t) = \frac{L}{m}\int_0^t \frac{\mathrm{d}t}{\rho^2(t)} + \varphi_0 \tag{2.2.15}$$

公式(2.2.14)及(2.2.15)给出了质点运动方程的一般形式,其中含有四个参数 L,E,ρ_0及 φ_0,如果给出质点在 $t=0$ 时刻的初始值 ρ_0,φ_0 和 $\dot{\rho}_0,\dot{\varphi}_0$,就可以求出 L 和E,从而确定所需要的特解.在这两个式子中消去时间 t,还可以得到有心运动的轨道方程 $\rho=\rho(\varphi)$.

如果我们仅想知道质点运动的轨道,可以直接从运动微分方程(2.2.14)和(2.2.6)中消去 $\mathrm{d}t$,得到轨道微分方程

$$\mathrm{d}\varphi = \pm\frac{L}{\sqrt{2m}}\frac{\mathrm{d}\rho}{\rho^2\sqrt{E-V_{\mathrm{e}}(\rho)}} \tag{2.2.16}$$

再进行积分得

$$\varphi = \pm\frac{L}{\sqrt{2m}}\int_{\rho_0}^{\rho}\frac{\mathrm{d}\rho}{\rho^2\sqrt{E-V_{\mathrm{e}}(\rho)}} + \varphi_0 \tag{2.2.17}$$

上式给出了坐标 ρ 与φ 之间的关系,即运动轨道方程.

例 2.2.1　推导有心力场 $F(\rho)=-\alpha/\rho^2$ 中质点做圆周运动的条件,并计算其运动角速度.

解　以无穷远处为势能零点,该有心力场的势能函数为 $V(\rho)=-\alpha/\rho$,有效势能为 $V_{\mathrm{e}}(\rho)=-\dfrac{\alpha}{\rho}+\dfrac{L^2}{2m\rho^2}$.由 $V_{\mathrm{e}}'(\rho)=\dfrac{\alpha}{\rho^2}-\dfrac{L^2}{m\rho^3}=0$,可以解出 $\rho_0=\dfrac{L^2}{\alpha m}$.将结果代入圆周运动的条件,得到 $E=V_{\mathrm{e}}(\rho_0)=-m\alpha^2/(2L^2)$;再代入(2.2.6)式,得到角速度为

$$\dot{\varphi} = \frac{L}{(m\rho_0^2)} = \frac{m\alpha^2}{L^3}$$

例 2.2.2　质点受有心力作用做双纽线 $\rho^2=a^2\cos 2\varphi$ 运动,求速度与 ρ 的关系和该有心力的大小$F(\rho)$.

解　利用极坐标中的速度表达式和角动量守恒定律得到

$$v^2 = \dot{\rho}^2+\rho^2\dot{\varphi}^2 = \left[\left(\frac{\mathrm{d}\rho}{\mathrm{d}\varphi}\right)^2+\rho^2\right]\dot{\varphi}^2 = \left[\left(\frac{\mathrm{d}\rho}{\mathrm{d}\varphi}\right)^2+\rho^2\right]\left(\frac{h}{\rho^2}\right)^2$$

其中,h 为单位质量的角动量.由轨道方程,得到$\dfrac{\mathrm{d}\rho}{\mathrm{d}\varphi}=-\dfrac{a^2\sin 2\varphi}{\rho}$,代入上式后有

$$v^2 = \left[\left(\frac{a^2\sin 2\varphi}{\rho}\right)^2+\rho^2\right]\left(\frac{h}{\rho^2}\right)^2 = \left[\frac{a^4(1-\cos^2 2\varphi)}{\rho^2}+\rho^2\right]\left(\frac{h}{\rho^2}\right)^2 = \frac{a^4h^2}{\rho^6}$$

故有 $v=a^2h/\rho^3$.由机械能守恒定律

$$E = \frac{1}{2}mv^2 + V(\rho) = \frac{ma^4h^2}{2\rho^6} + V(\rho)$$

得到 $F(\rho) = -\frac{\mathrm{d}V}{\mathrm{d}\rho} = -3m\frac{a^4h^2}{\rho^7}$.

2.2.3　平方反比引力场

平方反比引力场是一种广泛应用的有心力场,行星绕日运动和电子绕原子核运动都属于这种情况.在这种情况下有

$$F(\rho) = -\frac{\alpha}{\rho^2}, \quad V(\rho) = -\frac{\alpha}{\rho} \tag{2.2.18}$$

其中,α 为比例常量,对应的有效力和有效势能分别为

$$F_{\mathrm{e}}(\rho) = -\frac{\alpha}{\rho^2} + \frac{L^2}{m\rho^3}, \quad V_{\mathrm{e}}(\rho) = -\frac{\alpha}{\rho} + \frac{L^2}{2m\rho^2} \tag{2.2.18a}$$

我们首先研究运动轨道,将上式代入轨道微分方程(2.2.17)后进行积分,得到

$$\varphi = \frac{L}{\sqrt{2m}}\int_{\rho_0}^{\rho}\frac{\mathrm{d}\rho}{\rho^2\sqrt{E + \frac{\alpha}{\rho} - \frac{L^2}{2m\rho^2}}} + \varphi_0 = \cos^{-1}\frac{\frac{L}{\rho} - \frac{m\alpha}{L}}{\sqrt{2mE + \frac{m^2\alpha^2}{L^2}}} + \varphi_0 \tag{2.2.19}$$

在积分时为了方便,已取 $\rho_0 = L^2/m\alpha$.上式化简后得到轨道方程为

$$\rho = \frac{p}{1 + e\cos(\varphi - \varphi_0)} \tag{2.2.20}$$

其中的参数是

$$p = \frac{L^2}{m\alpha} \tag{2.2.21}$$

$$e = \sqrt{1 + \frac{2EL^2}{m\alpha^2}} = \sqrt{1 + \frac{2Ep}{\alpha}} \tag{2.2.22}$$

由解析几何的理论,轨道方程(2.2.20)正好是以原点为焦点的圆锥曲线的方程,参数 e 为偏心率,p 为半焦弦.按照偏心率数值的不同,圆锥曲线可以分成以下几类:

(ⅰ)当 $e>1$,即 $E>0$ 时,为双曲线;

(ⅱ)当 $e=1$,即 $E=0$ 时,为抛物线;

(ⅲ)当 $e<1$,即 $E<0$ 时,为椭圆.其中半长轴 a 和半短轴 b,分别为

$$a = \frac{p}{1-e^2}, \quad b = a\sqrt{1-e^2} \tag{2.2.23}$$

（ⅳ）当 $e=0$，即 $E=-m\alpha^2/2L^2$ 时，为圆，其中半径为 $\rho_0 = p$.

这些结果与我们在前面利用 $V_e(\rho)$ 图形对运动的分类是一致的，$E \geqslant 0$ 是双曲线轨道或抛物线轨道，它们都是非束缚的.而当 $E<0$ 时，是圆或椭圆轨道，它们都是不能远离力心的束缚运动.当质点做圆周运动时，所得结果与例 2.2.1 中的计算完全一致；在质点做椭圆轨道运动的情况下，其能量由(2.2.22)式决定为

$$E = \frac{m\alpha^2}{2L^2}(e^2-1) = -\frac{\alpha(1-e^2)}{2p} = -\frac{\alpha}{2a} < 0 \tag{2.2.24}$$

即在椭圆轨道运动中，能量 E 只决定于半长轴 a，而与半短轴 b 无关.

为了求出质点在平方反比引力场中做椭圆轨道运动的周期 T，我们定义质点矢径在单位时间内扫过的椭圆面积为面积速度.显然，矢径在转动 $\mathrm{d}\varphi$ 角度时，扫过的面积元为 $\mathrm{d}A = \frac{1}{2}\rho^2\mathrm{d}\varphi$，故面积速度为

$$\dot{A} = \frac{\mathrm{d}A}{\mathrm{d}t} = \frac{1}{2}\rho^2\dot{\varphi} = \frac{1}{2}h \tag{2.2.25}$$

利用(2.2.6)式，立刻得到

$$\dot{A} = \frac{L}{2m} = \text{常数} \tag{2.2.26}$$

上式表明质点在有心力场中运动时，其面积速度为常数，大小为单位质量的动量矩的一半.当质点沿椭圆运动一周时，其矢径恰好扫过整个椭圆面积 A，即

$$\int_0^T \dot{A}\,\mathrm{d}t = A \tag{2.2.27}$$

利用(2.2.26)式，可得运动周期

$$T = \frac{A}{\dot{A}} = \frac{2mA}{L} \tag{2.2.28}$$

考虑到椭圆面积为 $A=\pi ab$，上式可化为

$$T = \frac{2\pi mab}{L} = \frac{2\pi m a^{3/2}\cdot p}{L} = 2\pi\sqrt{\frac{m}{\alpha}}a^{\frac{3}{2}} \tag{2.2.29}$$

即质点在平方反比有心力场中做椭圆运动，其周期平方与椭圆半长轴 a 的立方成正比.

2.2.4 万有引力定律的发现

万有引力定律是牛顿在开普勒定律的基础上，结合在有心力场中的运动微分

方程而发现的. 在 17 世纪初, 德国物理学家开普勒利用他的老师第谷 · 布拉赫留下的大量观测资料, 总结出关于行星绕太阳运动的三条经验规律, 即所谓的开普勒定律, 其内容如下:

第一定律: 行星绕太阳做椭圆运动, 太阳位于椭圆的一个焦点上;

第二定律: 行星和太阳之间的连线(矢径), 在相等的时间内, 扫过的面积相等;

第三定律: 行星公转周期的平方与轨道半长轴的立方成正比.

现在, 我们沿着历史发展的途径, 从开普勒定律推出万有引力定律.

根据开普勒第一定律, 行星绕太阳做椭圆运动, 椭圆是平面曲线. 因此, 行星对太阳的动量矩的方向是确定的, 总是在和椭圆平面垂直的方向上. 而由开普勒第二定律, 行星对太阳的矢径的面积速度 $\dot{A}$ 是个常数. 由(2.2.26)式可知动量矩的大小 $L=2m\dot{A}$ 也是常数. 因此, 行星绕太阳运动时, 动量矩 $\boldsymbol{L}$ 守恒. 由此可知, $\boldsymbol{F}$ 与行星相对太阳的位矢 $\boldsymbol{r}$ 共线, 亦即行星所受之力为有心力.

由开普勒第一定律, 行星绕太阳的轨道为椭圆, 具体表示出来即有

$$\rho=\frac{p}{1+e\cos\varphi} \tag{2.2.30}$$

而利用有心力场中质点运动的轨道微分方程(2.2.16)式, 可得行星与太阳之间的有效势为

$$V_{\mathrm{e}}(\rho)=E-\frac{L^2}{2m}\left(\frac{1}{\rho^2}\frac{\mathrm{d}\rho}{\mathrm{d}\varphi}\right)^2=E-\frac{L^2}{2m}\frac{e^2\sin^2\varphi}{p^2}$$

由此可得相互作用势能为

$$\begin{aligned}V(\rho)&=V_{\mathrm{e}}-\frac{L^2}{2m\rho^2}=E-\frac{L^2}{2m\rho^2}\left(\frac{e^2\sin^2\varphi}{(1+e\cos\varphi)^2}+1\right)\\&=E-\frac{L^2}{2m\rho^2}\left(\frac{2}{1+e\cos\varphi}-\frac{1-e^2}{(1+e\cos\varphi)^2}\right)=E-\frac{L^2}{mp\rho}+\frac{L^2(1-e^2)}{2mp^2}\end{aligned} \tag{2.2.31}$$

对应的相互作用力为

$$F(\rho)=-\frac{\mathrm{d}V}{\mathrm{d}\rho}=-\frac{L^2}{m\rho^2 p}=-\frac{\alpha}{\rho^2} \tag{2.2.32}$$

因为 $\alpha=L^2/m\rho$ 是常数, 因此力 $F(\rho)$ 是与距离 ρ 的平方成反比的引力.

初看起来, 似乎不需要用到开普勒第三定律就已推出万有引力定律了. 其实不然, 因为上述推导只是对某一个行星进行的, 而对不同的行星, L^2, m, p 都有不同的数值, 并没有得到一个统一的形式. 为了得到一个对所有行星都适用的公式, 还

得利用开普勒第三定律.由开普勒第三定律,行星公转的周期的平方和轨道半长轴的立方成正比,其比例系数 W 是个与各行星的性质无关,只与太阳的性质有关的常数,通常把 $k^2=4\pi^2/W$ 称为太阳的高斯常数.即

$$\frac{T^2}{a^3}=W=\frac{4\pi^2}{k^2}=\text{常数} \tag{2.2.33}$$

而对于每一个行星来说,我们均有(2.2.29)式,即 $T^2/a^3=4\pi^2 m/\alpha$,由此推出

$$\alpha = mk^2 \tag{2.2.34}$$

将上式代入(2.2.32)式,就得到了太阳对行星的作用力的普遍公式

$$F=-\frac{mk^2}{\rho^2} \tag{2.2.35}$$

式中,m 为行星的质量,k^2是个只与太阳质量有关的常数.

牛顿还研究了月球绕地球的运动,发现地球对月球的作用力以及地球对地面上各物体的力属于同一性质,也具有上述规律

$$F=-\frac{mk_1^2}{\rho^2} \tag{2.2.36}$$

其中,m 为被吸引物体的质量,k_1^2 是地球的高斯常数,只与地球的质量有关,而 ρ 是被吸引的物体到地心的距离.

现在我们再来考察地球与太阳之间的相互作用.设太阳的质量为 m_1,地球的质量为 m_2,因此太阳对地球的吸引力 F_{21}的大小为

$$F_{21}=\frac{m_2 k^2(m_1)}{\rho^2}$$

由(2.2.36)式,地球对太阳的吸引力应为

$$F_{12}=\frac{m_1 k_1^2(m_2)}{\rho^2}$$

太阳对地球的吸引力与地球对太阳的吸引力互为反作用力,由牛顿第三定律可知

$$F_{12}=\frac{m_1 k_1^2(m_2)}{\rho^2}=\frac{m_2 k^2(m_1)}{\rho^2}=F_{21} \tag{2.2.37}$$

因此有

$$\frac{k^2(m_1)}{m_1}=\frac{k_1^2(m_2)}{m_2}=G \tag{2.2.38}$$

显然 G 为与 m_1和 m_2均无关的常量,称为万有引力常量.将上面的结果代回(2.2.35)式,就得到了万有引力定律的一般形式

$$F = G\frac{m_1 m_2}{\rho^2} \tag{2.2.39}$$

2.2.5 有心力场中的散射问题

散射(碰撞)实验是研究微观粒子运动规律、相互作用及其内部结构的重要手段,在原子、原子核和基本粒子物理学的发展中都起过很重要的作用.例如,卢瑟福的原子有核模型就是在 α 粒子散射的基础上发现的.下面,我们就以有心力场为例来研究散射问题.

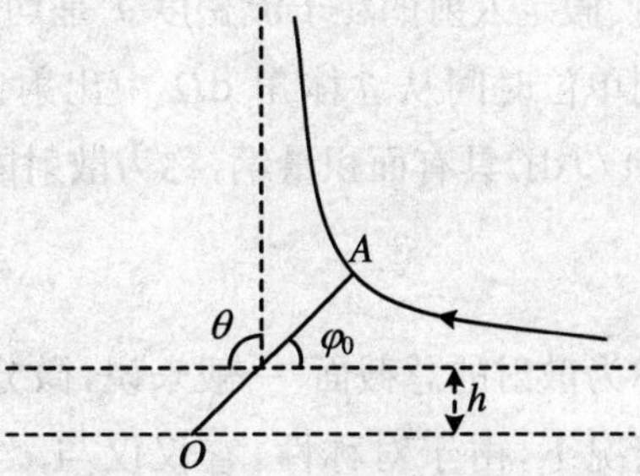

图 2.4　有心力场中的散射

在有心力场的非束缚运动情况下,我们取(2.2.17)式的积分下限为坐标 ρ 的极小值 ρ_m,即 $E = V_e(\rho)$ 的根.因为积分中的根式在 $\rho=\rho_m$ 处变号,因此曲线的两支关于直线 $\varphi=\varphi_0$ 对称.如果粒子在初始时刻沿 $\varphi=0$ 的反方向以速度 v_∞ 和瞄准距离 h 从无限远处入射(如图 2.4),则偏转角为 $\theta=\pi-2\varphi_0$,而对称轴为

$$\varphi_0 = \frac{L}{\sqrt{2m}}\int_{\rho_m}^{\infty}\frac{d\rho}{\rho^2\sqrt{E-V_e(\rho)}} \tag{2.2.40}$$

其中,$E=\frac{1}{2}mv_\infty^2$,$L=mhv_\infty$.积分后得到 $\varphi_0=\varphi_0(E,L)$,再利用参数 h 消去 L 后代入偏转角关系 $\theta=\pi-2\varphi_0$,得到

$$\theta = \theta(E,h) \tag{2.2.41}$$

对于在平方反比的有心力场中散射的情况,入射粒子的轨迹为双曲线,其散射角为两条渐近线的夹角(见图 2.5),因此得到

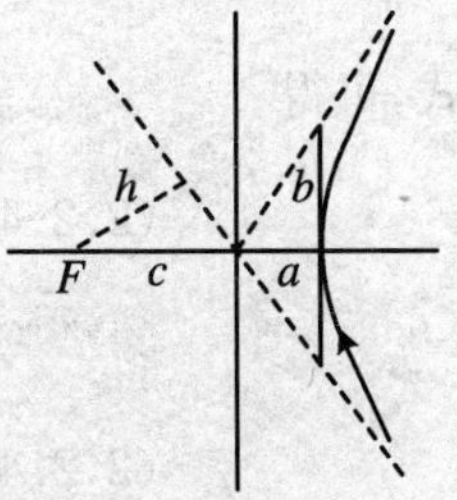

图 2.5　平方反比引力场中的散射

$$\frac{\theta}{2} = \frac{\pi}{2} - \arctan\frac{b}{a}$$

于是

$$\cot\frac{\theta}{2} = \frac{b}{a} = \sqrt{e^2-1} = \frac{v_\infty L}{\alpha} = \frac{2hE}{\alpha}$$

或者

$$h = \frac{\alpha}{2E}\cot\frac{\theta}{2} = \frac{\alpha}{mv_\infty^2}\cot\frac{\theta}{2} \tag{2.2.42}$$

而在散射过程中，粒子与散射中心的最短距离为

$$\rho_{\mathrm{m}} = a + c = \frac{p}{e-1} \tag{2.2.43}$$

在物理中，我们遇到的往往不是一个粒子的偏转，而是以相同速度向散射中心运动的一束全同粒子.束内不同的粒子有不同的瞄准距离，因而也以不同的角度散射.假定入射的粒子流密度 J 是均匀的，即单位时间通过单位截面的粒子数相同，则单位时间从立体角 $\mathrm{d}\Omega$ 中出射的粒子个数 $\mathrm{d}n$ 与 $J\mathrm{d}\Omega$ 成正比，比例系数 $q = \mathrm{d}n/J\mathrm{d}\Omega$ 具有面积量纲，称为散射的微分截面，记为 $\mathrm{d}\sigma/\mathrm{d}\Omega$.而积分

$$\sigma = \oiint \frac{\mathrm{d}\sigma}{\mathrm{d}\Omega}\mathrm{d}\Omega \tag{2.2.44}$$

称为散射的总截面.一般来说，微分截面与出射的立体角有关，但是在有心力场的情况下，由于对称性，它仅仅与 θ 角有关.此时只要瞄准距离在 $[h(\theta), h(\theta) + \mathrm{d}h(\theta)]$ 范围内的入射粒子，其散射角就会处于 $[\theta, \theta + \mathrm{d}\theta]$ 区间内.因此，散射角在此区间内的总粒子数为

$$\mathrm{d}n = J2\pi h\mathrm{d}h = J2\pi h\left|\frac{\mathrm{d}h}{\mathrm{d}\theta}\right|\mathrm{d}\theta \tag{2.2.45}$$

其中加绝对值是因为 h 越大，散射角越小，即 $\mathrm{d}h / \mathrm{d}\theta < 0$.由此推出散射截面为

$$\mathrm{d}\sigma = \frac{\mathrm{d}n}{J} = 2\pi h\left|\frac{\mathrm{d}h}{\mathrm{d}\theta}\right|\mathrm{d}\theta \tag{2.2.46}$$

另一方面，处于 $[\theta, \theta + \mathrm{d}\theta]$ 区间内的散射截面为

$$\mathrm{d}\sigma = \int_{\varphi=0}^{\varphi=2\pi} \frac{\mathrm{d}\sigma}{\mathrm{d}\Omega}\sin\theta\mathrm{d}\theta\mathrm{d}\varphi = 2\pi\frac{\mathrm{d}\sigma}{\mathrm{d}\Omega}\sin\theta\mathrm{d}\theta$$

于是得到散射的微分截面为

$$\frac{\mathrm{d}\sigma}{\mathrm{d}\Omega} = \frac{1}{2\pi\sin\theta}\frac{\mathrm{d}\sigma}{\mathrm{d}\theta} = \frac{h}{\sin\theta}\left|\frac{\mathrm{d}h}{\mathrm{d}\theta}\right| \tag{2.2.47}$$

对于在平方反比有心力场中散射的情况，利用(2.2.42)式，可得

$$\frac{\mathrm{d}\sigma}{\mathrm{d}\theta} = 2\pi h\left|\frac{\mathrm{d}h}{\mathrm{d}\theta}\right| = \frac{\pi\alpha^2}{4E^2}\csc^2\frac{\theta}{2}\cot\frac{\theta}{2} \tag{2.2.48}$$

或者

$$\frac{\mathrm{d}\sigma}{\mathrm{d}\Omega} = \frac{1}{2\pi\sin\theta}\frac{\mathrm{d}\sigma}{\mathrm{d}\theta} = \frac{\alpha^2}{16E^2}\csc^4\frac{\theta}{2} \tag{2.2.49}$$

这就是当年卢瑟福在分析 α 粒子散射时所得到的结果.

2.3 二体问题

前两节中讨论的都是单个质点在外力场中的运动问题，即单体问题. 而由牛顿第三定律，物体间的任何作用都是相互作用，受力者在受力的同时，也要给施力者一个反作用力，从而必然要影响施力者的运动状态. 因此，严格地说，除了自由运动之外，单体问题是不存在的. 实际的力学问题都是多体问题，至少是二体问题，即两个相互作用的质点组成的质点组的运动问题，单体问题只是一个被理想化了的问题. 本节中我们先介绍二体问题的一般性质，然后再给出两个有典型意义的例子.

2.3.1 一般性质

设质点组内有两质点，它们的质量分别为 m_1 和 m_2，位矢分别为 $\boldsymbol{r}_1$ 和 $\boldsymbol{r}_2$（如图 2.6），其中 $\boldsymbol{F}_{12}$ 为质点 1 受到的相互作用力，$\boldsymbol{F}_{21}$ 为质点 2 受到的相互作用力，$\boldsymbol{F}_{12}$ 与 $\boldsymbol{F}_{21}$ 互为反作用力.

通常情况下，$\boldsymbol{F}_{12}$ 与 $\boldsymbol{F}_{21}$ 均为两质点间距离 $r = |\boldsymbol{r}_1 - \boldsymbol{r}_2|$ 的函数. 分别对这两个质点运用牛顿第二定律，就得到此质点组的运动微分方程

$$\begin{cases} m_1 \ddot{\boldsymbol{r}}_1 = \boldsymbol{F}_{12}(|\boldsymbol{r}_1 - \boldsymbol{r}_2|) \\ m_2 \ddot{\boldsymbol{r}}_2 = \boldsymbol{F}_{21}(|\boldsymbol{r}_1 - \boldsymbol{r}_2|) \end{cases} \tag{2.3.1}$$

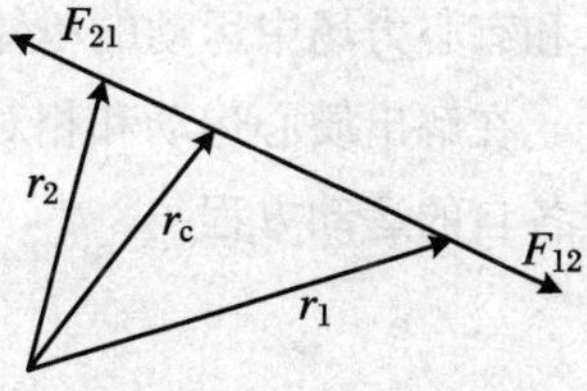

图 2.6　二体问题

因为相互作用力与两个质点的位矢都有关，因此方程组(2.3.1)是一个耦合的六变量（每个位矢有三个分量）二阶微分方程组，直接求解是很困难的.

然而在我们的问题中，由于不存在外力，其质心的运动很容易求出，把(2.3.1)中两式相加，即可得质心运动的微分方程

$$m\ddot{\boldsymbol{r}}_c = 0 \tag{2.3.2}$$

在推导中，利用了牛顿第三定律 $\boldsymbol{F}_{12} + \boldsymbol{F}_{21} = 0$，而 $m = m_1 + m_2$ 为质点组的总质量.

由(2.3.2)式容易解出质心运动方程为

$$\boldsymbol{r}_c(t) = \boldsymbol{r}_c(0) + \boldsymbol{v}_c(0)t \tag{2.3.3}$$

其中，$\boldsymbol{r}_c(0)$ 和 $\boldsymbol{v}_c(0)$ 分别为在初始时刻 $t = 0$ 时质心的位矢和速度.

按定义,质心位矢与两质点位矢的关系为

$$\boldsymbol{r}_c = \frac{1}{m}(m_1\boldsymbol{r}_1 + m_2\boldsymbol{r}_2) \tag{2.3.4}$$

故仅知道质心的运动,还不能确定每个质点的运动情况,还需要知道这两个质点之间相对运动的规律.即相对位矢

$$\boldsymbol{r} = \boldsymbol{r}_1 - \boldsymbol{r}_2 \tag{2.3.5}$$

随时间的变化.为了得出相对运动的方程,我们把方程组(2.3.1)改写成

$$\begin{cases} \ddot{\boldsymbol{r}}_1 = \dfrac{1}{m_1}\boldsymbol{F}_{21}(|\boldsymbol{r}_1 - \boldsymbol{r}_2|) \\ \ddot{\boldsymbol{r}}_2 = \dfrac{1}{m_2}\boldsymbol{F}_{12}(|\boldsymbol{r}_1 - \boldsymbol{r}_2|) \end{cases}$$

二式相减后,略加整理,即可得相对运动的微分方程

$$\mu\ddot{\boldsymbol{r}} = \boldsymbol{F}(r) \tag{2.3.6}$$

式中,$\mu = \left(\dfrac{1}{m_1} + \dfrac{1}{m_2}\right)^{-1} = \dfrac{m_1 m_2}{m_1 + m_2}$称为折合质量,$\boldsymbol{F} = \boldsymbol{F}_{12} = -\boldsymbol{F}_{21}$.

由牛顿第三定律,两质点间的相互作用力在两质点的连线上,因此,$\boldsymbol{F}(r)$可表示为 $\boldsymbol{F}(r) = F(r)\boldsymbol{e}_r$,其中,$\boldsymbol{e}_r = \boldsymbol{r}/r$ 为单位矢量.将 $\boldsymbol{F}(r)$的这个形式和有心力表达式(2.2.1)式相比,两者形式完全一样,因而二体问题的相对运动方程(2.3.6)可以和有心力场中运动的单体问题一样求解.

在解出质心运动和相对运动之后,由公式(2.3.4)和(2.3.5)可以得出两个质点各自的运动方程

$$\begin{cases} \boldsymbol{r}_1 = \boldsymbol{r}_c + \dfrac{m_2}{m}\boldsymbol{r} \\ \boldsymbol{r}_2 = \boldsymbol{r}_c - \dfrac{m_1}{m}\boldsymbol{r} \end{cases} \tag{2.3.7}$$

由于有心力 $\boldsymbol{F}(r)$为保守力,故存在相互作用的势函数 $V(r)$.在仅有保守力做功的条件下,质点组的总机械能守恒,即

$$E = \frac{1}{2}m_1\dot{\boldsymbol{r}}_1^2 + \frac{1}{2}m_2\dot{\boldsymbol{r}}_2^2 + V(r) = \text{常数} \tag{2.3.8}$$

利用关系式(2.3.7),上式可化为

$$E = \frac{1}{2}m\dot{\boldsymbol{r}}_c^2 + \frac{1}{2}\mu\dot{\boldsymbol{r}}^2 + V(r) \tag{2.3.9}$$

上式右边的第一项称为质心运动的能量,由于不存在外力,质心速度$\dot{\boldsymbol{r}}_c = \dot{\boldsymbol{r}}_c(0)$为常矢量,故质心运动的能量 E_c守恒;第二、三项之和为相对运动的能量 E_r,显然也

是常数;而总能量 E 为质心运动的能量 E_c 与相对运动的能量 E_r 之和.

由于在二体问题中不存在外力矩,故质点组的总动量矩守恒,即

$$\boldsymbol{L} = m_1\boldsymbol{r}_1 \times \boldsymbol{v}_1 + m_2\boldsymbol{r}_2 \times \boldsymbol{v}_2 = \text{常矢量} \tag{2.3.10}$$

利用关系式(2.3.7)式,上式可化为

$$\boldsymbol{L} = m\boldsymbol{r}_c \times \boldsymbol{v}_c + \mu\boldsymbol{r} \times \boldsymbol{v} \tag{2.3.10a}$$

式中右边第一项称为质心运动的动量矩,记为 $\boldsymbol{L}_c$;第二项称为相对运动的动量矩,记为 $\boldsymbol{L}_r$,不难看出两者均为常矢量,而总动量矩 $\boldsymbol{L}$ 为二者之矢量和.

通过前面的讨论,我们可以清楚地看到:二体运动可以分解为质心运动与相对运动两个独立的部分,质心运动相当于一个质量为总质量 m 的质点在做自由运动,相对运动则相当于一个质量为折合质量 μ 的质点在做有心运动,而质点组的总能量为质心运动能量和相对运动能量之和,质点组的总动量矩为质心运动的动量矩与相对运动的动量矩之矢量和.这样,我们就把二体问题化为两个单体问题来处理了.

在二体问题中,如质点质量 m_2 远远大于 m_1,则有近似关系 $m_2/m \approx 1$ 和 $m_1/m \approx 0$,代入(2.3.7)式,即有

$$\begin{cases} \boldsymbol{r}_1 = \boldsymbol{r}_c + \boldsymbol{r} \\ \boldsymbol{r}_2 = \boldsymbol{r}_c \end{cases} \tag{2.3.11}$$

由于质心做惯性运动,故可取为参照系原点,此时 $\boldsymbol{r}_1 \approx \boldsymbol{r}$,$\boldsymbol{r}_2 \approx 0$,而 $\mu \approx m_1$,相对运动方程(2.3.6)成为粒子 1 的单体运动方程.这样,二体问题就可以近似地当成粒子 1 的单体问题处理了.

2.3.2　一维二体运动

若组内两质点均沿 x 轴做一维运动,则质点组的运动微分方程为

$$\begin{cases} m_1\ddot{x}_1 = F_{12}(x_1 - x_2) \\ m_2\ddot{x}_2 = F_{21}(x_1 - x_2) \end{cases} \tag{2.3.12}$$

引入质心坐标 x_c 和相对坐标 x 后,方程组(2.3.12)即可分解为两个独立的方程,质心运动方程和相对运动方程

$$\begin{cases} m\ddot{x}_c = 0 \\ \mu\ddot{x} = F(x) \end{cases} \tag{2.3.13}$$

质心运动是自由运动,相对运动的作用力 $F(x)$ 为保守力,因此,相对运动的能

量 E_r守恒,即

$$E_r = \frac{1}{2}\mu\dot{x}^2 + V(x) = \text{常数} \tag{2.3.14}$$

按本章 2.1 节中的分析,我们可以根据不等式 $E_r \geqslant V(x)$,不具体求解运动微分方程(2.3.13),就可以确定相对运动的能量 E_r与相对运动的范围之间的关系.

设相对运动的势函数 $V(x)$如图 2.1 所示,当能量 E_r在$(E_1, 0)$范围内时,相对运动为束缚运动,这时两质点之间的距离$|x|$只能在一个有限范围中变化,它们不能分离,从而形成一个稳定的复合粒子,或复合系统.当能量 $E_r>0$ 时,相对运动为非束缚运动,两质点之间的距离$|x|$将会变成无限大,故不能形成复合粒子.

大多数时候,复合粒子总是处在相对能量为最小值的状态,即基态.因为相对能量是相对动能与相互作用势能之和,而相对动能 $\mu\dot{x}^2/2$ 总是大于零的,故相对能量的最小值应是相互作用势能 $V(x)$的最小值,即基态能量 $E_0 = V_m$(对于微观复合粒子来说,由于波粒二象性的作用,其基态能量 E_0要比势能的最小值 V_m略高一些).对于图 2.1 所示的相互作用势函数,其基态能量为 $E_0 = E_1$.要把一个处于基态的复合粒子分解开,使组成复合粒子的两质点处于无相互作用的自由运动状态,至少需要提供能量 $E_D = -E_1 = |E_1|$,这个能量 E_D 就称为复合粒子的结合能,亦称为离解能.

一般情况下,复合粒子可能在平衡位置附近做相对运动,在保证复合粒子不解体的前提下,相对运动的范围往往很小.因此,我们就可以在平衡位置(即势能的极小值)附近把势能展开为

$$V(x) = V_m + \frac{1}{2}k(x - x_0)^2 + \cdots \tag{2.3.15}$$

这时机械能守恒定律成为

$$E_r = \frac{1}{2}\mu\dot{x}^2 + \frac{1}{2}k(x - x_0)^2 + V_m \tag{2.3.16}$$

令 $\Delta E = E_r - V_m, y = x - x_0$,则上式可化为

$$\Delta E = \frac{1}{2}\mu\dot{y}^2 + \frac{1}{2}ky^2 \tag{2.3.17}$$

上式与 2.1 节中弹簧振子的能量形式完全相同.我们只要在(2.3.17)式中做代替 $\Delta E \to E, \mu \to m, y \to x$,即可得到 2.1 节中的公式;而在 2.1 节中得出的解(2.1.15)式中,只要用上面的对应关系做一下逆代换,即可得复合粒子内部相对运动的解:

$$y = A\sin(\omega t + \theta_0)$$

即

$$x = x_0 + A\sin(\omega t + \theta_0) \tag{2.3.18}$$

式中，振幅 $A=\sqrt{2\Delta E/k}$，圆频率 $\omega=\sqrt{k/\mu}$.

由此可见，在一般情况下复合粒子的内部运动可以近似看成在平衡位置 x_0 附近的相对简谐振动. 当复合粒子处于基态时，$\Delta E = E_0 - V_m = 0$，因此振幅 $A=0$. 由 (2.3.18)式可知，其相对距离 $x=x_0$ 为常量，这时内部运动停止，复合粒子的内部两个组成质点处于相对静止状态.

例 2.3.1　某双原子分子中原子间的相互作用势能为 $V=Ax^{-4}-Bx^{-2}$ (A, $B>0$)，其中，$x>0$ 为原子间的距离，试求该分子的结合能.

解　显然 $V(0)=+\infty$，$V(\infty)=0$，势能的最小值 V_m 可以由 $V'(x_0)=-4Ax^{-5}+2Bx^{-3}=0$ 求出，得到 $x_0=\sqrt{2A/B}$，$V_m=-B^2/(4A)$. 其中，x_0 为分子中两个原子之间的平衡距离，势能的最小值就是分子的基态能量，而分子中两个原子从相距无穷远到结合成分子（基态）所放出的能量为 $E_D=V(\infty)-V_m=B^2/(4A)$，就是该分子的结合能.

2.3.3　开普勒定律的修正

在 2.2 节中考虑行星绕太阳运动时，是把太阳当成固定不动的力心，用牛顿第二定律和能量、角动量守恒定律来进行求解的. 严格地说，根据牛顿第三定律，太阳必然受到行星的反作用力，相应的也有加速度存在，不可能静止不动. 在考虑太阳的运动之后，开普勒的三个定律是否还能继续和理论保持一致？如果不一致，应该如何修正？下面我们就来讨论这个问题.

我们知道，行星与太阳之间是通过万有引力而相互作用的，如果不考虑其他行星的影响，则某个行星和太阳组成的系统的运动可以看成一个二体问题. 由万有引力定律，其相互作用势能为

$$V(r) = -\frac{GmM}{r} \tag{2.3.19}$$

其中，m 为行星的质量，M 为太阳的质量，r 为行星和太阳之间的距离，G 是万有引力常数，而其相对运动的微分方程为

$$\mu\ddot{\boldsymbol{r}} = \boldsymbol{F} = -\frac{GmM}{r^2}\boldsymbol{e}_r \tag{2.3.20}$$

按本章 2.2 节中的讨论可知，相对运动相当于一个质量为折合质量 $\mu=$

$mM/(m+M)$的质点在平面反比有心力场中运动.运动可分解为径向运动和横向运动,径向运动的有效势能为

$$V_e(\rho) = -\frac{GmM}{\rho} + \frac{L_r^2}{2\mu\rho^2} \tag{2.3.21}$$

式中,L_r为相对的动量矩,即行星对太阳的动量矩.由于万有引力和相对位矢共线,力矩为零,故L_r是常数.由于面积速度正比于L_r,故它也是常数,即开普勒第二定律仍然正确.将(2.3.21)式与(2.2.18a)式相比较,可以看出二者的对应关系是

$$\alpha \leftrightarrow GmM, \quad m \leftrightarrow \mu, \quad L \leftrightarrow L_r \tag{2.3.22}$$

根据这个对应关系,我们容易从(2.2.20)、(2.2.21)和(2.2.22)式中得到行星相对于太阳运动的轨道方程为

$$\rho = \frac{p}{1 + e\cos(\varphi - \rho_0)} \tag{2.3.23}$$

其中半焦弦为

$$p = \frac{L_r^2}{\mu GmM} \tag{2.3.24}$$

偏心率为

$$e = \sqrt{1 + \frac{2E_r L_r^2}{\mu(GmM)^2}} \tag{2.3.25}$$

式中,E_r为相对运动的机械能.

从上面的结果可以看出,开普勒第一定律在考虑了行星对太阳的反作用力之后依然正确,只不过轨道的参数 p 和 e 略有变化.为了考察开普勒第三定律的正确性,需要从二体问题的角度来计算行星相对太阳运动的周期.按(2.2.29)式,在平方反比引力场中,质点运动的周期为

$$T = 2\pi\sqrt{\frac{m}{\alpha}}a^{3/2} \tag{2.3.26}$$

利用对应关系(2.3.22),立即可以得到行星相对太阳运动的周期:

$$T = 2\pi\sqrt{\frac{\mu}{GmM}}a^{3/2} \tag{2.3.27}$$

即

$$\frac{T^2}{a^3} = \frac{4\pi^2}{G(m+M)} = \frac{4\pi^2}{GM} \cdot \frac{1}{1+m/M} \tag{2.3.27a}$$

按开普勒第三定律,T^2/a^3应该是一个与行星的质量无关的常数,在考虑了太阳的运动之后,这个比值由(2.3.27a)式给出,该值显然与行星的质量 m 有关.这

个结果说明开普勒第三定律并不严格成立，需要按(2.3.27a)式加以修正.

实际上，行星的质量 m 总是远远小于太阳质量 M 的，就拿太阳中最大的行星——木星来说，其质量也不过是太阳质量的 1/1 047，因此(2.3.27a)式与不考虑太阳运动时的结果 $T^2/a^3=4\pi^2/GM$ 相比，其误差不超过 m/M 的最大值 1/1 047. 因此，开普勒第三定律虽然只是近似成立的，但其近似程度是相当高的.

习　题　2

1. 质量为 m 的质点以仰角 α 和初速度 v_0 斜上抛，空气阻力为 mkv，求此质点的速度与水平线之角度又为 α 时所需要的时间.
2. 求势场 $V(x)=A|x|^n$ 中质量为 m 的质点的运动周期随能量的变化规律.
3. 求势场 $V(x)=-V_0\cosh^{-2}kx$ 中质量为 m 的质点的运动周期随能量的变化规律.
4. 求势场 $V(x)=V_0\tanh^2 kx$ 中质量为 m 的质点在平衡位置附近的运动规律.
5. 利用自洽平均方法求势场 $V(x)=V_0(x^2+k^2x^4)$ 中质点运动周期随能量的变化规律.
6. 若 v_f 及 v_n 为行星在远日点及近日点的速率，证明 $v_n:v_f=(1+e):(1-e)$.
7. 质量为 m 的质点，在有心力作用下其轨道为一心脏线 $\rho=\alpha(1+\cos\theta)$，假设当 $\theta=0$ 时，质点速度的大小 v_0 为已知，求力的大小及动点的速度(以 ρ 的函数表示).
8. 质点受有心力作用做圆周运动，力心在圆周上，证明力与距离的 5 次方成反比.
9. 质点受有心力作用沿对数螺线运动，力心为极点，证明力与距离的 3 次方成反比.
10. 质量为 m 的质点受有心力

$$V=-\frac{ke^{-\alpha r}}{r}\ (k>0)$$

作用绕力心做半径为 R 的圆周运动，求其动量矩和机械能.

11. 质点受有心力 $F=-m\left(\frac{\mu^2}{r^2}+\frac{\nu}{r^3}\right)$ 作用，其中，μ 和 ν 都是正常数，$h^2>\nu$，求轨道方程.

12. 质量为 m 的质点，在有心力 mc/r^3 作用下运动，当质点离开力心很远时，速度为 v_∞，瞄准距离为 h，试求该质点与力心的最近距离 d.

13. 两个弹性系数为 k 的相同弹簧串联在一起，两端分别联结两个质量为 m 的质点，沿着弹簧所在的直线运动，将此系统的运动进行分离，并求出各部分的运动规律.

14. 求电子偶素(氢原子中的质子被正电子取代)中电子的束缚运动规律.

第3章　分析力学

上一章中研究力学问题时，本质上都是用牛顿运动定律来求解的，在求解的过程中发现：在处理不同的问题时，取直角坐标系并不总是最方便的. 为了简化问题的处理，我们需要针对具体问题的特点，采用适当的坐标系. 而矢量在不同坐标系中的分量形式并不相同，需要引入各种特定的基矢来进行处理，这是一件非常麻烦的事情. 1788 年，拉格朗日提出了一种处理力学问题的新方法，能够统一处理各种坐标系统，直接导出相应的运动微分方程，这种新的处理方法称之为分析力学.

拉格朗日是用广义坐标作为独立变量来描写力学体系的运动的，所以与牛顿运动定律一样，得出的是二阶常微分方程组，我们通常把这组方程叫做拉格朗日方程. 1834 年，哈密顿提出：如果把广义坐标和广义动量都作为独立变量，则方程式的数目虽然增加了一倍，但微分方程却都由二阶降为一阶. 他所导出的这组方程叫做哈密顿方程，哈密顿方程也称正则方程，理论上有着重要的意义，在物理学后面的发展中得到了广泛的应用.

在本章中，我们先介绍拉格朗日方程和哈密顿方程的形式及性质，然后再给出一些典型的应用例子.

3.1　拉格朗日方程

3.1.1　拉格朗日方程的引入

为了寻找在各种不同的坐标系中，质点运动微分方程的统一形式，我们先分析几个熟悉的例子. 考虑一个在势函数为 $V(\boldsymbol{r})$ 的力场中运动的质点，根据牛顿第二定律，它在直角坐标系中的运动微分方程为

$$m\ddot{\boldsymbol{r}} = -\nabla V(\boldsymbol{r}) \quad 或 \quad \begin{cases} m\ddot{x} = -\dfrac{\partial V}{\partial x} \\ m\ddot{y} = -\dfrac{\partial V}{\partial y} \\ m\ddot{z} = -\dfrac{\partial V}{\partial z} \end{cases} \tag{3.1.1}$$

注意到其动能 $T = m(\dot{x}^2 + \dot{y}^2 + \dot{z}^2)/2$，则上式可以改写为

$$\begin{cases} \dfrac{\mathrm{d}}{\mathrm{d}t}\left(\dfrac{\partial T}{\partial \dot{x}}\right) + \dfrac{\partial V}{\partial x} = 0 \\ \dfrac{\mathrm{d}}{\mathrm{d}t}\left(\dfrac{\partial T}{\partial \dot{y}}\right) + \dfrac{\partial V}{\partial y} = 0 \\ \dfrac{\mathrm{d}}{\mathrm{d}t}\left(\dfrac{\partial T}{\partial \dot{z}}\right) + \dfrac{\partial V}{\partial z} = 0 \end{cases} \quad 或 \quad \frac{\mathrm{d}}{\mathrm{d}t}\left(\frac{\partial T}{\partial \dot{q}_\alpha}\right) + \frac{\partial V}{\partial q_\alpha} = 0 \quad (q_\alpha = x, y, z) \tag{3.1.2}$$

由于势能 V 仅为坐标 x, y, z 的函数，而与速度 $\dot{x}, \dot{y}, \dot{z}$ 无关，故上式可以进一步改写为

$$\frac{\mathrm{d}}{\mathrm{d}t}\left(\frac{\partial L}{\partial \dot{q}_\alpha}\right) - \frac{\partial L}{\partial q_\alpha} = 0 \quad (q_\alpha = x, y, z) \tag{3.1.3}$$

其中，$L = T - V$ 为坐标 q_α 和速度 $\dot{q}_\alpha$ 的函数.

再看一个有心力场 $V(\rho)$ 中运动的质点，其在极坐标系中的运动微分方程为

$$\begin{cases} m(\ddot{\rho} - \rho\dot{\varphi}^2) = -\dfrac{\partial V}{\partial \rho} \\ m(\rho\ddot{\varphi} + 2\dot{\rho}\dot{\varphi}) = 0 \end{cases} \tag{3.1.4}$$

注意到其动能 $T = m(\dot{\rho}^2 + \rho^2\dot{\varphi}^2)/2$，上式可改写为

$$\begin{cases} \dfrac{\mathrm{d}}{\mathrm{d}t}\left(\dfrac{\partial T}{\partial \dot{\rho}}\right) - \dfrac{\partial T}{\partial \rho} + \dfrac{\partial V}{\partial \rho} = 0 \\ \dfrac{\mathrm{d}}{\mathrm{d}t}\left(\dfrac{\partial T}{\partial \dot{\varphi}}\right) = 0 \end{cases} \tag{3.1.5a}$$

考虑到 $\dfrac{\partial T}{\partial \varphi} = 0, \dfrac{\partial V}{\partial \varphi} = 0$，则上式可统一写成

$$\frac{\mathrm{d}}{\mathrm{d}t}\left(\frac{\partial T}{\partial \dot{q}_\alpha}\right) - \frac{\partial T}{\partial q_\alpha} + \frac{\partial V}{\partial q_\alpha} = 0 \quad (q_\alpha = \rho, \varphi) \tag{3.1.5b}$$

显然势能 V 与 $\dot{\varphi}, \dot{\rho}$ 无关，故上式也可以进一步改写成

$$\frac{\mathrm{d}}{\mathrm{d}t}\left(\frac{\partial L}{\partial \dot{q}_\alpha}\right) - \frac{\partial L}{\partial q_\alpha} = 0 \quad (q_\alpha = \rho, \varphi) \tag{3.1.6}$$

其中，$L = T - V$ 为坐标 q_α 和速度 $\dot{q}_\alpha$ 的函数.

尽管在上面的两个例子中坐标系的选取不同，但是方程组(3.1.3)和(3.1.6)的形式却完全相同.在其他例子中也有同样的情况，这应该不是偶然的.我们有理由猜想：无论采用什么坐标系，只要引入一组适当的坐标变量 q_α 及其导数 $\dot{q}_\alpha$ 的函数 $L = T - V$，质点的运动微分方程便可由公式

$$\frac{\mathrm{d}}{\mathrm{d}t}\left(\frac{\partial L}{\partial \dot{q}_\alpha}\right) - \frac{\partial L}{\partial q_\alpha} = 0 \tag{3.1.7}$$

统一导出.上述公式称为拉格朗日方程，公式中的 $L(q_\alpha, \dot{q}_\alpha)$ 称为拉格朗日函数.

3.1.2 拉格朗日方程的检验

按理说，作为经典力学的基本规律，与牛顿运动定律一样，拉格朗日方程是不需要加以证明的，其正确性可以通过实验直接进行检验.但由于牛顿运动定律是经过大量实验验证了的，所以从牛顿运动定律出发来推导拉格朗日方程，证明二者的等价性，就可以说明拉格朗日方程的正确性和可靠性.以下是具体推导过程.

设一质量为 m 的质点在势场 $V(\boldsymbol{r})$ 中运动，在一个任意选取的坐标系中，其位置可以用独立坐标 q_1，q_2，q_3 来完全确定，故其位矢的直角坐标 x, y, z 可以表示为 q_1，q_2，q_3 的单值函数，即

$$\begin{cases} x = x(q_1, q_2, q_3) \\ y = y(q_1, q_2, q_3) \\ z = z(q_1, q_2, q_3) \end{cases} \tag{3.1.8}$$

由于坐标系是任意选择的，故称 q_1，q_2，q_3 为广义坐标，其对时间的导数 $\dot{q}_1$，$\dot{q}_2$，$\dot{q}_3$ 称为广义速度.由(3.1.8)式，可以推出直角坐标下的速度分量 $\dot{x}, \dot{y}, \dot{z}$ 与广义速度间的关系为

$$\begin{cases} \dot{x} = \dfrac{\partial x}{\partial q_1}\dot{q}_1 + \dfrac{\partial x}{\partial q_2}\dot{q}_2 + \dfrac{\partial x}{\partial q_3}\dot{q}_3 \\[2ex] \dot{y} = \dfrac{\partial y}{\partial q_1}\dot{q}_1 + \dfrac{\partial y}{\partial q_2}\dot{q}_2 + \dfrac{\partial y}{\partial q_3}\dot{q}_3 \\[2ex] \dot{z} = \dfrac{\partial z}{\partial q_1}\dot{q}_1 + \dfrac{\partial z}{\partial q_2}\dot{q}_2 + \dfrac{\partial z}{\partial q_3}\dot{q}_3 \end{cases} \tag{3.1.9}$$

由此可得

$$\frac{\partial \dot{x}}{\partial \dot{q}_\alpha} = \frac{\partial x}{\partial q_\alpha},\ \frac{\partial \dot{y}}{\partial \dot{q}_\alpha} = \frac{\partial y}{\partial q_\alpha},\ \frac{\partial \dot{z}}{\partial \dot{q}_\alpha} = \frac{\partial z}{\partial q_\alpha} \quad (\alpha = 1,2,3) \tag{3.1.10}$$

此外

$$\begin{aligned}\frac{\mathrm{d}}{\mathrm{d}t}\left(\frac{\partial x}{\partial q_1}\right) &= \frac{\partial^2 x}{\partial q_1^2}\dot{q}_1 + \frac{\partial^2 x}{\partial q_2 \partial q_1}\dot{q}_2 + \frac{\partial^2 x}{\partial q_3 \partial q_1}\dot{q}_3 \\ &= \frac{\partial}{\partial q_1}\left(\frac{\partial x}{\partial q_1}\dot{q}_1 + \frac{\partial x}{\partial q_2}\dot{q}_2 + \frac{\partial x}{\partial q_3}\dot{q}_3\right) = \frac{\partial \dot{x}}{\partial q_1}\end{aligned}$$

同理有

$$\frac{\mathrm{d}}{\mathrm{d}t}\left(\frac{\partial x}{\partial q_\alpha}\right) = \frac{\partial \dot{x}}{\partial q_\alpha},\ \frac{\mathrm{d}}{\mathrm{d}t}\left(\frac{\partial y}{\partial q_\alpha}\right) = \frac{\partial \dot{y}}{\partial q_\alpha},\ \frac{\mathrm{d}}{\mathrm{d}t}\left(\frac{\partial z}{\partial q_\alpha}\right) = \frac{\partial \dot{z}}{\partial q_\alpha} \quad (\alpha = 1,2,3) \tag{3.1.11}$$

定义拉格朗日函数 $L = T - V$,取直角坐标时为 $L = \frac{1}{2}m(\dot{x}^2 + \dot{y}^2 + \dot{z}^2) + V(x,y,z)$,由牛顿运动定律容易推出

$$\begin{cases}\dfrac{\mathrm{d}}{\mathrm{d}t}\left(\dfrac{\partial L}{\partial \dot{x}}\right) - \dfrac{\partial L}{\partial x} = m\ddot{x} + \dfrac{\partial V}{\partial x} = 0 \\ \dfrac{\mathrm{d}}{\mathrm{d}t}\left(\dfrac{\partial L}{\partial \dot{y}}\right) - \dfrac{\partial L}{\partial y} = m\ddot{y} + \dfrac{\partial V}{\partial y} = 0 \\ \dfrac{\mathrm{d}}{\mathrm{d}t}\left(\dfrac{\partial L}{\partial \dot{z}}\right) - \dfrac{\partial L}{\partial z} = m\ddot{z} + \dfrac{\partial V}{\partial z} = 0\end{cases} \tag{3.1.3a}$$

利用关系式(3.1.8)和(3.1.9),也可以将 L 变换为广义坐标及广义速度的函数 $L = L(q_1, q_2, q_3; \dot{q}_1, \dot{q}_2, \dot{q}_3)$.由复合函数的求导公式即可得

$$\begin{aligned}\frac{\partial L}{\partial \dot{q}_1} &= \frac{\partial L}{\partial \dot{x}}\cdot\frac{\partial \dot{x}}{\partial \dot{q}_1} + \frac{\partial L}{\partial \dot{y}}\cdot\frac{\partial \dot{y}}{\partial \dot{q}_1} + \frac{\partial L}{\partial \dot{z}}\cdot\frac{\partial \dot{z}}{\partial \dot{q}_1} \\ &= \frac{\partial L}{\partial \dot{x}}\cdot\frac{\partial x}{\partial q_1} + \frac{\partial L}{\partial \dot{y}}\cdot\frac{\partial y}{\partial q_1} + \frac{\partial L}{\partial \dot{z}}\cdot\frac{\partial z}{\partial q_1}\end{aligned} \tag{3.1.12}$$

在推导中,我们利用了公式(3.1.10).由上式

$$\begin{aligned}\frac{\mathrm{d}}{\mathrm{d}t}\left(\frac{\partial L}{\partial \dot{q}_1}\right) &= \frac{\mathrm{d}}{\mathrm{d}t}\left(\frac{\partial L}{\partial \dot{x}}\right)\frac{\partial x}{\partial q_1} + \frac{\mathrm{d}}{\mathrm{d}t}\left(\frac{\partial L}{\partial \dot{y}}\right)\frac{\partial y}{\partial q_1} + \frac{\mathrm{d}}{\mathrm{d}t}\left(\frac{\partial L}{\partial \dot{z}}\right)\frac{\partial z}{\partial q_1} \\ &\quad + \frac{\partial L}{\partial \dot{x}}\cdot\frac{\mathrm{d}}{\mathrm{d}t}\left(\frac{\partial x}{\partial q_1}\right) + \frac{\partial L}{\partial \dot{y}}\cdot\frac{\mathrm{d}}{\mathrm{d}t}\left(\frac{\partial y}{\partial q_1}\right) + \frac{\partial L}{\partial \dot{z}}\cdot\frac{\mathrm{d}}{\mathrm{d}t}\left(\frac{\partial z}{\partial q_1}\right)\end{aligned} \tag{3.1.13}$$

而另一方面

$$\frac{\partial L}{\partial q_1} = \frac{\partial L}{\partial \dot{x}}\cdot\frac{\partial \dot{x}}{\partial q_1} + \frac{\partial L}{\partial \dot{y}}\cdot\frac{\partial \dot{y}}{\partial q_1} + \frac{\partial L}{\partial \dot{z}}\cdot\frac{\partial \dot{z}}{\partial q_1} + \frac{\partial L}{\partial x}\cdot\frac{\partial x}{\partial q_1} + \frac{\partial L}{\partial y}\cdot\frac{\partial y}{\partial q_1} + \frac{\partial L}{\partial z}\cdot\frac{\partial z}{\partial q_1} \tag{3.1.14}$$

考虑到关系式(3.1.11)，把(3.1.13)式减去(3.1.14)式，容易得出

$$\frac{\mathrm{d}}{\mathrm{d}t}\left(\frac{\partial L}{\partial \dot{q}_1}\right)-\frac{\partial L}{\partial q_1}=\left[\frac{\mathrm{d}}{\mathrm{d}t}\left(\frac{\partial L}{\partial \dot{x}}\right)-\frac{\partial L}{\partial x}\right]\frac{\partial x}{\partial q_1}$$

$$+\left[\frac{\mathrm{d}}{\mathrm{d}t}\left(\frac{\partial L}{\partial \dot{y}}\right)-\frac{\partial L}{\partial y}\right]\frac{\partial y}{\partial q_1}+\left[\frac{\mathrm{d}}{\mathrm{d}t}\left(\frac{\partial L}{\partial \dot{z}}\right)-\frac{\partial L}{\partial z}\right]\frac{\partial z}{\partial q_1}$$

再利用(3.1.3a)式，即有

$$\frac{\mathrm{d}}{\mathrm{d}t}\left(\frac{\partial L}{\partial \dot{q}_1}\right)-\frac{\partial L}{\partial q_1}=0 \tag{3.1.15a}$$

同理可得

$$\frac{\mathrm{d}}{\mathrm{d}t}\left(\frac{\partial L}{\partial \dot{q}_2}\right)-\frac{\partial L}{\partial q_2}=0 \quad \text{和} \quad \frac{\mathrm{d}}{\mathrm{d}t}\left(\frac{\partial L}{\partial \dot{q}_3}\right)-\frac{\partial L}{\partial q_3}=0 \tag{3.1.15b}$$

上面三个方程组可以统一地写成

$$\frac{\mathrm{d}}{\mathrm{d}t}\left(\frac{\partial L}{\partial \dot{q}_\alpha}\right)-\frac{\partial L}{\partial q_\alpha}=0 \tag{3.1.15}$$

这就是拉格朗日方程. 但现在 q_α 已经不限于直角坐标或柱坐标，可以是任意选择的广义坐标.

虽然我们是用无约束的单质点来推导方程(3.1.15)的，但是只要适当地选取广义坐标，保证它们是能够完全确定所研究对象的状态的独立变量，则此方程也可适用于质点组及有约束的情况，如稍加修改还可以应用于非保守力的问题.

3.1.3　广义动量与广义动量守恒律

在取直角坐标系时，我们发现 $\partial L/\partial \dot{x}=m\dot{x}=p_x$ 为质点的 x 方向的动量，在取广义坐标时，可以相应地定义

$$p_\alpha=\frac{\partial L}{\partial \dot{q}_\alpha} \tag{3.1.16}$$

为与广义坐标 q_α 相对应的广义动量. 广义动量的物理意义不一定是动量的某个分量，例如，在有心运动时，我们取极坐标系，质点的拉格朗日函数为

$$L=T-V=\frac{1}{2}m(\dot{\rho}^2+\rho^2\dot{\varphi}^2)-V(\rho)$$

此时与广义坐标 φ 对应的广义动量为

$$p_\varphi=\frac{\partial L}{\partial \dot{\varphi}}=m\rho^2\dot{\varphi}$$

显然，这里 p_φ 是质点的动量矩.

利用广义动量的定义,我们可以把拉格朗日方程改写为

$$\frac{\mathrm{d}p_\alpha}{\mathrm{d}t} = Q_\alpha \tag{3.1.17}$$

这个方程与动量定理 $\mathrm{d}p_x/\mathrm{d}t = F_x$ 的形式完全一致,可以看成后者在广义坐标系中的推广,称为广义动量定理,上式右边

$$Q_\alpha = \frac{\partial L}{\partial q_\alpha} = \frac{\partial T}{\partial q_\alpha} - \frac{\partial V}{\partial q_\alpha} \tag{3.1.17a}$$

称为与广义坐标 q_α 对应的有效广义力,其中,$\frac{\partial T}{\partial q_\alpha}$称为拉格朗日力,而 $-\frac{\partial V}{\partial q_\alpha}$称为广义力.在有心力场问题中,当我们取柱坐标后,径向的拉格朗日力$\frac{\partial T}{\partial \rho} = m\rho\dot{\varphi}^2$ 为惯性离心力.由此我们可以将拉格朗日力理解为广义惯性力.

如果拉氏函数 L 中不含某一坐标 q_α,则相应的广义有效力

$$Q_\alpha = \frac{\partial L}{\partial q_\alpha} = 0$$

代入广义动量定理(3.1.17)后,即有

$$p_\alpha = \text{常数} \tag{3.1.18}$$

这个关系称为广义动量守恒律,而在 L 中不出现的广义坐标 q_α 称为循环坐标.

质点在做有心运动时,取柱坐标系,其拉格朗日函数不显含坐标 φ,故 φ 为循环坐标,相应的广义动量 $p_\varphi = m\rho^2\dot{\varphi} =$ 常数,这实际上就是有心力场中质点的动量矩守恒定律.

如果我们对有心力场中运动的质点采用直角坐标系,则此时的拉格朗日函数为

$$L = \frac{1}{2}m(\dot{x}^2 + \dot{y}^2) - V(\sqrt{x^2 + y^2})$$

显然这时不存在循环坐标,也没有相应的守恒量.由此可见,一个系统是否存在循环坐标,不仅和系统本身的性质有关,也取决于广义坐标的选取.如果广义坐标选取恰当,就可能有较多的循环坐标,使问题容易得到解决.

3.1.4　应用拉格朗日方法的解题步骤

应用拉格朗日方法解具体问题时,通常可分为以下几个步骤:

(ⅰ)适当选取描写体系位置的独立变量——广义坐标 q_α.

(ⅱ)用广义坐标 q_α 和广义速度 $\dot{q}_\alpha$ 表示体系的动能 T 和势能 V,并进一步写

出体系的拉格朗日函数 L.

（ⅲ）把所得到的拉格朗日函数 L 代入拉格朗日方程，得出该力学体系的运动微分方程.

（ⅳ）解微分方程并加以讨论.

3.2 拉格朗日方程的应用

3.2.1 球坐标系中质点的运动微分方程

在球坐标系中，质点 P 的位置由 r,θ,φ 三个坐标决定，我们取为广义坐标. 由数学分析知识可知，在球坐标下，曲线弧长的微分为

$$(\mathrm{d}s)^2 = (\mathrm{d}r)^2 + r^2(\mathrm{d}\theta)^2 + r^2\sin^2\theta(\mathrm{d}\varphi)^2 \tag{3.2.1}$$

故速度为

$$v^2 = \dot{s}^2 = \dot{r}^2 + r^2\dot{\theta}^2 + r^2\sin^2\theta\dot{\varphi}^2 \tag{3.2.2}$$

由此得到拉格朗日函数为

$$L = T - V = \frac{1}{2}m(\dot{r}^2 + r^2\dot{\theta}^2 + r^2\sin^2\theta\dot{\varphi}^2) - V(r,\theta,\varphi) \tag{3.2.3}$$

按照定义，广义动量为

$$\begin{cases} p_r = \dfrac{\partial L}{\partial \dot{r}} = m\dot{r} \\ p_\theta = \dfrac{\partial L}{\partial \dot{\theta}} = mr^2\dot{\theta} \\ p_\varphi = \dfrac{\partial L}{\partial \dot{\varphi}} = mr^2\sin^2\theta\dot{\varphi} \end{cases} \tag{3.2.4}$$

而有效广义力为

$$\begin{cases} Q_r = \dfrac{\partial L}{\partial r} = mr\dot{\theta}^2 + mr\sin^2\theta\dot{\varphi}^2 - \dfrac{\partial V}{\partial r} \\ Q_\theta = \dfrac{\partial L}{\partial \theta} = mr^2\sin\theta\cos\theta\dot{\varphi}^2 - \dfrac{\partial V}{\partial \theta} \\ Q_\varphi = \dfrac{\partial L}{\partial \varphi} = -\dfrac{\partial V}{\partial \varphi} \end{cases} \tag{3.2.5}$$

将上面的结果代入方程(3.1.11),即可得质点在球坐标系中的运动微分方程

$$\begin{cases} m\ddot{r} = mr\dot{\theta}^2 + mr\sin^2\theta\dot{\varphi}^2 - \dfrac{\partial V}{\partial r} \\ m(r\ddot{\theta} + 2\dot{r}\dot{\theta}) = mr\sin\theta\cos\theta\dot{\varphi}^2 - \dfrac{1}{r}\dfrac{\partial V}{\partial \theta} \\ m(r\sin\theta\ddot{\varphi} + 2\dot{r}\dot{\varphi}\sin\theta + 2r\cos\theta\dot{\theta}\dot{\varphi}) = -\dfrac{1}{r\sin\theta}\cdot\dfrac{\partial V}{\partial \varphi} \end{cases} \tag{3.2.6}$$

这个方程组如按牛顿方法推导,将是极麻烦的.

3.2.2　空间转子

拉格朗日方程不仅可以用于不受约束的质点,也可以用于受约束的质点.一个受某种约束使得其位置与空间某定点的距离为定长 a 的质点称为空间转子,空间转子的运动被限制在一个半径为 a 的球面上.取球坐标后,其位置可以用方位角 φ 和极角 θ 表示,因此是一个双自由度的问题.考虑到其矢径 r 为常数 a,故由(3.2.2)式可得其速度表达式为

$$v^2 = a^2\dot{\theta}^2 + a^2\sin^2\theta\dot{\varphi}^2 \tag{3.2.7}$$

其拉格朗日函数为

$$L = \frac{1}{2}mv^2 - V(\theta,\varphi) = \frac{1}{2}ma^2(\dot{\theta}^2 + \sin^2\theta\dot{\varphi}^2) - V(\theta,\varphi) \tag{3.2.8}$$

考虑到 ma^2 为转动惯量,记为 I,故有

$$L = \frac{1}{2}I(\dot{\theta}^2 + \sin^2\theta\dot{\varphi}^2) - V(\theta,\varphi) \tag{3.2.8a}$$

代入(3.1.16)式,即有广义动量

$$\begin{cases} p_\theta = I\dot{\theta} \\ p_\varphi = I\sin^2\theta\dot{\varphi} \end{cases} \tag{3.2.9}$$

而有效广义力为

$$\begin{cases} Q_\theta = I\sin\theta\cos\theta\dot{\varphi}^2 - \dfrac{\partial V}{\partial \theta} \\ Q_\varphi = -\dfrac{\partial V}{\partial \varphi} \end{cases} \tag{3.2.10}$$

代入(3.1.17)式,即可得空间转子的运动微分方程:

$$\begin{cases} I\ddot{\theta} = I\sin\theta\cos\theta\dot{\varphi}^2 - \dfrac{\partial V}{\partial\theta} \\ I(\sin^2\theta\ddot{\varphi} + 2\sin\theta\cos\theta\dot{\varphi}\dot{\theta}) = -\dfrac{\partial V}{\partial\varphi} \end{cases} \tag{3.2.11}$$

例 3.2.1　如果再加上一个约束，使空间转子只能在平面 $\theta=\pi/2$ 上运动，称之为平面转子.写出平面转子的拉格朗日函数，求出相应的拉格朗日方程.

解　由于约束条件 $\theta=\pi/2$，原广义坐标 θ 不再是变量，因此平面转子只有一个独立变量 φ，取为广义坐标.将约束条件代入(3.2.8a)式，得到平面转子的拉格朗日函数：

$$L = \frac{1}{2}I\dot{\varphi}^2 - V(\varphi)$$

由此求出对应的广义动量和广义力：

$$p_\varphi = I\dot{\varphi},\quad Q_\varphi = -V'(\varphi)$$

代入(3.1.17)式后，即可得平面转子的运动微分方程：

$$I\ddot{\varphi} = -V'(\varphi)$$

3.2.3　转动参照系

转动参照系是一个非惯性系，如采用牛顿运动定律，就必须求出质点的绝对加速度，并在转动参照系中引入适当的惯性力.但是用拉格朗日方程，则只需求出质点相对于静止参照系(惯性系)的动能，亦即只要求出绝对速度即可，因此处理起来比较简单.

设质点 P 在保守力 $\boldsymbol{F}=-\nabla V$ 作用下，相对于以恒定角速度 ω 绕竖直轴转动的坐标系 $O\xi\eta\zeta$ 运动，现要求此质点相对于转动坐标系 $O\xi\eta\zeta$ 的运动微分方程.

我们取 $Oxyz$ 为静止坐标系，并令转动坐标系的 ζ 轴与静止坐标系的 z 轴重合，以恒定角速度 ω 绕 z 轴转动(如图 3.1).设质点 P 相对于转动坐标系的坐标为(ξ,η,ζ)，而相对于静止坐标系的坐标为(x,y,z)，显然有关系式：

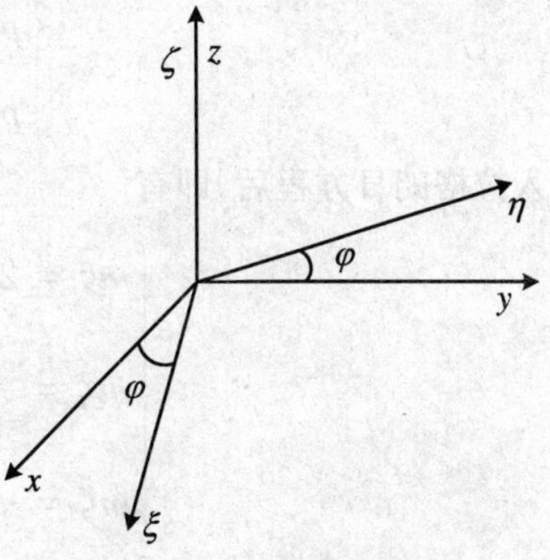

图 3.1　转动坐标系

$$\begin{cases} x = \xi\cos\varphi - \eta\sin\varphi \\ y = \xi\sin\varphi + \eta\cos\varphi \\ z = \zeta \end{cases} \tag{3.2.12}$$

考虑到 ξ 轴与 x 轴之间的夹角 $\varphi=\omega t$，故在任一时刻 t，质点 P 相对于固定坐标系的位置可由(3.2.12)完全确定，即 ξ,η,ζ 可取为广义坐标.

对(3.2.12)式求导，可得质点的绝对速度的分量为

$$\begin{cases} v_x = \dot{x} = \dot{\xi}\cos\varphi - \dot{\eta}\sin\varphi - \omega(\xi\sin\varphi + \eta\cos\varphi) \\ v_y = \dot{y} = \dot{\xi}\sin\varphi + \dot{\eta}\cos\varphi + \omega(\xi\cos\varphi - \eta\sin\varphi) \\ v_z = \dot{z} = \dot{\zeta} \end{cases} \tag{3.2.13}$$

在推导中利用了关系 $\dot{\varphi}=\omega$，由此可得质点相对于固定坐标系 $Oxyz$ 的动能为

$$\begin{aligned} T &= \frac{1}{2}m(\dot{x}^2 + \dot{y}^2 + \dot{z}^2) = \frac{1}{2}m(\dot{\xi}^2 + \dot{\eta}^2 + \zeta^2) \\ &\quad + \frac{1}{2}m\omega^2(\xi^2 + \eta^2) + m\omega(\xi\dot{\eta} - \eta\dot{\xi}) \end{aligned} \tag{3.2.14}$$

容易写出格拉朗函数：

$$L = T - V(\xi,\eta,\zeta,t) \tag{3.2.15}$$

上式中势能 V 含有时间 t 是由于变换式(3.2.12)中含有 $\varphi=\omega t$ 的缘故.因此，该质点的广义动量为

$$\begin{cases} p_\xi = m\dot{\xi} - m\omega\eta \\ p_\eta = m\dot{\eta} + m\omega\xi \\ p_\zeta = m\dot{\zeta} \end{cases} \tag{3.2.16}$$

代入拉格朗日方程后，即有

$$\begin{cases} m\ddot{\xi} = 2m\omega\dot{\eta} + m\omega^2\xi - \dfrac{\partial V}{\partial \xi} \\ m\ddot{\eta} = -2m\omega\dot{\xi} + m\omega^2\eta - \dfrac{\partial V}{\partial \eta} \\ m\ddot{\zeta} = -\dfrac{\partial V}{\partial \zeta} \end{cases} \tag{3.2.17}$$

上式即为质点在转动参照系中的运动微分方程，方程中的 $2m\omega\dot{\eta}$ 和 $-2m\omega\dot{\xi}$ 称为科里奥利力，$m\omega^2\xi$ 和 $m\omega^2\eta$ 为惯性离心力.采用广义坐标之后，这两种力都可以由

拉格朗日方程直接得出，这显然比牛顿方法要简明.

3.2.4　二体问题

质量为 m_1 和 m_2，位矢为 $\boldsymbol{r}_1$ 和 $\boldsymbol{r}_2$ 的两质点系统，其动能为 $T=\frac{1}{2}m_1\dot{\boldsymbol{r}}_1^2+\frac{1}{2}m_2\dot{\boldsymbol{r}}_2^2$，如果相互作用势能为 $V(\boldsymbol{r}_1-\boldsymbol{r}_2)$，则其拉格朗日函数为

$$L=\frac{1}{2}m_1\boldsymbol{r}_1^2+\frac{1}{2}m_2\boldsymbol{r}_2^2-V(\boldsymbol{r}_1-\boldsymbol{r}_2) \tag{3.2.18}$$

如果选取二位矢的直角坐标分量 x_1,y_1,z_1 和 x_2,y_2,z_2 为广义坐标，则其拉格朗日函数为

$$\begin{aligned}L=&\frac{1}{2}m_1(\dot{x}_1^2+\dot{y}_1^2+\dot{z}_1^2)+\frac{1}{2}m_2(\dot{x}_2^2+\dot{y}_2^2+\dot{z}_2^2)\\&-V(x_1-x_2,y_1-y_2,z_1-z_2)\end{aligned} \tag{3.2.18a}$$

对应的广义动量为

$$\begin{cases}p_{1x}=m_1\dot{x}_1\\p_{1y}=m_1\dot{y}_1\\p_{1z}=m_1\dot{z}_1\end{cases}\quad 和\quad\begin{cases}p_{2x}=m_2\dot{x}_2\\p_{2y}=m_2\dot{y}_2\\p_{2z}=m_2\dot{z}_2\end{cases} \tag{3.2.19a}$$

上式也可写成矢量式：

$$\boldsymbol{p}_1=m_1\dot{\boldsymbol{r}}_1\quad 和\quad \boldsymbol{p}_2=m_2\dot{\boldsymbol{r}}_2 \tag{3.2.19}$$

其运动微分方程为

$$\begin{cases}\dot{p}_{1x}=-\dfrac{\partial V}{\partial x_1}\\[2mm]\dot{p}_{1y}=-\dfrac{\partial V}{\partial y_1}\\[2mm]\dot{p}_{1z}=-\dfrac{\partial V}{\partial z_1}\end{cases}\quad 和\quad\begin{cases}\dot{p}_{2x}=-\dfrac{\partial V}{\partial x_2}\\[2mm]\dot{p}_{2y}=-\dfrac{\partial V}{\partial y_2}\\[2mm]\dot{p}_{2z}=-\dfrac{\partial V}{\partial z_2}\end{cases} \tag{3.2.20a}$$

写成矢量式为

$$\dot{\boldsymbol{p}}_1=-\nabla_1 V,\quad \dot{\boldsymbol{p}}_2=-\nabla_2 V \tag{3.2.20}$$

方程组(3.2.20)中各个方程通过势能而相互联系，不能分开处理，而且拉格朗日函数中也没有循环坐标，故不便求解.

然而，如果用质心位矢 $\boldsymbol{r}_c=(m_1\boldsymbol{r}_1+m_2\boldsymbol{r}_2)/m$ 和相对位矢 $\boldsymbol{r}=\boldsymbol{r}_1-\boldsymbol{r}_2$ 来描述此两质点体系，则其动能可表示为

$$T = \frac{1}{2} m \dot{\boldsymbol{r}}_c^2 + \frac{1}{2} \mu \dot{\boldsymbol{r}}^2 \tag{3.2.21}$$

式中，$m = m_1 + m_2$ 为总质量，$\mu = m_1 m_2/(m_1 + m_2)$为折合质量.体系的拉格朗日函数为

$$L = \frac{1}{2} m \dot{\boldsymbol{r}}_c^2 + \frac{1}{2} \mu \dot{\boldsymbol{r}}^2 - V(\boldsymbol{r}) \tag{3.2.22}$$

容易看出，这时拉格朗日函数可以分解成两个独立部分之和，即

$$L = L_c + L_r,\ L_c = \frac{1}{2} m \dot{\boldsymbol{r}}_c^2,\ L_r = \frac{1}{2} \mu \dot{\boldsymbol{r}}^2 - V(\boldsymbol{r}) \tag{3.2.23}$$

其中，L_c仅与质心位置有关，而 L_r仅与相对位置有关，两者相互独立.因此，相应的运动方程也可以分成两组相互独立的部分来分别求解，用质心位矢和相对位矢的直角坐标分量 x_c，y_c，z_c和 x，y，z 作为广义坐标，则有

$$\begin{cases} L_c = \dfrac{1}{2} m(\dot{x}_c^2 + \dot{y}_c^2 + \dot{z}_c^2) \\ L_r = \dfrac{1}{2} \mu(\dot{x}^2 + \dot{y}^2 + \dot{z}^2) - V(x,y,z) \end{cases} \tag{3.2.23a}$$

相应广义动量为

$$\begin{cases} p_{cx} = m\dot{x}_c \\ p_{cy} = m\dot{y}_c, \\ p_{cz} = m\dot{z}_c \end{cases} \quad \begin{cases} p_x = \mu\dot{x} \\ p_y = \mu\dot{y} \\ p_z = \mu\dot{z} \end{cases} \tag{3.2.24}$$

写成矢量式即为

$$\boldsymbol{p}_c = m \dot{\boldsymbol{r}}_c, \quad \boldsymbol{p} = \mu \dot{\boldsymbol{r}} \tag{3.2.24a}$$

在用 x_c，y_c，z_c和 x，y，z 为广义坐标后，由(3.2.23a)式可以看出拉格朗日函数中不含有 x_c，y_c，z_c，即 x_c，y_c，z_c为循环坐标，因此对应的广义动量守恒，即

$$p_{cx} = 常数,\ p_{cy} = 常数,\ p_{cz} = 常数,\ 可统一写成\ \boldsymbol{p}_c = 常矢量 \tag{3.2.25}$$

这是一组仅与质心运动有关的方程，而与相对运动有关的方程可以由相对运动的拉格朗日函数 L_r直接得出，为

$$\begin{cases} \dot{p}_x = -\dfrac{\partial V}{\partial x} \\ \dot{p}_y = -\dfrac{\partial V}{\partial y}, \quad 可统一写成\ \dot{\boldsymbol{p}} = -\nabla V \\ \dot{p}_z = -\dfrac{\partial V}{\partial z} \end{cases} \tag{3.2.26}$$

由这个例子可以看出对同一个力学系统，如果广义坐标选取适当，则相应的拉格朗日函数就可以分解成几个独立部分之和，也可以出现较多的循环坐标. 这就使得运动微分方程能降元，降阶，容易求解. 而由于拉格朗日函数为标量函数，因此，在坐标的选择和变换时比矢量函数(比如力)要容易得多，这就是拉格朗日方法比牛顿方法优越的原因.

3.2.5　静力学问题

利用拉格朗日方法，我们不仅可以解决质点组的动力学问题，也可以解静力学问题，即求体系的平衡条件. 当体系处于平衡状态时，各组成质点的速度均恒等于零，因此体系的动能 $T\equiv 0$；而由于体系的势能 V 仅是广义坐标 q_α 的函数，与广义速度无关，因此，在平衡条件下，拉格朗日方程变成

$$\frac{\partial V}{\partial q_\alpha} = 0 \tag{3.2.27}$$

这就是体系的平衡方程，亦即拉格朗日形式的静力学基本方程.

下面我们通过一个例题，来说明方程(3.2.27)的具体应用.

例 3.2.2　长为 $2l$ 的均质棒一端抵在光滑墙下，而棒身则如图 3.2 所示，斜靠在与墙相距为 d 的光滑棱角上，求棒在平衡时与水平面所成的角 θ.

解　由图 3.2 可以看出，当杆与水平面所成之角 θ 取定时，杆 AB 的位置就完全确定了. 因此，我们可以取角度 θ 为体系的广义坐标. 以 D 点为势能零点，则杆的重力势能应为杆的质量 m，重力加速度 g 和杆的重心 P 点到势能零点 D 所在水平面的距离 h 三者之乘积，即

$$V = mgh \tag{E1}$$

由于杆是均匀的，因此，杆的重心在杆的中点，即 $AP = BP = l$，所以有

$$h = l\sin\theta - d\tan\theta \tag{E2}$$

将(E2)代入(E1)式，即得到广义坐标 θ 表示的势能形式：

$$V = mg(l\sin\theta - d\tan\theta) \tag{E3}$$

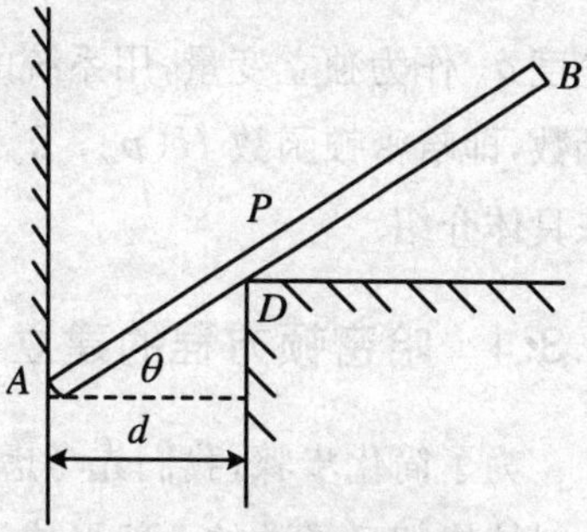

图 3.2　静力学问题

由平衡方程(3.2.27)，即有

$$\frac{\partial V}{\partial \theta} = mg\left(l\cos\theta - \frac{d}{\cos^2\theta}\right) = 0 \tag{E4}$$

由此可以解出平衡时角度为

$$\theta_0 = \sqrt[3]{\arccos\left(\frac{d}{l}\right)} \tag{E5}$$

由(E5)式可以看出,当 $d>l$ 时,(E5)式左边无意义,相应有 θ_0 不存在,这说明在 $d>l$ 的情况下体系不可能平衡.这个例题如果用牛顿力学的方法来解,则先要列出包括约束力作为未知量的三个平衡方程 $\sum \boldsymbol{F}_x = 0$,$\sum \boldsymbol{F}_y = 0$ 和 $\sum \boldsymbol{M}_z = 0$,然后再消去未知的约束力,最后解出 θ 所满足的平衡条件.由此可见,在求解有约束限制的静力学问题时,拉格朗日方法也比牛顿方法优越.

3.3　哈密顿方程

在 3.1 节中我们导出了拉格朗日方程,与牛顿第二定律相比,拉格朗日方程具有许多优点.它可以直接应用于任何坐标系统,可以不考虑未知的约束力而直接求解出运动方程,可以统一地得出各种守恒律等等,在处理具体问题时非常方便.不过格拉朗日方法也有不够完美之处,例如,在拉格朗日函数中,把广义坐标 q_α 和广义动量 $\dot{q}_\alpha$ 都是看成独立变量的,但是在导出拉格朗日方程后,$\dot{q}_\alpha$ 又要看成 q_α 对时间的导数.q_α 和 $\dot{q}_\alpha$ 既不完全独立,又没有任何对称性.此外,作为状态特征函数的 $L(q_\alpha,\dot{q}_\alpha)$ 本身不具有任何直接的物理意义,在使用时物理图像不够明确等,这些不足之处可以通过本节所讲的哈密顿方程来改进.哈密顿用广义动量 p_α 代替广义速度 $\dot{q}_\alpha$ 作为独立变量,用系统的机械能与 p_α 和 q_α 的依赖关系,作为状态的特征函数,即哈密顿函数 $H(p_\alpha,\ q_\alpha)$,得出了对称性非常好的哈密顿方程.下面我们就来具体介绍.

3.3.1　哈密顿方程的建立

为了简化步骤,我们先考虑一个自由度的问题,即系统只有一个广义坐标 q,这时拉格朗日函数的一般形式为

$$L(q,\dot{q}) = \frac{1}{2}a(q)\dot{q}^2 - V(q)$$

其中,$a(q)$ 可以看成广义质量.考虑到拉格朗日函数中,q_α 和 $\dot{q}_\alpha$ 为独立变量,故其微分应为

$$dL = \frac{\partial L}{\partial q}dq + \frac{\partial L}{\partial \dot{q}}d\dot{q} \tag{3.3.2}$$

利用广义动量的定义(3.1.16)式和广义动量定理(3.1.17)式,可以推出

$$dL = \dot{p}dq + pd\dot{q} \tag{3.3.3}$$

反之,只要知道了以 q_α 和 $\dot{q}_\alpha$ 为独立变量的特征函数 L,由上式也可以推出(3.1.16)式和(3.1.17)式.换句话说,上式与拉格朗日方程完全等价.

既然用广义坐标 q 和广义动量 p,而不用广义速度 $\dot{q}$ 作为独立变量来描述运动,就应当找出一个新的特征函数.这需要设法把(3.3.3)式中的微分 $d\dot{q}$ 换成 dp,为此我们考察微分式

$$d(p\dot{q}) = \dot{q}dp + pd\dot{q} \tag{3.3.4}$$

用(3.3.4)式减去(3.3.3)式,即有

$$d(p\dot{q} - L) = \dot{q}dp - \dot{p}dq = dH \tag{3.3.5}$$

这里定义

$$H = p\dot{q} - L \tag{3.3.6}$$

称为系统的哈密顿函数,它是独立变量 p 和 q 的函数,因此,哈密顿函数的微分方程为

$$dH = \frac{\partial H}{\partial p}dp + \frac{\partial H}{\partial q}dq \tag{3.3.7}$$

将(3.3.5)式与(3.3.7)式进行对比,即得到

$$\dot{q} = \frac{\partial H}{\partial p}, \quad \dot{p} = -\frac{\partial H}{\partial q} \tag{3.3.8}$$

这个方程组称为哈密顿方程,或正则方程.

利用微分分式 $d(\dot{p}q)$ 把独立变量从 $q,\dot{q}$ 换为 q,p,同时把起支配作用的状态函数 L 变换为 $H = \dot{p}q - L$,这种方法叫做勒让德变换.勒让德变换是很有用的数学工具,在热力学中经常用到这个变换.

一般情况下,对于一个具有 s 个自由度的系统,其拉格朗日函数为 $L(q_\alpha, \dot{q}_\alpha)$ $(\alpha = 1,2,\cdots,s)$,对拉格朗日函数求微分,得到

$$dL = \sum_{i=1}^{s}\dot{p}_\alpha dq_\alpha + \sum_{i=1}^{s}p_\alpha d\dot{q}_\alpha \tag{3.3.3a}$$

利用微分 $d\left(\sum_{\alpha=1}^{s}p_\alpha\dot{q}_\alpha\right)$ 做勒让德变换,即可得到哈密顿方程:

$$\dot{q}_\alpha = \frac{\partial H}{\partial p_\alpha}, \quad \dot{p}_\alpha = -\frac{\partial H}{\partial q_\alpha} \quad (\alpha = 1,2,\cdots,s) \tag{3.3.8a}$$

现在的哈密顿函数

$$H = \sum_{i=1}^{s} p_i \dot{q}_i - L \tag{3.3.6a}$$

为独立变量 p_α 和 q_α 的函数.

把哈密顿方程(3.3.8a)和拉格朗日方程(3.1.15)相比,可以看出虽然前者方程的个数增加了一倍,但是微分方程的阶数却由二阶降为一阶.更重要的是在哈密顿方程(3.3.8a)中,p_α 与 q_α 之间完全独立,而且非常对称,这些性质对以后的应用是大有好处的.

在一个自由度的情况下,由(3.3.1)式可知,广义动量为

$$p = \frac{\partial L}{\partial \dot{q}} = a(q)\dot{q} \tag{3.3.9}$$

即

$$\dot{q} = \frac{p}{a(q)} \tag{3.3.9a}$$

代入(3.3.6)式,即可得

$$H = p\dot{q} - L = p\dot{q} - \frac{1}{2}a(q)\dot{q}^2 + V(q) = \frac{p^2}{2a(q)} + V(q) \tag{3.3.10}$$

考虑到系统动能

$$T = \frac{1}{2}a(q)\dot{q}^2 = \frac{p^2}{2a(q)}$$

故有

$$H = T + V \tag{3.3.11}$$

这个关系在多自由度的情况下也是成立的,因此,哈密顿函数就是系统的总能量 E,具有非常重要的物理意义.如果拉格朗日函数中显含时间 t,这时哈密顿函数中也显含时间 t,称为系统的广义能量.

例 3.3.1 由平面转子的拉格朗日函数导出哈密顿函数,并写出哈密顿方程.

解 平面转子的拉格朗日函数为 $L = \frac{1}{2}I\dot{\varphi}^2 - V(\varphi)$,广义动量为 $p_\varphi = \partial L/\partial \dot{\varphi} = I\dot{\varphi}$,由此得到哈密顿函数 $H = p_\varphi \dot{\varphi} - L = \frac{1}{2I}p_\varphi^2 + V(\varphi)$.代入哈密顿方程后得到

$$\dot{\varphi} = \frac{\partial H}{\partial p_\varphi} = \frac{1}{I}p_\varphi, \quad \dot{p}_\varphi = -\frac{\partial H}{\partial \varphi} = -V'(\varphi)$$

3.3.2 广义动量守恒律

与拉格朗日方法中有广义动量守恒律类似,在哈密顿方法中同样也有这个守恒律.如哈密顿函数 $H(p_\alpha, q_\alpha)$中不含有某个广义坐标 q_α(q_α 为循环坐标),则由哈密顿方程可得 $\dot{p}_\alpha=0$,即广义动量 p_α 守恒.即

$$p_\alpha = \text{常数} \quad (\text{如 } q_\alpha \text{ 为循环坐标}) \tag{3.3.12}$$

这就是哈密顿方法中的广义动量守恒律.

不难证明,广义动量守恒的条件$\partial L/\partial q_\alpha=0$ 和$\partial H/\partial q_\alpha=0$ 是完全等价的,事实上,由变量变换关系

$$H(p_\alpha, q_\alpha) = \sum_{\alpha=1}^{s} p_\alpha \dot{q}_\alpha(p_\alpha, q_\alpha) - L[q_\alpha, \dot{q}_\alpha(p_\alpha, q_\alpha)]$$

可得

$$\frac{\partial H}{\partial q_\beta} = \sum_\alpha p_\alpha \frac{\partial \dot{q}_\alpha}{\partial q_\beta} - \left[\frac{\partial L}{\partial q_\beta} + \sum_\alpha \frac{\partial L}{\partial \dot{q}_\alpha}\frac{\partial \dot{q}_\alpha}{\partial q_\beta}\right]$$

利用广义动量 p_α 的定义即有

$$\frac{\partial H}{\partial q_\beta} = -\frac{\partial L}{\partial q_\beta} \tag{3.3.13}$$

由此可见,在 $L(q,\dot{q})$和 $H(p, q)$两者中,若其中一个不含有广义坐标 q_α,另外一个必定也不含有 q_α,即广义坐标的循环性不受 $L(q,\dot{q})$到 $H(p, q)$间勒让德变换的影响.

如广义坐标 q_α 为循环坐标,则相应的广义动量 p_α 守恒,给问题的解决将带来便利,这时拉格朗日方法和哈密顿方法是相同的,但是哈密顿方法更适宜于处理循环坐标.如果拉格朗日函数 $L(q,\dot{q})$不含有广义坐标 q_α,但仍可以含有对应的广义速度 $\dot{q}_\alpha$,问题仍然具有 s 个自由度;而哈密顿函数 $H(p, q)$如果不含有广义坐标 q_α,则其对应的广义动量 p_α 是常数,因此这一个自由度可以说已解出,只要解算其他自由度就行了.

另一方面,根据哈密顿方程的对称性,如果哈密顿函数 $H(p, q)$不含有某个广义动量 p_α,则其对应的广义坐标 q_α 也是常数,这一个自由度也已解出,这个性质是拉格朗日方法所没有的.

3.3.3 常见系统的哈密顿函数

从前面的结果来看,哈密顿方法比拉格朗日方法更完美.但是在直接解算具体

力学问题方面，用哈密顿方程求解有时反而麻烦. 因为在拉格朗日方法中，从拉格朗日函数可以直接写出动力学方程，即拉格朗日方程；而用哈密顿方法，必须先从拉格朗日函数转到哈密顿函数才可写出动力学方程，即哈密顿方程. 而在解方程时往往又要用消元法消去方程中的广义动量，结果得到的仍然是拉格朗日方程，只不过是绕了一个大圈子. 哈密顿方法的主要优点在理论上，由于在哈密顿方法中所选用的变量 p_α 和 q_α 完全独立，因此变换比较自由；而在拉格朗日方法中，选用的变量 q_α 和 $\dot{q}_\alpha$ 并不完全独立，只能对广义坐标 q_α 进行变量变换，广义速度 $\dot{q}_\alpha$ 是随之而变化的，这就有了很大的限制.

另一方面，在哈密顿方法中，一对正则变量 p_α 和 q_α 乘积的量纲是确定的，因为

$$[p_\alpha \cdot q_\alpha] = \left[\frac{\partial L}{\partial \dot{q}_\alpha} \cdot q_\alpha\right] = \left[\frac{L \cdot t}{q_\alpha} \cdot q_\alpha\right] = [L \cdot t] \tag{3.3.14}$$

即总是“能量×时间”即作用量的量纲，与广义坐标 q_α 的选取无关. 而在拉格朗日方法中，一对变量 $q_\alpha, \dot{q}_\alpha$ 乘积的量纲，并不是确定的，与广义坐标 q_α 的选取有关. 因此，哈密顿方法更适宜描述物理系统的运动状态. 如在统计物理中，热力学系统的微观状态就必须用广义动量和广义坐标作为独立变量来描述，用哈密顿函数(作为广义动量 p_α 和广义坐标 q_α 的函数的直接形式，而不是复合函数形式)来计算. 在量子力学中，微观体系和宏观体系之间的对应关系就是通过把哈密顿函数变成哈密顿算符来完成的. 因此，我们经常需要用到一些常见系统的哈密顿函数，下面我们将从拉格朗日函数出发，来推出一些常见的哈密顿函数.

(ⅰ) 直角坐标中的非约束质点

在直角坐标中，拉格朗日函数为 $L = \frac{1}{2}m(\dot{x}^2 + \dot{y}^2 + \dot{z}^2) - V(x, y, z)$，而广义动量为

$$p_x = \frac{\partial L}{\partial x} = m\dot{x}, \quad p_y = \frac{\partial L}{\partial y} = m\dot{y}, \quad p_z = \frac{\partial L}{\partial z} = m\dot{z}$$

由此，其哈密顿函数为

$$H = p_x\dot{x} + p_y\dot{y} + p_z\dot{z} - L = \frac{1}{2m}(p_x^2 + p_y^2 + p_z^2) + V(x, y, z) \tag{3.3.15}$$

(ⅱ) 柱坐标中的非约束质点

在柱坐标中，拉格朗日函数 $L = \frac{1}{2}m(\dot{\rho}^2 + \rho^2\dot{\varphi}^2 + \dot{z}^2) - V(\rho, \varphi, z)$，而广义动

量为

$$p_\rho = m\dot{\rho}, \quad p_\varphi = m\rho^2\dot{\varphi}, \quad p_z = m\dot{z}$$

由此,其哈密顿函数为

$$H = p_\rho\dot{\rho} + p_\varphi\dot{\varphi} + p_z\dot{z} - L = \frac{1}{2m}\left(p_\rho^2 + p_z^2 + \frac{1}{\rho^2}p_\varphi^2\right) + V(\rho,\varphi,z) \tag{3.3.16}$$

(ⅲ)球坐标中的非约束质点

在球坐标中的拉格朗日函数由(3.2.3)式所示,广义动量由(3.2.4)式表示,故其哈密顿函数为

$$H = p_r\dot{r} + p_\theta\dot{\theta} + p_\varphi\dot{\varphi} - L = \frac{1}{2m}\left(p_r^2 + \frac{1}{r^2}p_\theta^2 + \frac{1}{r^2\sin^2\theta}p_\varphi^2\right) + V(r,\theta,\varphi) \tag{3.3.17}$$

在有心力场中,势能仅为坐标 r 的函数,即 $V = V(r)$,上式中的哈密顿函数可以化简为

$$H = \frac{1}{2m}p_r^2 + \frac{1}{2mr^2}\left(p_\theta^2 + \frac{1}{\sin^2\theta}p_\varphi^2\right) + V(r) \tag{3.3.18}$$

这时,坐标 φ 成为循环坐标,对应的广义动量守恒.

(ⅳ)空间转子

由于有约束,空间转子只有两个运动自由度,因而只有两对正则变量 θ, p_θ; φ, p_φ,其拉格朗日函数由公式(3.2.8a)表示,广义动量由(3.2.9)式决定,因此其哈密顿函数为

$$H = p_\theta\dot{\theta} + p_\varphi\dot{\varphi} - L = \frac{1}{2I}\left(p_\theta^2 + \frac{1}{\sin^2\theta}p_\varphi^2\right) + V(\theta,\varphi) \tag{3.3.19}$$

(ⅴ)二体问题

一般的二体问题共有六个自由度,如取两质点位置的直角坐标 x_1, y_1, z_1 和 x_2, y_2, z_2 为广义坐标,则拉格朗日函数可由(3.2.18a)式给出,广义动量由(3.2.19a)式给出,因此其哈密顿函数为

$$\begin{aligned} H &= \boldsymbol{p}_1 \cdot \boldsymbol{r}_1 + \boldsymbol{p}_2 \cdot \boldsymbol{r}_2 - L = \frac{1}{2m_1}\boldsymbol{p}_1^2 + \frac{1}{2m_2}\boldsymbol{p}_2^2 + V(\boldsymbol{r}_1 - \boldsymbol{r}_2) \\ &= \frac{1}{2m_1}(p_{1x}^2 + p_{1y}^2 + p_{1z}^2) + \frac{1}{2m_2}(p_{2x}^2 + p_{2y}^2 + p_{2z}^2) \\ &\quad + V(x_1 - x_2, y_1 - y_2, z_1 - z_2) \end{aligned} \tag{3.3.20}$$

此形式既不能分解为两个独立部分，又无循环坐标．如取两质点系统的质心位矢和相对位矢的直角坐标分量 x_c，y_c，z_c和 x，y，z 为广义坐标，则其拉格朗日函数可由(3.2.23a)式给出，广义动量则由(3.2.24a)式给出，此时的哈密顿函数为

$$\begin{aligned} H &= \boldsymbol{p}_c \cdot \dot{\boldsymbol{r}}_c + \boldsymbol{p} \cdot \dot{\boldsymbol{r}} - L = \frac{1}{2m}\boldsymbol{p}_c^2 + \frac{1}{2\mu}\boldsymbol{p}^2 + V(\boldsymbol{r}) \\ &= \frac{1}{2m}(p_{cz}^2 + p_{cy}^2 + p_{cz}^2) + \frac{1}{2\mu}(p_x^2 + p_y^2 + p_z^2) \\ &\quad + V(x,y,z) \end{aligned} \tag{3.3.21}$$

这时，哈密顿函数可以分成两个独立部分之和，即

$$H = H_c + H_r$$

其中

$$H_c = \frac{1}{2m}(p_{cx}^2 + p_{cy}^2 + p_{cz}^2), \quad H_r = \frac{1}{2\mu}(p_x^2 + p_y^2 + p_z^2) + V(x,y,z) \tag{3.3.22}$$

H_c称为质心的哈密顿函数，它决定了系统质心的运动，由(3.3.22)式可以看出 H_c 具有三个循环坐标 x_c，y_c和 z_c；而 H_r称为相对运动的哈密顿函数，它决定了系统中两质点的相对运动．

当相互作用为有心力时，势能只是两质点相对距离的函数，即 $V = V(r)$，在采用球坐标后，上式中的相对运动的哈密顿函数可以化为

$$H_r = \frac{1}{2\mu}p_r^2 + \frac{1}{2\mu r^2}\left(p_\theta^2 + \frac{1}{\sin^2\theta}p_\varphi^2\right) + V(r) \tag{3.3.23}$$

如果两质点的相对距离 r 可以在平衡距离 a 附近做微小变化，如弹性的双原子分子，相对运动的哈密顿函数还可以简化为

$$H_r \approx \frac{1}{2\mu}p_r^2 + \frac{1}{2\mu a^2}\left(p_\theta^2 + \frac{1}{\sin^2\theta}p_\varphi^2\right) + V(a) + \frac{1}{2}V''(a)(r-a)^2 \tag{3.3.24}$$

它可以分解为两个部分 $H_r \approx H_1 + H_2$，其中

$$H_1 = \frac{1}{2\mu a^2}\left(p_\theta^2 + \frac{1}{\sin^2\theta}p_\varphi^2\right), \quad H_2 = \frac{1}{2\mu}p_r^2 + V(a) + \frac{1}{2}V''(a)(r-a)^2 \tag{3.3.25}$$

第一项是转动部分，第二项是振动部分．

如果两质点的相对距离 r 固定为a，如刚性的双原子分子，这时径向自由度自动消失，上式进一步简化为

$$H_r = \frac{1}{2\mu a^2}\left(p_\theta^2 + \frac{1}{\sin^2\theta}p_\varphi^2\right) + V(a) \tag{3.3.26}$$

除了一个常数外，上式与转动惯量 $I = \mu a^2$ 的空间转子的哈密顿函数完全一样.

可以证明 $I = \mu a^2$ 恰好是两质点相对于质心的转动惯量，因而我们可以说：刚性双原子分子的哈密顿函数（能量）可以分解为随质心的平动和绕质心的转动两部分；弹性双原子分子的哈密顿函数（能量）可以分解为随质心的平动、绕质心的转动和相对振动三部分.

习 题 3

1. 在下列势场中运动时，动量和动量矩的哪些分量守恒？

(1) 无限大均匀平面场 $V = V(z)$；

(2) 无限长均匀圆柱场 $V = V(\rho)$.

2. 两根同类型的均质棒 AB，BC 在 B 处刚性连接在一起，且 $\angle ABC$ 成一直角，如将此棒的 A 点用绳系于某个固定点上，求平衡时 AB 和竖直直线的夹角 θ. 设棒 AB 长为 a，棒 BC 长为 b.

3. 一小环套在光滑的直杆上，杆绕铅垂线以匀角速度 ω 旋转成圆锥形. 杆与铅垂线成 α 角（图 3.3）.

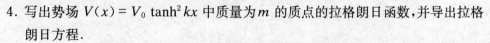

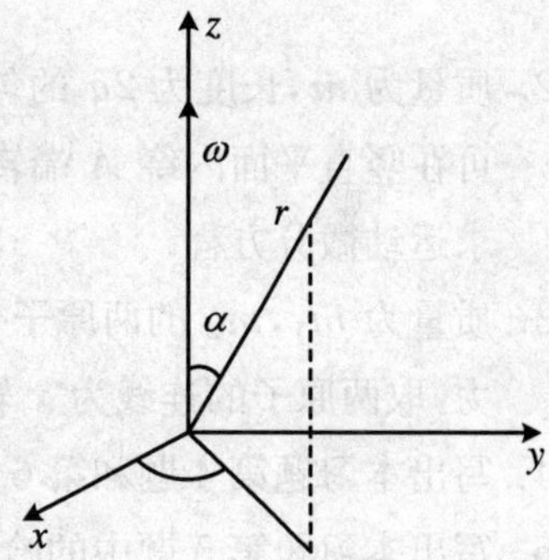

图 3.3

(1) 写出小环的拉格朗日函数；

(2) 由拉格朗日方程求小环的运动微分方程.

4. 写出势场 $V(x) = V_0 \tanh^2 kx$ 中质量为 m 的质点的拉格朗日函数，并导出拉格朗日方程.

5. 质量为 m 的质点受有心力 $V = -\dfrac{k\mathrm{e}^{-\alpha r}}{r}$ $(k>0)$ 作用，写出的拉格朗日函数，并导出拉格朗日方程.

6. 一光滑细管在竖直平面内绕过其一端的水平轴以匀角速度 ω 转动，管内有一质量为 m 的质点. 开始时细管水平，质点距离转动轴的距离为 a，相对管的速度为 v_0，写出系统的拉格朗日函数，并求出质点相对管的运动规律.

7. 质量分别为 m_1, m_2 的两个质点,用一个固有长度为 a 的弹性绳相连,绳的劲度系数为 $k = 2m_1m_2\omega^2/(m_1+m_2)$. 如果将此系统放入光滑的水平管中,管子绕过其一端的竖直轴以匀角速度 ω 转动,试求两质点间距离随着时间的变化规律. 开始时质点相对于管子是静止的.

8. 质量为 m 的小环套在方程为 $x^2 = 4ay$ 的抛物线形金属丝上,可沿着金属丝无摩擦地滑动,金属丝以匀角速度 ω 绕竖直的 y 轴转动,求小环的运动微分方程.

9. 在上题中求小环的相对平衡条件.

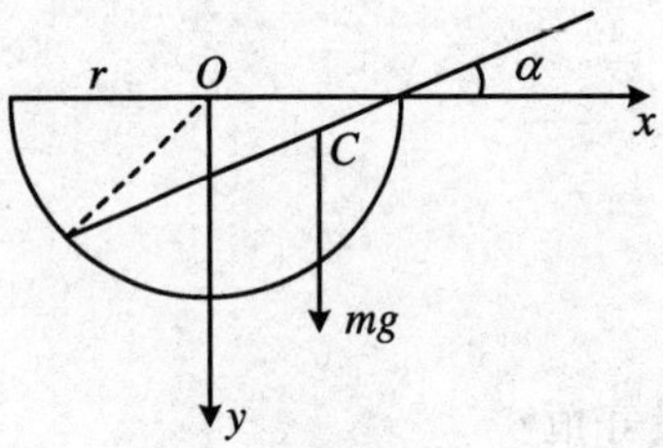

图 3.4

10. 如图 3.4 所示,半径为 r 的光滑半球形碗,固定在水平面上,一匀质细杆斜靠在碗边,一端在碗里,一端在碗外. 如果平衡时碗内的长度为 C,求细杆的全长.

11. 质量为 m 的质点受重力作用,被约束在半顶角为 α 的圆锥面内运动. 以 ρ, φ 为广义坐标,求出该质点的运动微分方程,并写出循环坐标和对应的广义动量守恒律.

12. 质量为 m,长度为 $2a$ 的匀质细杆 AB,其 A 端可在光滑水平槽上运动,杆身又可在竖直平面内绕 A 端转动. 如除了重力外,B 端还受到一水平力 F 的作用,求运动微分方程.

13. 质量为 m_1, m_2 的两原子分子,平衡时原子间的距离为 a,相互作用为准弹性力,取两原子的连线为 x 轴,求此分子的运动方程.

14. 写出本习题第 4 题和第 6 题中的哈密顿函数,并导出哈密顿方程.

15. 写出本习题第 5 题中的哈密顿函数,并指出其中的守恒量.

第 4 章　电磁场论基础

4.1　场的概念与描述

4.1.1　场的概念

在力学中，我们主要研究的对象是质点和质点组，质点是粒子的理想模型，粒子是物质存在的一种基本形式，粒子具有颗粒性和不可入性，相互作用时发生碰撞，在碰撞过程中系统的动量和能量守恒；物质存在还有一种基本形式——场，场具有弥散性和可叠加性，相互作用时会发生干涉，干涉需要满足相干性条件.

研究场的运动规律的物理理论称为场论，电磁场理论研究的是电磁场的运动规律.

粒子的状态由其位矢和动量确定，一般情况下它们都随着时间的变化而变化. 场的状态由场量(即描述场性质的物理量)确定，由于场具有弥散性，因此场量既与时间有关，也与空间位置有关，随着时间或空间位置的不同而不同.

按照场量与时间的关系，可以分为静场和动场. 静场的场量是稳定的，不随时间变化，例如，静电场或者静磁场；动场的场量随时间变化，例如，交变电磁场. 按照场量与空间的关系，可以分为均匀场和非均匀场，匀强电场是均匀场，其场强不随空间位置的不同而变化，点电荷的电场是非均匀的. 严格地说，场都是非均匀的，均匀场只是一个高度理想化的模型.

按照场量本身的特点，可以分为标量场和矢量场. 若在空间区域中的每一点都对应某标量的一个确定值，我们便说在该区域内有一个标量场；若在空间区域中的每一点都对应某矢量的一个确定值，便说在该区域内有一个矢量场. 电场和磁场都是矢量场，温度场或压强场等都是标量场.

4.1.2 场的描述

标量场可以用位矢的标量函数 $\varphi(\boldsymbol{r})$ 或者空间坐标的标量函数 $\varphi(x,y,z)$ 来描述，在动场的情况下还要加上时间变量 t. 例如，稳定温度场 $T(x,y,z)$、不稳定的密度场 $\rho(x,y,z,t)$ 及静电势场 $V(x,y,z)$ 等.

标量场还可以用等值面来直观描述，等值面是一组由场量量值相等的点组成的曲面，其方程为 $\varphi(x,y,z)=\text{const}$. 标量场场量随空间位置的变化率与方向有关，称为方向导数，沿单位矢量 $\boldsymbol{n}$ 方向的方向导数记为 $\partial\varphi/\partial n$. 同一点沿等值面的方向导数为零，垂直于等值面的方向导数值最大，方向导数数值最大的方向称为梯度方向. 如各等值面的值差相同，则等值面最密集的方向为梯度方向.

矢量场可以用位矢的矢量函数 $\boldsymbol{A}(\boldsymbol{r})$ 或者空间坐标的矢量函数 $\boldsymbol{A}(x,y,z)$ 来描述，在动场的情况下要加上时间变量 t. 例如，速度场 $\boldsymbol{v}(x,y,z)$、静电场 $\boldsymbol{E}(x,y,z)$ 及磁场 $\boldsymbol{B}(x,y,z,t)$ 等.

矢量场还可以用矢量线来直观描述，矢量线是矢量场中一些想象的线，这些线上任一点的切线正向都与该点处场矢量的方向相同，而穿过与场矢量垂直的单位面积的矢量线条数代表该处场矢量的强度. 矢量线的方程为 $\mathrm{d}x:\mathrm{d}y:\mathrm{d}z=A_x:A_y:A_z$，或者表示为 $\mathrm{d}x/A_x=\mathrm{d}y/A_y=\mathrm{d}z/A_z$. 我们熟知的电力线和磁力线都是矢量线.

通过给定曲面 Σ 的矢量线的条数称为矢量场对该曲面的通量，通量的数学表达式为 $\Phi=\iint_\Sigma \boldsymbol{A}\cdot\mathrm{d}\boldsymbol{S}$，流体速度场对曲面的通量就是通过该曲面的流量. 通量的大小不仅与矢量场有关，也与曲面的形状有关. 对于闭合曲面来说，通量的大小应该与其包围的体积 V 有关，单位体积的平均通量为

$$\phi=\frac{\oiint_\Sigma \boldsymbol{A}\cdot\mathrm{d}\boldsymbol{S}}{\iiint_V \mathrm{d}\tau} \tag{4.1.1}$$

矢量场沿某闭合曲线 C 的曲线积分称为矢量场沿该曲线的环流量，环流量的数学表达式为 $\Gamma=\oint_C \boldsymbol{A}\cdot\mathrm{d}\boldsymbol{r}$，流体速度场对曲线的环流量反映了沿该曲线涡流的强度. 环流量的大小不仅与矢量场有关，也与曲线的形状及其绕向有关，因此，环流量与其包围的面积 Σ 及其法线方向有关，换句话说，与其包围的有向面积

$$\boldsymbol{\Sigma}=\iint_\Sigma \mathrm{d}\boldsymbol{S} \tag{4.1.2}$$

有关,其中面积元的方向为外法线方向,与曲线的绕向满足右手螺旋法则.因此,单位有向面积的平均环流量为

$$\gamma = \frac{\oint_C \boldsymbol{A} \cdot \mathrm{d}\boldsymbol{r}}{\Sigma} \tag{4.1.3}$$

其中 Σ 为有向面积 $\boldsymbol{\Sigma}$ 的大小.

例 4.1.1　已知某个山区的高度分布为 $h(x,y)=20-x^2-3y^2(|x|\leqslant 2,|y|\leqslant 2)$,画出该区域的等高线,并进行分析.

解　显然,该区域内高度的最大值为 20;最小值为 4.可以选择等高线数值为 $\{6,8,10,12,14,16,18\}$.利用科学计算软件 Mathematica,命令语句为

ContourPlot[20 - x^2 - 3y^2 = = {Table[4 + 2n,{n,1,7}]},{x, - 2,2},{y, - 2,2}]

得到的结果如图 4.1 所示.

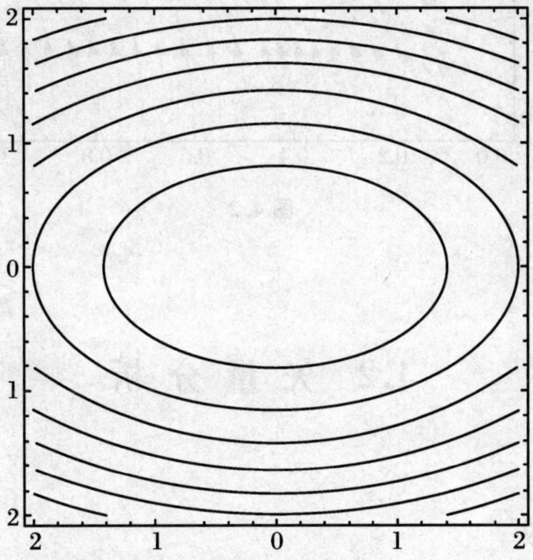

图 4.1

从图 4.1 中容易看出:中间区域等高线比较稀疏,说明地势较平缓;而 x 方向比 y 方向地势平缓.

例 4.1.2　计算矢量场 $\boldsymbol{A}=y\cos(xy)\boldsymbol{e}_x+y\cos(xy)\boldsymbol{e}_y(0\leqslant x\leqslant 1,0\leqslant y\leqslant 1)$ 的矢量线,并作图.

解　由矢量线方程 $\dfrac{\mathrm{d}x}{y\cos(xy)}=\dfrac{\mathrm{d}y}{x\cos(xy)}$,得到 $y^2-x^2=C$.

利用科学计算软件 Mathematica，命令语句为

$$\text{StreamPlot}[\{y\text{Cos}[xy], x\text{Cos}[xy]\}, \{x, 0, 1\}, \{y, 0, 1\}]$$

得到的结果如图 4.2 所示.

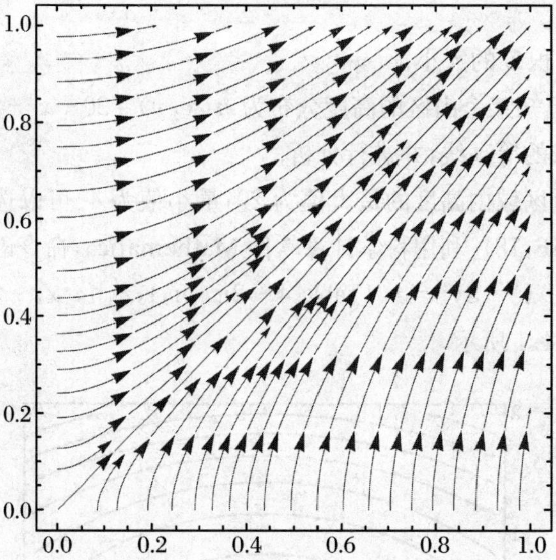

图 4.2

4.2 矢量分析

4.2.1 矢量代数

1. 标积(点乘)

定义 4.1　两矢量的标积 $\boldsymbol{A}\cdot\boldsymbol{B}$ 为标量，大小为 $\boldsymbol{A}\cdot\boldsymbol{B}=AB\cos\angle\widehat{AB}$.

分析　当两矢量同向时，其标积取最大值 AB；当两矢量反向时，其标积取最小值 $-AB$；当两矢量垂直时，其标积为零.

例如：功是力矢量与位移矢量的标积，即 $\mathrm{d}W=\boldsymbol{F}\cdot\mathrm{d}\boldsymbol{r}$.

性质：

$$\text{交换律：}\boldsymbol{A}\cdot\boldsymbol{B}=\boldsymbol{B}\cdot\boldsymbol{A}$$

分配律：$(\boldsymbol{A}+\boldsymbol{B})\cdot\boldsymbol{C}=\boldsymbol{A}\cdot\boldsymbol{C}+\boldsymbol{B}\cdot\boldsymbol{C}$

结合律：$\lambda\boldsymbol{A}\cdot\boldsymbol{B}=(\lambda\boldsymbol{A})\cdot\boldsymbol{B}=\boldsymbol{A}\cdot(\lambda\boldsymbol{B})$

分量表示：

$$\boldsymbol{A}=A_x\boldsymbol{i}+A_y\boldsymbol{j}+A_z\boldsymbol{k},\quad \boldsymbol{B}=B_x\boldsymbol{i}+B_y\boldsymbol{j}+B_z\boldsymbol{k}$$

$$\boldsymbol{A}\cdot\boldsymbol{B}=A_xB_x+A_yB_y+A_zB_z$$

2. 矢积(叉乘)

定义 4.2　两矢量的矢积 $\boldsymbol{A}\times\boldsymbol{B}$ 为矢量，大小为 $AB\sin\angle\widehat{AB}$，方向与 $\boldsymbol{A}$ 和 $\boldsymbol{B}$ 垂直，且 $\boldsymbol{A},\boldsymbol{B},\boldsymbol{A}\times\boldsymbol{B}$ 组成右手螺旋系统.

分析　当两矢量平行时，其矢积为零；当两矢量垂直时，其矢积的大小取最大值 AB.

例如：矢积 $\boldsymbol{A}\times\boldsymbol{B}$ 是以 $\boldsymbol{A},\boldsymbol{B}$ 为边的有向平行四边形的面积；对原点的力矩是位矢与力矢量的矢积，即 $\boldsymbol{M}=\boldsymbol{r}\times\boldsymbol{F}$；刚体中一点的速度是角速度与位矢的矢积，即 $\boldsymbol{v}=\boldsymbol{\omega}\times\boldsymbol{r}$.

性质：

反交换律：$\boldsymbol{A}\times\boldsymbol{B}=-\boldsymbol{B}\times\boldsymbol{A}$

分配律：$(\boldsymbol{A}+\boldsymbol{B})\times\boldsymbol{C}=\boldsymbol{A}\times\boldsymbol{C}+\boldsymbol{B}\times\boldsymbol{C}$

结合律：$\lambda\boldsymbol{A}\times\boldsymbol{B}=(\lambda\boldsymbol{A})\times\boldsymbol{B}=\boldsymbol{A}\times(\lambda\boldsymbol{B})$

分量表示：

$$\boldsymbol{A}\times\boldsymbol{B}=(A_yB_z-A_zB_y)\boldsymbol{i}+(A_zB_x-A_xB_z)\boldsymbol{j}+(A_xB_y-A_yB_x)\boldsymbol{k}$$

3. 混合积

定义 4.3　三矢量的混合积 $\boldsymbol{A}\times\boldsymbol{B}\cdot\boldsymbol{C}$ 为标量，大小为 $\boldsymbol{A}\times\boldsymbol{B}\cdot\boldsymbol{C}=(\boldsymbol{A}\times\boldsymbol{B})\cdot\boldsymbol{C}$.

例如：混合积 $\boldsymbol{A}\times\boldsymbol{B}\cdot\boldsymbol{C}$ 是以 $\boldsymbol{A},\boldsymbol{B}$ 和 $\boldsymbol{C}$ 为棱边的平行六面体体积的代数值；沿某个轴(单位矢量为 $\boldsymbol{n}$)的力矩是位矢、力矢量和单位矢量的混合积，即 $M_n=\boldsymbol{r}\times\boldsymbol{F}\cdot\boldsymbol{n}$.

性质：

$$\text{轮换性：}\boldsymbol{A}\times\boldsymbol{B}\cdot\boldsymbol{C}=\boldsymbol{B}\times\boldsymbol{C}\cdot\boldsymbol{A}=\boldsymbol{C}\times\boldsymbol{A}\cdot\boldsymbol{B}\tag{4.2.1}$$

分量表示：

$$\boldsymbol{A}\times\boldsymbol{B}\cdot\boldsymbol{C}=\begin{vmatrix}A_x & A_y & A_z\\ B_x & B_y & B_z\\ C_x & C_y & C_z\end{vmatrix}\tag{4.2.2}$$

4. 三重矢积

定义 4.4　三矢量的三重矢积$(\boldsymbol{A}\times\boldsymbol{B})\times\boldsymbol{C}=-\boldsymbol{C}\times(\boldsymbol{A}\times\boldsymbol{B})$为矢量.

例如:刚体中某点的向轴加速度是角速度与速度的矢积,即角速度、角速度与位矢的三重矢积$\boldsymbol{\omega}\times\boldsymbol{v}=\boldsymbol{\omega}\times(\boldsymbol{\omega}\times\boldsymbol{r})$.

性质:

$$(\boldsymbol{A}\times\boldsymbol{B})\times\boldsymbol{C}=\boldsymbol{B}(\boldsymbol{A}\cdot\boldsymbol{C})-\boldsymbol{A}(\boldsymbol{B}\cdot\boldsymbol{C}) \tag{4.2.3a}$$

$$\boldsymbol{C}\times(\boldsymbol{A}\times\boldsymbol{B})=(\boldsymbol{C}\cdot\boldsymbol{B})\boldsymbol{A}-(\boldsymbol{C}\cdot\boldsymbol{A})\boldsymbol{B} \tag{4.2.3b}$$

应用:

利用上面的结果,我们可以把一个矢量按以 $\boldsymbol{n}$ 为单位矢量的任意方向进行分解,由于

$$\boldsymbol{n}\times(\boldsymbol{A}\times\boldsymbol{n})=(\boldsymbol{n}\cdot\boldsymbol{n})\boldsymbol{A}-(\boldsymbol{n}\cdot\boldsymbol{A})\boldsymbol{n}=\boldsymbol{A}-A_n\boldsymbol{n}$$

其中,$A_n=\boldsymbol{n}\cdot\boldsymbol{A}$ 为矢量$\boldsymbol{A}$ 在$\boldsymbol{n}$ 方向的投影值(分量).

立即推出:

$$\boldsymbol{A}=(\boldsymbol{n}\cdot\boldsymbol{A})\boldsymbol{n}+\boldsymbol{n}\times(\boldsymbol{A}\times\boldsymbol{n})=\boldsymbol{A}_{\parallel}+\boldsymbol{A}_{\perp} \tag{4.2.4}$$

式中右边的第一项为沿着 $\boldsymbol{n}$ 方向的分矢量,第二项为垂直于 $\boldsymbol{n}$ 方向的分矢量.

4.2.2　场的分析

1. 标量场的分析

标量场随空间位置而变化,其变化规律为

$$\mathrm{d}\phi=\mathrm{d}x\frac{\partial\phi}{\partial x}+\mathrm{d}y\frac{\partial\phi}{\partial y}+\mathrm{d}z\frac{\partial\phi}{\partial z}=(\boldsymbol{i}\mathrm{d}x+\boldsymbol{j}\mathrm{d}y+\boldsymbol{k}\mathrm{d}z)\left(\boldsymbol{i}\frac{\partial}{\partial x}+\boldsymbol{j}\frac{\partial}{\partial y}+\boldsymbol{k}\frac{\partial}{\partial z}\right)\phi$$

因为 $\mathrm{d}\boldsymbol{r}=\boldsymbol{i}\mathrm{d}x+\boldsymbol{j}\mathrm{d}y+\boldsymbol{k}\mathrm{d}z$,定义一个矢量微分算符$\nabla=\boldsymbol{i}\frac{\partial}{\partial x}+\boldsymbol{j}\frac{\partial}{\partial y}+\boldsymbol{k}\frac{\partial}{\partial z}$,上式可以简写为

$$\mathrm{d}\phi=\mathrm{d}\boldsymbol{r}\cdot\nabla\phi \tag{4.2.5}$$

显然,$\nabla\phi$ 是一个矢量场,称为原标量场的梯度场.原标量场的方向导数可以用梯度求出

$$\frac{\partial\phi}{\partial n}=\boldsymbol{n}\cdot\nabla\phi \tag{4.2.6}$$

其中,$\boldsymbol{n}$ 表示求导方向上的单位矢量.上式说明梯度方向是标量场变化率最大的方向,当位移沿着等值面时,有

$$\mathrm{d}\phi=\mathrm{d}\boldsymbol{r}\cdot\nabla\phi=0$$

这表明梯度场的方向与等值面处处垂直.

2. 矢量场的分析

矢量场本身有方向,其空间变化率比较复杂.虽然可以仿照标量场,对矢量场的各个分量求出微分 $\mathrm{d}A_x=\mathrm{d}\boldsymbol{r}\cdot\nabla A_x$, $\mathrm{d}A_y=\mathrm{d}\boldsymbol{r}\cdot\nabla A_y$, $\mathrm{d}A_z=\mathrm{d}\boldsymbol{r}\cdot\nabla A_z$,或者统一写成

$$\mathrm{d}\boldsymbol{A}=\mathrm{d}\boldsymbol{r}\cdot\nabla\boldsymbol{A} \tag{4.2.7}$$

但是,这不便于反映矢量场具有方向性的特点.根据矢量场的特点,利用矢量微分算符可以给出两种新的空间变化率:散度和旋度.

散度的定义为

$$\nabla\cdot\boldsymbol{A}=\left(\boldsymbol{i}\frac{\partial}{\partial x}+\boldsymbol{j}\frac{\partial}{\partial y}+\boldsymbol{k}\frac{\partial}{\partial z}\right)\cdot(A_x\boldsymbol{i}+A_y\boldsymbol{j}+A_z\boldsymbol{k})=\frac{\partial A_x}{\partial x}+\frac{\partial A_y}{\partial y}+\frac{\partial A_z}{\partial z} \tag{4.2.8}$$

高斯证明矢量场在一个封闭曲面 Σ 上的通量等于其散度对该曲面所包围体积 V 的积分,即

$$\oiint_{\Sigma}\boldsymbol{A}\cdot\mathrm{d}\boldsymbol{S}=\iiint_{V}\nabla\cdot\boldsymbol{A}\mathrm{d}\tau \tag{4.2.9}$$

当体积 V 趋于零时,上式成为

$$\oiint_{\Sigma}\boldsymbol{A}\cdot\mathrm{d}\boldsymbol{S}\to\nabla\cdot\boldsymbol{A}V$$

因此有

$$\nabla\cdot\boldsymbol{A}=\lim_{V\to 0}\oiint_{\Sigma}\boldsymbol{A}\cdot\mathrm{d}\boldsymbol{S}/V=\lim_{V\to 0}\phi \tag{4.2.10}$$

这说明散度的物理意义是曲面包围体积趋于零时的平均通量,它反映了在该点附近单位体积向外发出矢量线的多少,对速度场来说就是从该体积内单位时间流出量的多少.当散度为零时,处处都没有流出量,我们称之为无源场.

考虑一个方向固定、大小变化的矢量场,即 $\boldsymbol{A}=A\boldsymbol{n}$,其散度为

$$\begin{aligned}\nabla\cdot\boldsymbol{A}&=\left(\boldsymbol{i}\frac{\partial}{\partial x}+\boldsymbol{j}\frac{\partial}{\partial y}+\boldsymbol{k}\frac{\partial}{\partial z}\right)\cdot A\boldsymbol{n}\\&=\boldsymbol{n}\cdot\left(\boldsymbol{i}\frac{\partial}{\partial x}+\boldsymbol{j}\frac{\partial}{\partial y}+\boldsymbol{k}\frac{\partial}{\partial z}\right)A=\boldsymbol{n}\cdot\nabla A=\frac{\partial A}{\partial n}\end{aligned}$$

这恰好是该矢量场沿自身方向上的变化率.因此可以粗略地把散度理解为矢量场的纵向变化率,把散度为零的矢量场称为横场.

旋度的定义为

$$\nabla\times \boldsymbol{A} = \left(\boldsymbol{i}\frac{\partial}{\partial x} + \boldsymbol{j}\frac{\partial}{\partial y} + \boldsymbol{k}\frac{\partial}{\partial z}\right)\times (A_x\boldsymbol{i} + A_y\boldsymbol{j} + A_z\boldsymbol{k})$$

$$= \left(\frac{\partial A_z}{\partial y} - \frac{\partial A_y}{\partial z}\right)\boldsymbol{i} + \left(\frac{\partial A_x}{\partial z} - \frac{\partial A_z}{\partial x}\right)\boldsymbol{j} + \left(\frac{\partial A_y}{\partial x} - \frac{\partial A_x}{\partial y}\right)\boldsymbol{k} \tag{4.2.11}$$

斯托克斯证明矢量场在一条封闭曲线上的环流量等于其旋度对该曲线所包围有向面积的积分，即

$$\oint_\Gamma \boldsymbol{A}\cdot \mathrm{d}\boldsymbol{r} = \iint_\Sigma \nabla\times \boldsymbol{A}\cdot \mathrm{d}\boldsymbol{S} \tag{4.2.12}$$

当有向面积的大小趋于零时，上式成为

$$\oint_\Gamma \boldsymbol{A}\cdot \mathrm{d}\boldsymbol{r} \to \nabla\times \boldsymbol{A}\cdot \boldsymbol{\Sigma} = \nabla\times \boldsymbol{A}\cdot \boldsymbol{n}_\Sigma \Sigma$$

其中，$\boldsymbol{n}_\Sigma$ 为有向面积的法线方向. 因此有

$$\nabla\times \boldsymbol{A}\cdot \boldsymbol{n}_\Sigma = \lim_{\Sigma\to 0}\oint_\Gamma \boldsymbol{A}\cdot \mathrm{d}\boldsymbol{r}/\Sigma = \lim_{\Sigma\to 0}\gamma \tag{4.2.13}$$

这说明旋度在曲线所包围的有向面积上的分量等于该面积趋于零时的平均环流量，对速度场来说就是该点附近的旋涡强度. 当旋度为零时，处处都没有环流，我们称之为无旋场.

考虑一个方向固定、大小变化的矢量场，即 $\boldsymbol{A} = A_n$，其旋度为

$$\nabla\times \boldsymbol{A} = \left(\boldsymbol{i}\frac{\partial}{\partial x} + \boldsymbol{j}\frac{\partial}{\partial y} + \boldsymbol{k}\frac{\partial}{\partial z}\right)\times A_n$$

$$= \left(\boldsymbol{i}\frac{\partial}{\partial x} + \boldsymbol{j}\frac{\partial}{\partial y} + \boldsymbol{k}\frac{\partial}{\partial z}\right)A\times \boldsymbol{n} = \nabla A\times \boldsymbol{n}$$

这恰好是该矢量场垂直自身方向上的变化率. 因此也可以粗略地把旋度理解为矢量场的横向变化率，把旋度为零的矢量场称为纵场.

4.2.3　矢量微分算符的性质

矢量微分算符是我们对场进行分析的主要数学工具，它同时具有矢量性和微分性.

按照微分性，我们有

$$\begin{cases} \nabla(\varphi\psi) = (\nabla\varphi)\psi + \varphi\,\nabla\psi \\ \nabla\cdot(\varphi\boldsymbol{A}) = \nabla\varphi\cdot\boldsymbol{A} + \varphi\,\nabla\cdot\boldsymbol{A} \\ \nabla\times(\varphi\boldsymbol{A}) = \nabla\varphi\times\boldsymbol{A} + \varphi\,\nabla\times\boldsymbol{A} \end{cases} \tag{4.2.14}$$

按照矢量性，我们有

$$\begin{cases} \nabla \times \nabla \varphi = 0 \\ \nabla \cdot (\nabla \times \boldsymbol{A}) = (\nabla \times \nabla) \cdot \boldsymbol{A} = 0 \\ \nabla \times (\nabla \times \boldsymbol{A}) = \nabla(\nabla \cdot \boldsymbol{A}) - \nabla^2 \boldsymbol{A} \end{cases} \tag{4.2.15}$$

这说明标量场的梯度必定是无旋的,反之,无旋场也必定可以表示为某个标量场的梯度;矢量场的旋度必定是无源的,反之,无源场也必定可以表示为某个矢量场的旋度.

同时利用矢量性和微分性,我们有

$$\begin{aligned} &\nabla \cdot (\boldsymbol{A} \times \boldsymbol{B}) = (\nabla \times \boldsymbol{A}) \cdot \boldsymbol{B} - (\nabla \times \boldsymbol{B}) \cdot \boldsymbol{A} \\ &\nabla \times (\boldsymbol{A} \times \boldsymbol{B}) = (\boldsymbol{B} \cdot \nabla)\boldsymbol{A} + (\nabla \cdot \boldsymbol{B})\boldsymbol{A} - (\boldsymbol{A} \cdot \nabla)\boldsymbol{B} - (\nabla \cdot \boldsymbol{A})\boldsymbol{B} \\ &\nabla(\boldsymbol{A} \cdot \boldsymbol{B}) = \boldsymbol{A} \times (\nabla \times \boldsymbol{B}) + (\boldsymbol{A} \cdot \nabla)\boldsymbol{B} + \boldsymbol{B} \times (\nabla \times \boldsymbol{A}) + (\boldsymbol{B} \cdot \nabla)\boldsymbol{A} \end{aligned} \tag{4.2.16}$$

例 4.2.1　证明无旋场可以表示为某个标量场的梯度.

解　与保守力场的情况进行类比,可以发现无旋场可以表示为势函数的梯度,而势函数实际上是个标量场.

例 4.2.2　既无源又无旋的矢量场是否一定是个常矢量.

解　设矢量场为 $\boldsymbol{A}$,由于无旋性,它可以表示为标量场 ψ 的梯度,即 $\boldsymbol{A} = \nabla\psi$. 由无源性,$\nabla \cdot \boldsymbol{A} = \nabla \cdot \nabla\psi = \nabla^2\psi = 0$,式中,$\nabla^2 = \frac{\partial^2}{\partial x^2} + \frac{\partial^2}{\partial y^2} + \frac{\partial^2}{\partial z^2}$称为拉普拉斯算符,对应的方程$\nabla^2\psi = 0$ 称为拉普拉斯方程.拉普拉斯方程的解称为调和函数,具体形式由边界条件确定,一般来说调和函数的梯度 $\boldsymbol{A} = \nabla\psi$ 不为零,也不是常矢量.

例 4.2.3　计算位矢的矢量微分∇r,$\nabla \cdot \boldsymbol{r}$,$\nabla \times \boldsymbol{r}$.

解　由定义

$$\nabla r = \left(\boldsymbol{i}\frac{\partial}{\partial x} + \boldsymbol{j}\frac{\partial}{\partial y} + \boldsymbol{k}\frac{\partial}{\partial z}\right)\sqrt{x^2 + y^2 + z^2} = \boldsymbol{i}\frac{x}{r} + \boldsymbol{j}\frac{y}{r} + \boldsymbol{k}\frac{z}{r} = \frac{\boldsymbol{r}}{r} = \boldsymbol{e}_r$$

$$\nabla \cdot \boldsymbol{r} = \left(\boldsymbol{i}\frac{\partial}{\partial x} + \boldsymbol{j}\frac{\partial}{\partial y} + \boldsymbol{k}\frac{\partial}{\partial z}\right) \cdot (x\boldsymbol{i} + y\boldsymbol{j} + z\boldsymbol{k}) = \frac{\partial x}{\partial x} + \frac{\partial y}{\partial y} + \frac{\partial z}{\partial z} = 3$$

$$\begin{aligned} \nabla \times \boldsymbol{r} &= \left(\boldsymbol{i}\frac{\partial}{\partial x} + \boldsymbol{j}\frac{\partial}{\partial y} + \boldsymbol{k}\frac{\partial}{\partial z}\right) \times (x\boldsymbol{i} + y\boldsymbol{j} + z\boldsymbol{k}) \\ &= \left(\frac{\partial z}{\partial y} - \frac{\partial y}{\partial z}\right)\boldsymbol{i} + \left(\frac{\partial x}{\partial z} - \frac{\partial z}{\partial x}\right)\boldsymbol{j} + \left(\frac{\partial y}{\partial x} - \frac{\partial x}{\partial y}\right)\boldsymbol{k} = 0 \end{aligned}$$

例 4.2.4　计算位置函数的矢量微分$\nabla f(r)$,$\nabla \cdot \boldsymbol{A}(r)$,$\nabla \times \boldsymbol{A}(r)$.

解　利用上题结果,得到

$$\nabla f(r) = \left(\boldsymbol{i}\frac{\partial}{\partial x} + \boldsymbol{j}\frac{\partial}{\partial y} + \boldsymbol{k}\frac{\partial}{\partial z}\right)f(r) = f'(r)\nabla r = f'(r)\boldsymbol{e}_r$$

$$\nabla\cdot\boldsymbol{A}(r) = \frac{\partial A_x}{\partial x} + \frac{\partial A_y}{\partial y} + \frac{\partial A_z}{\partial z} = \frac{\mathrm{d}A_x}{\mathrm{d}r}\frac{\partial r}{\partial x} + \frac{\mathrm{d}A_y}{\mathrm{d}r}\frac{\partial r}{\partial y} + \frac{\mathrm{d}A_z}{\mathrm{d}r}\frac{\partial r}{\partial z}$$

$$= \boldsymbol{A}'(r)\cdot\nabla r = \boldsymbol{A}'(r)\cdot\boldsymbol{e}_r$$

同理有$\nabla\times\boldsymbol{A}(r) = \nabla r\times\boldsymbol{A}'(r) = \boldsymbol{e}_r\times\boldsymbol{A}'(r) = -\boldsymbol{A}'(r)\times\boldsymbol{e}_r$.

例 4.2.5　计算函数 $r^{-1}, r^{-3}(\boldsymbol{p}\cdot\boldsymbol{r})$的梯度,其中,$\boldsymbol{p}$ 为常矢量.

解　利用上题结果,容易得到$\nabla\frac{1}{r} = -\frac{\boldsymbol{r}}{r^3}$,$\nabla\frac{\boldsymbol{p}\cdot\boldsymbol{r}}{r^3} = \frac{r^2\boldsymbol{p} - 3\boldsymbol{p}\cdot\boldsymbol{r}\boldsymbol{r}}{r^5}$.

4.3　电磁场方程

4.3.1　电荷守恒定律

实验证明,任何空间区域 V 内的电量 Q 如果发生变化,则其增加量等于同期流入该区域表面 Ω 的电量.换句话说,区域内的电量对时间的变化率等于流入该区域表面的电流.即

$$\frac{\mathrm{d}Q}{\mathrm{d}t} = I_{\text{in}} = -I_{\text{out}} \tag{4.3.1}$$

其中,I_{out}为流出该区域表面的电流.而在整个空间中,电荷的总量始终不变,这个结论称为电荷守恒定律.

为了定域地描述电荷守恒定律,考虑到电量等于电荷密度 ρ 对体积的积分,电流等于电流密度 $\boldsymbol{J}$ 对曲面的通量,即

$$Q = \iiint_V \rho\,\mathrm{d}\tau,\quad I = \iint_\Omega \boldsymbol{J}\cdot\mathrm{d}\boldsymbol{S} \tag{4.3.2}$$

于是(4.3.1)式可以表示为

$$\frac{\mathrm{d}}{\mathrm{d}t}\iiint_V \rho\,\mathrm{d}\tau = -\oiint_\Omega \boldsymbol{J}\cdot\mathrm{d}\boldsymbol{S}$$

利用高斯公式,(4.2.9),上式成为

$$\iiint_V \frac{\partial\rho}{\partial t}\mathrm{d}\tau = -\iiint_V \nabla\cdot\boldsymbol{J}\,\mathrm{d}\tau$$

由于上式对于任意空间区域都成立，于是有

$$\frac{\partial \rho}{\partial t} + \nabla \cdot \boldsymbol{J} = 0 \tag{4.3.3}$$

(4.3.3)式称为微分形式的电荷守恒定律，也称为电流的连续性方程.

在稳定情况下，电荷密度不随时间变化，于是得到$\nabla \cdot \boldsymbol{J} = 0$，这是电路理论中节点定理的微分形式.

4.3.2　静电场的基本方程

实验表明，静电场的场强 $\boldsymbol{E}$ 满足高斯通量定律和保守力场条件，即

$$\oiint_{\Omega} \boldsymbol{E} \cdot \mathrm{d}\boldsymbol{S} = \frac{1}{\varepsilon_0} Q, \quad \oint_{C} \boldsymbol{E} \cdot \mathrm{d}\boldsymbol{r} = 0 \tag{4.3.4}$$

其中，ε_0 称为真空电容率（真空介电常数）. 利用高斯公式和斯托克斯公式，(4.2.12)，(4.3.4)式可以改写为

$$\iiint_{V} \nabla \cdot \boldsymbol{E} \mathrm{d}\tau = \frac{1}{\varepsilon_0} \iiint_{V} \rho \mathrm{d}\tau, \quad \iint_{\Sigma} \nabla \times \boldsymbol{E} \mathrm{d}\boldsymbol{S} = 0$$

由于上面的结果对于任意区域都正确，故有

$$\begin{cases} \nabla \cdot \boldsymbol{E} = \dfrac{\rho}{\varepsilon_0} \\ \nabla \times \boldsymbol{E} = 0 \end{cases} \tag{4.3.5}$$

上式是微分形式的静电场基本方程，它表明静电场是有源无旋的纵场.

4.3.3　静磁场的基本方程

实验表明，静磁场的磁感应强度 $\boldsymbol{B}$ 满足磁感应线闭合条件和安培环路定律，即

$$\oiint_{\Omega} \boldsymbol{B} \cdot \mathrm{d}\boldsymbol{S} = 0, \quad \oint_{C} \boldsymbol{B} \cdot \mathrm{d}\boldsymbol{r} = \mu_0 I \tag{4.3.6}$$

其中，μ_0是真空磁导率. 利用高斯公式和斯托克斯公式，(4.3.6)式可以改写为

$$\iiint_{V} \nabla \cdot \boldsymbol{B} \mathrm{d}\tau = 0, \quad \iint_{\Sigma} \nabla \times \boldsymbol{B} \cdot \mathrm{d}\boldsymbol{S} = \mu_0 \iint_{\Sigma} \boldsymbol{J} \cdot \mathrm{d}\boldsymbol{S}$$

由于上面的结果对于任意区域都正确，故有

$$\begin{cases} \nabla \cdot \boldsymbol{B} = 0 \\ \nabla \times \boldsymbol{B} = \mu_0 \boldsymbol{J} \end{cases} \tag{4.3.7}$$

上式是微分形式的静磁场基本方程，它表明静磁场是有旋无源的横场.

4.3.4 电磁场的基本方程

自从发现了电流能够产生磁场后，人们开始研究相反的效应，即磁场是否能够引起电流？1831 年，法拉第发现了电磁感应定律：当磁场发生变化的时候，附近闭合线圈中有电流通过，线圈上的电动势由通过线圈的磁通量的变化率决定，即

$$\mathscr{E} = -\frac{\mathrm{d}\Phi_B}{\mathrm{d}t} \tag{4.3.8}$$

考虑到电动势和磁通量的表达式分别为

$$\mathscr{E} = \oint_C \boldsymbol{E}\cdot \mathrm{d}\boldsymbol{r},\quad \Phi_B = \iint_\Sigma \boldsymbol{B}\cdot \mathrm{d}\boldsymbol{S} \tag{4.3.9}$$

(4.3.8)式成为

$$\oint_C \boldsymbol{E}\cdot \mathrm{d}\boldsymbol{r} = -\frac{\mathrm{d}}{\mathrm{d}t}\iint_\Sigma \boldsymbol{B}\cdot \mathrm{d}\boldsymbol{S} \tag{4.3.10}$$

利用斯托克斯公式，上式可以改写为

$$\iint_\Sigma \nabla\times \boldsymbol{E}\cdot \mathrm{d}\boldsymbol{S} = -\iint_\Sigma \frac{\partial \boldsymbol{B}}{\partial t}\cdot \mathrm{d}\boldsymbol{S}$$

由于上面的结果对于任意区域都正确，故有

$$\nabla\times \boldsymbol{E} = -\frac{\partial \boldsymbol{B}}{\partial t} \tag{4.3.11}$$

上式是微分形式的电磁感应定律，它表明在动场的情况下，静电场基本方程(4.3.5)式的第二式，即电场的旋度方程应该推广为(4.3.11)式，即在动态的情况下电场不再是无旋场了.

下面继续研究如何将静场的其他方程推广到动态情况.将(4.3.5)式的第一式，即电场的散度方程对时间求导，得到

$$\frac{\partial\, \nabla\cdot \boldsymbol{E}}{\partial t} = \nabla\cdot \frac{\partial \boldsymbol{E}}{\partial t} = \frac{1}{\varepsilon_0}\frac{\partial \rho}{\partial t}$$

利用电荷守恒定律，我们进一步得到

$$\nabla\cdot \frac{\partial \boldsymbol{E}}{\partial t} = \frac{1}{\varepsilon_0}\frac{\partial \rho}{\partial t} = -\frac{1}{\varepsilon_0}\nabla\cdot \boldsymbol{J}$$

即

$$\nabla\cdot\left(\boldsymbol{J} + \varepsilon_0\frac{\partial \boldsymbol{E}}{\partial t}\right) = 0 \tag{4.3.12}$$

上式给出了在动态的情况下，电场与电流之间的一个约束条件.

再对电磁感应定律(4.3.11)式两边求散度，得到

$$\frac{\partial \nabla \cdot \boldsymbol{B}}{\partial t} = 0$$

这表明如果开始时刻磁感应强度是无散的，它将永远保持无散. 说明即使在动态的情况下，(4.3.7)式的第一式，即磁场的无散性也是成立的.

最后对(4.3.7)式的第二式，即磁场的旋度方程两边求散度，得到$\nabla \cdot \boldsymbol{J} = 0$. 根据电荷守恒定律，这要求电荷分布不能随时间变化，这显然不符合动态要求.

如何解决这个矛盾呢？麦克斯韦的设想是对磁场的旋度方程进行修改，以适应动场的要求. 这样的修改既要能够克服所面临的困难，又要在静场的条件下回到原来的形式. 静场条件要求修正项只能是时间的导数，而避免矛盾的关键是方程

$$\nabla \times \boldsymbol{B} = \mu_0 \boldsymbol{J} + \text{修正项}$$

右边的散度必须为零，约束条件(4.3.12)式给出了一个两全其美的解决方案，即将磁场的旋度方程修改为

$$\nabla \times \boldsymbol{B} = \mu_0 \left(\boldsymbol{J} + \varepsilon_0 \frac{\partial \boldsymbol{E}}{\partial t} \right) \tag{4.3.13}$$

上式预言变化的电场也会产生磁场，电场与磁场相互激发，就会形成电磁波. 这样，麦克斯韦完成了电磁场的统一，他的预言后来也得到了实验的验证.

麦克斯韦认真研究了修正项 $\varepsilon_0 \partial \boldsymbol{E} / \partial t$ 的物理意义，发现它不仅与电流密度一样同为矢量，而且量纲也相同，还与电流一样可以激发磁场，此外它的散度为

$$\nabla \cdot \varepsilon_0 \frac{\partial \boldsymbol{E}}{\partial t} = \varepsilon_0 \frac{\partial \nabla \cdot \boldsymbol{E}}{\partial t} = \frac{\partial \rho}{\partial t} \tag{4.3.14}$$

也与电流密度非常相似. 因而，麦克斯韦把这个矢量称为位移电流密度，记为 $\boldsymbol{J}_D$. 即定义

$$\boldsymbol{J}_D = \varepsilon_0 \frac{\partial \boldsymbol{E}}{\partial t} \tag{4.3.15}$$

对上面的结果进行总结，得到在动态情况下的电磁场基本方程组：

$$\begin{cases} \nabla \times \boldsymbol{E} = -\dfrac{\partial \boldsymbol{B}}{\partial t} \\ \nabla \times \boldsymbol{B} = \mu_0 \boldsymbol{J} + \mu_0 \varepsilon_0 \dfrac{\partial \boldsymbol{E}}{\partial t} \\ \nabla \cdot \boldsymbol{E} = \dfrac{\rho}{\varepsilon_0} \\ \nabla \cdot \boldsymbol{B} = 0 \end{cases} \tag{4.3.16}$$

这组方程是麦克斯韦首先提出来的，称为麦克斯韦方程组.从数学的角度看，其中第一式可称为电场旋度定律，第二式称为磁场旋度定律，第三式称为电场散度定律，第四式称为磁场散度定律.麦克斯韦方程组反映了在一般情况下电荷电流激发电磁场以及电场和磁场相互激发的运动规律，揭示了电磁场可以独立存在于电荷之外，深化了人们对电磁场物质性的认识.

例 4.3.1 比较位移电流密度与通常的传导电流密度之间的相同点和不同点.

解 相同点：都是矢量，量纲相同，都能激发磁场；

不同点：位移电流不是电荷的真实移动，不像传导电流那样产生热效应.

例 4.3.2 证明在传导电流发生中断的地方一定存在位移电流.

解 由约束条件(4.3.12)式，可知$\nabla\cdot(\boldsymbol{J}+\boldsymbol{J}_D)=0$，即$\boldsymbol{J}+\boldsymbol{J}_D$的矢量线是闭合的.因此，传导电流一旦发生中断，立即会出现位移电流来进行补充，以便保持矢量线的闭合性.

例 4.3.3 已知电场$\boldsymbol{E}(\boldsymbol{r},t)=E_0\cos(kz-\omega t)\boldsymbol{e}_x$，求对应的磁场、电荷密度和位移电流密度.

解 利用公式(4.3.16)，得到

$$\dot{\boldsymbol{B}}=-\nabla\times\boldsymbol{E}=-E_0\nabla\cos(kz-\omega t)\times\boldsymbol{e}_x=E_0k\sin(kz-\omega t)\boldsymbol{e}_y$$

将上式两边对时间积分，得到$\boldsymbol{B}=E_0\dfrac{k}{\omega}\cos(kz-\omega t)\boldsymbol{e}_y+\boldsymbol{C}$，其中，$\boldsymbol{C}$为任意矢量，由初始条件确定.

对应的电荷密度为

$$\rho=\varepsilon_0\nabla\cdot\boldsymbol{E}(\boldsymbol{r},t)=\varepsilon_0E_0\nabla\cos(kz-\omega t)\cdot\boldsymbol{e}_x=0$$

位移电流密度为

$$\boldsymbol{J}_D=\varepsilon_0\frac{\partial\boldsymbol{E}(\boldsymbol{r},t)}{\partial t}=\varepsilon_0E_0\frac{\partial\cos(kz-\omega t)}{\partial t}\boldsymbol{e}_x=\varepsilon_0E_0\omega\sin(kz-\omega t)\boldsymbol{e}_x$$

例 4.3.4 由电荷守恒定律证明电流密度和电荷密度可以合成一个具有洛伦兹协变性的4维矢量$(\boldsymbol{J},\mathrm{i}c\rho)$.

解 按照狭义相对论，时空具有统一性，时空坐标$(\boldsymbol{r},\mathrm{i}ct)$合成一个4维矢量，与此对应的4维梯度算符$\Box=\left(\nabla,\dfrac{\partial}{\mathrm{i}c\partial t}\right)$也是一个4维矢量.当惯性参照系改变时，4维矢量按照洛伦兹变换的方式改变，或者说为洛伦兹协变.从数学的角度看，洛伦兹变换是4维时空中的正交变换，相当于一个4维空间的转动.在洛伦兹变换

下,4 维矢量的分量发生变化,但是其模方和两个 4 维矢量的内积保持不变,或者说是洛伦兹变换下的不变量.

电荷守恒定律 $\dot{\rho}+\nabla\cdot\boldsymbol{J}=0$ 不随参照系而改变,因此是一个不变量.而定律又可以写为 4 维内积形式:$\left(\nabla,\dfrac{\partial}{\mathrm{i}c\partial t}\right)\cdot(\boldsymbol{J},\mathrm{i}c\rho)=0$,由于 4 维梯度算符是 4 维矢量,因此,$(\boldsymbol{J},\mathrm{i}c\rho)$也是 4 维矢量.

例 4.3.5　将惯性系 Σ'以速度 u 沿着 x 轴正向相对惯性系 Σ 运动时的洛伦兹变换推广到任意方向的情况.

解　速度 u 沿着 x 轴正向时,洛伦兹变换为

$$\begin{cases}x'=\gamma x-\gamma ut\\ y'=y\\ z'=z\\ t'=\gamma t-\dfrac{\gamma xu}{c^2}\end{cases}$$

其中,$\gamma=(1-u^2/c^2)^{-1/2}$ 为相对论因子.

在一般情况下,x 坐标应改为沿着速度方向的分量,而 y,z 是与速度垂直的分量,上式可以改写为

$$\begin{cases}\boldsymbol{r}'_{\parallel}=\gamma\boldsymbol{r}_{\parallel}-\gamma\boldsymbol{u}t\\ \boldsymbol{r}'_{\perp}=\boldsymbol{r}_{\perp}\\ t'=\gamma t-\dfrac{\gamma\boldsymbol{r}_{\parallel}u}{c^2}\end{cases}$$

由于 $\boldsymbol{r}_{\parallel}=\boldsymbol{r}\cdot\boldsymbol{e}_u$,$\boldsymbol{r}_{\perp}=\boldsymbol{r}-\boldsymbol{r}_{\parallel}\boldsymbol{e}_u=\boldsymbol{r}-(\boldsymbol{r}\cdot\boldsymbol{e}_u)\boldsymbol{e}_u$,因此有

$$\begin{cases}\boldsymbol{r}'=\boldsymbol{r}+(\gamma-1)\boldsymbol{r}\cdot\boldsymbol{e}_u\boldsymbol{e}_u-\gamma\boldsymbol{u}t\\ t'=\gamma t-\gamma\boldsymbol{r}\cdot\dfrac{\boldsymbol{u}}{c^2}\end{cases}$$

上式还可以进一步改写成 4 维矢量形式,注意到时间分量 $r_0=ct$,于是有

$$\begin{cases}\boldsymbol{r}'=\boldsymbol{r}+(\gamma-1)\boldsymbol{r}\cdot\boldsymbol{e}_u\boldsymbol{e}_u-\dfrac{\gamma\boldsymbol{u}r_0}{c}\\ r'_0=\gamma r_0-\gamma\boldsymbol{r}\cdot\dfrac{\boldsymbol{u}}{c}\end{cases}$$

对于更一般的 4 维矢量,其洛伦兹变换下的形式为

$$\begin{cases}\boldsymbol{A}'=\boldsymbol{A}+(\gamma-1)\boldsymbol{A}\cdot\boldsymbol{e}_u\boldsymbol{e}_u-\dfrac{\gamma\boldsymbol{u}A_0}{c}\\ A'_0=\gamma\left(A_0-\boldsymbol{u}\cdot\dfrac{\boldsymbol{A}}{c}\right)\end{cases}$$

4.4　介质中的电磁场方程

4.4.1　介质的电磁性质

麦克斯韦方程组电场散度定律中的 ρ 是系统的电荷分布. 在真空中, ρ 就是自由电荷分布 ρ_f, 可以直接由实验测定; 然而, 实际问题大多数是有介质的, 在介质中还有束缚电荷 ρ_P 存在, 而束缚电荷无法由实验直接测定, 这就需要我们根据介质的性质来推算.

介质是由分子组成的, 分子内部有带正电的原子核和带负电的电子, 整体来说是电中性的. 然而, 有些分子的正电中心和负电中心不重合(称为有极分子), 存在(固有)分子电偶极矩. 在热平衡时有极分子的极矩方向随机变化, 彼此相互抵消, 不存在宏观的电偶极矩; 但是, 当有外电场存在时, 分子极矩的取向呈现一定的规则性, 这就产生了宏观的电偶极矩, 称为极化现象. 正电中心和负电中心重合的无极分子也存在极化现象, 在外电场的作用下, 正负电中心会被拉开, 出现(感生)分子电偶极矩, 这时也产生宏观的电偶极矩. 宏观的电偶极矩分布可以用电极化强度矢量 $\boldsymbol{P}$ 来描述, 它等于单位体积内分子电偶极矩的矢量和.

容易证明, 由于极化现象, 穿出某个封闭曲面 Σ 的正电荷为

$$Q = \oiint_{\Sigma} \boldsymbol{P} \cdot \mathrm{d}\boldsymbol{S}$$

因为介质是电中性的, 它也等于被曲面 Σ 所包围的体积 V 内净余的负电荷, 即宏观的电偶极矩分布导致束缚电荷出现. 束缚电荷分布 ρ_P 与电极化强度矢量满足如下关系:

$$\iiint_V \rho_P \mathrm{d}\tau = -\oiint_{\Sigma} \boldsymbol{P} \cdot \mathrm{d}\boldsymbol{S} = -\iiint_V \nabla \cdot \boldsymbol{P} \mathrm{d}\tau$$

由于上式对介质中任何体积元都正确, 所以有微分形式:

$$\rho_P = -\nabla \cdot \boldsymbol{P} \tag{4.4.1}$$

借助上式, 电场的散度方程成为

$$\varepsilon_0 \nabla \cdot \boldsymbol{E} = \rho_f + \rho_P = \rho_f - \nabla \cdot \boldsymbol{P} \tag{4.4.2}$$

由于电极化强度矢量不像自由电荷那样容易控制或测量, 因此, 在基本方程中

消去电极化强度矢量比较方便. 引入辅助场量

$$\boldsymbol{D} = \varepsilon_0 \boldsymbol{E} + \boldsymbol{P} \tag{4.4.3}$$

称为电位移矢量(也称为电感应强度). 对上式两边取散度,并利用(4.4.2)式,得到

$$\nabla\cdot \boldsymbol{D} = \varepsilon_0 \nabla\cdot \boldsymbol{E} + \nabla\cdot \boldsymbol{P} = \rho_{\mathrm{f}} \tag{4.4.4}$$

应当注意,只有 $\boldsymbol{E}$ 代表介质中的总电场强度,是电场的基本物理量;而电位移矢量并没有直接的物理意义. 为了求解电场,我们必须给出两者之间的实验关系. 在一般情况下 $\boldsymbol{D}$ 与 $\boldsymbol{E}$ 的关系很复杂,但对于各向同性的线性介质,两者之间有简单的线性关系:

$$\boldsymbol{D} = \varepsilon \boldsymbol{E}, \quad \varepsilon = \varepsilon_{\mathrm{r}} \varepsilon_0 \tag{4.4.5}$$

其中,ε 称为介质的电容率,ε_{r} 为相对电容率. 如果电介质又是均匀的,即 ε 与位置无关,(4.4.4)式可以简化为

$$\nabla\cdot \boldsymbol{E} = \frac{1}{\varepsilon}\rho_{\mathrm{f}} \tag{4.4.6}$$

麦克斯韦方程组磁场旋度定律中的 $\boldsymbol{J}$ 是系统的电流分布. 在真空中,$\boldsymbol{J}$ 就是自由电流分布 $\boldsymbol{J}_{\mathrm{f}}$,可以直接由实验测定;在介质中,因为电子绕原子核运动,还有分子电流存在. 没有外磁场时,分子取向随机变化,一般不出现宏观的电流分布;当有外磁场存在时,分子电流的取向呈现一定的规则性,这就产生了宏观的电流分布,这种现象称为磁化,所产生的磁化电流密度记为 $\boldsymbol{J}_{\mathrm{M}}$.

分子电流也可以用分子磁偶极矩来描述,把分子电流看成载有电流 i 的小线圈,线圈的有向面积为 $\boldsymbol{a}$(大小为面积,方向沿法线),则与分子电流相应的磁矩为 $\boldsymbol{m} = i\boldsymbol{a}$. 介质磁化后产生宏观的磁偶极矩,宏观的磁偶极矩分布可以用磁化强度矢量 $\boldsymbol{M}$ 来描述,它等于单位体积内分子磁偶极矩的矢量和.

容易证明,由于磁化现象,穿过某条封闭曲线 L 的磁化电流为

$$I_{\mathrm{M}} = \oint_L \boldsymbol{M}\cdot \mathrm{d}\boldsymbol{l}$$

设封闭曲线 L 所包围的曲面为 A,有

$$\iint_A \boldsymbol{J}_{\mathrm{M}}\cdot \mathrm{d}\boldsymbol{S} = \oint_L \boldsymbol{M}\cdot \mathrm{d}\boldsymbol{l} = \iint_A \nabla\times \boldsymbol{M}\cdot \mathrm{d}\boldsymbol{S}$$

上式对介质中任何面积元都正确,所以有微分形式:

$$\boldsymbol{J}_{\mathrm{M}} = \nabla\times \boldsymbol{M} \tag{4.4.7}$$

除了磁化电流之外,当电场变化时,介质的电极化强度也发生变化,这种变化产生另一种电流,称为极化电流. 极化电流密度与电极化强度之间有如下关系:

$$\boldsymbol{J}_{\mathrm{P}} = \frac{\partial \boldsymbol{P}}{\partial t} \tag{4.4.8}$$

将上两式代入磁场旋度定律(4.3.13)式中，得到

$$\frac{1}{\mu_0} \nabla\times \boldsymbol{B} = \boldsymbol{J}_{\mathrm{f}} + \boldsymbol{J}_{\mathrm{M}} + \boldsymbol{J}_{\mathrm{P}} + \varepsilon_0 \frac{\partial \boldsymbol{E}}{\partial t} = \boldsymbol{J}_{\mathrm{f}} + \nabla\times \boldsymbol{M} + \frac{\partial \boldsymbol{P}}{\partial t} + \varepsilon_0 \frac{\partial \boldsymbol{E}}{\partial t} \tag{4.4.9}$$

由于磁化电流和极化电流不像自由电流那样容易控制或测量，因此，在基本方程中消去它们比较方便.为此引入辅助场量：

$$\boldsymbol{H} = \frac{\boldsymbol{B}}{\mu_0} - \boldsymbol{M} \tag{4.4.10}$$

称为磁场强度矢量.由上式和(4.4.3)式，(4.4.9)式简化为

$$\nabla\times \boldsymbol{H} = \boldsymbol{J}_{\mathrm{f}} + \frac{\partial \boldsymbol{D}}{\partial t} \tag{4.4.11}$$

应当注意，只有 $\boldsymbol{B}$ 代表介质中的总磁场，是磁场的基本物理量；而磁场强度并没有直接的物理意义.为了求解磁场，我们必须给出两者之间的实验关系.在一般情况下 $\boldsymbol{B}$ 与 $\boldsymbol{H}$ 的关系很复杂，但对于各向同性的线性介质，两者之间有简单的线性关系：

$$\boldsymbol{B} = \mu \boldsymbol{H}, \quad \mu = \mu_{\mathrm{r}}\mu_0 \tag{4.4.12}$$

其中，μ 称为介质的磁导率，μ_{r} 为相对磁导率.如果磁介质又是均匀的，(4.4.11)式简化为

$$\nabla\times \boldsymbol{B} = \mu \boldsymbol{J}_{\mathrm{f}} + \mu \frac{\partial \boldsymbol{D}}{\partial t} \tag{4.4.13}$$

后面如无特殊说明，我们只考虑各向同性的均匀线性电磁介质.

4.4.2　介质中的麦克斯韦方程组及边界条件

由于(4.3.16)式中的电场旋度定律和磁场散度定律与介质无关，于是介质中的麦克斯韦方程组为

$$\begin{cases} \nabla\times \boldsymbol{E} = -\dfrac{\partial \boldsymbol{B}}{\partial t} \\ \nabla\times \boldsymbol{H} = \boldsymbol{J}_{\mathrm{f}} + \dfrac{\partial \boldsymbol{D}}{\partial t} \\ \nabla\cdot \boldsymbol{D} = \rho_{\mathrm{f}} \\ \nabla\cdot \boldsymbol{B} = 0 \end{cases} \tag{4.4.14}$$

对于各向同性的线性均匀介质，上面的方程组简化为

$$\begin{cases} \nabla\times \boldsymbol{E} = -\dfrac{\partial \boldsymbol{B}}{\partial t} \\ \nabla\times \boldsymbol{B} = \mu \boldsymbol{J}_{\mathrm{f}} + \mu\varepsilon \dfrac{\partial \boldsymbol{E}}{\partial t} \\ \nabla\cdot \boldsymbol{E} = \dfrac{\rho_{\mathrm{f}}}{\varepsilon} \\ \nabla\cdot \boldsymbol{B} = 0 \end{cases} \tag{4.4.15}$$

与一般情况下的麦克斯韦方程组(4.3.16)式相比，我们发现只要把真空中的电容率和磁导率改为介质中的电容率和磁导率，并把总电荷和总电流分布改成自由电荷和自由电流分布，(4.3.16)式就成为各向同性线性均匀介质中的麦克斯韦方程组(4.4.15)式了.为了简便，后面我们在不明显出现束缚电荷或电流的情况下，略去自由电荷和自由电流的下角标 f，公式中出现的 ρ 和 $\boldsymbol{J}$ 分别代表自由电荷密度和自由电流密度.

在实际中经常会遇到两种介质分界面的情况，即使是一种介质的表面，也可以看成是介质与真空的分界面.在分界面上，由于物质的性质出现不连续的突变，将出现面束缚电荷 σ 和面诱导(磁化或极化)电流 $\boldsymbol{\alpha}$.因此，对于分界面上的各点，麦克斯韦方程组的微分形式(4.4.14)式已经不适用了，必须采用新的形式.麦克斯韦方程组在介质分界面上的形式，称为电磁场的边值关系.

考虑以 $\boldsymbol{n}$ 为法线的一块分界面元 $\mathrm{d}S$，物理的分界面不是几何面，具有虽然极小但不为零的厚度，设为 Δh.在分界面附近，高斯公式和斯托克斯公式可以简化为差分形式：

$$\nabla\cdot \boldsymbol{A}\Delta h = \boldsymbol{n}\cdot\Delta\boldsymbol{A},\quad \nabla\times \boldsymbol{A}\Delta h = \boldsymbol{n}\times\Delta\boldsymbol{A} \tag{4.4.16}$$

于是麦克斯韦方程组可以化为

$$\begin{cases} \boldsymbol{n}\times\Delta\boldsymbol{E} = -\dfrac{\partial \boldsymbol{B}}{\partial t}\Delta h \\ \boldsymbol{n}\times\Delta\boldsymbol{H} = \boldsymbol{J}\Delta h + \dfrac{\partial \boldsymbol{D}}{\partial t}\Delta h \\ \boldsymbol{n}\cdot\Delta\boldsymbol{D} = \rho\Delta h \\ \boldsymbol{n}\cdot\Delta\boldsymbol{B} = 0 \end{cases} \tag{4.4.17}$$

式中，$\Delta\boldsymbol{B}$，$\Delta\boldsymbol{D}$，$\Delta\boldsymbol{E}$，$\Delta\boldsymbol{H}$ 为分界面两边相应矢量之差.注意到在边界面上磁感应强度和电位移矢量都保持有限，而体电荷密度和体电流密度都趋于无穷大，因此在 $\Delta h\to 0$ 的时候，有

$$\boldsymbol{B}\Delta h \to 0,\ \boldsymbol{D}\Delta h \to 0,\ \boldsymbol{J}\Delta h \to \boldsymbol{\alpha},\ \rho\Delta h \to \sigma \tag{4.4.18}$$

将(4.4.18)式代入(4.4.17)式,我们就得到电磁场的边值关系:

$$\begin{cases} \boldsymbol{n}\times\Delta\boldsymbol{E} = \boldsymbol{n}\times(\boldsymbol{E}_2 - \boldsymbol{E}_1) = 0 \Rightarrow E_{2t} - E_{1t} = 0 \\ \boldsymbol{n}\times\Delta\boldsymbol{H} = \boldsymbol{n}\times(\boldsymbol{H}_2 - \boldsymbol{H}_1) = \boldsymbol{\alpha} \Rightarrow H_{2t} - H_{1t} = \alpha \\ \boldsymbol{n}\cdot\Delta\boldsymbol{D} = \boldsymbol{n}\cdot(\boldsymbol{D}_2 - \boldsymbol{D}_1) = \sigma \Rightarrow D_{2n} - D_{1n} = \sigma \\ \boldsymbol{n}\cdot\Delta\boldsymbol{B} = \boldsymbol{n}\cdot(\boldsymbol{B}_2 - \boldsymbol{B}_1) = 0 \Rightarrow B_{2n} - B_{1n} = 0 \end{cases} \tag{4.4.19}$$

其中,下标 t 表示沿着分界面的切向分量,下标 n 表示垂直分界面的法向分量.

例 4.4.1 将介质中的麦克斯韦方程组(4.4.15)里的电场强度改用电位移矢量表示.

解 将 $\boldsymbol{E}=\boldsymbol{D}/\varepsilon$ 代入(4.4.15)式,得到

$$\nabla\times\boldsymbol{D} = -\varepsilon\frac{\partial\boldsymbol{B}}{\partial t}$$

$$\nabla\times\boldsymbol{B} = \mu\left(\boldsymbol{J}_{\mathrm{f}} + \frac{\partial\boldsymbol{D}}{\partial t}\right)$$

$$\nabla\cdot\boldsymbol{D} = \rho_{\mathrm{f}}$$

$$\nabla\cdot\boldsymbol{B} = 0$$

由上式,读者也许对 $\boldsymbol{D}$ 又称作电感应强度有所感悟.

例 4.4.2 证明在相对电容率为 ε_{r} 的各向同性线性均匀介质内,极化电荷密度与自由电荷密度满足关系 $\rho_{\mathrm{P}}=-(1-1/\varepsilon_{\mathrm{r}})\rho_{\mathrm{f}}$.

解 由电位移矢量的定义 $\boldsymbol{D}=\varepsilon_0\boldsymbol{E}+\boldsymbol{P}$ 和性质 $\boldsymbol{D}=\varepsilon\boldsymbol{E}$,得到 $\boldsymbol{P}=(1-\varepsilon_0/\varepsilon)\boldsymbol{D}$.于是有

$$\rho_P = -\nabla\cdot\boldsymbol{P} = -\left(1-\frac{\varepsilon_0}{\varepsilon}\right)\nabla\cdot\boldsymbol{D} = -\left(1-\frac{1}{\varepsilon_{\mathrm{r}}}\right)\rho_{\mathrm{f}}.$$

对于一般介质,$\varepsilon_r>1$,因此极化电荷与自由电荷的符号相反.

例 4.4.3 证明当两种绝缘介质的分界面上不带面自由电荷时,电场线的曲折满足

$$\tan\frac{\theta_2}{\varepsilon_2} = \tan\frac{\theta_1}{\varepsilon_1}$$

其中,ε_1 和 ε_2 分别为两种介质的介电常数,θ_1 和 θ_2 分别为界面两侧电场线与法线的夹角.

解 由于分界面不带面自由电荷,按边值关系得到 $E_{2t}=E_{1t}$,$D_{2n}=D_{1n}$.由介质性质 $D_{2n}=\varepsilon_2E_{2n}$,$D_{1n}=\varepsilon_1E_{1n}$,可以推出

$$\frac{\tan\theta_2}{\tan\theta_1}=\frac{E_{2t}/E_{2n}}{E_{1t}/E_{1n}}=\frac{E_{2t}E_{1n}}{E_{1t}E_{2n}}=\frac{E_{2t}D_{1n}\varepsilon_2}{E_{1t}D_{2n}\varepsilon_1}=\frac{\varepsilon_2}{\varepsilon_1}$$

4.4.3 导电物质的性质及导体中的麦克斯韦方程组

在导电物质中，我们还要考虑欧姆定律

$$U=RI \tag{4.4.20}$$

其中，R 为电阻.(4.4.20)式是电路形式，需要改为场论形式.考虑一小段截面积为 S，长度为 L 的均匀导体，容易得到下列关系：

$$U=EL,\quad R=\frac{\rho L}{S},\quad I=JS$$

上式中，ρ 为电阻率.将上面的分析代入(4.4.20)式，得到

$$\boldsymbol{J}=\sigma\boldsymbol{E} \tag{4.4.21}$$

这就是欧姆定律的场论(微分)形式，其中，$\sigma=1/\rho$ 为电导率.

一般来说，导体也是一种介质，满足介质中的麦克斯韦方程组.将场论形式的欧姆定律代入到介质中的麦克斯韦方程组(4.4.14)式中，我们就得到导体中的麦克斯韦方程组：

$$\begin{cases}\nabla\times\boldsymbol{E}=-\dfrac{\partial\boldsymbol{B}}{\partial t}\\[2mm]\nabla\times\boldsymbol{H}=\sigma\boldsymbol{E}+\dfrac{\partial\boldsymbol{D}}{\partial t}\\[2mm]\nabla\cdot\boldsymbol{D}=\rho\\[2mm]\nabla\cdot\boldsymbol{B}=0\end{cases} \tag{4.4.22}$$

对于各向同性的线性均匀导体，上面的方程组简化为

$$\begin{cases}\nabla\times\boldsymbol{E}=-\dfrac{\partial\boldsymbol{B}}{\partial t}\\[2mm]\nabla\times\boldsymbol{B}=\mu\sigma\boldsymbol{E}+\mu\varepsilon\dfrac{\partial\boldsymbol{E}}{\partial t}\\[2mm]\nabla\cdot\boldsymbol{E}=\dfrac{\rho}{\varepsilon}\\[2mm]\nabla\cdot\boldsymbol{B}=0\end{cases} \tag{4.4.23}$$

可以证明：给定某区域内的电荷和电流分布以及介质情况，边界上电场和磁场的值，初始时刻区域内电场和磁场的分布，由麦克斯韦方程组唯一确定了区域内任何时刻的电磁场.

例 4.4.4　证明在静场的情形,导体的内部不带电,自由电荷只能分布在导体的表面上.

解　对(4.4.21)式两边求散度,得到

$$\nabla\cdot \boldsymbol{J} = \sigma\nabla\cdot \boldsymbol{E} = \frac{\sigma\rho}{\varepsilon}$$

在推导中利用了麦克斯韦方程组中的电场散度定律.由上式,电荷守恒定律变为

$$\frac{\partial\rho}{\partial t} = -\nabla\cdot \boldsymbol{J} = -\frac{\sigma}{\varepsilon}\rho$$

上面的方程可以解出

$$\rho(\boldsymbol{r},t) = \rho_0(\boldsymbol{r})\mathrm{e}^{-\frac{\sigma}{\varepsilon}t}$$

其中,$\rho_0(\boldsymbol{r})$为 $t=0$ 时刻导体内部电荷的初始分布.上述结果表明导体内部的电荷按时间指数规律迅速衰减.当时间为 $\tau=\varepsilon/\sigma$ 时,电荷分布衰减为初始分布的 1/e,我们把 τ 称为衰减的特征时间.对一般金属导体,衰减的特征时间 $\tau\approx 10^{-17}$ s,因此可以认为无论初始时刻电荷在导体内如何分布,几乎立刻就变成零.如果导体内存在净电荷,则一定分布在导体的表面.

例 4.4.5　设有一随时间变化的电场 $\boldsymbol{E}=\boldsymbol{E}_0\cos\omega t$,试求它在电导率为 σ,介电常数为 ε 的导体中,引起的传导电流和位移电流振幅之比.

解　由欧姆定律,式(4.4.21),传导电流为 $\boldsymbol{J}=\sigma\boldsymbol{E}=\sigma\boldsymbol{E}_0\cos\omega t$;而位移电流为

$$\boldsymbol{J}_D = \varepsilon\frac{\partial \boldsymbol{E}}{\partial t} = -\varepsilon\omega\sin\omega t\boldsymbol{E}_0$$

两者的振幅之比为 $\sigma/(\varepsilon\omega)$.当 $\sigma\gg\varepsilon\omega$ 时,传导电流起主要作用;当 $\sigma\ll\varepsilon\omega$ 时,位移电流起主要作用.

例 4.4.6　对介质中的麦克斯韦方程组进行量纲分析.

解　根据介质中的麦克斯韦方程组$\nabla\times\boldsymbol{E}=-\dot{\boldsymbol{B}}$,$\nabla\cdot\boldsymbol{D}=\rho_{\mathrm{f}}$,$\nabla\times\boldsymbol{H}=\boldsymbol{J}_{\mathrm{f}}+\dot{\boldsymbol{D}}$,容易得到对应的量纲关系$[E]=[B]LT^{-1}$,$[D]=[\rho]L$,$[H]=[J]L=[D]LT^{-1}$.

由物质方程 $\boldsymbol{H}=\boldsymbol{B}/\mu$,$\boldsymbol{D}=\varepsilon\boldsymbol{E}$,得到$[H]=[B]/[\mu]$,$[D]=[E][\varepsilon]$.由此推出

$$\begin{cases}[\mu\varepsilon] = \left[\dfrac{BD}{HE}\right] = L^{-2}T^2\\[2ex] [E] = \dfrac{[D]}{[\varepsilon]} = [H]\left[\sqrt{\dfrac{\mu}{\varepsilon}}\right]\\[2ex] [D] = [\varepsilon][E] = [B]\left[\sqrt{\dfrac{\varepsilon}{\mu}}\right]\end{cases}$$

上面仅给出了各个电磁量之间的相对关系，无法用力学中的三个基本量纲，即质量 M、长度 L 和时间 T 来完全表示. 因此，国际单位制中增加了一个新的基本量纲，即电流 I，这时有

$$[\rho] = ITL^{-3}, \quad [J] = IL^{-2}$$

$$[D] = ITL^{-2}, \quad [H] = IL^{-1}, \quad [E] = ITL^{-2}/[\varepsilon], \quad [B] = IL^{-1}[\mu]$$

而介电常数和磁导率的量纲分别可以由库仑定律和比奥-沙伐尔定律导出，结果为

$$[\varepsilon] = I^2 M^{-1} L^{-3} T^4, \quad [\mu] = I^{-2} MLT^{-2}$$

例 4.4.7　证明无场源的麦克斯韦方程组在电磁变换 $\boldsymbol{E} \to \boldsymbol{E}' = \sqrt{\mu_0/\varepsilon_0}\,\boldsymbol{H}$，$\boldsymbol{D} \to \boldsymbol{D}' = \sqrt{\varepsilon_0/\mu_0}\,\boldsymbol{B}$，$\boldsymbol{H} \to \boldsymbol{H}' = -\sqrt{\varepsilon_0/\mu_0}\,\boldsymbol{E}$，$\boldsymbol{B} \to \boldsymbol{B}' = -\sqrt{\mu_0/\varepsilon_0}\,\boldsymbol{D}$ 下保持不变.

解　将上述变换代入到无自由电荷和自由电流的麦克斯韦方程组中，即有

$$\begin{cases} \nabla\times \boldsymbol{E}' = -\dfrac{\partial \boldsymbol{B}'}{\partial t} \\ \nabla\times \boldsymbol{H}' = +\dfrac{\partial \boldsymbol{D}'}{\partial t} \\ \nabla\cdot \boldsymbol{D}' = 0 \\ \nabla\cdot \boldsymbol{B}' = 0 \end{cases} \Rightarrow \begin{cases} \nabla\times \sqrt{\mu_0/\varepsilon_0}\,\boldsymbol{H} = \dfrac{\partial \sqrt{\mu_0/\varepsilon_0}\,\boldsymbol{D}}{\partial t} \\ -\nabla\times \sqrt{\varepsilon_0/\mu_0}\,\boldsymbol{E} = +\dfrac{\partial \sqrt{\varepsilon_0/\mu_0}\,\boldsymbol{B}}{\partial t} \\ \nabla\cdot \sqrt{\varepsilon_0/\mu_0}\,\boldsymbol{B} = 0 \\ -\nabla\cdot \sqrt{\mu_0/\varepsilon_0}\,\boldsymbol{D} = 0 \end{cases}$$

化简后即回到了变换前的形式，说明在该变换下无场源的麦克斯韦方程组保持不变.

例 4.4.8　上例说明电磁场对于电磁变换是对称的，由于未发现磁荷，因此场源不对称，从而麦克斯韦方程组不对称. 英国物理学家狄拉克从对称性的角度猜想可能存在磁单极子，这时介质中的麦克斯韦方程组需要改写为

$$\begin{cases} \nabla\times \boldsymbol{E} = -\boldsymbol{J}_{\mathrm{m}} - \dfrac{\partial \boldsymbol{B}}{\partial t} \\ \nabla\times \boldsymbol{H} = \boldsymbol{J}_{\mathrm{e}} + \dfrac{\partial \boldsymbol{D}}{\partial t} \\ \nabla\cdot \boldsymbol{D} = \rho_{\mathrm{e}} \\ \nabla\cdot \boldsymbol{B} = \rho_{\mathrm{m}} \end{cases}$$

其中，ρ_{m} 为磁荷密度，$\boldsymbol{J}_{\mathrm{m}}$ 为磁流密度. 证明该方程组在上题中的场变换和场源变换

$$\rho_{\mathrm{e}} \to \rho'_{\mathrm{e}} = \rho_m \sqrt{\varepsilon_0/\mu_0}, \quad \boldsymbol{J}_{\mathrm{e}} \to \boldsymbol{J}'_{\mathrm{e}} = \boldsymbol{J}_{\mathrm{m}} \sqrt{\varepsilon_0/\mu_0};$$

$$\rho_{\mathrm{m}} \to \rho'_{\mathrm{m}} = -\rho_{\mathrm{e}} \sqrt{\mu_0/\varepsilon_0}, \quad \boldsymbol{J}_{\mathrm{m}} \to \boldsymbol{J}'_{\mathrm{m}} = -\boldsymbol{J}_{\mathrm{e}} \sqrt{\mu_0/\varepsilon_0}$$

下保持不变.

解　将场变换和场源变换同时代入带磁荷的麦克斯韦方程组,再将结果化简后即回到了变换前的形式,说明在源与场的联合变换下带磁荷的麦克斯韦方程组保持不变.

习　题　4

1. 在区域$|x|\leqslant 1, |y|\leqslant 1$中,低空大气压强分布为$P=1-0.05x^2-0.1y^2+0.1y^3$,画出对应的等压线.
2. 计算矢量场$\boldsymbol{A}=2x\boldsymbol{e}_x+y^2\boldsymbol{e}_y(0\leqslant x\leqslant 1, 0\leqslant y\leqslant 1)$的矢量线,并进行作图.
3. 利用柱坐标中矢量线的方程$\dfrac{\mathrm{d}\rho}{A_\rho}=\dfrac{\rho\mathrm{d}\varphi}{A_\varphi}=\dfrac{\mathrm{d}z}{A_z}$,计算矢量场$\boldsymbol{B}=\dfrac{\mu I}{4\pi\rho}\boldsymbol{e}_\varphi$的矢量线.
4. 利用球坐标中矢量线的方程$\dfrac{\mathrm{d}r}{A_r}=\dfrac{r\mathrm{d}\theta}{A_\theta}=\dfrac{r\sin\theta\mathrm{d}\varphi}{A_\varphi}$,计算$\boldsymbol{E}=k\dfrac{q}{r^2}\boldsymbol{e}_r$的矢量线.
5. 通过直接计算验证公式$\nabla\times\nabla\phi(\boldsymbol{r})=0$和$\nabla\cdot\nabla\times\boldsymbol{A}(\boldsymbol{r})=0$.
6. 证明格林恒等式$\nabla(\varphi\nabla\psi-\psi\nabla\varphi)=\varphi\nabla^2\psi-\psi\nabla^2\varphi$.
7. 设$\boldsymbol{m}$为常矢量,证明在$\boldsymbol{r}\neq 0$处,有$\nabla\times\dfrac{\boldsymbol{m}\times\boldsymbol{r}}{r^3}+\nabla\dfrac{\boldsymbol{m}\cdot\boldsymbol{r}}{r^3}=0$.
8. 证明$(\nabla\times\boldsymbol{A})\times\boldsymbol{A}=\boldsymbol{A}\cdot\nabla\boldsymbol{A}-\dfrac{1}{2}\nabla\boldsymbol{A}^2$.
9. 证明矢量形式的斯托克斯定理$\iiint_V(\nabla\times\boldsymbol{A})\mathrm{d}\tau=-\oiint_\Sigma\boldsymbol{A}\times\mathrm{d}\boldsymbol{S}$,其中,$\Sigma$为体积$V$的表面.
10. 已知标量场ψ与无源场$\boldsymbol{A}$分别满足$\nabla^2\psi=\boldsymbol{F}(x,y,z)$,$\nabla^2\boldsymbol{A}=-\boldsymbol{G}(x,y,z)$,

    求证:$\boldsymbol{B}=\nabla\psi+\nabla\times\boldsymbol{A}$满足如下方程组:$\begin{cases}\nabla\cdot\boldsymbol{B}=\boldsymbol{F}(x,y,z)\\ \nabla\times\boldsymbol{B}=\boldsymbol{G}(x,y,z)\end{cases}$.
11. 计算标量场$u=A\mathrm{e}^{-kx}\sin\pi y$的梯度.
12. 利用梯度在柱坐标中的形式$\nabla=\boldsymbol{e}_\rho\dfrac{\partial}{\partial\rho}+\boldsymbol{e}_\varphi\dfrac{1}{\rho}\dfrac{\partial}{\partial\varphi}+\boldsymbol{e}_z\dfrac{\partial}{\partial z}$,计算标量场$u=\dfrac{\rho_0}{4\varepsilon}\begin{cases}a^2-\rho^2 & (\rho<a)\\ 2a^2\ln(a/\rho) & (\rho\geqslant a)\end{cases}$的梯度.

13. 利用梯度在球坐标中的形式$\nabla=\boldsymbol{e}_r\frac{\partial}{\partial r}+\boldsymbol{e}_\theta\frac{1}{r}\frac{\partial}{\partial\theta}+\boldsymbol{e}_\varphi\frac{1}{r\sin\theta}\frac{\partial}{\partial\varphi}$,计算函数 $u=Ar\cos\theta$ 的梯度.

14. 利用梯度在球坐标中的形式,计算函数 $u(r,\theta,\varphi)=\frac{p}{4\pi\varepsilon r^2}\cos\theta$ 的梯度(p 为常量).

15. 计算矢量场 $\boldsymbol{A}=axy\boldsymbol{e}_x+by^2\boldsymbol{e}_y$ 的散度和旋度.

16. 利用$\nabla\cdot\boldsymbol{A}=\frac{1}{\rho}\frac{\partial}{\partial\rho}(\rho A_\rho)+\frac{1}{\rho}\frac{\partial A_\varphi}{\partial\varphi}+\frac{\partial A_z}{\partial z}$,计算 $\boldsymbol{E}=\frac{\rho_0}{2\varepsilon}\boldsymbol{e}_\rho\begin{cases}\rho & (\rho<a)\\ a^2/\rho(\rho\geqslant a)\end{cases}$ 的散度.

17. 用 $\nabla\cdot\boldsymbol{A}=\frac{1}{r^2}\frac{\partial(r^2A_r)}{\partial r}+\frac{1}{r\sin\theta}\frac{\partial(\sin\theta A_\theta)}{\partial\theta}+\frac{1}{r\sin\theta}\frac{\partial A_\varphi}{\partial\varphi}$,计算 $\boldsymbol{E}=\frac{\rho_0\boldsymbol{e}_r}{3\varepsilon}\begin{cases}r\ (r<a)\\ \frac{a^3}{r}(r\geqslant a)\end{cases}$ 的散度.

18. 已知矢量场 $\boldsymbol{B}=\frac{1}{2}\mu J_0\boldsymbol{e}_\varphi\begin{cases}\rho & (\rho\leqslant a)\\ -2a^2/\rho(\rho>a)\end{cases}$,求该场的旋度.

(1) 利用柱坐标中的形式$\nabla\times\boldsymbol{B}=\frac{1}{\rho}\begin{vmatrix}\boldsymbol{e}_\rho & \rho\boldsymbol{e}_\varphi & \boldsymbol{e}_z\\ \frac{\partial}{\partial\rho} & \frac{\partial}{\partial\varphi} & \frac{\partial}{\partial z}\\ B_\rho & \rho B_\varphi & B_z\end{vmatrix}$计算.

(2) 变换为球坐标,$\rho=r\sin\theta$,再利用$\nabla\times\boldsymbol{B}=\frac{1}{r^2\sin\theta}\begin{vmatrix}\boldsymbol{e}_r & r\boldsymbol{e}_\theta & r\sin\theta\boldsymbol{e}_\varphi\\ \frac{\partial}{\partial r} & \frac{\partial}{\partial\theta} & \frac{\partial}{\partial\varphi}\\ B_r & rB_\theta & r\sin\theta B_\varphi\end{vmatrix}$计算.

19. 在区域 $0\leqslant x\leqslant1,0\leqslant y\leqslant1$ 中,低空大气压强分布为 $P=1-0.01x^2+0.02y^2$. 不考虑地球自转的影响,求地面风力最大的位置,并计算该点的风向.

20. 在某区域中温度分布保持为 $T(\boldsymbol{r})=Ar^2\mathrm{e}^{-\alpha r}$,根据热传导的傅里叶定律 $\boldsymbol{q}=-k\,\nabla T$,其中,$k$ 为热传导系数,求热流密度矢量 $\boldsymbol{q}$ 和各处在单位时间内单位体积所发出的热量.

21. 已知某物质的浓度分布为 $C(\boldsymbol{r})=N\mathrm{e}^{-\alpha^2r^2}$,根据菲克(Fick)扩散定律 $\boldsymbol{J}=-D\,\nabla C$,其中,$D$ 为扩散系数,求物质流密度矢量 $\boldsymbol{J}$ 和单位时间内通过球面 $r=a$ 向外流出的物质通量 Φ.

22. 已知某个山区的高度分布为 $h(x,y)=h_0(1-\alpha^2x^2)\mathrm{e}^{-\alpha^2y^2}$,求该山区中各处

的陡峭程度.

23. 某刚体绕 z 轴以角速度 ω 转动,刚体上位于 $\boldsymbol{r}$ 处的质点的速度为 $\boldsymbol{v}=\omega\boldsymbol{e}_z\times\boldsymbol{r}$,求该速度场的散度与旋度.
24. 某河流中水流的水平速度分布为 $\boldsymbol{v}=0.001y(100-y)\boldsymbol{e}_x(0<y<100)$,试求该河流中各处旋度,并由此求出旋度最大处的位置.
25. 已知流体的密度分布为 $\rho(\boldsymbol{r},t)$,速度分布为 $\boldsymbol{v}(\boldsymbol{r},t)$,根据连续性方程 $\dot{\rho}+\nabla\cdot(\rho\boldsymbol{v})=0$ 证明 $\nabla\cdot\boldsymbol{v}=-\frac{\partial}{\partial t}\ln\rho-\boldsymbol{v}\cdot\nabla\ln\rho$.
26. 基态氢原子中电子电荷体密度按下式分布

$$\rho(r)=-\frac{e_0}{\pi a^3}\mathrm{e}^{-\frac{2r}{a}}$$

式中,e_0 为电子的电荷量,a 为原子的玻尔半径,r 为径向坐标,试求在玻尔半径 a 的球面内电子的电量.

27. 设电场强度 $\boldsymbol{E}=\frac{Q}{4\pi\varepsilon_0}\begin{cases}\boldsymbol{r}/a^3(r<a)\\ \boldsymbol{r}/r^3(r>a)\end{cases}$,计算电荷密度的空间分布.
28. 一静电荷分布的电场为 $\boldsymbol{E}=A\frac{\mathrm{e}^{-kr}}{r}\boldsymbol{e}_r$,求 $r\neq0$ 处的电荷密度和流出球面 $r=a$ 的通量,由此说明在 $r=0$ 处有一个电量为 $4\pi\varepsilon_0A$ 的点电荷.
29. 设某区域内电荷分布 $\rho=0$,一静电场的电场线彼此平行,证明该静电场一定是匀强电场.
30. 一半径为 R 的均匀带电球体,电荷密度为 ρ,求球内电场.
31. 一半径为 R 的均匀带电球体,电荷体密度为 ρ,球内有一不带电的球形空腔,其半径为 R_1,偏心距离为 $a(a+R_1<R)$,求腔内的电场.
32. 已知电荷系统的电偶极矩的定义为 $\boldsymbol{p}(t)=\int_V\rho(\boldsymbol{r}',t)\boldsymbol{r}'\mathrm{d}\tau'$,利用电荷守恒定律证明 $\frac{\mathrm{d}\boldsymbol{p}}{\mathrm{d}t}=\int_V\boldsymbol{J}(\boldsymbol{r}',t)\mathrm{d}\tau'$.
33. 真空中存在着电场 $\boldsymbol{E}(r,t)=\frac{E_0}{4\pi r}\sin(kr-\omega t)\boldsymbol{e}_r$,求对应的电荷密度和位移电流密度.
34. 在一平行板电容器的两板上加 $U=U_0\cos\omega t$ 的电压,若平板为圆形,半径为 a,板间距离为 d,试求两板间的位移电流密度 $\boldsymbol{J}_D$ 和总位移电流 I_D.
35. 将介质中的麦克斯韦方程组改写为积分形式.

36. 由介质中的麦克斯韦方程组证明电荷守恒定律.

37. 截面为 S,长为 L 的细介质棍 AB,沿 x 轴放置,近端 A 的坐标 b ,若极化强度为 $\boldsymbol{P}=kx\boldsymbol{e}_x$,试求:

(1) 求每端的束缚电荷面密度 σ;(2) 求棒内的束缚电荷体密度 ρ;(3) 总束缚电荷.

38. 一半径为 R 的均匀带电球体,介电系数为 ε,电荷密度为 ρ,球外是真空.求球内的束缚电荷体密度和球面上的束缚电荷面密度.

39. 在稳恒情况下,证明在均匀各向同性的线性介质内部,磁化电流密度 $\boldsymbol{J}_{\mathrm{M}}$ 等于传导电流密度 $\boldsymbol{J}_{\mathrm{f}}$ 的 μ/μ_0-1 倍.

40. 磁导率为 μ_1,μ_2 的两种介质的界面为 S,界面上有传导电流,设磁场线在界面两侧与法线的夹角为 θ_1,θ_2,证明磁场线按以下规律曲折:

$$\tan\theta_2/\mu_2=\tan\theta_1/\mu_1$$

41. 无穷大的平行板电容器内有两层介质,介电常数分别为 $\varepsilon_1,\varepsilon_2$,极板上面电荷密度为 $\pm\sigma_{\mathrm{f}}$,求电场和束缚电荷分布.

42. 两个半径分别为 a,b 的同心薄导体球壳中充满介电常数为 $\varepsilon=\varepsilon_0/(1+Kr)$ 的介质.内球壳带电荷 Q,外球壳接地.试求介质中的电位移矢量、极化电荷密度和 $r=a,r=b$ 两处的面极化电荷密度.

43. 证明在绝缘介质与导体的分界面上:(1) 在静电的情况下,导体外的电场线总是垂直于导体表面;(2) 在恒定电流的情况下,导体内的电场线总是平行于导体表面.

44. 按照真空中的麦克斯韦方程组,求下列情况下系统的电荷密度、电流密度、电场强度和磁感应强度的变化.

(1) 空间反演($\boldsymbol{r}\to\boldsymbol{r}'=-\boldsymbol{r}$);(2) 时间反演($t=t'\to-t$);(3) 电荷共轭变换($e=e'\to-e$).

45. 按照真空中的麦克斯韦方程组,下列情况下系统的电荷密度、电流密度、电场强度和磁感应强度将如何变化.

(1) 时间空间联合反演;(2) 时间电荷联合反演;(3) 空间电荷联合变换;(4) 时间空间电荷联合反演.

第 5 章　静电场与静磁场

5.1　静电场方程的求解

5.1.1　静电场的标势及其微分方程

在介质中的麦克斯韦方程组(4.4.14)式中，将对时间的导数项取为零，就可以得到静场的方程组，其中静电场的基本方程为

$$\begin{cases} \nabla\cdot \boldsymbol{E} = \dfrac{1}{\varepsilon}\rho \\ \nabla\times \boldsymbol{E} = 0 \end{cases} \tag{5.1.1}$$

上面的第二式说明静电场为无旋场，因此它可以表示为一个标量场的梯度，我们把这个标量场记为 $-\phi$，即

$$\boldsymbol{E} = -\nabla\phi \tag{5.1.2}$$

将(5.1.2)式代入(5.1.1)的第一式，我们得到

$$\nabla\cdot\nabla\phi = \nabla^2\phi = \frac{-\rho}{\varepsilon} \tag{5.1.3}$$

上式称为泊松方程，在推导过程中我们已经假定电容率 ε 为常数，即介质是处处均匀的.

考虑单位点电荷在移动过程中静电场所做的元功

$$\mathrm{d}W = \boldsymbol{E}\cdot\mathrm{d}\boldsymbol{r} = -\mathrm{d}\phi \tag{5.1.4}$$

它恰好等于 ϕ 的减少量，这表明标量场 ϕ 就是我们通常所说的电势，而(5.1.3)式是电势所满足的微分方程. 由(5.1.3)式解出电势后，代回(5.1.2)式就可以算出电场强度.

例 5.1.1　计算电势 $\phi = \phi(R)$($\boldsymbol{R} = \boldsymbol{r} - \boldsymbol{r}'$)的电场，其中 $\boldsymbol{r}$ 为观察点.

解　将电势代入(5.1.2)式，得到 $\boldsymbol{E} = -\nabla\phi(R) = -\phi'(R)\nabla R =$

$-\phi'(R)\boldsymbol{R}/R$.

例 5.1.2　已知空间的电场分布为 $\boldsymbol{E}=a\dfrac{\boldsymbol{r}}{r^2}+b\dfrac{\boldsymbol{r}}{r^3}$，式中，$a$，$b$ 为常数.试求空间($r\neq 0$)的电势和电荷分布.

解　由电场的球对称性可知，电势 $\phi=\phi(r)$，于是 $\boldsymbol{E}=-\nabla\phi=-\phi'(r)\boldsymbol{e}_r$.与题设比较得

$$\phi'(r)=-\frac{a}{r}-\frac{b}{r^2}$$

积分后得到

$$\phi(r)=-a\ln r+\frac{b}{r}+C$$

电荷密度为

$$\rho=\varepsilon\nabla\cdot\left(\frac{a}{r^2}+\frac{b}{r^3}\right)\boldsymbol{r}=\varepsilon\left(\frac{a}{r^2}+\frac{b}{r^3}\right)'r+\varepsilon\left(\frac{a}{r^2}+\frac{b}{r^3}\right)\nabla\cdot\boldsymbol{r}=\varepsilon\frac{a}{r^2}$$

5.1.2　无界空间内的解

在无界的均匀介质中，电势所满足的定解问题为

$$\begin{cases}\nabla^2\phi=\dfrac{-\rho}{\varepsilon}\\ \phi|_{r\to\infty}=0\end{cases}\tag{5.1.5}$$

这个问题的解是存在的，而且满足唯一性定理和叠加原理.

为了得到上面方程的解，先考虑一个位于 $\boldsymbol{r}'$ 处带单位电量的点电荷，它的电势为

$$G(\boldsymbol{r},\boldsymbol{r}')=\frac{1}{4\pi\varepsilon}\frac{1}{R}\quad(\boldsymbol{R}=\boldsymbol{r}-\boldsymbol{r}')\tag{5.1.6}$$

因此一个位于 $\boldsymbol{r}'$ 处带电量为 q 的点电荷，它的电势为

$$\phi_q(\boldsymbol{r})=qG(\boldsymbol{r},\boldsymbol{r}')=\frac{1}{4\pi\varepsilon}\frac{q}{R}$$

对应的电场强度为

$$\boldsymbol{E}_q(\boldsymbol{r})=-\nabla\frac{1}{4\pi\varepsilon}\frac{q}{R}=-\frac{q}{4\pi\varepsilon}\left(\frac{1}{R}\right)'\nabla R=\frac{1}{4\pi\varepsilon}\frac{q}{R^3}\boldsymbol{R}\tag{5.1.7}$$

再考虑一个位于 $\boldsymbol{r}'$ 处电荷密度为 ρ 的体积元 $\mathrm{d}\tau'$，它可以看成电量为 $q=\rho\mathrm{d}\tau'$ 的点电荷，其电势为

$$\mathrm{d}\phi(\boldsymbol{r}) = G(\boldsymbol{r},\boldsymbol{r}')\rho(\boldsymbol{r}')\mathrm{d}\tau' = \frac{1}{4\pi\varepsilon}\frac{\rho(\boldsymbol{r}')\mathrm{d}\tau'}{R} \tag{5.1.8}$$

而一般的电荷分布可以看成点电荷的集合，相应的电势为上式的叠加，即

$$\phi(\boldsymbol{r}) = \sum\nolimits_{r'} \frac{1}{4\pi\varepsilon}\frac{\rho(\boldsymbol{r}')\mathrm{d}\tau'}{R} = \frac{1}{4\pi\varepsilon}\iiint\frac{\rho(\boldsymbol{r}')\mathrm{d}\tau'}{R} \tag{5.1.9}$$

可以验证解(5.1.9)恰好满足定解问题(5.1.5).

将(5.1.9)式代入(5.1.2)式，立即得到

$$\boldsymbol{E} = -\nabla\phi(\boldsymbol{r}) = \frac{1}{4\pi\varepsilon}\iiint\frac{\rho(\boldsymbol{r}')\mathrm{d}\tau'}{R^3}\boldsymbol{R} \tag{5.1.10}$$

这个结果与直接用(5.1.7)式叠加得到的结果完全相同.

例 5.1.3　求一段长 L、线密度为 λ 的均匀带电细杆在远处 P 点的电势(图 5.1).

解　以带电杆的中点为原点，以杆身为 z 轴建立柱坐标.显然，本问题有轴对称性，所得电势与方位角 φ 无关.由公式(5.1.9)可知电势为

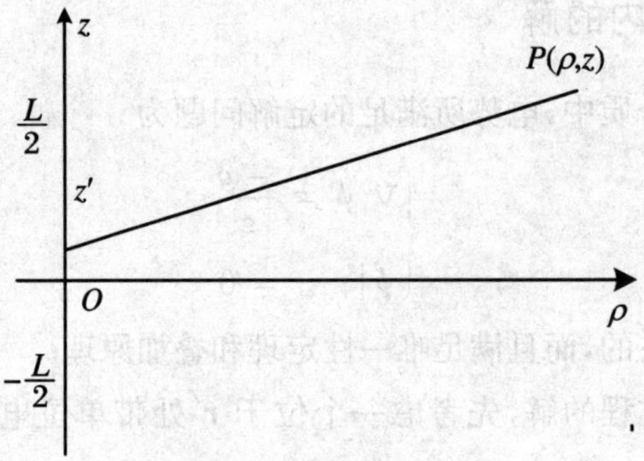

图 5.1　均匀带电细杆远处的电势

$$\phi(z,\rho) = \frac{1}{4\pi\varepsilon}\int_{-L/2}^{L/2}\frac{\lambda\mathrm{d}z'}{\sqrt{\rho^2+(z-z')^2}}$$

P 点在远处的条件可以表示为 $L \ll r = \sqrt{\rho^2+z^2}$，这时我们可以将上式中的分母对小量 z' 泰勒展开为

$$\frac{1}{\sqrt{\rho^2+(z-z')^2}} = \frac{1}{\sqrt{\rho^2+z^2-2zz'+z'^2}} = \frac{1}{r}\left(1-\frac{2zz'-z'^2}{r^2}\right)^{-1/2}$$

$$= \frac{1}{r}\left[1+\frac{1}{2}\left(\frac{2zz'-z'^2}{r^2}\right)+\frac{3}{8}\left(\frac{2zz'-z'^2}{r^2}\right)^2+\cdots\right]$$

$$= \frac{1}{r}\left[1 + \frac{1}{2}\frac{2zz'}{r^2} + \frac{1}{2}\frac{(3z^2 - r^2)z'^2}{r^4} + \cdots\right]$$

代人积分公式后得到

$$\phi(z,\rho) \approx \frac{1}{4\pi\varepsilon}\int_{-L/2}^{L/2}\frac{1}{r}\left[1 + \frac{1}{2}\frac{2zz'}{r^2} + \frac{1}{2}\frac{(3z^2 - r^2)z'^2}{r^4}\right]\lambda \mathrm{d}z'$$

$$= \frac{1}{4\pi\varepsilon}\left[\frac{q}{r} + \frac{z \cdot p_z}{r^3} + \frac{(3z^2 - r^2)D_{zz}}{2r^5}\right]$$

其中，$q = \int_{-L/2}^{L/2}\lambda \mathrm{d}z'$，$p_z = \int_{-L/2}^{L/2}z'\lambda \mathrm{d}z'$，$D_{zz} = 3\int_{-L/2}^{L/2}z'^2\lambda \mathrm{d}z'$ 分别称为该均匀带电杆的单极矩、偶极矩和四极矩.容易算出单极矩 q 就是带电杆的总电荷，偶极矩 $p_z = 0$，四极矩为 $D_{zz} = 3\int_{-L/2}^{L/2}z'^2\lambda \mathrm{d}z' = \frac{1}{4}\lambda L^3$.这种方法称为带电系统电势计算的多极展开法.

上述方法可以推广到一般情况，如果电荷分布在原点附近的一个小区域内，将公式(5.1.9)中的分母展开为

$$\frac{1}{R} = \frac{1}{|\boldsymbol{r} - \boldsymbol{r}'|} = \frac{1}{r} - \boldsymbol{r}' \cdot \nabla\frac{1}{r} + \cdots = \frac{1}{r} + \boldsymbol{r}' \cdot \frac{\boldsymbol{r}}{r^3} + \cdots \tag{5.1.11}$$

立刻可以得到远处的电势近似表达式

$$\phi(\boldsymbol{r}) \approx \frac{1}{4\pi\varepsilon}\iiint\left(\frac{1}{r} + \boldsymbol{r}' \cdot \frac{\boldsymbol{r}}{r^3}\right)\rho(\boldsymbol{r}')\mathrm{d}\tau' = \frac{1}{4\pi\varepsilon}\frac{Q}{r} + \frac{1}{4\pi\varepsilon}\frac{\boldsymbol{r} \cdot \boldsymbol{p}}{r^3} \tag{5.1.12}$$

其中，Q 为系统的总电荷，

$$\boldsymbol{p} = \iiint \boldsymbol{r}'\rho(\boldsymbol{r}')\mathrm{d}\tau' \tag{5.1.13}$$

为系统的电偶极矩.

电势的多极展开式中的第一项称为单极项，其大小与场源的总电量成正比，而与场点的距离 r 成反比；第二项称为偶极项，其大小与场源的电偶极矩成正比，而与场点的距离平方 r^2 成反比；第三项称为四极项，其大小与场源的电四极矩成正比，而与场点的距离立方 r^3 成反比……为了简单起见，在(5.1.12)式中我们只计算到电偶极项，称为偶极近似.对于电中性的系统来说，其总电量为零，电势中最主要的贡献是偶极项，这就是我们在电介质问题中只考虑分子电偶极矩的原因.

例 5.1.4　已知基态氢原子中电子电荷密度按下式分布

$$\rho(r) = -\frac{e_0}{\pi a^3}\mathrm{e}^{-2r/a}$$

式中，e_0 为电子的电荷量，a 为原子的玻尔半径，r 为径向坐标，试求对应的电势和电场强度.

解 在无界问题中，当电荷分布具有球对称性时，对应的电势也具有同样的对称性，即 $\phi=\phi(r)$，这时 $\Delta\phi(r)=\dfrac{1}{r}[r\phi(r)]''$，于是定解问题(5.1.5)可以转化为一维定解问题

$$\begin{cases}[r\phi(r)]''=-\dfrac{r\rho(r)}{\varepsilon}\\ \phi(\infty)=0\end{cases}$$

将电荷密度的具体形式代入上面的方程，得到通解为

$$\phi(r)=\frac{e_0}{4\pi\varepsilon_0}\left(\frac{1}{a}+\frac{1}{r}\right)e^{-2r/a}+C_1+\frac{C_2}{r}$$

由于总电量为 $-e_0$，因此 $\phi(r)\xrightarrow{r\to\infty}-\dfrac{e_0}{4\pi\varepsilon_0 r}$，得到 $C_1=0, C_2=-\dfrac{e_0}{4\pi\varepsilon_0}$，故

$$\phi(r)=\frac{e_0}{4\pi\varepsilon_0}\left(\frac{1}{a}+\frac{1}{r}\right)e^{-2r/a}-\frac{e_0}{4\pi\varepsilon_0 r}$$

电场强度为

$$\boldsymbol{E}=-\nabla\phi(r)=-\phi'(r)\boldsymbol{e}_r=\frac{e_0}{4\pi\varepsilon_0}\left[\left(\frac{1}{r^2}+\frac{2}{ar}+\frac{2}{a^2}\right)e^{-2r/a}-\frac{1}{r^2}\right]\boldsymbol{e}_r$$

5.1.3 边值问题的解

在以接地导体为边界面 Σ 的均匀介质中，电势所满足的定解问题为

$$\begin{cases}\Delta\phi=\dfrac{-\rho}{\varepsilon}\\ \phi|_{\Sigma}=0\end{cases}\tag{5.1.14}$$

这个问题的解也是存在的，而且满足唯一性定理和叠加原理.

与无界空间的解法类似，为了得到上面方程的解，先考虑一个位于界面 Σ 内 $\boldsymbol{r}'$ 处带单位电量的点电荷，求出它的电势 $G(\boldsymbol{r},\boldsymbol{r}')$（在数学上称为定解问题 5.1.14 的格林函数）.一个位于 $\boldsymbol{r}'$ 处电荷密度为 ρ 的体积元 $d\tau'$，可以看成电量为 $q=\rho d\tau'$ 的点电荷，它的电势为

$$d\phi(\boldsymbol{r})=G(\boldsymbol{r},\boldsymbol{r}')\rho(\boldsymbol{r}')d\tau'\tag{5.1.15}$$

由叠加原理，一般电荷分布的电势为上式的叠加，即

$$d\phi(\boldsymbol{r})=\iiint G(\boldsymbol{r},\boldsymbol{r}')\rho(\boldsymbol{r}')d\tau'\tag{5.1.16}$$

将(5.1.16)式代入(5.1.2)式,立即得到所要求的电场场强.

在边界形状比较简单时,格林函数可以用镜像法求出.例如,边界为 Oxy 平面时,问题为

$$\begin{cases}\Delta\phi = \dfrac{-\rho}{\varepsilon} \quad (z>0)\\ \phi|_{z=0} = 0\end{cases} \tag{5.1.17}$$

在接地导体平面 $z=0$ 上方点 $\boldsymbol{r}'=x'\boldsymbol{i}+y'\boldsymbol{j}+z'\boldsymbol{k}$ 处有一个单位电量的点电荷,我们设想在其关于导体平面的对称点 $\boldsymbol{r}''=x'\boldsymbol{i}+y'\boldsymbol{j}-z'\boldsymbol{k}$ 处放置一个电量为 -1 的点电荷,称为原点电荷的镜像.显然,原点电荷及其镜像在导体平面 $z=0$ 上的电势和为零,满足边界条件的要求;而镜像在平面 $z=0$ 的下方,不影响方程的正确性.由定解问题解的唯一性可知,(5.1.17)式的格林函数为

$$\begin{aligned}G(\boldsymbol{r},\boldsymbol{r}') &= \frac{1}{4\pi\varepsilon}\frac{1}{|\boldsymbol{r}-\boldsymbol{r}'|}+\frac{1}{4\pi\varepsilon}\frac{-1}{|\boldsymbol{r}-\boldsymbol{r}''|}\\ &= \frac{1}{4\pi\varepsilon}\left(\frac{1}{\sqrt{(x-x')^2+(y-y')^2+(z-z')^2}}\right.\\ &\quad\left.-\frac{1}{\sqrt{(x-x')^2+(y-y')^2+(z+z')^2}}\right)\end{aligned} \tag{5.1.18}$$

从物理上说,像电荷与原电荷在导体表面产生感应电荷对上半平面的效应完全相同,即像电荷是感应电荷的等效表示形式.将(5.1.18)式代入(5.1.16)式,即可得到问题的解——所要求的电势.

在以非导体为边界面 Σ 的均匀介质中,电势所满足的定解问题为

$$\begin{cases}\Delta\phi = \dfrac{-\rho}{\varepsilon}\\ \phi|_{\Sigma} = f(\boldsymbol{r})\end{cases} \tag{5.1.19}$$

如果定解问题(5.1.14)的格林函数 $G(\boldsymbol{r},\boldsymbol{r}')$ 已经求出,则由格林公式可得定解问题(5.1.19)的解为

$$\phi(\boldsymbol{r}) = \iiint G(\boldsymbol{r},\boldsymbol{r}')\rho(\boldsymbol{r}')\mathrm{d}\tau' + \oiint_{\Sigma} f(\boldsymbol{r}')\,\nabla' G(\boldsymbol{r},\boldsymbol{r}')\cdot \mathrm{d}\boldsymbol{S}' \tag{5.1.20}$$

例 5.1.5 已知接地导体球壳半径为 a,内部距离球心 O 点为 r 的 P 点处有一个电量为 q 的点电荷.证明该点电荷相对于导体球壳的电像位于 OP 的延长线上的 Q 处,OQ 距离为 $r'=a^2/r$,电量为 $q'=-aq/r$.

解 像电荷是原电荷在导体表面所产生的感应电荷的等效描述,它和原电荷

在导体内表面的合电势为零.如图 5.2 所示,考虑导体表面上的任意点 M,容易看出 ΔOPM 与 ΔOMQ 相似,由此得到$\overline{PM}:\overline{QM}=\overline{OP}:\overline{OM}=r'/a$.因此,原电荷和像电荷在 M 点处的合电势为

$$\phi(\boldsymbol{r}_M)=\frac{1}{4\pi\varepsilon}\left(\frac{q'}{\overline{QM}}+\frac{q}{\overline{PM}}\right)$$

$$=\frac{1}{4\pi\varepsilon}\left(\frac{q}{\overline{PM}}+\frac{q'}{\overline{QM}}\right)=\frac{1}{4\pi\varepsilon}\frac{q}{\overline{PM}}\left(1+\frac{\overline{PM}q'}{\overline{QM}q}\right)=\frac{1}{4\pi\varepsilon}\frac{q}{\overline{PM}}\left(1-\frac{ra}{ar}\right)=0$$

由对称性可知,该结果对整个球面都正确,点电荷处于球壳外部时也正确.

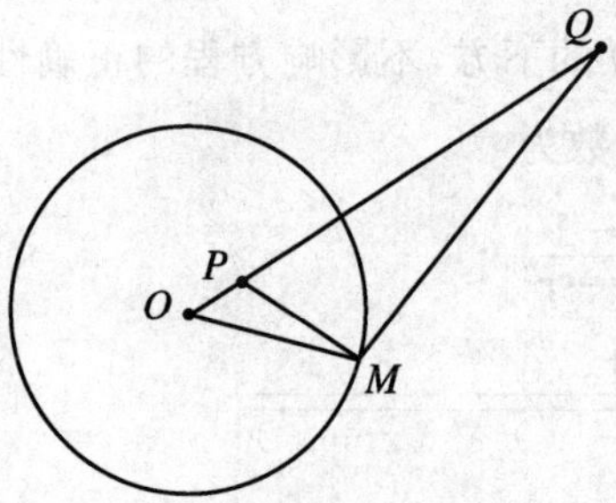

图 5.2

当问题具有较高的对称性时,静电场的边值问题(5.1.14)也可以严格求解,参见下例.

例 5.1.6 已知接地导体球壳半径为 a,里面分布着电荷密度为 ρ_0 的均匀介质,试求对应的电势和电场强度.

解 当电荷分布与边界条件都具有球对称性,对应的电势也具有同样的对称性,即 $\phi=\phi(r)$,与例 5.1.4 类似,定解问题(5.1.14)也可以转化为一维定解问题

$$\begin{cases}[r\phi(r)]''=-\dfrac{r\rho_0}{\varepsilon}\\ \phi(a)=0\end{cases}$$

由此得到通解为

$$\phi(r)=-\frac{\rho_0}{6\varepsilon}r^2+C_1+\frac{C_2}{r}$$

由 $\phi(0)$要求有界,得到 $C_2=0$;代入 $\phi(a)=0$,得到 $C_1=\frac{\rho_0}{6\varepsilon}a^2$.故有

$$\phi(r)=\frac{\rho_0}{6\varepsilon}(a^2-r^2)$$

电场强度为

$$\boldsymbol{E}=-\nabla\phi(r)=\frac{\rho_0}{3\varepsilon_0}\boldsymbol{r}$$

对于分块均匀的介质,在分界面上边界条件(4.4.19)成为

$$\begin{cases} \phi_2 - \phi_1 = 0 \\ \varepsilon_1 \dfrac{\partial \phi_1}{\partial n} - \varepsilon_2 \dfrac{\partial \phi_2}{\partial n} = \sigma_f \end{cases} \tag{5.1.21}$$

其中法线正向为介质1指向介质2.

例 5.1.7 半径为 a 的球内介电常数为 ε_0，均匀分布有密度为 ρ_0 的电荷，球外的介电常数为 ε，求解电势.

解 这是一个分块均匀介质问题. 取球心为原点建立球坐标系，由于问题具有球对称性，电势仅仅为矢径 r 的函数，方程(5.1.5)成为

$$\frac{1}{r}\frac{\mathrm{d}^2}{\mathrm{d}r^2}[r\phi(r)] = \begin{cases} -\dfrac{\rho_0}{\varepsilon_0} & (r < a) \\ 0 & (r > a) \end{cases}$$

由此可以解出

$$\phi(r) = \begin{cases} -\left(\dfrac{\rho_0}{\varepsilon_0}\right)\left(\dfrac{1}{6}r^2 + A + Br^{-1}\right) & (r < a) \\ C + Dr^{-1} & (r > a) \end{cases}$$

由电势的有界性，得到 $B = 0$；取无穷远为电势零点，得到 $C = 0$.

球面上不带面电荷，由边界条件(5.1.21)得到

$$\begin{cases} \phi(a_-) = \phi(a_+) \\ \varepsilon_0 \phi'(a_-) = \varepsilon \phi'(a_+) \end{cases}$$

代入上式后可以推出

$$D = \frac{\rho_0}{3\varepsilon}a^3, \quad A = -\frac{1}{6}a^2 - \frac{\varepsilon_0}{3\varepsilon}a^2$$

最后得到

$$\phi(r) = \begin{cases} -\dfrac{\rho_0}{6\varepsilon_0}\left[(r^2 - a^2) - \dfrac{2\varepsilon_0}{\varepsilon}a^2\right] & (r < a) \\ \dfrac{\rho_0}{3\varepsilon}a^3 r^{-1} & (r > a) \end{cases}$$

电场为

$$\boldsymbol{E} = -\nabla\phi(r) = \boldsymbol{e}_r \frac{\rho_0}{3}\begin{cases} \dfrac{r}{\varepsilon_0} & (r < a) \\ \dfrac{a^3}{\varepsilon r^2} & (r > a) \end{cases}$$

5.2 静电场的性质

5.2.1 静电场的能量

考虑一个面积为 S,相距 d 的平行板电容器,其电场能量为

$$W = \frac{1}{2}\frac{Q^2}{C} \tag{5.2.1}$$

上式是电路形式,为了得到对应的场论形式,我们利用

$$Q = \varepsilon ES, \quad C = \frac{\varepsilon S}{d}$$

(5.2.1)式化为

$$W = \frac{1}{2}\varepsilon E^2 Sd = \frac{1}{2}\varepsilon E^2 V \tag{5.2.2}$$

其中,$V = Sd$ 为体积.由此,立即得到静电场的能量密度为

$$w = \frac{W}{V} = \frac{1}{2}\varepsilon E^2 = \frac{1}{2}\boldsymbol{E}\cdot\boldsymbol{D} \tag{5.2.3}$$

上式虽然是在特殊情况下推出来的,但是结果具有普遍意义.由此,在一般情况下电场的能量为

$$W = \iiint_V w\mathrm{d}\tau = \frac{1}{2}\iiint_V \boldsymbol{E}\cdot\boldsymbol{D}\mathrm{d}\tau \tag{5.2.4}$$

静电场完全由电荷分布 ρ 所决定,这时公式(5.2.4)也可以用电荷分布和电势来表达.由

$$\nabla\cdot(\phi\boldsymbol{D}) = \phi\nabla\cdot\boldsymbol{D} + \nabla\phi\cdot\boldsymbol{D} = \phi\rho - \boldsymbol{E}\cdot\boldsymbol{D}$$

(5.2.4)式可以化为

$$W = \frac{1}{2}\iiint_V \boldsymbol{E}\cdot\boldsymbol{D}\mathrm{d}\tau = \frac{1}{2}\iiint_V \phi\rho\mathrm{d}\tau - \frac{1}{2}\iiint_V \nabla\cdot(\phi\boldsymbol{D})\mathrm{d}\tau$$

利用高斯公式

$$\iiint_V \nabla\cdot(\phi\boldsymbol{D})\mathrm{d}\tau = \oiint_\Sigma \phi\boldsymbol{D}\cdot\mathrm{d}\boldsymbol{S}$$

当体积 V 为整个空间时,$\phi \propto 1/r$,$D\propto 1/r^2$,表面积 $S\propto r^2$,所以上述面积分为零.于是得到

$$W = \frac{1}{2}\iiint_V \rho\phi \mathrm{d}\tau \tag{5.2.5}$$

必须注意,(5.2.4)式与(5.2.5)式只是积分结果相等,被积表达式和积分区域并不相同,我们不能把 $\rho\phi/2$ 看成静电场的能量密度.从物理上看,电荷分布可能仅在一个有限的区域内,但是它所激发的电场却充满了整个空间,在无电荷的地方也有电场能量.

下面我们考虑带电系统在外电场中的能量.设带电系统的电荷分布为 ρ,所产生的电势为 ϕ;外电场的源为 ρ_e,外电势为 ϕ_e.对于带电系统与外场所组成的大系统,其电荷分布为 $\rho+\rho_e$,电势为 $\phi+\phi_e$,按(5.2.5)式,电场能量为

$$\begin{aligned} W &= \frac{1}{2}\iiint_V (\rho+\rho_e)(\phi+\phi_e)\mathrm{d}\tau \\ &= \frac{1}{2}\iiint_V \rho\phi\mathrm{d}\tau + \frac{1}{2}\iiint_V (\rho\phi_e + \rho_e\phi)\mathrm{d}\tau + \frac{1}{2}\iiint_V \rho_e\phi_e\mathrm{d}\tau \end{aligned} \tag{5.2.6}$$

上式中的第一个积分为带电系统本身的静电场能量,第三个积分为外场本身的静电场能量,第二个积分为带电系统与外场的相互作用能,即带电系统在外电场中的能量.

利用(5.1.9)式,不难证明上面第二个积分中的两项相等,因此得到带电系统在外电场中的相互作用能量为

$$W_e = \iiint_V \rho\phi_e\mathrm{d}\tau \tag{5.2.7}$$

作为特例,带电量 q 的点电荷在外电场 ϕ 中的能量为

$$W = q\phi \tag{5.2.8}$$

电偶极子由两个相距微小距离 l,带电量大小相等,符号相反的点电荷组成.设其带电量为 q,中心位置为 $\boldsymbol{r}$,正电荷位于 $\boldsymbol{r}+\boldsymbol{l}/2$ 处,负电荷位于 $\boldsymbol{r}-\boldsymbol{l}/2$ 处.由(5.1.13)式,可以算出其电偶极矩为

$$\boldsymbol{p} = q\left(\boldsymbol{r}+\frac{\boldsymbol{l}}{2}\right) - q\left(\boldsymbol{r}-\frac{\boldsymbol{l}}{2}\right) = q\boldsymbol{l} \tag{5.2.9}$$

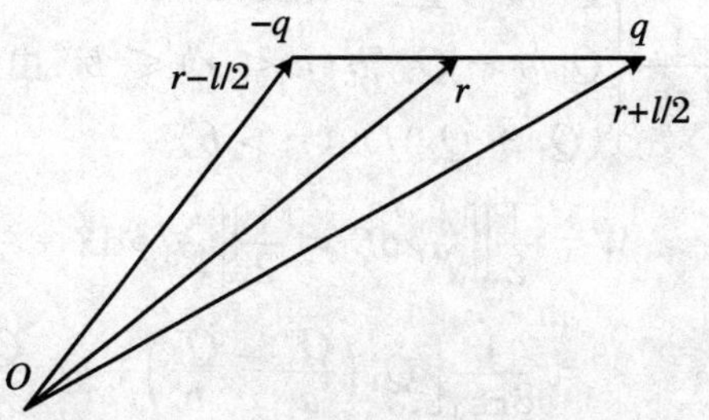

图 5.3

它在外电场中的能量为

$$W = q\phi\left(\boldsymbol{r}+\frac{\boldsymbol{l}}{2}\right) - q\phi\left(\boldsymbol{r}-\frac{\boldsymbol{l}}{2}\right) = q\boldsymbol{l}\cdot\nabla\phi = -\boldsymbol{p}\cdot\boldsymbol{E}(\boldsymbol{r}) \tag{5.2.10}$$

例 5.2.1　分别用表达式为 $W_1 = \frac{1}{2}\int_V \boldsymbol{E}\cdot\boldsymbol{D}\mathrm{d}V$ 和 $W_2 = \frac{1}{2}\int_V \rho\cdot\phi\mathrm{d}V$ 计算带电量 Q,半径为 a 的导体球的电场能量.

解　由对称性,带电导体球中的电荷均匀分布在球面上,$\sigma = \frac{Q}{4\pi a^2}$;在球外相当于一个位于球心的点电荷,电势为 $\phi = \frac{1}{4\pi\varepsilon}\frac{Q}{r}$,电场强度为 $\boldsymbol{E} = \frac{1}{4\pi\varepsilon}\frac{Q}{r^3}\boldsymbol{r}$,因此

$$W_1 = \frac{1}{2}\int_V \boldsymbol{E}\cdot\boldsymbol{D}\mathrm{d}V = \frac{1}{2}\varepsilon\int_V E^2\mathrm{d}V = \frac{Q^2}{32\pi^2\varepsilon}\iint\mathrm{d}\Omega\int_a^\infty r^2\mathrm{d}r\,\frac{1}{r^4} = \frac{Q^2}{8\pi\varepsilon a}$$

而

$$W_2 = \frac{1}{2}\int_S \sigma\cdot\phi\mathrm{d}S = \frac{1}{2}\iint\mathrm{d}S\,\frac{Q}{4\pi a^2}\cdot\frac{1}{4\pi\varepsilon}\frac{Q}{a} = \frac{Q^2}{8\pi\varepsilon a}$$

两者的结果相同.

例 5.2.2　半径分别为 a, b($a<b$)的两个同心均匀带电球面,分别带电荷 Q_1, Q_2,试求两带电球面的相互作用能和系统的总静电能.

解　由例 5.2.1 可知,外球面所产生的电势为 $\phi_2(r) = \frac{Q_2}{4\pi\varepsilon_0}\begin{cases}1/b(r\leqslant b)\\1/r(r>b)\end{cases}$.由式(5.2.7),两带电球面的相互作用能为

$$W_{1,2} = \iint_S \sigma_1\phi_2\mathrm{d}S = Q_1\phi_2(a) = \frac{Q_1Q_2}{4\pi\varepsilon_0 b}$$

系统的总电势为 $\phi(r) = \phi_1(r) + \phi_2(r) = \frac{Q_1}{4\pi\varepsilon_0}\begin{cases}1/a(r\leqslant a)\\1/r\,(r>a)\end{cases} + \frac{Q_2}{4\pi\varepsilon_0}\begin{cases}1/b(r\leqslant b)\\1/r\,(r>b)\end{cases} = \frac{1}{4\pi\varepsilon_0}\begin{cases}Q_1/a + Q_2/b(r\leqslant a)\\Q_1/r + Q_2/b(a<r)\leqslant b\\(Q_1+Q_2)/r\,(r>b)\end{cases}$.由式(5.2.5),系统的总静电能为

$$\begin{aligned}W &= \frac{1}{2}\iint_S \sigma\phi\mathrm{d}S = \frac{1}{2}\iint_S \sigma_1\phi\mathrm{d}S + \frac{1}{2}\iint_S \sigma_2\phi\mathrm{d}S\\&= \frac{1}{8\pi\varepsilon_0}\left[Q_1\left(\frac{Q_1}{a}+\frac{Q_2}{b}\right) + Q_2\frac{Q_1+Q_2}{b}\right] = \frac{1}{8\pi\varepsilon_0}\left(\frac{Q_1^2}{a}+\frac{Q_2^2}{b}+\frac{2Q_1Q_2}{b}\right)\end{aligned}$$

其中前两项分别为两带电球面各自的能量,最后一项为相互作用能量.

5.2.2　静电场的对电荷系统的作用

我们已经知道,带电量 q 的粒子在电场中受力为

$$\boldsymbol{F} = q\boldsymbol{E} \tag{5.2.11}$$

利用(5.2.8)式,容易证明

$$\boldsymbol{F} = q\boldsymbol{E} = -q\,\nabla\phi = -\nabla W \tag{5.2.12}$$

上式虽然仅点电荷作了证明的,但由于叠加原理,因此具有普遍正确性.

而带电量 q 的粒子在电场中所受力矩为

$$\boldsymbol{L} = \boldsymbol{r}\times\boldsymbol{F} = q\boldsymbol{r}\times\boldsymbol{E} \tag{5.2.13}$$

其方向与电场方向垂直.

下面考虑电偶极子在电场中的受力.设该电偶极子如公式(5.2.9)中所描述,则其受力为

$$\boldsymbol{F} = q\boldsymbol{E}\left(\boldsymbol{r}+\frac{\boldsymbol{l}}{2}\right) - q\boldsymbol{E}\left(\boldsymbol{r}-\frac{\boldsymbol{l}}{2}\right) = q\boldsymbol{l}\cdot\nabla\boldsymbol{E} = \boldsymbol{p}\cdot\nabla\boldsymbol{E} \tag{5.2.14}$$

由能量表达式(5.2.10)可以证明,其受力与能量之间满足关系(5.2.12).

电偶极子在电场中所受力矩为

$$\begin{aligned}\boldsymbol{L} &= \left(\boldsymbol{r}+\frac{1}{2}\boldsymbol{l}\right)\times q\boldsymbol{E}\left(\boldsymbol{r}+\frac{1}{2}\boldsymbol{l}\right) - \left(\boldsymbol{r}-\frac{1}{2}\boldsymbol{l}\right)\times q\boldsymbol{E}\left(\boldsymbol{r}-\frac{1}{2}\boldsymbol{l}\right)\\ &\approx q\left(\boldsymbol{r}+\frac{1}{2}\boldsymbol{l}\right)\times\left[\boldsymbol{E}(\boldsymbol{r})+\frac{1}{2}\boldsymbol{l}\cdot\nabla\boldsymbol{E}(\boldsymbol{r})\right] - q\left(\boldsymbol{r}-\frac{1}{2}\boldsymbol{l}\right)\\ &\quad\times\left[\boldsymbol{E}(\boldsymbol{r})-\frac{1}{2}\boldsymbol{l}\cdot\nabla\boldsymbol{E}(\boldsymbol{r})\right]\\ &\approx q\boldsymbol{l}\times\boldsymbol{E}(\boldsymbol{r}) + \boldsymbol{r}\times q\boldsymbol{l}\cdot\nabla\boldsymbol{E}(\boldsymbol{r})\\ &= \boldsymbol{p}\times\boldsymbol{E}(\boldsymbol{r}) + \boldsymbol{r}\times\boldsymbol{p}\cdot\nabla\boldsymbol{E}(\boldsymbol{r})\end{aligned} \tag{5.2.15}$$

其中第一项与位置无关,称为力偶矩;第二项为 $\boldsymbol{r}\times\boldsymbol{F}$,是普通的力矩.

例 5.2.3　计算点电荷与接地导体球之间的相互作用力.

解　点电荷与接地导体球之间的相互作用力就是点电荷与其在导体球上所产生的感应电荷之间的作用力,而感应电荷的影响可以用一个像电荷来等效,即它们之间的作用力等于点电荷与像电荷之间的作用力.设点电荷的电量为 q,到导体球心的距离为 r,导体球的半径为 $a(a<r)$,利用例 5.1.5 的结果,像电荷的电量 $q'=aq/r$,到球心的距离为 $r'=a^2/r$,两者之间的作用力为

$$F = \frac{1}{4\pi\varepsilon}\frac{q'q}{(r-r')^2} = -\frac{1}{4\pi\varepsilon}\frac{aq\cdot q}{r\,(r-a^2/r)^2} = -\frac{1}{4\pi\varepsilon}\frac{aq^2r}{(r^2-a^2)^2}$$

上式中的负号表示引力.

5.3 静磁场的求解

5.3.1 静磁场的矢势及其微分方程

由介质中的麦克斯韦方程组(4.3.31)式,我们得到静磁场的基本方程为

$$\begin{aligned}\nabla\times \boldsymbol{B} &= \mu\boldsymbol{J}\\ \nabla\cdot \boldsymbol{B} &= 0\end{aligned}\tag{5.3.1}$$

对上面的第一式两边求散度,得到$\nabla\cdot\boldsymbol{J}=0$,这表明静磁场条件要求电流密度是无源的;上面的第二式说明静磁场为无源场,因此它可以表示为一个矢量场的旋度,我们把这个矢量场称为矢势,记为 $\boldsymbol{A}$,即

$$\boldsymbol{B} = \nabla\times \boldsymbol{A}\tag{5.3.2}$$

将(5.3.2)式代入(5.3.1)的第一式,我们得到

$$\nabla\times \boldsymbol{B} = \nabla\times(\nabla\times \boldsymbol{A}) = \nabla(\nabla\cdot \boldsymbol{A}) - (\nabla\cdot\nabla)\boldsymbol{A} = \mu\boldsymbol{J}\tag{5.3.3}$$

在推导过程中我们已经假定电容率 ε 为常数,即介质是处处均匀的.

考虑(5.3.2)式仅决定了矢势的旋度,因此其散度可以自由选择,为了方便通常选择其散度为零,称为库仑规范,即

$$\nabla\cdot \boldsymbol{A} = 0\tag{5.3.4}$$

利用库仑规范,(5.3.3)式可以简化为

$$\Delta\boldsymbol{A} = -\mu\boldsymbol{J}\tag{5.3.5}$$

上式是矢势所满足的微分方程,其中,$\Delta=\nabla^2$为拉普拉斯算符.

例 5.3.1 已知磁场的矢势 $\boldsymbol{A}=\boldsymbol{K}\times\boldsymbol{r}$,其中,$\boldsymbol{K}$ 为一常矢量,求磁感应强度 $\boldsymbol{B}$.

解 $\boldsymbol{B}=\nabla\times\boldsymbol{A}=\nabla\times(\boldsymbol{K}\times\boldsymbol{r})=(\nabla\cdot\boldsymbol{r})\boldsymbol{K}-\boldsymbol{K}\cdot\nabla\boldsymbol{r}=2\boldsymbol{K}$.

5.3.2 无界空间内的解

在无界的均匀介质中,矢势所满足的定解问题为

$$\begin{cases}\Delta\boldsymbol{A} = -\mu\boldsymbol{J}\\ \boldsymbol{A}|_{r\to\infty} = 0\end{cases}\tag{5.3.6}$$

与(5.1.5)式相比,我们发现只要取 $\mu=1/\varepsilon$,并把电流密度比作电荷密度,则矢势与电势满足同样的定解问题,因此也具有同样形式的解,即

$$\boldsymbol{A}(\boldsymbol{r}) = \frac{\mu}{4\pi}\iiint \frac{\boldsymbol{J}(\boldsymbol{r}')\mathrm{d}\tau'}{R}, \quad \boldsymbol{R} = \boldsymbol{r} - \boldsymbol{r}' \tag{5.3.7}$$

将(5.3.7)式代入(5.3.2)式,立即得到

$$\begin{aligned}\boldsymbol{B} = \nabla\times\boldsymbol{A}(\boldsymbol{r}) &= \frac{\mu}{4\pi}\iiint \nabla\times\frac{\boldsymbol{J}(\boldsymbol{r}')\mathrm{d}\tau'}{R}\\ &= \frac{\mu}{4\pi}\iiint \nabla\frac{1}{R}\times\boldsymbol{J}(\boldsymbol{r}')\mathrm{d}\tau' = -\frac{\mu}{4\pi}\iiint\frac{\boldsymbol{R}}{R^3}\times\boldsymbol{J}(\boldsymbol{r}')\mathrm{d}\tau'\end{aligned} \tag{5.3.8}$$

实际应用中,我们常常遇到电流分布在原点附近的一个小区域内,求远处的矢势,即 $r\gg r'$ 的情况. 利用(5.1.11)式,我们得到

$$\begin{aligned}\boldsymbol{A}(\boldsymbol{r}) &\approx \frac{\mu}{4\pi}\iiint\left(\frac{1}{r}+\boldsymbol{r}'\cdot\frac{\boldsymbol{r}}{r^3}\right)\boldsymbol{J}(\boldsymbol{r}')\mathrm{d}\tau'\\ &= \frac{\mu}{4\pi}\frac{1}{r}\iiint\boldsymbol{J}(\boldsymbol{r}')\mathrm{d}\tau' + \frac{\mu}{4\pi}\frac{1}{r^3}\cdot\iiint(\boldsymbol{r}\cdot\boldsymbol{r}')\boldsymbol{J}(\boldsymbol{r}')\mathrm{d}\tau'\end{aligned} \tag{5.3.9}$$

由于稳定电流的连续性,可以把电流分为许多闭合的流管,对每一个流管来说

$$\iiint\boldsymbol{J}(\boldsymbol{r}')\mathrm{d}\tau' = \oint I\mathrm{d}\boldsymbol{r}' = I\oint\mathrm{d}\boldsymbol{r}' = 0 \tag{5.3.10}$$

其中,I 为流管内的电流强度. 因此(5.3.9)式中的第一项为零,即不存在磁单极项. 这在物理上很容易理解:一块磁铁相当于一个磁偶极子,有两个异名的极,N 极和 S 极,把它从中间分开后,得到的不是两个磁单极子,而是两个磁偶极子.

我们用同样的方法来计算(5.3.9)式中的第二项,对每一个流管来说

$$\iiint(\boldsymbol{r}\cdot\boldsymbol{r}')\boldsymbol{J}(\boldsymbol{r}')\mathrm{d}\tau' = \oint(\boldsymbol{r}\cdot\boldsymbol{r}')I\mathrm{d}\boldsymbol{r}' = I\oint\mathrm{d}[(\boldsymbol{r}\cdot\boldsymbol{r}')\boldsymbol{r}'] - I\oint(\boldsymbol{r}\cdot\mathrm{d}\boldsymbol{r}')\boldsymbol{r}'$$

上式右边第一项为零,因此有

$$\iiint(\boldsymbol{r}\cdot\boldsymbol{r}')\boldsymbol{J}(\boldsymbol{r}')\mathrm{d}\tau' = -I\oint(\boldsymbol{r}\cdot\mathrm{d}\boldsymbol{r}')\boldsymbol{r}' = -\iiint(\boldsymbol{r}\cdot\boldsymbol{J}\mathrm{d}\tau')\boldsymbol{r}'$$

考虑到

$$(\boldsymbol{r}'\times\boldsymbol{J})\times\boldsymbol{r} = \boldsymbol{J}(\boldsymbol{r}'\cdot\boldsymbol{r}) - \boldsymbol{r}'(\boldsymbol{J}\cdot\boldsymbol{r})$$

因此得到

$$\iiint(\boldsymbol{r}\cdot\boldsymbol{r}')\boldsymbol{J}(\boldsymbol{r}')\mathrm{d}\tau' = \frac{1}{2}\iiint(\boldsymbol{r}'\times\boldsymbol{J}\mathrm{d}\tau')\times\boldsymbol{r} = \boldsymbol{m}\times\boldsymbol{r} \tag{5.3.11}$$

其中

$$\boldsymbol{m} = \frac{1}{2}\iiint\boldsymbol{r}'\times\boldsymbol{J}\mathrm{d}\tau' = \frac{1}{2}\oint\boldsymbol{r}'\times I\mathrm{d}\boldsymbol{r}' \tag{5.3.12}$$

为该电流系统的磁偶极矩，简称磁矩. 因此，我们把(5.3.9)式中的第二项称为磁偶极项.

将(5.3.11)式代入到(5.3.9)式，得到

$$\boldsymbol{A}(\boldsymbol{r}) \approx \frac{\mu}{4\pi} \frac{\boldsymbol{m} \times \boldsymbol{r}}{r^3} \tag{5.3.13}$$

将上式代入(5.3.2)式中，即可得到磁感应强度

$$\boldsymbol{B} = \nabla \times \boldsymbol{A} = \frac{\mu}{4\pi} \nabla \times \left(\boldsymbol{m} \times \frac{\boldsymbol{r}}{r^3} \right) = -\frac{\mu}{4\pi} \nabla \frac{\boldsymbol{m} \cdot \boldsymbol{r}}{r^3} \tag{5.3.14}$$

需要指出的是，在无宏观电流的区域中，有$\nabla \times \boldsymbol{B} = 0$，$\nabla \cdot \boldsymbol{B} = 0$，这时磁感应强度场既无源，也无旋，于是我们也可以引入一个磁标势 ϕ_m，定义为

$$\boldsymbol{B} = -\nabla \phi_{\mathrm{m}}(\boldsymbol{r}) \tag{5.3.15}$$

在这种条件下，磁标势与矢势都可以描述磁场. 与静电场的情况类似，一个磁偶极子的标势为

$$\phi_{\mathrm{m}}(\boldsymbol{r}) = \frac{\mu}{4\pi} \frac{\boldsymbol{m} \cdot \boldsymbol{r}}{r^3} \tag{5.3.16}$$

于是对应的磁场为

$$\boldsymbol{B} = -\mu \nabla \phi_{\mathrm{m}}(\boldsymbol{r}) = -\frac{\mu}{4\pi} \nabla \frac{\boldsymbol{m} \cdot \boldsymbol{r}}{r^3} \tag{5.3.17}$$

与用矢势计算的结果(5.3.14)式完全相同.

例 5.3.2 一个带电量为 q，质量为 m，半径为 a 的匀质细圆环绕其对称轴以匀角速度 ω 转动，计算它的磁矩，并求出磁矩与角动量之比.

解 设转动轴为 z 轴，圆环中的电流为 $I = \frac{q}{2\pi a} v = \frac{q}{2\pi a} a\omega$，转动惯量为 $I_z = ma^2$，因此磁矩为 $\boldsymbol{m}_B = I\Delta \boldsymbol{S} = \frac{q\omega}{2\pi} \cdot \pi a^2 \boldsymbol{e}_z = \frac{1}{2} q\omega a^2 \boldsymbol{e}_z$，角动量为 $\boldsymbol{L} = I_z \boldsymbol{\omega} = ma^2 \omega \boldsymbol{e}_z$，两者之比为 $m_B / L = q/2m$.

例 5.3.3 设半径为 a，面电荷密度为 σ 的均匀带电圆盘以匀角速度 ω 绕其对称轴转动，计算远处的磁场.

解 取圆心为原点，转动轴为 z 轴，均匀带电圆盘可以分解为一系列半径为 ρ，带电量为 $q = 2\pi\sigma\rho \mathrm{d}\rho$ 的圆环的合成. 利用上例的结果，圆环的磁矩为 $\mathrm{d}\boldsymbol{m}_B = \pi\omega\sigma\rho^3 \mathrm{d}\rho \boldsymbol{e}_z$，因此圆盘的磁矩为

$$\boldsymbol{m}_B = \int \mathrm{d}\boldsymbol{m}_B = \int_0^a \pi\omega\sigma\rho^3 \mathrm{d}\rho \boldsymbol{e}_z = \frac{1}{4} \pi\omega\sigma a^4 \boldsymbol{e}_z$$

代入式(5.3.14),得到远处的磁感应强度为

$$\boldsymbol{B} \approx -\frac{\mu}{4\pi}\nabla\frac{\boldsymbol{m}\cdot\boldsymbol{r}}{r^3} = -\frac{\mu\omega\sigma a^4}{16}\nabla\frac{z}{r^3} = -\frac{\mu\omega\sigma a^4}{16}\left(\frac{1}{r^3}\boldsymbol{e}_z - \frac{3z}{r^4}\boldsymbol{e}_r\right)$$

当问题具有较高的对称性时,方程(5.3.6)也可以严格求解,参见下面的例题.

例 5.3.4　介质内有沿 z 轴方向的恒定电流,电流密度为 $\boldsymbol{J}=J_0(a/\rho-1)\mathrm{e}^{-\rho/a}\boldsymbol{e}_z$.设介质的磁导率为 μ,求解矢势 $\boldsymbol{A}$ 和磁场.

解　取柱坐标,采用库仑规范条件 $\nabla\cdot\boldsymbol{A}=0$ 后,场方程为

$$\nabla^2\boldsymbol{A} = -\mu J_0\left(\frac{a}{\rho}-1\right)\mathrm{e}^{-\rho/a}\boldsymbol{e}_z$$

由对称性,可以取矢势 $\boldsymbol{A}=A(\rho)\boldsymbol{e}_z$,上式简化为

$$\nabla^2 A = \frac{1}{\rho}\frac{\partial}{\partial\rho}\left(\rho\frac{\partial A}{\partial\rho}\right) = -\mu J_0\left(\frac{a}{\rho}-1\right)\mathrm{e}^{-\rho/a}$$

将上式积分,得到

$$\frac{\partial}{\partial\rho}\left(\rho\frac{\partial A}{\partial\rho}\right) = -\mu J_0(a-\rho)\mathrm{e}^{-\rho/a}$$

$$\rho\frac{\partial A}{\partial\rho} = -\mu J_0 a\rho\mathrm{e}^{-\rho/a} + C$$

$$\frac{\partial A}{\partial\rho} = -\mu J_0 a\mathrm{e}^{-\rho/a} + \frac{C}{\rho}$$

$$A = \mu J_0 a^2\mathrm{e}^{-\rho/a} + C\ln\rho + D$$

取无穷远处为矢势的零点,得到 $C=D=0$,因此有 $\boldsymbol{A}=\mu J_0 a^2\mathrm{e}^{-\rho/a}\boldsymbol{e}_z$.

代入方程(5.3.2),得到

$$\boldsymbol{B} = \nabla\times\boldsymbol{A} = -\frac{\partial A}{\partial\rho}\boldsymbol{e}_\phi = \mu J_0 a\mathrm{e}^{-\rho/a}\boldsymbol{e}_\phi$$

5.4　静磁场的性质

5.4.1　静磁场的能量

考虑一个匝数为 n 的通电长螺旋管,其磁场能量为

$$W = \frac{1}{2}LI^2 \tag{5.4.1}$$

(5.4.1)式是电路形式,为了得到对应的场论形式,我们利用

$$L = \mu n^2 V, \quad B = \mu n I$$

(5.4.1)式化为

$$W = \frac{1}{2}\mu n^2 V\left(\frac{B}{\mu n}\right)^2 = \frac{1}{2\mu}B^2 V \tag{5.4.2}$$

由此,立即得到静磁场的能量密度为

$$w = \frac{W}{V} = \frac{1}{2\mu}B^2 = \frac{1}{2}\boldsymbol{B}\cdot\boldsymbol{H} \tag{5.4.3}$$

上式虽然是在特殊情况下推出来的,但是结果具有普遍意义.由此,在一般情况下磁场的能量为

$$W = \iiint_V w\,\mathrm{d}\tau = \frac{1}{2}\iiint_V \boldsymbol{B}\cdot\boldsymbol{H}\,\mathrm{d}\tau \tag{5.4.4}$$

静磁场完全由电流分布所决定,这时公式(5.2.4)也可以用电流分布和矢势来表达.由

$$\nabla\cdot(\boldsymbol{A}\times\boldsymbol{H}) = \nabla\times\boldsymbol{A}\cdot\boldsymbol{H} - \boldsymbol{A}\cdot\nabla\times\boldsymbol{H} = \boldsymbol{B}\cdot\boldsymbol{H} - \boldsymbol{A}\cdot\boldsymbol{J}$$

(5.4.4)式可以化为

$$W = \frac{1}{2}\iiint_V \boldsymbol{B}\cdot\boldsymbol{H}\,\mathrm{d}\tau = \frac{1}{2}\iiint_V \boldsymbol{A}\cdot\boldsymbol{J}\,\mathrm{d}\tau + \frac{1}{2}\iiint_V \nabla\cdot(\boldsymbol{A}\times\boldsymbol{H})\,\mathrm{d}\tau$$

利用高斯公式可得

$$\iiint_V \nabla\cdot(\boldsymbol{A}\times\boldsymbol{H})\,\mathrm{d}\tau = \oint_\Sigma \boldsymbol{A}\times\boldsymbol{H}\cdot\mathrm{d}\boldsymbol{S} \xrightarrow{r\to\infty} 0$$

于是有

$$W = \frac{1}{2}\iiint_V \boldsymbol{A}\cdot\boldsymbol{J}\,\mathrm{d}\tau \tag{5.4.5}$$

同样要注意(5.4.4)式与(5.4.5)式只是积分相等,被积表达式并不相等,我们不能把 $\boldsymbol{A}\cdot\boldsymbol{J}$ 看成静磁场的能量密度.

5.4.2 外磁场中的电流系统

下面我们考虑电流系统在外磁场中的能量.设电流系统的电流分布为 $\boldsymbol{J}$,所产生的矢势为 $\boldsymbol{A}$;外磁场的源为 $\boldsymbol{J}_e$,矢势为 $\boldsymbol{A}_e$.对于电流系统与外场所组成的大系统,其电流分布为 $\boldsymbol{J}+\boldsymbol{J}_e$,矢势为 $\boldsymbol{A}+\boldsymbol{A}_e$,按(5.4.5)式,磁场能量为

$$W = \frac{1}{2}\iiint_V (\boldsymbol{J}+\boldsymbol{J}_e)\cdot(\boldsymbol{A}+\boldsymbol{A}_e)\,\mathrm{d}\tau$$

$$= \frac{1}{2}\iiint_V \boldsymbol{J}\cdot\boldsymbol{A}\mathrm{d}\tau + \frac{1}{2}\iiint_V (\boldsymbol{J}\cdot\boldsymbol{A}_{\mathrm{e}} + \boldsymbol{J}_{\mathrm{e}}\cdot\boldsymbol{A})\mathrm{d}\tau + \frac{1}{2}\iiint_V \boldsymbol{J}_{\mathrm{e}}\cdot\boldsymbol{A}_{\mathrm{e}}\mathrm{d}\tau \tag{5.4.6}$$

上式中的第一个积分为电流系统本身的静磁场能量，第三个积分为外场本身的静磁场能量，第二个积分为电流系统与外场的相互作用能，即电流系统在外磁场中的能量.

利用(5.3.7)式，不难证明上面第二个积分中的两项相等，因此得到电流系统在外磁场中的能量为

$$W_{\mathrm{e}} = \iiint_V \boldsymbol{J}\cdot\boldsymbol{A}_{\mathrm{e}}\mathrm{d}\tau \tag{5.4.7}$$

上式也可以用磁标势来表示，形式与静电场类似，为

$$W_{\mathrm{e}} = \iiint_V \rho_{\mathrm{m}}\phi_{\mathrm{m}}\mathrm{d}\tau \tag{5.4.8}$$

作为特例，一个磁偶极子在外磁场中的能量为

$$W = \boldsymbol{m}\cdot\nabla\phi_{\mathrm{m}} = -\boldsymbol{m}\cdot\boldsymbol{B}(\boldsymbol{r}) \tag{5.4.9}$$

受力为

$$\boldsymbol{F} = -\nabla W = (\boldsymbol{m}\cdot\nabla)\boldsymbol{B}(\boldsymbol{r}) \tag{5.4.10}$$

所受力偶矩为

$$\boldsymbol{L} = \boldsymbol{m}\times\boldsymbol{B}(\boldsymbol{r}) \tag{5.4.11}$$

例 5.4.1　在例 5.3.4 中，计算磁场的能量密度和单位高度的总能量.

解　将例 5.3.4 中的结果分别代入式(5.4.3)、(5.4.4)和(5.4.5)，得到

$$w = \frac{1}{2\mu}B^2 = \frac{1}{2}\mu a^2 J_0^2 \mathrm{e}^{-2\rho/a}$$

$$W = \frac{1}{2}\iiint_V w\mathrm{d}\tau = \frac{1}{2}\mu a^2 J_0^2 \int_0^{2\pi}\mathrm{d}\varphi\int_0^{\infty}\mathrm{e}^{-2\rho/a}\rho\mathrm{d}\rho = \frac{1}{4}\pi\mu a^4 J_0^2$$

$$W = \frac{1}{2}\iiint_V \boldsymbol{A}\cdot\boldsymbol{J}\mathrm{d}\tau = \frac{1}{2}\mu a^2 J_0^2 \int_0^{2\pi}\mathrm{d}\phi\int_0^{\infty}\left(\frac{a}{\rho}-1\right)\mathrm{e}^{-2\rho/a}\rho\mathrm{d}\rho = \frac{1}{4}\mu\pi a^4 J_0^2$$

容易发现虽然 $w \neq \frac{1}{2}\boldsymbol{A}\cdot\boldsymbol{J}$，但是两者在全空间积分的结果是相同的.

例 5.4.2　已知磁偶极子 $\boldsymbol{m}_1 = m_1\boldsymbol{e}_z$ 位于原点，$\boldsymbol{m}_2 = -m_2\boldsymbol{e}_z$ 位于 $\boldsymbol{r} = a\boldsymbol{e}_x$ 处，求两者之间的相互作用能与磁偶极子 2 受到的力偶矩.

解　由式(5.3.14)，磁偶极子 1 所产生的磁场为

$$\boldsymbol{B}_1 = -\frac{\mu}{4\pi}\nabla\frac{m_1 z}{r^3} = -\frac{\mu m_1}{4\pi}\left(\frac{1}{r^3}\boldsymbol{e}_z - \frac{3z}{r^4}\boldsymbol{e}_r\right)$$

代入式(5.4.9),得到相互作用能为

$$W = -\boldsymbol{m}_2 \cdot \boldsymbol{B}_1(a\boldsymbol{e}_x) = -m_2\boldsymbol{e}_z \cdot \frac{\mu m_1}{4\pi}\frac{1}{a^3}\boldsymbol{e}_z = -\frac{\mu m_1 m_2}{4\pi a^3}$$

代入式(5.4.11),得到力偶矩为

$$\boldsymbol{L} = \boldsymbol{m}_2 \times \boldsymbol{B}_1(a\boldsymbol{e}_x) = m_2\boldsymbol{e}_z \times \frac{\mu m_1}{4\pi}\frac{1}{a^3}\boldsymbol{e}_z = 0$$

习　题　5

1. 在介电常数 $\varepsilon = \varepsilon(\boldsymbol{r})$ 的不均匀介质中,证明电势满足方程 $\nabla^2\phi + \nabla\ln\varepsilon \cdot \nabla\phi = -\rho/\varepsilon$.
2. 证明电势的边值关系 $\varepsilon_2\dfrac{\partial\phi_2}{\partial n} - \varepsilon_1\dfrac{\partial\phi_1}{\partial n} = -\sigma$,其中,$n$ 为由介质 1 指向介质 2 的法线.
3. 静止电荷分布在半径为 a 的球内,以球心为原点,电荷密度为 $\rho = br$.求解电势和电场强度.
4. 静止电荷分布在内半径为 a,外半径为 b 的球壳中,以球心为原点,电荷密度为 $\rho = \rho_0$.以无穷远处为势能零点,求系统的电势和相应的场强.
5. 静止电荷分布在 $|z| \leqslant a$ 的薄层中,以中心为原点,电荷密度为 $\rho = \lambda z^2$.以原点为势能零点,求系统的电势和相应的场强.
6. 平行板电容器为圆形,半径为 a,板间距离为 d,内部填充沿着对称轴不均匀分布的电介质,介电常数为 $\varepsilon(z)(0 < z < d)$.当两板上加 U_0 的电压时,求两板间的电场和电位分布.
7. 两个同轴导体圆柱面半径分别为 a 和 b,内部填充介电常数为 ε 的电介质,两柱面间加电压 U_0.求:
   (1) 两柱面间的电场和电位分布;(2) 极化电荷(束缚电荷)分布.
8. 在上题中,如果仅在 $0 < \varphi < \alpha$ 部分填充介电常数为 ε 的电介质,求:
   (1) 两柱面间的电场和电位分布;(2) 极化电荷(束缚电荷)分布.
9. 内外半径分别为 a 和 b 的球形电容器,内部填充介电常数为 ε 的电介质,两球面间加电压 U_0.求:

(1) 两球面间的电场和电位分布;(2) 极化电荷(束缚电荷)分布.

10. 在半径为 R 的均匀介质球心放置一个点电荷 Q,球的介电常数为 ε.若球外为真空,试求空间的电场和电势.

11. 由公式(5.1.12)所给出的电势近似表达式求相应的静电场.

12. 某静电荷系统分布在 z 轴上$[0,a]$区间,线密度为 $\lambda(z)=\lambda_0$.求:

(1) 系统的总电量和电偶极矩;(2) 系统在远处产生的电势和电场.

13. 某静点电荷系统分布在 z 轴上,具体的电量和位置为 $z_1=0,q_1=q;z_2=a,q_2=2q;z_3=2a,q_3=q$.求:

(1) 系统的总电量和电偶极矩;(2) 系统在远处产生的电势和电场.

14. 某静电荷系统分布在 xy 平面上 $0<x<a,0<y<b$ 的范围内,面密度为 $\sigma(x,y)=\sigma_0$.试求:

(1) 系统的总电量和电偶极矩;(2) 电势和电场.

15. 某静点电荷系统分布在 xy 平面上,具体的电量和位置为

$$P_1=(0,0),q_1=q;\ P_2=(a,0),q_2=q$$

$$P_3=(0,b),q_3=q;\ P_4=(a,b),q_4=q$$

求:

(1) 系统的总电量和电偶极矩;(2) 系统在远处产生的电势和电场.

16. 证明选择带电系统的电心 $\boldsymbol{r}_c=\dfrac{1}{Q}\displaystyle\int \boldsymbol{r}\rho(\boldsymbol{r})\mathrm{d}\tau=\dfrac{\boldsymbol{p}}{Q}$ 为原点时,系统电偶极矩为零.

17. 某静电荷系统分布在 z 轴上,线密度为 $\lambda(z)$.电荷在远处电势的下一级近似由电四极矩决定,电四极矩的定义为 $D_{zz}=3\displaystyle\int z'^2\lambda(z')\mathrm{d}z'$,对应的电势为 $\phi^{(2)}=\dfrac{D_{zz}}{24\pi\varepsilon}\cdot\dfrac{3z^2-r^2}{r^5}$.在本习题 12 与 13 题的情况下求系统的电四极矩和相应的电势.

18. 两个点电荷相距 d,电量分别为 q,q'.证明该系统中必有一个等势面为球面.

19. 点电荷 q 放在无限大的导体板前,相距为 h,若 q 所在的半空间充满介电常数为 ε 的电介质,求介质中的电场和导体面上的感生面电荷密度.

20. xy 坐标面放置一无穷大接地平面导体,上方充满介电常数为 ε 的介质.一偶极矩为 $\boldsymbol{p}$ 的电偶极子位于导体面上方,位置为$(0,0,h)$,求电势与电场.如果电偶极矩与 z 轴的夹角为 θ,求电偶极子在导体表面上感生的电荷密度.

21. 一半径为 R 的接地导体球，外面充满介电常数为 ε 的介质. 一偶极矩为 $\boldsymbol{p}$ 的电偶极子位于导体球上方距离球面高度为 h 处，方向与矢径相同. 求电势与电场.

22. 两块半无穷大接地平面导体相互垂直，取交线为 z 轴，导体面分别为 xz 和 yz 坐标面. 有一电量为 q 的点电荷位于导体面所包围的象限内，位置为$(a,b,0)$，求该象限内的电势与电场.

23. 某空间中充满电导率为 σ 的导电介质，在原点处放置正电极，并通以强度为 I 的电流，流向无穷远处，求介质中的电势.

24. 某空间中充满电导率为 σ 的导电介质，在$(0,0,h)$和$(0,0,-h)$两处分别放置正负电极，并通以强度为 I 的电流，求介质中的电势.

25. 将一个电荷为 q 的粒子从无穷远处移动到一个半径为 a，厚度为 d 的空心导体薄球壳中心(球壳上有一小孔)，求该过程中需要做的功.

26. 在本习题 7 和 8 题中，计算单位长度的电容和电场能量.

27. 在本习题 9 题中，计算电容和电场能量.

28. 求点电荷与电偶极子之间的相互作用力和相互作用能.

29. 求两个电偶极子之间的相互作用力和相互作用能.

30. 电量为 q 的点电荷位于一无穷大导体平面之上，距离导体面为 h. 求：
(1) 该电荷与导体面的作用力；(2) 将点电荷缓慢移到无穷远处所需要做的功.

31. 接地空心导体球壳的半径为 R，(1) 如果在空腔中距球心 d 处放置一个点电荷 q；(2) 如果在导体球外距球心 D 处放置一个点电荷 Q，求该点电荷受到的静电力和相互作用能.

32. 在本习题 20 题中，求该电偶极子与导体平面之间的相互作用力和相互作用能.

33. 设有无限长的线电流 I 沿着 z 轴流动，$z<0$ 区域充满磁导率为 μ 的均匀介质；$z>0$ 区域为真空，试求磁感应强度和磁化电流分布.

34. 设有无限长的线电流 I 沿着 z 轴流动，$x<0$ 区域充满磁导率为 μ 的均匀介质；$x>0$ 区域为真空，试求磁感应强度和磁化电流.

35. 已知矢势 $\boldsymbol{A}=5(x^2+y^2+z^2)\boldsymbol{i}$，求磁感应强度 $\boldsymbol{B}$；若 $\boldsymbol{A}'=\boldsymbol{A}+5y\boldsymbol{j}-6z\boldsymbol{k}$，$\boldsymbol{A}$ 与 $\boldsymbol{A}'$是否对应同一电磁场.

36. 矢势 $\boldsymbol{A}=-B_0y\boldsymbol{i}$，$\boldsymbol{A}'=B_0x\boldsymbol{j}$，其中，$B_0$ 为常数，它们对应着同一磁场，由 $\boldsymbol{A}'=$

$\boldsymbol{A}+\nabla\phi$求式中的标量函数$\phi$.

37. 证明矢势的边值关系$\frac{1}{\mu_2}[\nabla(\boldsymbol{n}\cdot\boldsymbol{A}_2)-\boldsymbol{n}\cdot\nabla\boldsymbol{A}_2]-\frac{1}{\mu_1}[\nabla(\boldsymbol{n}\cdot\boldsymbol{A}_1)-\boldsymbol{n}\cdot\nabla\boldsymbol{A}_1]=\boldsymbol{\alpha}$,其中,$n$ 为由介质 1 指向介质 2 的法线.

38. 在磁导率为 $\mu=\mu(\boldsymbol{r})$的介质中,证明矢势满足方程$\nabla^2\boldsymbol{A}+\nabla\ln\mu\times\nabla\times\boldsymbol{A}=-\mu\boldsymbol{J}$.

39. 介质内有沿 z 轴方向的恒定电流,电流密度为 $\boldsymbol{J}=\begin{cases}J_0\boldsymbol{k}\,(\rho\leqslant a)\\0\quad(\rho>a)\end{cases}$.设介质的磁导率为 μ,求矢势和磁场.

40. 半径为 a 的无限长圆柱导体磁导率为μ,内有沿轴线方向的恒定电流,电流密度为 $\boldsymbol{J}=J_0\boldsymbol{k}$.设导体外的磁导率为 μ_0,求矢势和磁场.

41. 半径为 R 的无限长圆柱导体有一个半径为a 的圆柱形孔洞,两圆柱轴线平行,相距为 $d(d<R-a)$.导体上有稳恒电流 I,电流密度在导体横截面上均匀分布.求柱内外各处的矢势和磁场.

42. 无限长螺线管的半径为 a,线圈匝数为 n,求通电电流为 I 时的矢势.

43. 半径为 a,长为 H 的细长圆柱体均匀带电,电荷密度为 ρ_e.现将该圆柱体绕其对称轴以角速度 ω 转动,忽略边界效应,求圆柱体内外的矢势与磁感应强度.

44. 一个半径为 a 的均匀磁化介质球,其磁化强度为 $\boldsymbol{M}$,求介质球内外的磁场.

45. 一个半径为 a 的薄球壳,上面均匀带有密度为 σ 的面电荷,球壳以不变的角速度 ω 绕一直径转动.求磁化强度 $\boldsymbol{M}$ 和球内外的磁场.

46. 求本习题 40 题中单位长度圆柱导体内部的磁场能和自感系数.

47. 求本习题 45 题中单位长度圆柱体内部的磁场能和自感系数.

48. 两个半径均为 a,电流为 I 的圆形线圈,相距 $r\gg a$.求两线圈之间的力矩和相互作用能.

49. 在保守电路系统中,电容上电荷的变化率等于回路中的电流,即 $I_i=\dot{Q}_i$.因此可以将电荷作为广义坐标,电流为广义速度.拉格朗日函数为 $L=\frac{1}{2}\sum_{i,j}M_{i,j}\dot{Q}_i^2-V(Q_i)$,其中,$M_{i,j}$ 为两个不同回路的互感,$M_{i,i}$ 为自感.(1) 求正则动量;(2) 写出拉格朗日方程;(3) 求出对应的哈密顿函数.

50. 在单回路保守电路系统中,拉格朗日函数为 $L=\frac{1}{2}M\dot{Q}^2-\frac{1}{2C}Q^2$,其中,$M$ 为自感.(1) 写出拉格朗日方程并进行求解;(2) 求出对应的哈密顿函数.

第6章　电磁场的传播与辐射

6.1　电磁场的自由传播

6.1.1　自由空间麦克斯韦方程的平面波解

在无电荷与电流的自由空间内，麦克斯韦方程组化为

$$\begin{cases} \nabla\times \boldsymbol{E} = -\dfrac{\partial \boldsymbol{B}}{\partial t} \\ \nabla\times \boldsymbol{B} = \mu\varepsilon\dfrac{\partial \boldsymbol{E}}{\partial t} \\ \nabla\cdot \boldsymbol{E} = 0 \\ \nabla\cdot \boldsymbol{B} = 0 \end{cases} \tag{6.1.1}$$

从数学上分析，上述方程为波动方程，故其解称为电磁波.

最简单的波是单色平面波，复杂的波可以分解为单色平面波的叠加，因此单色平面波也是最基本的波.一个单色的标量平面波可以用下面的波函数来描述：

$$f(\boldsymbol{r},t) = A\cos(\boldsymbol{k}\cdot\boldsymbol{r} - \omega t) \tag{6.1.2}$$

其中常数 A 为该单色平面波的振幅，角度 $\varphi=\boldsymbol{k}\cdot\boldsymbol{r}-\omega t$ 称为该平面波的位相.对于给定的空间位置 $\boldsymbol{r}_0$，场量 $f(\boldsymbol{r}_0,t)=A\cos(\boldsymbol{k}\cdot\boldsymbol{r}_0-\omega t)$随时间做简谐振动，说明 ω 是运动的圆频率，运动周期为 $T=2\pi/\omega$；在同一时刻 t_0，位相 $\varphi=\boldsymbol{k}\cdot\boldsymbol{r}-\omega t_0$ 随空间位置做线性变化.在 $\varphi=2n\pi$ 处场量取最大值 A，称为波峰；$\varphi=(2n+1)\pi$ 处场量取最小值 $-A$，称为波谷.在 t 时刻波峰的方程为

$$\boldsymbol{k}\cdot\boldsymbol{r} = \omega t + 2n\pi \tag{6.1.3}$$

由空间解析几何可知，上式表示一个法线方向为 $\boldsymbol{k}$，过点

$$\boldsymbol{r}_n = \frac{(\omega t + 2n\pi)\boldsymbol{k}}{k^2} \tag{6.1.4}$$

的平面，称为波面．相邻两个波峰之间的距离称为波长，容易证明上述平面波的波长为

$$\lambda = r_{n+1} - r_n = \frac{2\pi}{k} \tag{6.1.5}$$

显然，同一个波峰的位置随时间而变化，其沿法线方向的增量为

$$\frac{\mathrm{d}\boldsymbol{r}_n}{\mathrm{d}t} = \frac{\omega}{k}\cdot\frac{\boldsymbol{k}}{k} \tag{6.1.6}$$

上式可以称为平面波运动的速度，其大小为 $v = \omega/k$，方向沿波面的法线．波函数(6.1.2)中的 $\boldsymbol{k}$ 称为波矢，波矢的方向就是平面波的前进方向，其大小为 $k = \omega/v$．

为了方便，(6.1.2)式通常用复数形式，而实际场量是它的实部，即

$$f(\boldsymbol{r},t) = \mathrm{Re}\,F(\boldsymbol{r},t),\quad F(\boldsymbol{r},t) = A\mathrm{e}^{\mathrm{i}(\boldsymbol{k}\cdot\boldsymbol{r}-\omega t)} \tag{6.1.7}$$

应用上述形式，方程组(6.1.1)的平面波解为

$$\boldsymbol{E} = \boldsymbol{E}_0\mathrm{e}^{\mathrm{i}(\boldsymbol{k}\cdot\boldsymbol{r}-\omega t)},\quad \boldsymbol{B} = \boldsymbol{B}_0\mathrm{e}^{\mathrm{i}(\boldsymbol{k}\cdot\boldsymbol{r}-\omega t)} \tag{6.1.8}$$

由此容易验证

$$\nabla\cdot\boldsymbol{E} = \mathrm{i}\boldsymbol{k}\cdot\boldsymbol{E},\quad \nabla\cdot\boldsymbol{B} = \mathrm{i}\boldsymbol{k}\cdot\boldsymbol{B}$$

$$\nabla\times\boldsymbol{E} = \mathrm{i}\boldsymbol{k}\times\boldsymbol{E},\quad \nabla\times\boldsymbol{B} = \mathrm{i}\boldsymbol{k}\times\boldsymbol{B}$$

$$\frac{\partial\boldsymbol{E}}{\partial t} = -\mathrm{i}\omega\boldsymbol{E},\quad \frac{\partial\boldsymbol{B}}{\partial t} = -\mathrm{i}\omega\boldsymbol{B}$$

代入方程组(6.1.1)，我们得到一个代数方程组：

$$\begin{cases} \mathrm{i}\boldsymbol{k}\times\boldsymbol{E} = \mathrm{i}\omega\boldsymbol{B} \\ \mathrm{i}\boldsymbol{k}\times\boldsymbol{B} = -\mathrm{i}\omega\mu\varepsilon\boldsymbol{E} \\ \mathrm{i}\boldsymbol{k}\cdot\boldsymbol{E} = 0 \\ \mathrm{i}\boldsymbol{k}\cdot\boldsymbol{B} = 0 \end{cases} \tag{6.1.9}$$

它是自由空间内麦克斯韦方程在平面波情况下的形式．

由(6.1.9)式，容易得到如下结果：

（ⅰ）方向关系：电场，磁场和波矢两两相互垂直，形成右手关系；

（ⅱ）大小关系：$kE = \omega B$，$kB = \omega\mu\varepsilon E$．

这表明了

（ⅰ）电磁波是横波；

（ⅱ）波速为 $v = \omega/k = 1/\sqrt{\mu\varepsilon}$，特别是在真空中有 $v = 1/\sqrt{\mu_0\varepsilon_0} = 3.0\times10^8$ $\mathrm{ms^{-1}}$，这恰好是光在真空中的传播速度；

（ⅲ）电场与磁场同位相，振幅比为 $E/B=v$.

由上述结果麦克斯韦猜想：光是一种电磁波.这个猜想后来得到了实验的验证.

6.1.2　平面电磁波的能量密度与能流密度矢量

电磁场的能量应该为电场能量与磁场能量之和，由上一章知道，电磁场的能量密度为

$$w=\frac{1}{2}(\boldsymbol{E}\cdot\boldsymbol{D}+\boldsymbol{B}\cdot\boldsymbol{H})=\frac{1}{2}\left(\varepsilon E^2+\frac{B^2}{\mu}\right) \tag{6.1.10}$$

对平面电磁波，上式中的两项相等，即

$$w=\varepsilon E^2=\frac{B^2}{\mu}=\sqrt{\frac{\varepsilon}{\mu}}EB \tag{6.1.11}$$

由于电磁波在运动，其能量相应地在流动，单位时间通过单位截面的能量为

$$\boldsymbol{S}=w\boldsymbol{v}=\frac{1}{\mu}EB\boldsymbol{e}_k=\frac{1}{\mu}\boldsymbol{E}\times\boldsymbol{B}=\boldsymbol{E}\times\boldsymbol{H} \tag{6.1.12}$$

称为能流密度矢量，也称为坡印亭矢量.

在一般情况下，容易验证

$$\begin{aligned}\nabla\cdot\boldsymbol{S}&=\nabla\cdot(\boldsymbol{E}\times\boldsymbol{H})=(\nabla\times\boldsymbol{E})\cdot\boldsymbol{H}-\boldsymbol{E}\cdot\nabla\times\boldsymbol{H}\\&=-\dot{\boldsymbol{B}}\cdot\boldsymbol{H}-\boldsymbol{E}\cdot\dot{\boldsymbol{D}}=-\frac{\partial}{\partial t}\left(\frac{1}{2\mu}B^2+\frac{1}{2}\varepsilon E^2\right)=-\frac{\partial w}{\partial t}\end{aligned} \tag{6.1.13}$$

即

$$\frac{\partial w}{\partial t}+\nabla\cdot\boldsymbol{S}=0 \tag{6.1.14}$$

这是电磁场能量守恒定律的微分形式，表明坡印亭矢量作为电磁场的能流密度是普遍成立的.

例 6.1.1　在时谐条件下，自由空间中的电磁波为 $\boldsymbol{E}=\boldsymbol{E}_0(\boldsymbol{r})\mathrm{e}^{-\mathrm{i}\omega t}$，$\boldsymbol{B}=\boldsymbol{B}_0(\boldsymbol{r})\mathrm{e}^{-\mathrm{i}\omega t}$，证明 $\boldsymbol{E}_0(\boldsymbol{r})$ 和 $\boldsymbol{B}_0(\boldsymbol{r})$ 满足赫姆霍兹方程 $\begin{cases}\nabla^2\boldsymbol{E}_0+\mu\varepsilon\omega^2\boldsymbol{E}_0=0\\\nabla^2\boldsymbol{B}_0+\mu\varepsilon\omega^2\boldsymbol{B}_0=0\end{cases}$.

解　将上述形式代入自由空间中的麦克斯韦足方程组，得到

$$\begin{cases}\nabla\times\boldsymbol{E}_0=\mathrm{i}\omega\boldsymbol{B}_0\\\nabla\times\boldsymbol{B}_0=-\mathrm{i}\omega\mu\varepsilon\boldsymbol{E}_0\\\nabla\cdot\boldsymbol{E}_0=0\\\nabla\cdot\boldsymbol{B}_0=0\end{cases}$$

由此可以推出

$$\begin{cases}\nabla^2 \boldsymbol{E}_0 = \nabla(\nabla\cdot\boldsymbol{E}_0) - \nabla\times(\nabla\times\boldsymbol{E}_0) = \omega\,\nabla\times\boldsymbol{B}_0 = -\mu\varepsilon\omega^2\boldsymbol{E}_0 \\ \nabla^2 \boldsymbol{B}_0 = \nabla(\nabla\cdot\boldsymbol{B}_0) - \nabla\times(\nabla\times\boldsymbol{B}_0) = \mu\varepsilon\omega\,\nabla\times\boldsymbol{E}_0 = -\mu\varepsilon\omega^2\boldsymbol{B}_0\end{cases}$$

例 6.1.2　以平面波为例证明在复数形式下的能量密度和能流密度矢量的周期平均值分别为

$$\bar{w} = \frac{1}{2}\varepsilon\boldsymbol{E}^*\cdot\boldsymbol{E},\quad \bar{\boldsymbol{S}} = \frac{1}{2\mu}\mathrm{Re}(\boldsymbol{E}^*\times\boldsymbol{B})$$

解　电磁场的复数形式只适用于场量的一次函数,而能量密度和能流密度为二次函数,因此需要从其原始形式进行推导.

复数形式 $\boldsymbol{E}=\boldsymbol{E}_0\mathrm{e}^{\mathrm{i}(\boldsymbol{k}\cdot\boldsymbol{r}-\omega t)}$ 的原形为 $\boldsymbol{E}=\boldsymbol{E}_0\cos(\boldsymbol{k}\cdot\boldsymbol{r}-\omega t)$,因此能量密度的瞬时值为

$$w = \varepsilon E^2 = \varepsilon E_0^2\cos^2(\boldsymbol{k}\cdot\boldsymbol{r}-\omega t) = \frac{1}{2}\varepsilon E_0^2[1+\cos 2(\boldsymbol{k}\cdot\boldsymbol{r}-\omega t)]$$

由于电磁波的频率通常相当高,实际测量的往往是其周期 $T=2\pi/\omega$ 中的平均值

$$\bar{w} = \frac{1}{T}\int_0^T w\,\mathrm{d}t = \frac{1}{2}\varepsilon E_0^2 = \frac{1}{2}\varepsilon\boldsymbol{E}^*\cdot\boldsymbol{E}$$

同理可得

$$\boldsymbol{S} = \bar{w}\boldsymbol{v} = \frac{1}{2\mu}\mathrm{Re}(\boldsymbol{E}^*\times\boldsymbol{B})$$

一般情况下,上述结果依然正确.

例 6.1.3　计算球面电磁波 $\boldsymbol{B}=\dfrac{\mu}{4\pi}\dfrac{\mathrm{e}^{\mathrm{i}kr-\mathrm{i}\omega t}}{vr}\boldsymbol{a}$, $\boldsymbol{E}=\dfrac{\mu}{4\pi}\dfrac{\mathrm{e}^{\mathrm{i}kr-\mathrm{i}\omega t}}{r}\boldsymbol{a}\times\boldsymbol{e}_r$ 的平均能流密度,其中,$\boldsymbol{a}$ 为与波矢 $\boldsymbol{k}=k\boldsymbol{e}_r$ 垂直的常矢量.

解　由于$(\boldsymbol{a}\times\boldsymbol{e}_r)\times\boldsymbol{a}=\boldsymbol{e}_r(\boldsymbol{a}\cdot\boldsymbol{a})-\boldsymbol{a}(\boldsymbol{e}_r\cdot\boldsymbol{a})=|\boldsymbol{a}|^2\boldsymbol{e}_r$,因此有

$$\bar{\boldsymbol{S}} = \frac{1}{2\mu}\mathrm{Re}(\boldsymbol{E}^*\times\boldsymbol{B}) = \frac{\mu}{32\pi^2}\frac{1}{vr^2}(\boldsymbol{a}\times\boldsymbol{e}_r)\times\boldsymbol{a} = \frac{\mu}{32\pi^2}\frac{1}{vr^2}|\boldsymbol{a}|^2\boldsymbol{e}_r$$

6.2　导电物质中的电磁场

6.2.1　导体内自由电荷的分布

由例 4.4.4 我们知道在静场的情形,导体内部的电荷按时间指数规律迅速衰减

$$\rho = \rho_0 e^{-t/\tau} \tag{6.2.1}$$

其中,τ 为衰减的特征时间.由于衰减的特征时间非常短,因此导体的内部不带电.在动场的情况下,这种性质是否还能够保持下去呢?下面我们就来讨论这个问题.

考虑一个频率为 ω 的电磁波,其变化的周期为 $T=2\pi/\omega$,因此当

$$\tau \ll T \quad 或 \quad \eta = \frac{1}{\tau\omega} = \frac{\sigma}{\varepsilon\omega} \gg 1 \tag{6.2.2}$$

时,电磁波还未产生明显影响.导体内的电荷就已经衰减了.这时我们可以认为在导体内有 $\rho(t)=0$,即导电性能良好.而当 $\eta<1$ 时,电磁波有足够的时间来影响导体内的电荷分布,导体内的电荷密度不能看作为零.无量纲参数 η 可以称为该导体的动态导电性能系数.

例 6.2.1　对一般金属导体,衰减的特征时间 $\tau \approx 10^{-17}$ s,当电磁波的频率满足什么条件时,一般金属导体都可以看成良导体.

解　良导体条件为 $\eta=1/(\tau\omega)\gg 1$,即 $\omega \ll 1/\tau = 10^{17}$ Hz.

可见光的最高频率为 7.6×10^{14} Hz,因此在无线电波或光波作用时,一般金属导体都可以看成良导体.

6.2.2　导体内的电磁场

导体内一般没有净电荷,但是可以有电流.利用欧姆定律,导体内的麦克斯韦方程组为

$$\begin{cases} \nabla \times \boldsymbol{E} = -\dfrac{\partial \boldsymbol{B}}{\partial t} \\ \nabla \times \boldsymbol{B} = \mu \cdot \sigma \boldsymbol{E} + \mu\varepsilon \dfrac{\partial \boldsymbol{E}}{\partial t} \\ \nabla \cdot \boldsymbol{E} = \dfrac{\rho}{\varepsilon} \\ \nabla \cdot \boldsymbol{B} = 0 \end{cases} \tag{6.2.3}$$

将平面电磁波解(6.1.8)代入上式,我们得到一个代数方程组

$$\begin{cases} \mathrm{i}\boldsymbol{k} \times \boldsymbol{E} = \mathrm{i}\omega \boldsymbol{B} \\ \mathrm{i}\boldsymbol{k} \times \boldsymbol{B} = -\mathrm{i}\omega\mu\varepsilon_1 \boldsymbol{E} \\ \mathrm{i}\boldsymbol{k} \cdot \boldsymbol{E} = 0 \\ \mathrm{i}\boldsymbol{k} \cdot \boldsymbol{B} = 0 \end{cases} \tag{6.2.4}$$

其中

$$\varepsilon_1 = \varepsilon + \frac{\mathrm{i}\sigma}{\omega} = \varepsilon\left(1 + \frac{\mathrm{i}\sigma}{\omega\varepsilon}\right) = \varepsilon(1 + \mathrm{i}\eta) \tag{6.2.5}$$

称为复电容率,它的实部为导体的电容率,虚部为导体的动态导电性能系数与电容率之积.

容易看出,方程组(6.2.4)与方程组(6.1.9)之间的区别仅在于把原来的电容率换成复电容率,其他都不变.因此可以类似地解出

$$k^2 = \omega^2 \mu\varepsilon_1 = \omega^2 \mu\varepsilon(1 + \mathrm{i}\eta) = k_0^2(1 + \mathrm{i}\eta) \tag{6.2.6}$$

其中,$k_0 = \omega\sqrt{\mu\varepsilon}$为不导电情况下的波矢.由于上式右边为复数,现在波矢 k 也必须是复数,设 $k = \beta + \mathrm{i}\,\alpha$,代入到(6.2.6)式后,比较两边的实部和虚部,得到

$$\begin{cases} \beta^2 - \alpha^2 = k_0^2 \\ 2\alpha\beta = k_0^2 \eta \end{cases}$$

由此可以解出

$$\begin{cases} \alpha = k_0 \sqrt{(\sqrt{1 + \eta^2} - 1)/2} \\ \beta = k_0 \sqrt{(\sqrt{1 + \eta^2} + 1)/2} \end{cases} \tag{6.2.7}$$

设金属表面为 Oyz 平面,考虑电磁波垂直于金属表面入射,即 $\boldsymbol{k} = k\boldsymbol{e}_x = (\beta + \mathrm{i}\alpha)\boldsymbol{e}_x$.将复波矢代入平面电磁波解(6.1.8)式后,得到

$$\begin{aligned} \boldsymbol{E} &= \boldsymbol{E}_0 \mathrm{e}^{\mathrm{i}(kx-\omega t)} = \boldsymbol{E}_0 \mathrm{e}^{-\alpha x} \mathrm{e}^{\mathrm{i}(\beta x-\omega t)} \\ \boldsymbol{B} &= \boldsymbol{B}_0 \mathrm{e}^{\mathrm{i}(kx-\omega t)} = \boldsymbol{B}_0 \mathrm{e}^{-\alpha x} \mathrm{e}^{\mathrm{i}(\beta x-\omega t)} \end{aligned} \tag{6.2.8}$$

由此可见金属中传播的电磁波的振幅按距离的指数规律迅速衰减,当传播距离每增加

$$\delta = \frac{1}{\alpha} \tag{6.2.9}$$

时,电磁波的振幅衰减为原来振幅的 1/e,我们把 δ 称为电磁波在金属中的穿透深度.

对于良导体来说,动态导电性能系数 $\eta \gg 1$,(6.2.7)式可以简化为

$$\alpha = \beta \approx k_0\sqrt{\frac{\eta}{2}} = \sqrt{\frac{\mu\varepsilon\sigma}{2}} \tag{6.2.10}$$

这时穿透深度为

$$\delta = \frac{1}{\alpha} \approx \sqrt{\frac{2}{\omega\mu\sigma}} \tag{6.2.11}$$

例 6.2.2 分析电磁波对金属铜的穿透深度.

解 对铜来说,$\sigma \approx 5\times10^7\ \mathrm{Sm^{-1}}$,当频率为 50 Hz 时,$\delta = 9\times10^{-3}$ m;当频率为 100 MHz 时,$\delta = 7\times10^{-6}$ m.由此可见,对于高频电磁波,电磁场以及它所激发的高频电流仅集中在金属表面很薄的一层内,这种现象称为趋肤效应.

6.3 电磁波的辐射

6.3.1 一般电磁场的标势和矢势及其微分方程

在各向同性线性均匀介质中,麦克斯韦方程组为

$$\begin{cases} \nabla\times \boldsymbol{E} = -\dot{\boldsymbol{B}} \\ \nabla\times \boldsymbol{B} = \mu\boldsymbol{J} + \mu\varepsilon\dot{\boldsymbol{E}} \\ \nabla\cdot \boldsymbol{E} = \dfrac{\rho}{\varepsilon} \\ \nabla\cdot \boldsymbol{B} = 0 \end{cases}$$

上面的第四式说明磁场仍然为无源场,因此依旧可以表示为一个矢势 $\boldsymbol{A}$ 的旋度,即

$$\boldsymbol{B} = \nabla\times\boldsymbol{A} \tag{6.3.1}$$

将(6.3.1)式代入(4.4.15)的第一式，我们得到

$$\nabla\times(\boldsymbol{E}+\dot{\boldsymbol{A}})=0$$

这说明 $\boldsymbol{E}+\dot{\boldsymbol{A}}$ 为无旋场，因此它可以表示为一个标量场的梯度，我们把这个标量场记为 $-\phi$，即

$$\boldsymbol{E}+\dot{\boldsymbol{A}}=-\nabla\phi$$

或

$$\boldsymbol{E}=-\dot{\boldsymbol{A}}-\nabla\phi \tag{6.3.2}$$

由(6.3.1)和(6.3.2)两式可知，矢势与标势 ϕ 完全确定了电磁场的性质，但是电磁场并没有完全确定矢势与标势.

将(6.3.1)和(6.3.2)式代入(4.4.15)的第一式，我们得到

$$\nabla\times(\nabla\times\boldsymbol{A})=\nabla(\nabla\cdot\boldsymbol{A})-\nabla^2\boldsymbol{A}=\mu\boldsymbol{J}-\mu\varepsilon(\ddot{\boldsymbol{A}}+\nabla\dot{\phi}) \tag{6.3.3}$$

再将(6.3.1)和(6.3.2)式代入(4.4.15)的第三式，我们得到

$$-\nabla\cdot\dot{\boldsymbol{A}}-\nabla^2\phi=\frac{\rho}{\varepsilon} \tag{6.3.4}$$

考虑(6.3.1)式仅决定了矢势的旋度，因此其散度可以自由选择，在一般情况下常常选择其散度为

$$\nabla\cdot\boldsymbol{A}=-\frac{\dot{\phi}}{v^2},\quad v^2=\frac{1}{\varepsilon\mu} \tag{6.3.5}$$

称为洛仑兹规范.利用洛仑兹规范，(6.3.3)和(6.3.4)式可以化为

$$\nabla^2\boldsymbol{A}-\frac{\ddot{\boldsymbol{A}}}{v^2}=-\mu\boldsymbol{J} \tag{6.3.6}$$

$$\nabla^2\phi-\frac{\ddot{\phi}}{v^2}=-\frac{\rho}{\varepsilon} \tag{6.3.7}$$

上两式分别是矢势和标势所满足的微分方程，称为达朗贝尔方程.

6.3.2　推迟势解

一般来说，矢势和标势应该通过达朗贝尔方程来求解.但是在无界空间中，我们可以用物理分析的方法得到矢势和标势.先考虑方程(6.3.7)，当自由电荷和电流分布不随时间变化时，标势 ϕ 也不随时间变化，结果如公式(5.1.9)所示：

$$\phi(\boldsymbol{r})=\frac{1}{4\pi\varepsilon}\iiint\frac{\rho(\boldsymbol{r}')\mathrm{d}\tau'}{R},\quad \boldsymbol{R}=\boldsymbol{r}-\boldsymbol{r}'$$

如果电磁场的传播速度 v 为无穷大时，则达朗贝尔方程(6.3.7)中对时间的导

数项消失，方程化为静电势所满足的方程(5.1.3)，相应的解也应该具有(5.1.9)式的形式，只是自变量中多了一个时间 t. 由于方程中已经失去了对时间的导数项，因此 t 可以看成一个参数，而不是实质性变量. 即

$$\phi(\boldsymbol{r},t)=\frac{1}{4\pi\varepsilon}\iiint\frac{\rho(\boldsymbol{r}',t)\mathrm{d}\tau'}{R}\tag{6.3.8}$$

上式说明假如电磁场的传播不需要时间，那么标势 ϕ 应该随着电荷分布 ρ 的变化而同步变化，其形式与静电场时相同. 现在电磁场的传播速度 v 为有限值，因此标势 ϕ 的变化应该比电荷分布 ρ 的变化推迟一个传播时间 R/v，即在 t 时刻的场量 ϕ 取决于

$$t'=t-\frac{R}{v}\tag{6.3.9}$$

时刻的电荷分布. 于是(6.3.8)应该修改为

$$\phi(\boldsymbol{r},t)=\frac{1}{4\pi\varepsilon}\iiint\frac{\rho\left(\boldsymbol{r}',t-\dfrac{R}{v}\right)\mathrm{d}\tau'}{R},\quad v=\frac{1}{\sqrt{\mu\varepsilon}}\tag{6.3.10}$$

上式称为推迟势. 可以严格地证明，推迟势(6.3.10)恰好满足达朗贝尔方程(6.3.7).

类似地，达朗贝尔方程(6.3.6)的推迟势解为

$$\boldsymbol{A}(\boldsymbol{r},t)=\frac{\mu}{4\pi}\iiint\frac{\boldsymbol{J}\left(\boldsymbol{r}',t-\dfrac{R}{v}\right)\mathrm{d}\tau'}{R}\tag{6.3.11}$$

当电荷和电流的分布随时间做简谐变化时，即

$$\rho(\boldsymbol{r},t)=\rho(\boldsymbol{r})\mathrm{e}^{-\mathrm{i}\omega t},\quad \boldsymbol{J}(\boldsymbol{r},t)=\boldsymbol{J}(\boldsymbol{r})\mathrm{e}^{-\mathrm{i}\omega t}\tag{6.3.12}$$

这时

$$\rho\left(\boldsymbol{r}',t-\frac{R}{v}\right)=\rho(\boldsymbol{r}')\mathrm{e}^{-\mathrm{i}\omega(t-R/v)}=\rho(\boldsymbol{r}')\mathrm{e}^{\mathrm{i}kR}\mathrm{e}^{-\mathrm{i}\omega t}$$

在推导中已经利用了关系 $k=\omega/v$. 于是推迟势也应该做相应的变化，即

$$\phi(\boldsymbol{r},t)=\phi(\boldsymbol{r})\mathrm{e}^{-\mathrm{i}\omega t},\quad \boldsymbol{A}(\boldsymbol{r},t)=\boldsymbol{A}(\boldsymbol{r})\mathrm{e}^{-\mathrm{i}\omega t}\tag{6.3.13}$$

其中

$$\begin{cases}\phi(\boldsymbol{r})=\dfrac{1}{4\pi\varepsilon}\displaystyle\iiint\frac{\rho(\boldsymbol{r}')\mathrm{e}^{\mathrm{i}kR}\mathrm{d}\tau'}{R}\\[2ex]\boldsymbol{A}(\boldsymbol{r})=\dfrac{\mu}{4\pi}\displaystyle\iiint\frac{\boldsymbol{J}(\boldsymbol{r}')\mathrm{e}^{\mathrm{i}kR}\mathrm{d}\tau'}{R}\end{cases}\tag{6.3.14}$$

电荷守恒定律化为

$$i\omega\rho(\boldsymbol{r}) = \nabla\cdot\boldsymbol{J}(\boldsymbol{r}) \tag{6.3.15}$$

在这种情况下，电荷分布完全由电流分布决定. 而洛仑兹规范成为

$$i\omega\phi(\boldsymbol{r}) = v^2\,\nabla\cdot\boldsymbol{A}(\boldsymbol{r}) \tag{6.3.16}$$

这表明标势完全由矢势决定，即(6.3.14)中的第二式可以完全确定电磁场.

例 6.3.1　证明矢势 $\boldsymbol{A}$ 和标势 ϕ 可以合成一个具有洛伦兹协变性的 4 维矢量$\left(\boldsymbol{A},\dfrac{i}{c}\phi\right)$.

解　矢势 $\boldsymbol{A}$ 和标势 ϕ 满足达朗贝尔方程(6.3.6)，(6.3.7)可以改写为

$$\begin{cases}\nabla^2\boldsymbol{A} - \ddot{\boldsymbol{A}}/c^2 = -\mu_0\boldsymbol{J}\\ \nabla^2\phi - \ddot{\phi}/c^2 = -\mu_0\rho c^2\end{cases} \Rightarrow \Box^2\left(\boldsymbol{A},\frac{i}{c}\phi\right) = -\mu_0(\boldsymbol{J}, ic\rho)$$

由于方程的右边是 4 维矢量，根据狭义相对论，物理规律具有洛伦兹协变性，方程的左边也是 4 维矢量. 而 4 维梯度算符的平方$\Box^2$ 是一个洛伦兹不变量，因此$(\boldsymbol{A}, i\phi/c)$与$(\boldsymbol{J}, ic\rho)$的变换形式相同，即也是一个 4 维矢量.

例 6.3.2　当电荷和电流的分布随时间做简谐变化时，求推迟势的空间部分所满足的方程.

解　将(6.3.12)和(6.3.13)两式代入达朗贝尔方程，容易得到

$$\nabla^2\boldsymbol{A}(\boldsymbol{r}) + k^2\boldsymbol{A}(\boldsymbol{r}) = -\mu\boldsymbol{J}(\boldsymbol{r})$$

$$\nabla^2\phi(\boldsymbol{r}) + k^2\phi(\boldsymbol{r}) = -\frac{\rho(\boldsymbol{r})}{\varepsilon}$$

其中，$k = \omega/v$ 为波数.

6.3.3　电偶极辐射

实际应用中，电流往往分布在原点附近的一个很小的小区域内，而要求的电磁场在很远处，即 $r \gg r'$. 根据与(5.1.11)式类似地推导，得到

$$\frac{e^{ikR}}{R} = \frac{e^{ik|\boldsymbol{r}-\boldsymbol{r}'|}}{|\boldsymbol{r}-\boldsymbol{r}'|} \approx \frac{e^{ikr}}{r} - \boldsymbol{r}'\cdot\nabla\frac{e^{ikr}}{r} = \frac{e^{ikr}}{r} - ik\,\frac{e^{ikr}}{r}\boldsymbol{r}'\cdot\hat{r}\left(1-\frac{1}{ikr}\right) \tag{6.3.17}$$

将(6.3.17)式代入(6.3.14)式，得到

$$\begin{aligned}\boldsymbol{A}(\boldsymbol{r}) &\approx \frac{\mu}{4\pi}\iiint\left(\frac{e^{ikr}}{r} - ik\,\frac{e^{ikr}}{r}\boldsymbol{r}'\cdot\hat{r}\left(1-\frac{1}{ikr}\right)\right)\boldsymbol{J}(\boldsymbol{r}')\,d\tau'\\ &= \frac{\mu}{4\pi}\frac{e^{ikr}}{r}\iiint\boldsymbol{J}(\boldsymbol{r}')\,d\tau' - \frac{ik\mu}{4\pi}\frac{e^{ikr}}{r^2}\iiint(\boldsymbol{r}\cdot\boldsymbol{r}')\left(1-\frac{1}{ikr}\right)\boldsymbol{J}(\boldsymbol{r}')\,d\tau'\end{aligned} \tag{6.3.18}$$

当 $r \ll \lambda$ 时，即 $kr \ll 1$，这时(6.3.18)式化为

$$\boldsymbol{A}(\boldsymbol{r}) \approx \frac{\mu}{4\pi}\frac{1}{r}\iiint \boldsymbol{J}(\boldsymbol{r}')\mathrm{d}\tau' + \frac{\mu}{4\pi}\frac{1}{r^3}\iiint (\boldsymbol{r}\cdot\boldsymbol{r}')\boldsymbol{J}(\boldsymbol{r}')\mathrm{d}\tau' \tag{6.3.19}$$

形式与(5.3.9)完全相同.这表明在近区($r \ll \lambda$)的情况下，动磁场的空间部分保持与静磁场同样的形式.

当 $r \gg \lambda$ 时，即 $kr \gg 1$ 时，(6.3.18)式化为

$$\boldsymbol{A}(\boldsymbol{r}) \approx \frac{\mu}{4\pi}\frac{\mathrm{e}^{ikr}}{r}\iiint \boldsymbol{J}(\boldsymbol{r}')\mathrm{d}\tau' - \frac{\mathrm{i}k\mu}{4\pi}\frac{\mathrm{e}^{ikr}}{r^2}\iiint (\boldsymbol{r}\cdot\boldsymbol{r}')\boldsymbol{J}(\boldsymbol{r}')\mathrm{d}\tau' \tag{6.3.20}$$

由于电流是带电粒子的运动所形成的，上式中的第一项内的积分为

$$\iiint \boldsymbol{J}(\boldsymbol{r}')\mathrm{d}\tau' = \sum e_i \boldsymbol{v}_i = \frac{\mathrm{d}}{\mathrm{d}t}\sum e_i \boldsymbol{r}_i = \frac{\mathrm{d}\boldsymbol{p}}{\mathrm{d}t} = \dot{\boldsymbol{p}} \tag{6.3.21}$$

因此，(6.3.20)式中的第一项从形式上看像磁单极辐射，但是因为电荷守恒，电流与电荷分布的变化相互联系，实际上是电偶极矩的变化而激发的辐射，称为电偶极辐射.

将(6.3.21)式代回到(6.3.20)式中的第一项，我们立刻得到电偶极辐射的公式：

$$\boldsymbol{A}(\boldsymbol{r}) = \frac{\mu}{4\pi}\frac{\mathrm{e}^{ikr}}{r}\dot{\boldsymbol{p}} \tag{6.3.22}$$

它的大小与距离成反比.

在利用矢势进一步计算电磁场的时候，需要计算其散度和旋度.由于 r 很大，只要保留 $1/r$ 的一次项，因而算符∇不需要作用到分母上的 r，只需作用到相因子 e^{ikr} 上，结果相当于作代换$\nabla \to \mathrm{i}\boldsymbol{k}$.于是有

$$\boldsymbol{B} = \nabla\times\boldsymbol{A} = \frac{\mathrm{i}\mu}{4\pi}\frac{\mathrm{e}^{ikr}}{r}\boldsymbol{k}\times\dot{\boldsymbol{p}} = -\frac{\mu}{4\pi}\frac{\mathrm{e}^{ikr}}{\omega r}\boldsymbol{k}\times\ddot{\boldsymbol{p}} \tag{6.3.23}$$

最后一步利用了$\ddot{\boldsymbol{p}} = -\mathrm{i}\omega\dot{\boldsymbol{p}}$.利用时谐条件下的洛仑兹规范(6.3.16)，得到标势：

$$\phi(\boldsymbol{r}) = \frac{1}{\mathrm{i}\omega}v^2\,\nabla\cdot\boldsymbol{A}(\boldsymbol{r}) = \frac{1}{\omega}v^2\boldsymbol{k}\cdot\frac{\mu}{4\pi}\frac{\mathrm{e}^{ikr}}{r}\dot{\boldsymbol{p}} = \frac{\mu v}{4\pi}\frac{\mathrm{e}^{ikr}}{kr}\boldsymbol{k}\cdot\dot{\boldsymbol{p}} \tag{6.3.24}$$

代入(6.3.2)式，得到

$$\begin{aligned}\boldsymbol{E} &= -\dot{\boldsymbol{A}} - \nabla\phi = -\frac{\mu}{4\pi}\frac{\mathrm{e}^{ikr}}{r}\ddot{\boldsymbol{p}} - \mathrm{i}\frac{\mu v}{4\pi}\frac{\mathrm{e}^{ikr}}{kr}\boldsymbol{k}(\boldsymbol{k}\cdot\dot{\boldsymbol{p}}) \\ &= -\frac{\mu}{4\pi}\frac{\mathrm{e}^{ikr}}{r}\ddot{\boldsymbol{p}} + \frac{\mu}{4\pi}\frac{\mathrm{e}^{ikr}}{r}\boldsymbol{e}_r(\boldsymbol{e}_r\cdot\ddot{\boldsymbol{p}}) = -\frac{\mu}{4\pi}\frac{\mathrm{e}^{ikr}}{r}(\ddot{\boldsymbol{p}}\times\boldsymbol{e}_r)\times\boldsymbol{e}_r\end{aligned}$$

因此得到

$$\boldsymbol{E} = -\frac{\mu}{4\pi}\frac{\mathrm{e}^{ikr}}{r}\ddot{\boldsymbol{p}}_{\perp} \tag{6.3.25}$$

如果取电偶极矩的方向为球坐标的极轴，则磁感应强度沿纬线振荡，电场强度沿经线振荡，能流密度沿着矢径.

利用例6.1.3中的结果，电偶极辐射的平均能流密度为

$$\boldsymbol{S} = \frac{1}{2\mu}\mathrm{Re}(\boldsymbol{E}\times\boldsymbol{B}) = \frac{\mu\,|\ddot{\boldsymbol{p}}|^2\sin^2\theta}{32\pi^2 vr^2}\boldsymbol{e}_r \tag{6.3.26}$$

其中 θ 为 $\boldsymbol{p}$ 与 $\boldsymbol{e}_r$ 的夹角. 上式表明电偶极辐射具有方向性，与电偶极矩辐射垂直方向的辐射最强.

对应的辐射总功率为

$$P = \oiint Sr^2\mathrm{d}\Omega = \frac{\mu\,|\ddot{\boldsymbol{p}}|^2}{32\pi^2 v}\oiint \sin^2\theta\mathrm{d}\Omega = \frac{\mu}{4\pi}\frac{|\ddot{\boldsymbol{p}}|^2}{3v} \tag{6.3.27}$$

由 $\ddot{\boldsymbol{p}} = \mathrm{i}w\dot{\boldsymbol{p}} = -\omega^2\boldsymbol{p}$ 可知，若保持电偶极矩的振幅不变，则辐射正比于频率的四次方. 随着频率增高，辐射功率迅速增大.

(6.3.20)式中的第二项代表磁偶极矩与电四极矩的变化引起的辐射，分别称为磁偶极辐射与电四极辐射，在远处比电偶极矩的作用小一个数量级，在此我们就不具体分析了.

例6.3.3　长度为 L 的天线上通有角频率为 ω 的交流电，电流的振幅分布为 $I(z) = I_0(1-2|z|/L)\left(|z|<\frac{1}{2}L\right)$. 如果 $L \ll \lambda = 2\pi c/\omega$，求辐射的能流密度和总功率.

解　当天线长度远远小于对应电磁波的波长，可以应用电偶极近似. 由式(6.3.21)，电偶极矩满足关系

$$\dot{\boldsymbol{p}} = \mathrm{e}^{-\mathrm{i}\omega t}\int_{-L/2}^{L/2}\boldsymbol{J}(z')\mathrm{d}z' = \frac{1}{2}I_0 L\mathrm{e}^{-\mathrm{i}\omega t},\quad |\ddot{\boldsymbol{p}}| = \frac{1}{2}\omega I_0 L$$

将上面的结果代入公式(6.3.25)和(6.3.26)，即得

$$\boldsymbol{S} = \frac{\mu\omega^2 I_0^2 L^2\sin^2\theta}{128\pi^2 vr^2}\boldsymbol{e}_r,\quad P = \frac{\mu}{48\pi}\frac{\omega^2 I_0^2 L^2}{v}$$

例6.3.4　利用电磁对称性求磁偶极辐射的电场强度、磁感应强度、能流密度和辐射总功率.

解　根据例4.4.8中所揭示的电磁对称性，在变换

$$\rho_e \to \rho'_e = \rho_m\sqrt{\frac{\varepsilon_0}{\mu_0}},\quad \boldsymbol{E}\to\boldsymbol{E}' = \frac{\boldsymbol{B}}{\sqrt{\mu_0\varepsilon_0}},\quad \boldsymbol{B}\to\boldsymbol{B}' = -\sqrt{\mu_0\varepsilon_0}\boldsymbol{E}$$

下电磁场的规律保持不变，因此所得结果也应该具有同样的对称性.

在仅有偶极矩的情况下，注意到物质方程 $\boldsymbol{D}=\varepsilon_0\boldsymbol{E}+\boldsymbol{P}$，$\boldsymbol{B}=\mu_0\boldsymbol{H}+\mu_0\boldsymbol{M}$ 中的电矩与磁矩之间差一个常数 μ_0，因此上述变换中的第一项应该修正为

$$\boldsymbol{p}\rightarrow\boldsymbol{p}'=\boldsymbol{m}\mu_0\sqrt{\frac{\varepsilon_0}{\mu_0}}=\boldsymbol{m}\sqrt{\varepsilon_0\mu_0}=\frac{\boldsymbol{m}}{c}$$

将上述变换代入式(6.3.23)和(6.3.25)，得到

$$\boldsymbol{B}=-\frac{\mu_0}{4\pi}\frac{\mathrm{e}^{\mathrm{i}kr}}{\omega r}\boldsymbol{k}\times\ddot{\boldsymbol{p}}\ \Rightarrow\ \boldsymbol{E}=\frac{\mu_0}{4\pi}\frac{\mathrm{e}^{\mathrm{i}kr}}{\omega r}\boldsymbol{k}\times\ddot{\boldsymbol{m}}=-\frac{\mu_0}{4\pi}\frac{\omega\mathrm{e}^{\mathrm{i}kr}}{r}\boldsymbol{k}\times\boldsymbol{m}$$

$$\boldsymbol{E}=-\frac{\mu_0}{4\pi}\frac{\mathrm{e}^{\mathrm{i}kr}}{r}\ddot{\boldsymbol{p}}_\perp\ \Rightarrow\ \boldsymbol{B}=-\frac{\mu_0^2\varepsilon_0}{4\pi}\frac{\mathrm{e}^{\mathrm{i}kr}}{r}\ddot{\boldsymbol{m}}_\perp=\frac{\mu_0}{4\pi c^2}\frac{\omega^2\mathrm{e}^{\mathrm{i}kr}}{r}\boldsymbol{m}_\perp$$

磁偶极辐射的平均能流密度为

$$\boldsymbol{S}=\frac{\mu_0\,|\ddot{\boldsymbol{p}}|^2\sin^2\theta}{32\pi^2cr^2}\boldsymbol{e}_r\ \Rightarrow\ \boldsymbol{S}=\frac{\varepsilon_0\mu_0^2\,|\ddot{\boldsymbol{m}}|^2\sin^2\theta}{32\pi^2cr^2}\boldsymbol{e}_r=\frac{\mu_0\omega^4\,|\boldsymbol{m}|^2\sin^2\theta}{32\pi^2c^3r^2}\boldsymbol{e}_r$$

对应的辐射总功率为 $P=\dfrac{\mu_0\,|\ddot{\boldsymbol{p}}|^2}{12\pi c}=\dfrac{\mu_0\omega^4\,|\boldsymbol{m}|^2}{12\pi c^3}$.

例 6.3.5　在一平行板电容器的两板上加 $U=U_0\cos\omega t$ 的电压，若平板为圆形，半径为 a，板间距离 $d\ll a$，已知 $a\omega$ 远小于光速，试求电容器内的能流密度.

解　由于 $a\ll c/\omega\sim\lambda$，属于近场问题，满足似稳条件，可以不计推迟效应，类似静场计算. 设对称轴为 z 轴，则电容器内的电场强度为 $\boldsymbol{E}=U\boldsymbol{e}_z/d=U_0\cos\omega t\boldsymbol{e}_z/d$. 忽略边界效应，位移电流密度为

$$\boldsymbol{J}_D=\frac{\partial\boldsymbol{D}}{\partial t}=\varepsilon\frac{\partial\boldsymbol{E}}{\partial t}=-\frac{\varepsilon U_0\omega}{d}\sin\omega t\boldsymbol{e}_z$$

由对称性，根据 $\oint\boldsymbol{H}\cdot\mathrm{d}\boldsymbol{l}=I_D$，得到 $2\pi rH=J_D\pi r^2$，于是磁场强度为

$$H=\frac{J_D}{2}r=-\frac{\varepsilon U_0\omega}{2d}r\sin\omega t,\quad 方向为\ \boldsymbol{e}_\varphi$$

由此求出能流密度为 $\boldsymbol{S}=\boldsymbol{E}\times\boldsymbol{H}=\dfrac{\varepsilon\pi a^2U_0^2\omega}{d}\sin\omega t\cos\omega t\boldsymbol{e}_\rho$.

6.4　带电粒子与电磁场的相互作用

6.4.1　任意运动带电粒子的电磁场

设一个带电量 q 的粒子在真空中沿着特定轨道 $\boldsymbol{r}'=\boldsymbol{r}_s(t)$ 运动，t 时刻在观察点 $\boldsymbol{r}$ 处产生的电磁势是该粒子在较早时刻 $t'=t-R/c$ 所辐射的，其中，$\boldsymbol{R}=\boldsymbol{r}-\boldsymbol{r}'$ 为从源点到场点的位矢. 考虑到粒子的局域性，推迟势公式(6.3.10)，(6.3.11)成为

$$\phi(\boldsymbol{r},t)=\frac{1}{4\pi\varepsilon_0}\frac{\rho(\boldsymbol{r}',t')\Delta\tau'}{R},\quad \boldsymbol{A}(\boldsymbol{r},t)=\frac{\mu_0}{4\pi}\frac{\boldsymbol{J}(\boldsymbol{r}',t')\Delta\tau'}{R} \tag{6.4.1}$$

对带电粒子，有 $\rho(\boldsymbol{r}',t')\Delta\tau'=q$，$\boldsymbol{J}(\boldsymbol{r}',t')=\rho(\boldsymbol{r}',t')\boldsymbol{u}(t')\Delta\tau'$，$\boldsymbol{u}(t)=\boldsymbol{r}_s'(t)$，上式简化为

$$\phi(\boldsymbol{r},t)=\frac{1}{4\pi\varepsilon_0}\frac{q}{R},\quad \boldsymbol{A}(\boldsymbol{r},t)=\frac{\mu_0}{4\pi}\frac{q\boldsymbol{u}(t')}{R} \tag{6.4.2}$$

它们不依赖于加速度. 因此，我们可以选择一个在辐射时刻相对粒子静止的参考系 Σ^*，在该参考系中粒子静止，因此推迟势为

$$\phi^*=\frac{1}{4\pi\varepsilon_0}\frac{q}{R^*},\quad \boldsymbol{A}^*=0 \tag{6.4.3}$$

其中，$R^*=c(t^*-t^{*\prime})$为参考系 Σ^* 中场点到源点的距离.

利用洛伦兹变换，将推迟势(6.4.3)变回到原参考系，即得

$$\phi=\frac{1}{\sqrt{1-u^2/c^2}}\frac{q}{4\pi\varepsilon_0 R^*},\quad \boldsymbol{A}^*=\frac{1}{\sqrt{1-u^2/c^2}}\frac{\mu_0 q\boldsymbol{u}}{4\pi R^*} \tag{6.4.4}$$

场点到源点的距离也可以通过洛伦兹变换回到原参考系，结果为

$$R^*=c(t^*-t^{*\prime})=\frac{c(t-t')-(\boldsymbol{u}/c)\cdot(\boldsymbol{r}-\boldsymbol{r}')}{\sqrt{1-u^2/c^2}}=\frac{R-(\boldsymbol{R}\cdot\boldsymbol{u})/c}{\sqrt{1-u^2/c^2}} \tag{6.4.5}$$

将式(6.4.5)式代入式(6.4.4)中，得到

$$\phi(\boldsymbol{r},t)=\frac{1}{4\pi\varepsilon_0}\frac{q}{R-\boldsymbol{u}\cdot\boldsymbol{R}/c},\quad \boldsymbol{A}(\boldsymbol{r},t)=\frac{\mu_0}{4\pi}\frac{q\boldsymbol{u}}{R-\boldsymbol{u}\cdot\boldsymbol{R}/c} \tag{6.4.6}$$

上式称为李纳-维谢尔势.

为了进一步计算电场与磁场,需要求出 $R-\boldsymbol{u}\cdot\boldsymbol{R}/c$ 的导数.对空间变量求导将会使分母中 r 的幂次增加,在远处这部分可以忽略;对时间变量求导时涉及 $t'=t-R/c$,而由 $\boldsymbol{R}=\boldsymbol{r}-\boldsymbol{r}_s(t')$,可以得到

$$\frac{\partial \boldsymbol{R}}{\partial t'}=-\dot{\boldsymbol{r}}_s(t')=-\boldsymbol{u}(t'),\quad \frac{\partial R}{\partial t'}=\frac{1}{2R}\frac{\partial R^2}{\partial t'}=\frac{1}{2R}\frac{\partial \boldsymbol{R}^2}{\partial t'}=\frac{\boldsymbol{R}}{R}\cdot\frac{\partial \boldsymbol{R}}{\partial t'}=-\hat{R}\cdot\boldsymbol{u}$$

于是有

$$\frac{\partial t}{\partial t'}=1+\frac{1}{c}\frac{\partial R}{\partial t'}=1-\hat{R}\cdot\frac{\boldsymbol{u}}{c}=\frac{1}{\eta} \tag{6.4.7}$$

其中,$\hat{R}=\boldsymbol{R}/R$,η 称为多普勒因子.

借助多普勒因子,李纳-维谢尔势又可以表示为

$$\phi(\boldsymbol{r},t)=\frac{1}{4\pi\varepsilon_0}\frac{q}{R}\eta,\quad \boldsymbol{A}(\boldsymbol{r},t)=\frac{\mu_0}{4\pi}\frac{q\boldsymbol{u}}{R}\eta \tag{6.4.8}$$

当 $u\ll c$ 时,多普勒因子 $\eta=1$,推迟势简化为

$$\phi_n(\boldsymbol{r},t)=\frac{\mu_0}{4\pi}\frac{q}{R},\quad \boldsymbol{A}_n(\boldsymbol{r},t)=\frac{\mu_0}{4\pi}\frac{q\boldsymbol{u}}{R}=\frac{1}{4\pi\varepsilon_0}\frac{q\boldsymbol{u}}{Rc^2} \tag{6.4.9}$$

上式在形式上与静场相同.容易推出

$$\boldsymbol{B}_n=\nabla\times\boldsymbol{A}_n=\frac{\mu_0 q}{4\pi}\left(-\frac{\hat{R}}{R^2}\times\boldsymbol{u}-\frac{\hat{R}\times\dot{\boldsymbol{u}}}{Rc}\right)$$

$$\boldsymbol{E}_n=-\nabla\phi_n-\frac{\partial \boldsymbol{A}_n}{\partial t}=\frac{q}{4\pi\varepsilon_0}\frac{\hat{R}}{R^2}-\frac{q}{4\pi\varepsilon_0 c^2}\left(\frac{\boldsymbol{u}\cdot\hat{R}\boldsymbol{u}}{R^2}+\frac{\dot{\boldsymbol{u}}}{R}\right)\approx\frac{q}{4\pi\varepsilon_0}\left(\frac{\hat{R}}{R^2}-\frac{\dot{\boldsymbol{u}}}{Rc^2}\right) \tag{6.4.10}$$

在运算中我们略去了 u/c 二次项.上两式都可以分为两部分,前一部分是与 R 平方成反比的近场项,这一项仅与带电粒子运动的速度有关,其形式与静场相同;后一部分是与 R 成反比的远场项,与带电粒子运动的加速度有关,是辐射场.辐射场为

$$\boldsymbol{B}=\frac{\mu_0 q}{4\pi}\frac{\dot{\boldsymbol{u}}\times\hat{R}}{Rc},\quad \boldsymbol{E}=-\frac{q}{4\pi\varepsilon_0}\frac{\dot{\boldsymbol{u}}}{Rc^2} \tag{6.4.11}$$

对应的能流密度为

$$\boldsymbol{S}=\frac{1}{\mu_0}\boldsymbol{E}\times\boldsymbol{B}=-\frac{q}{4\pi\varepsilon_0}\frac{\dot{\boldsymbol{u}}}{Rc^2}\times\frac{q}{4\pi}\frac{\dot{\boldsymbol{u}}\times\hat{R}}{Rc}=\frac{q^2}{16\pi^2\varepsilon_0 c^3}\frac{\dot{\boldsymbol{u}}\times(\hat{R}\times\dot{\boldsymbol{u}})}{R^2}$$

$$\boldsymbol{S}\cdot\hat{R}=\frac{q^2}{16\pi^2\varepsilon_0 c^3}\frac{\hat{R}\cdot\dot{\boldsymbol{u}}\times(\hat{R}\times\dot{\boldsymbol{u}})}{R^2}=\frac{q^2}{16\pi^2\varepsilon_0 c^3}\frac{(\hat{R}\times\dot{\boldsymbol{u}})^2}{R^2}$$

$$= \frac{q^2}{16\pi^2\varepsilon_0 c^3}\frac{\dot{\boldsymbol{u}}^2\sin^2\theta}{R^2} \tag{6.4.12}$$

式中，θ 为加速度与相对矢径之间的夹角.因子 $\sin^2\theta$ 反映了辐射的方向性，在与加速度垂直的方向上辐射最强，沿加速度的方向上辐射为零.辐射的总功率为

$$P = \oiint \boldsymbol{S}\cdot\hat{R}R^2\mathrm{d}\Omega = \oiint \frac{q^2}{16\pi^2\varepsilon_0 c^3}\dot{\boldsymbol{u}}^2\sin^2\theta\mathrm{d}\Omega$$

$$= \frac{q^2\dot{\boldsymbol{u}}^2}{16\pi^2\varepsilon_0 c^3}\int_0^{2\pi}\mathrm{d}\varphi\int_0^{\pi}\sin^2\theta\sin\theta\mathrm{d}\theta = \frac{q^2\dot{\boldsymbol{u}}^2}{6\pi\varepsilon_0 c^3} \tag{6.4.13}$$

考虑到带电粒子的电偶极矩为 $\boldsymbol{p}=q\boldsymbol{r}$，上面的结果与电偶极辐射公式一致(除了因复数形式引起的系数 2).

现在考虑相对论情况，即高速情况.这时 $u\approx c$，多普勒因子近似为

$$\eta \approx \frac{1}{1-\cos\theta} \tag{6.4.14}$$

其中，θ 为 $\hat{R}$ 与 $\boldsymbol{u}$ 之间的夹角.按公式(6.4.8)，电磁场为

$$\begin{aligned}\boldsymbol{B} &= \nabla\times(\boldsymbol{A}_n\eta) = \eta\boldsymbol{B}_n + \eta\nabla\ln\eta\times\boldsymbol{A}_n\\ \boldsymbol{E} &= -\nabla(\phi_n\eta) - \frac{\partial}{\partial t}(\boldsymbol{A}_n\eta) = \eta\boldsymbol{E}_n - \eta\left(\phi_n\nabla\ln\eta + \boldsymbol{A}_n\frac{\partial\ln\eta}{\partial t}\right)\end{aligned} \tag{6.4.15}$$

当夹角 θ 很小时，多普勒因子变得很大，因此辐射能量主要集中在 $\theta\approx0$ 的方向.

例 6.4.1　当光源以速度 $\boldsymbol{u}$ 相对观测者运动时，观测者所接收到的光波频率 ν_R 与光源固有频率 ν_S 间的关系为 $\gamma\nu_R = \eta\nu_S$，其中 η 为多普勒因子，$r = 1/\sqrt{1-u^2/c^2}$ 为相对论因子.

解　场源在某个时间段内所发出的波的个数不随参照系变化，即 4 维位相 $\phi = \boldsymbol{k}\cdot\boldsymbol{r}-\omega t$ 是洛伦兹不变量，因此，$(\boldsymbol{k},\mathrm{i}\omega/c)$ 组成 4 维矢量.按照洛伦兹变换，容易得到 $\omega'/c = \gamma(\omega/c - \boldsymbol{u}\cdot\boldsymbol{k}/c)$.由于波矢 $\boldsymbol{k}$ 沿着光的传播方向 $\boldsymbol{n}$，大小为 $k=\omega/c$，上式成为 $\omega' = \gamma\omega(1-\boldsymbol{u}\cdot\boldsymbol{n}/c)\Rightarrow\eta\omega'=\gamma\omega$.

例 6.4.2　电量为 Q 的带电粒子以恒定的角速度 ω 沿着半径为 a 的圆周运动，设 $\omega\ll c/a$，求辐射电磁场、平均能流和平均辐射功率.

解　由于 $\omega\ll c/a$，只需考虑电偶极辐射，$\boldsymbol{p} = Qa(\cos\omega t\boldsymbol{e}_x + \sin\omega t\boldsymbol{e}_y)$，对应的复数形式为 $\boldsymbol{p} = Qa(\boldsymbol{e}_x+\mathrm{i}\boldsymbol{e}_y)\mathrm{e}^{-\mathrm{i}\omega t}$，$\ddot{\boldsymbol{p}} = -\omega^2\boldsymbol{p}$.在球坐标下

$$\begin{aligned}\boldsymbol{e}_x &= \sin\theta\cos\phi\boldsymbol{e}_r + \cos\theta\cos\phi\boldsymbol{e}_\theta - \sin\phi\boldsymbol{e}_\phi\\ \boldsymbol{e}_y &= \sin\theta\sin\phi\boldsymbol{e}_r + \cos\theta\sin\phi\boldsymbol{e}_\theta + \cos\phi\boldsymbol{e}_\phi\end{aligned}$$

因此

$$\boldsymbol{e}_x + \mathrm{i}\boldsymbol{e}_y = (\sin\theta\boldsymbol{e}_r + \cos\theta\boldsymbol{e}_\theta + \mathrm{i}\boldsymbol{e}_\phi)\mathrm{e}^{\mathrm{i}\phi}$$

$$(\boldsymbol{e}_x + \mathrm{i}\boldsymbol{e}_y) \times \boldsymbol{e}_r = (\mathrm{i}\boldsymbol{e}_\theta - \cos\theta\boldsymbol{e}_\phi)\mathrm{e}^{\mathrm{i}\phi}$$

$$[(\boldsymbol{e}_x + \mathrm{i}\boldsymbol{e}_y) \times \boldsymbol{e}_r] \times \boldsymbol{e}_r = -(\cos\theta\boldsymbol{e}_\theta + \mathrm{i}\boldsymbol{e}_\phi)\mathrm{e}^{\mathrm{i}\phi}$$

代入公式(6.3.23),得到

$$\boldsymbol{B} = \frac{\mu}{4\pi}\frac{\mathrm{e}^{\mathrm{i}kr}}{vr}\ddot{\boldsymbol{p}} \times \boldsymbol{e}_r = \frac{-\mu\omega^2}{4\pi}\frac{\mathrm{e}^{\mathrm{i}kr}}{vr}\boldsymbol{p} \times \boldsymbol{e}_r = \frac{-\mu\omega^2 aQ}{4\pi}\frac{\mathrm{e}^{\mathrm{i}kr-\mathrm{i}\omega t+\phi}}{vr}(\mathrm{i}\boldsymbol{e}_\theta - \cos\theta\boldsymbol{e}_\phi)$$

$$\boldsymbol{E} = \frac{\mu}{4\pi}\frac{\mathrm{e}^{\mathrm{i}kr}}{r}(\ddot{\boldsymbol{p}} \times \boldsymbol{e}_r) \times \boldsymbol{e}_r = \frac{\mu\omega^2 aQ}{4\pi}\frac{\mathrm{e}^{\mathrm{i}kr-\mathrm{i}\omega t+\phi}}{r}(\cos\theta\boldsymbol{e}_\theta + \mathrm{i}\boldsymbol{e}_\phi)$$

平均辐射能流为

$$\boldsymbol{S} = \frac{1}{2\mu}\mathrm{Re}\boldsymbol{E}^* \times \boldsymbol{B} = \frac{\mu\omega^4 a^2 Q^2(1+\cos^2\theta)}{32\pi^2 vr^2}\boldsymbol{e}_r$$

辐射总功率为

$$P = \oiint Sr^2\mathrm{d}\Omega = \frac{\mu\omega^4 a^2 Q^2}{32\pi^2 v}\oiint(1+\cos^2\theta)\mathrm{d}\Omega = \frac{\mu\omega^4 a^2 Q^2}{6\pi v}$$

6.4.2 电磁质量和辐射阻尼

带电粒子的运动可以激发电磁场,而电磁场一旦产生后即具有独立性,又将对带电粒子有反作用.这种反作用主要表现在两个方面:一方面使带电粒子产生电磁质量,另一方面对带电粒子的加速运动产生阻尼.

运动带电粒子的近场,即电磁场中与 R 平方成反比部分为

$$\boldsymbol{B} = -\frac{\mu_0 q}{4\pi}\frac{\hat{R}}{R^2} \times \boldsymbol{u}, \quad \boldsymbol{E} = \frac{q}{4\pi\varepsilon_0}\frac{\hat{R}}{R^2} \tag{6.4.14}$$

这部分的能量密度为

$$w = \frac{1}{2}\left[\varepsilon_0 E^2 + \frac{1}{\mu_0}B^2\right] = \frac{q^2}{32\pi^2\varepsilon_0 R^4} + \frac{q^2}{32\pi^2\varepsilon_0 R^4}\left(\hat{R} \times \frac{\boldsymbol{u}}{c}\right)^2 \tag{6.4.15}$$

在非相对论情况下,可以略去磁场能量密度,这时总能量为

$$W = \iiint w\mathrm{d}\tau = \iiint \frac{q^2}{32\pi^2\varepsilon_0 R^4}R^2\mathrm{d}R\mathrm{d}\Omega = \frac{q^2}{8\pi\varepsilon_0}\int_{r_0}^{\infty}\frac{1}{R^2}\mathrm{d}R = \frac{q^2}{8\pi\varepsilon_0 r_0} \tag{6.4.16}$$

上式中 r_0 为带电粒子的半径.由相对论质能关系,电磁质量为

$$m_{em}=\frac{W}{c^2}=\frac{q^2}{8\pi\varepsilon_0 c^2 r_0} \tag{6.4.17a}$$

由于近场能量主要集中在粒子附近，随着粒子一起运动，因此电磁质量可以认为是其总质量的一部分.如果其他来源的质量为 m_0，则其总质量为

$$m=m_0+m_{em} \tag{6.4.17b}$$

这两部分用通常的测量方法是无法区分的，因此总质量就是实验中测量到的物理质量.

对于电子来说，可以粗略地估计总质量中有一半是电磁质量，这时其物理质量为

$$m=2m_{em}=\frac{q^2}{4\pi\varepsilon_0 c^2 r_0} \tag{6.4.18}$$

将已知的电子物理质量代入上式，可以得到电子半径为

$$r_e=\frac{q^2}{4\pi\varepsilon_0 mc^2}=2.8\times 10^{-15}\ \mathrm{m} \tag{6.4.19}$$

上式称为电子的经典半径.

运动带电粒子的辐射场（即电磁场中与 R 成反比部分）的辐射功率由(6.4.13)式给出，它在受到外力加速时辐射电磁波而损失能量，因而受到一个阻尼力.阻尼力的功率等于辐射功率，即

$$\boldsymbol{F}_s\cdot\boldsymbol{u}=P=\frac{q^2\ \dot{\boldsymbol{u}}^2}{6\pi\varepsilon_0 c^3} \tag{6.4.20}$$

在一般情况下，由上式无法确定辐射阻尼力，但是当粒子做准周期运动的时候，有

$$\int_0^T\boldsymbol{F}_s\cdot\boldsymbol{u}\mathrm{d}t=\frac{q^2}{6\pi\varepsilon_0 c^3}\int_0^T\dot{\boldsymbol{u}}^2\mathrm{d}t=\frac{q^2}{6\pi\varepsilon_0 c^3}\int_0^T\dot{\boldsymbol{u}}\cdot\mathrm{d}\boldsymbol{u}$$

$$=\frac{q^2}{6\pi\varepsilon_0 c^3}\left[\dot{\boldsymbol{u}}\cdot\boldsymbol{u}\ \Big|_0^T-\int_0^T\boldsymbol{u}\cdot\ddot{\boldsymbol{u}}\mathrm{d}t\right]$$

上式右边的第一项为零，由第二项可以看出辐射的平均功率为

$$\bar{P}=-\frac{q^2}{6\pi\varepsilon_0 c^3 T}\int_0^T\boldsymbol{u}\cdot\ddot{\boldsymbol{u}}\mathrm{d}t=-\frac{q^2}{6\pi\varepsilon_0 c^3}\overline{\boldsymbol{u}\cdot\ddot{\boldsymbol{u}}} \tag{6.4.21}$$

因此，从周期平均的意义上有

$$\boldsymbol{F}_s=-\frac{q^2\ \ddot{\boldsymbol{u}}}{6\pi\varepsilon_0 c^3} \tag{6.4.22}$$

6.4.3 带电粒子在外电磁场中的受力和能量

麦克斯韦方程组给出了电荷与电流作为源在产生电磁场中的作用，然而电荷与电流同时也是电磁场的作用对象.

一个带电量 q 的运动粒子在外电磁场内受力为

$$\boldsymbol{F} = q\boldsymbol{E} + q\boldsymbol{u} \times \boldsymbol{B} \tag{6.4.23}$$

上式称为洛仑兹公式.洛仑兹公式与麦克斯韦方程组一起组成了一个完整的理论，是研究带电物体与电磁场相互作用的基础.

由洛仑兹公式，带电粒子在电磁场中运动时所吸收的功率为

$$\begin{aligned}\boldsymbol{u} \cdot \boldsymbol{F} &= q\boldsymbol{u} \cdot \boldsymbol{E} = \boldsymbol{J} \cdot \boldsymbol{E} = (\nabla\times \boldsymbol{H} - \dot{\boldsymbol{D}}) \cdot \boldsymbol{E} \\ &= - \nabla\cdot \boldsymbol{E} \times \boldsymbol{H} + \boldsymbol{H} \cdot \nabla\times \boldsymbol{E} - \dot{\boldsymbol{D}} \cdot \boldsymbol{E} \\ &= - \nabla\cdot \boldsymbol{E} \times \boldsymbol{H} - \boldsymbol{H} \cdot \dot{\boldsymbol{B}} - \dot{\boldsymbol{D}} \cdot \boldsymbol{E} = -(\nabla\cdot \boldsymbol{S} + \dot{w})\end{aligned} \tag{6.4.24}$$

即

$$\dot{w} = - \nabla\cdot \boldsymbol{S} - \boldsymbol{u} \cdot \boldsymbol{F} \tag{6.4.25}$$

即电磁场能量的增加量等于从外面流入的电磁场能减去被粒子吸收的能量，即电磁场和带电粒子系统的总能量守恒.

例 6.4.3 带电量为 q 的粒子在电磁场中的拉格朗日函数为 $L = \frac{1}{2}mv^2 - q(\phi - \boldsymbol{v} \cdot \boldsymbol{A})$，求：(1) 正则动量 $\boldsymbol{P} = \frac{\partial}{\partial \boldsymbol{v}}L$；(2) 拉格朗日方程；(3) 对应的哈密顿函数.

解 (1) 正则动量为 $\boldsymbol{P} = \frac{\partial}{\partial \boldsymbol{v}}L = m\boldsymbol{v} + q\boldsymbol{A}$；

(2) 拉格朗日方程为

$$\frac{\mathrm{d}}{\mathrm{d}t}(m\boldsymbol{v} + q\boldsymbol{A}) = - q[\nabla\phi - \nabla(\boldsymbol{v} \cdot \boldsymbol{A})]$$

即

$$\begin{aligned}\frac{\mathrm{d}}{\mathrm{d}t}(m\boldsymbol{v}) &= - q\,\nabla\phi - q\,\nabla(\boldsymbol{v} \cdot \boldsymbol{A}) - q\,\frac{\partial}{\partial t}\boldsymbol{A} = - q\left(\frac{\partial}{\partial t}\boldsymbol{A} + \nabla\phi\right) + q\boldsymbol{v} \times \nabla\times \boldsymbol{A} \\ &= q\boldsymbol{E} + q\boldsymbol{v} \times \boldsymbol{B}\end{aligned}$$

(3) 哈密顿函数为

$$H = \boldsymbol{P} \cdot \boldsymbol{v} - L = (m\boldsymbol{v} + q\boldsymbol{A}) \cdot \boldsymbol{v} - \frac{1}{2}mv^2 + q(\phi - \boldsymbol{v} \cdot \boldsymbol{A})$$

$$= \frac{1}{2}mv^2 + q\phi = \frac{1}{2m}(\boldsymbol{P} - q\boldsymbol{A})^2 + q\phi$$

6.4.4 带电粒子的运动

带电粒子在运动中既受到外场的作用，又受到自身电磁场对粒子本身的反作用，其中电磁质量的作用通常计入粒子的物理质量内，辐射阻尼作用可以通过辐射阻尼力来体现.根据牛顿第二定律，完整的运动微分方程为

$$m\dot{\boldsymbol{u}} = \boldsymbol{F} + \boldsymbol{F}_s = \boldsymbol{F} + \frac{q^2\ddot{\boldsymbol{u}}}{6\pi\varepsilon_0 c^3} \tag{6.4.26}$$

下面，我们考虑一个带电的经典简谐振子.设振子在 x 轴上运动，弹性力为 $-m\omega^2 x$，运动微分方程为

$$m\ddot{x} = -m\omega^2 x + \frac{q^2}{6\pi\varepsilon_0 c^3}\dddot{x} \tag{6.4.27}$$

通常辐射阻尼力比弹性力要小得多，作为零级近似，可以先忽略辐射阻尼力，得到

$$\ddot{x} + \omega^2 x = 0 \tag{6.4.28}$$

利用(6.4.28)式，$\dddot{x} = -\omega^2\dot{x}$，于是(6.4.27)式化为

$$\ddot{x} + 2\beta\dot{x} + \omega^2 x = 0,\quad \beta = \frac{q^2\omega^2}{12\pi\varepsilon_0 mc^3} \tag{6.4.29}$$

上式与例 2.1.3 中的情况完全相同，为阻尼振子的运动方程，其中，β 为阻尼系数.利用该例题中的结果，我们有

$$x(t) = A\mathrm{e}^{-\beta t}\cos\sqrt{\omega^2 - \beta^2}\,t \tag{6.4.30}$$

对应的能量为

$$E = \frac{1}{2}m\omega^2 x^2 + \frac{1}{2}m\dot{x}^2 \approx \frac{1}{2}m\omega^2 A^2\mathrm{e}^{-2\beta t} \tag{6.4.31}$$

单位时间的能量损失为

$$-\dot{E} = \beta m\omega^2 A^2\mathrm{e}^{-2\beta t} \tag{6.4.32}$$

由(6.4.20)式，平均辐射功率为

$$\overline{P} = \frac{q^2}{6\pi\varepsilon_0 c^3}\overline{\ddot{x}^2} \approx \beta m\omega^2 A^2\mathrm{e}^{-2\beta t} \tag{6.4.33}$$

带电的简谐振子单位时间内的能量损失等于其平均辐射功率，符合能量守恒定律的要求.

例 6.4.4　一个质量为 m，带电量为 Q 的粒子以角频率 ω 做半径为 a 的匀速

圆周运动,求该粒子单位时间内的能量损失.

解 匀速圆周运动相当于两个相互垂直运动的简谐振子,圆半径即为振幅.由式(6.4.33)可得该粒子单位时间内的能量损失为

$$\bar{P} \approx 2\beta m\omega^2 a^2 = 2m\omega^2 a^2 \frac{Q^2\omega^2}{12\pi\varepsilon_0 mc^3} = \frac{\mu\omega^4 a^2 Q^2}{6\pi c}$$

与例 6.4.2 相比,可以看出这恰好为粒子的平均辐射功率.

习 题 6

1. 自由空间中的电磁波为:$\boldsymbol{E} = \boldsymbol{E}_0(x,y)\mathrm{e}^{\mathrm{i}kz-\mathrm{i}\omega t}$,$\boldsymbol{B} = \boldsymbol{B}_0(x,y)\mathrm{e}^{\mathrm{i}kz-\mathrm{i}\omega t}$,其中,$\boldsymbol{E}_0$,$\boldsymbol{B}_0$ 均在 xy 平面内.求 $\boldsymbol{E}_0$,$\boldsymbol{B}_0$ 之间的关系,证明 $\boldsymbol{E}_0(x,y)$,$\boldsymbol{B}_0(x,y)$满足自由空间中的静场方程.
2. 自由空间中的电磁波为 $\boldsymbol{E} = \boldsymbol{E}_0(z)\mathrm{e}^{\mathrm{i}k_x x+\mathrm{i}k_y y-\mathrm{i}\omega t}$,$\boldsymbol{B} = \boldsymbol{B}_0(z)\mathrm{e}^{\mathrm{i}k_x x+\mathrm{i}k_y y-\mathrm{i}\omega t}$,求 $\boldsymbol{E}_0(z)$和 $\boldsymbol{B}_0(z)$满足的方程.
3. 在频率一定的情况下,自由空间中的电磁波为 $\boldsymbol{E} = \boldsymbol{E}_0(\boldsymbol{r})\mathrm{e}^{-\mathrm{i}\omega t}$,$\boldsymbol{B} = \boldsymbol{B}_0(\boldsymbol{r})\mathrm{e}^{-\mathrm{i}\omega t}$,求 $\boldsymbol{E}_0(\boldsymbol{r})$和 $\boldsymbol{B}_0(\boldsymbol{r})$满足的方程.
4. 自由空间中的电磁波为 $\boldsymbol{E} = \boldsymbol{E}_0(\boldsymbol{r})\cos\omega t$,$\boldsymbol{B} = \boldsymbol{B}_0(\boldsymbol{r})f(t)$,证明 $f(t)$可以取为 $\sin\omega t$,由此求出 $\boldsymbol{E}_0(\boldsymbol{r})$和 $\boldsymbol{B}_0(\boldsymbol{r})$满足的方程.
5. 一个在真空中传播的电磁波,其电场为 $\boldsymbol{E} = E_0\cos(\omega t - kx)\boldsymbol{e}_y$.求:
   (1) 该电磁波的波长;(2) 传播方向;(3) 磁场方向.
6. 空气中有一正弦均匀平面波,其电场强度的复数形式为 $\boldsymbol{E}(x,z) = E_0\mathrm{e}^{\mathrm{i}(k_x x+k_z z)}\boldsymbol{e}_y$.求:
   (1) 此波的频率和波长;(2) 磁感应强度;(3) 能流密度和平均能流密度;(4) 当此波入射到位于 $z=0$ 平面的理想导体板上时,求理想导体表面上的电流面密度.
7. 电磁场 $\boldsymbol{E} = E_0\cos(kz-\omega t)\boldsymbol{e}_x$,$\boldsymbol{B} = B_0\cos(kz-\omega t)\boldsymbol{e}_y$,求常数 E_0 与 B_0 之间满足的关系.
8. 某介质的介电常数为 ε,磁导率为 μ,求该介质的折射率.
9. 在真空中,磁感应强度为 $\boldsymbol{B} = B_0\mathrm{e}^{-\alpha x}\sin(ky-\omega t)\boldsymbol{e}_x$,求电场强度和电磁波传播

的方向.

10. 一频率为 ω 的平面电磁波垂直入射到很厚的金属表面上,金属的电导率为 σ.求:

(1)进入金属的平均能流密度;(2)金属单位体积内消耗的平均焦耳热,由此证明透入金属内部的电磁波能量全部转化为热能.

11. 已知海水的磁导率为 μ_0,电导率为 $\sigma=1$,试计算频率为 50 Hz、10^6 Hz 和 10^9 Hz的电磁波在海水中的透入深度.

12. 在确定电磁势时,如果不采用洛伦兹规范,而采用所谓的库仑规范,即利用条件 $\nabla\cdot\boldsymbol{A}=0$,导出此时矢势和标势所满足的微分方程.

13. 已知真空中时谐电磁波的矢势在球坐标下的表达式为 $\boldsymbol{A}=\dfrac{A_0\mathrm{e}^{\mathrm{i}kr}}{r}(\cos\theta\boldsymbol{e}_r-\sin\theta\boldsymbol{e}_\theta)$,求空间各点的磁感应强度和电场强度.

14. 一个半径为 a 的飞轮边缘均匀分布有总量为 Q 的电荷,设飞轮以恒定的角速度 ω 绕对称轴旋转,求平均辐射功率.

15. 有一带电粒子在原点附近作简谐振动,且 $z=z_0\mathrm{e}^{-\mathrm{i}\omega t}$.如果 $z_0\omega\ll c$ 试求辐射场.

16. 设频率为 ω,振幅为 $\boldsymbol{p}_0$ 的两个振荡电偶极子位于 z 轴上,方向相反,即 $\boldsymbol{p}_1=\boldsymbol{p}_0\mathrm{e}^{-\mathrm{i}\omega t}$,$\boldsymbol{p}_2=-\boldsymbol{p}_0\mathrm{e}^{-\mathrm{i}\omega t}$,它们离开原点的距离分别为 $\dfrac{1}{2}a$,$-\dfrac{1}{2}a$.设 $a\omega\ll c$,求系统在远处的辐射场.

17. 一个半径为 a 的小圆环载有电流 $I=I_0\cos\omega t$,其中心为原点,位于 xy 平面内.求:
(1) 圆环的磁偶极矩;(2) 系统的矢势;(3) 辐射场;(4) 平均辐射的总功率.

18. 磁矩为 m_0 的永磁棒长度为 $2L$,以恒定角速度 ω 绕过其中心且垂直于棒身的轴旋转,求其辐射电磁波的平均能流和平均辐射功率.

19. 半径为 R 的均匀永磁体,磁化强度为 $\boldsymbol{M}_0$,以恒定角速度 ω 绕过球心且垂直于 $\boldsymbol{M}_0$ 的轴旋转,求其辐射电磁波的平均能流和平均辐射功率.

20. 电荷 $-q$ 固定在球坐标的原点,另一电荷 q 沿着 z 轴上运动,其方程 $z=a\mathrm{e}^{-bt}$,其中,a,b 均为常数,求:

(1) 系统的电偶极矩;(2) 辐射场强;(3) 辐射平均功率.

21. 两个质量、电荷都相同的粒子相向而行,证明不会发生电偶极辐射.

22. 相距为 r 的两个带电粒子的质量和电量大小分别为 m_1,q_1 和 m_2,q_2,但是电性异号.设它们在库仑力的吸引力的作用下,均围绕质心做圆周运动,求系统在质心系里的电偶极矩和辐射的总功率.

23. 一电子在与时间相关的轴对称磁场中 s 运动,拉格朗日函数为 $L=-mc^2\sqrt{1-v^2/c^2}+\boldsymbol{v}\cdot\boldsymbol{A}$ 求:

(1) 拉格朗日方程;(2)(圆心和半径)不变圆轨道的条件.

24. 在相对论情况下,自由粒子的拉格朗日函数为 $L=-mc^2\sqrt{1-\dfrac{v^2}{c^2}}$,求:

(1) 正则动量;(2) 拉格朗日方程;(3) 对应的哈密顿函数.

25. 在相对论情况下,带电量为 q 的粒子在电磁场中的拉格朗日函数为 $L=-mc^2\sqrt{1-\dfrac{v^2}{c^2}}-q(\phi-\boldsymbol{v}\cdot\boldsymbol{A})$ 求:

(1) 正则动量 $\boldsymbol{P}=\dfrac{\partial}{\partial\boldsymbol{v}}L$;(2) 拉格朗日方程;(3) 对应的哈密顿函数.

第7章　量子力学的基本理论

量子力学是反映微观粒子运动规律的理论，主要的研究对象是分子、原子、原子核和基本粒子，它是20世纪20年代中期海森堡、薛定谔等一大批物理学家在总结大量实验事实和旧量子理论的基础上共同建立起来的.

19世纪末期，物理学理论在当时看来已发展到相当完善的阶段了.那时，一般的物理现象都可以从相应的理论中得到说明：物体的机械运动在速度比光速小得多时，准确地遵循牛顿力学的定律；电磁现象的规律被总结为麦克斯韦方程组；光的现象有光的波动理论，最后也可归结到麦克斯韦方程；热现象理论有完整的热力学以及玻尔兹曼、吉布斯等人建立的统计物理学.在这种情况下，当时有许多人认为物理现象的基本规律已完全被揭露，剩下的工作只是把这些基本规律应用到各种具体问题上，进行一些计算而已.

然而，就在物理学的经典理论取得上述重大成就的同时，人们也发现了一些新的物理现象，例如，黑体辐射、光电效应、原子的线状光谱系以及固体在低温下的比热等，这些都是经典物理理论所无法解释的.这些现象揭示了经典物理学的局限性，突出了经典物理学与微观粒子运动规律性之间的矛盾，从而为发现新的物理规律打下了基础.黑体辐射和光电效应等现象使人们认识到光具有波粒二象性，玻尔为解释原子的光谱结构而提出了定态和量子跃迁等重要的新概念，得出了氢原子的半经典半量子理论，有力地推动了人们对微观粒子运动规律的认识.但是玻尔的量子论只是在经典理论的基础上加上一些新的假设，因而未能反映微观世界的本质.直到20世纪20年代，人们在光的波粒二象性启发下，开始认识到一般微观粒子也具有波粒二象性，才找到了建立量子力学的途径.

量子力学是近代物理学的主要支柱，它为分子物理、原子物理、原子核物理、固体物理甚至化学和生命科学等都提供了理论基础和计算方法.随着量子力学的出现，人类对于物质微观结构的认识日益深入，从而比较深刻地掌握了物质的物理和化学性质及其变化的规律，并利用这些规律为生产生活开辟了广阔的道路.

7.1　微观粒子运动的描述

由于微观粒子的运动具有显著波动性，因此不能像经典粒子那样用广义动量和广义坐标来描述其运动，而要用一个时间 t 和空间坐标 x,y,z 的函数，即波函数来描述．波函数对微观粒子运动规律的描述是统计性的，即只能反映某个时刻 t 粒子在空间某处出现的概率大小，而不能决定该时刻粒子到底在什么位置．这些概念是与以前学过的经典力学理论完全不同的，也是与我们的经验格格不入的，因此很难一下子就想得通，更不用说能够运用自如了．然而应当明白，这些新的概念都是建立在大量实验基础上的，是微观粒子运动规律的一种正确的抽象，也是后面各节的基础，我们应当努力从它们与实验的关系上，从它们与经典概念的对比中掌握好这些概念．

7.1.1　微观粒子运动的特点——波粒二象性

按经典物理学的观点，物质的存在方式有两种，一种是粒子方式，另一种是场的方式．如果物质在空间中以集中的颗粒形式存在，则将此对象称为粒子，粒子具有不可入性，比如，电子、原子和分子等；如果物质在空间中以弥散的分布形式存在，则将此对象称为场，场具有可叠加性，比如，引力场、电场和磁场．粒子在空间以轨道的形式运动，在任一时刻粒子的位置与动量都是确定的；而场在空间以波的形式传播，不存在位置与轨道的概念．粒子与粒子之间相互作用的方式是碰撞，在碰撞过程中，系统的总能量和总动量守恒；而场与场的相互作用的方式是干涉，干涉效应满足线性叠加原理．场对粒子的作用体现在场作为外力，而使粒子的运动轨道变形；而粒子对场的作用体现在粒子作为外源，而使场的分布发生变化．因此，按经典理论，场和粒子是物质的两种相互对立的存在形式，任何物质的存在方式要么是粒子，要么是场，二者必占其一，并且仅占其一．

然而实验表明，对于微观粒子来说情况并非如此．例如，通常认为是电磁场的光，在光电效应和康普顿效应中表现出了明显的粒子性；而通常认为是粒子的电子，却在晶格衍射中出现了干涉花纹，显示了场的性质．这些与经典理论完全不相容的实验事实，迫使人们认识到在微观世界中物质的运动具有新的特点，微观粒子既可以以粒子的形式存在，又可以以场的形式存在，由此微观粒子也可称为粒子波或波粒子.既有粒子性又有波动性，这种性质称为波粒二象性.

在经典物理中，粒子和场这两种对立的形式是不可能统一在同一对象上的.粒子在空间具有局域性，其位置随时间连续变化，必然形成一条连续曲线即轨道，由于外力不会是无穷大，故其轨道曲线一般还是光滑的；而场在空间具有弥散性，以波的形式运动，并无轨道可言，微观粒子在本质上究竟应该是粒子，还是场呢？这个问题只能由实验来回答.

实验表明，微观粒子在空间中的存在形式确实具有局域性.对电子进行测量，发现其电荷总是集中在空间某一点.作定点测量时，要么测不到电荷，要么测到的就是一个单位电荷，从未发现有分数电荷存在.然而，轨道概念却没有任何微观实验的证据，因为从实验的角度要决定一个粒子的轨道，必须对其空间位置做连续的测量.我们看到一个抛出的石子的空间轨迹为抛物线就是用自己的眼睛做连续观察的结果.而对微观粒子来说，我们不可能对其位置做连续的测量，只能在一些分立的时刻如 $t_0, t_1, t_2, \cdots, t_n$ 测定微观粒子的位置 $\boldsymbol{r}_1, \boldsymbol{r}_2, \boldsymbol{r}_3, \cdots, \boldsymbol{r}_n$.如果轨道概念成立的话，那么把各时刻所测得的位置，用折线连起来，应当可以得到轨道的近似形状.如果两次测量的时间间隔 Δt 越短，则近似曲线的形状越接近于其真实轨道；当 Δt 趋于零时，折线应收敛于其真实的轨道.然而实验表明，对微观粒子来说，测量间隔 Δt 越小，折线形状差别越大，当 Δt 趋于零时，根本不存在一条极限曲线，这就说明轨道概念对于微观粒子来说，一般没有物理意义.产生这种现象的原因之一，是因为测量本身也是一种仪器对客体的相互作用，必然会干扰客体原来的运动状况.对宏观粒子来说，这种干扰作用可以忽略不计，因此，轨道概念有物理意义；而对微观粒子来说，这种干扰作用往往会严重影响其运动状态，因此，越想精确地测量轨道，越是得不到预期的结果.

也许有人会问，如果我们不去干扰微观粒子的运动，即不对它进行测量，这时微观粒子运动总应该有一个确定的轨道吧.对这个问题，下一节中我们将进一步讨论.在此可以简单地说，物理学是一门实验科学，任何物理概念都应当建立在实验和观察的基础上，如果我们无法具体地测量一个微观粒子运动的轨道，而去问它是否存在轨道，这有什么物理意义呢？而相反地，在电子晶格衍射中出现的干涉花纹，却说明了微观粒子的运动状态具有某种波场性质，这是一个确凿无疑的实验事实.

根据以上的分析，我们得到这样的结论：即微观粒子在本质上既不是经典意义上的粒子,也不是经典意义上的波动.当微观粒子自由运动的时候,它表现出经典波的性质;而当微观粒子相互作用的时候,它又表现出经典粒子的性质:这就是微观粒子的特点.对此我们不能用经典的观点来简单地把它理解为经典意义上的粒子或波场.

7.1.2　微观粒子状态的描述——波函数

因为微观粒子的运动具有波粒二象性,因此,我们既不能简单地用描述经典粒子的方法去完全描述它,即用正则变量 p_i 和 q_i 的确定值来表示;也不能简单地用描述经典场的方法,即用一个时间和空间位置的函数来完全描述它.根据实验,一个描述微观粒子的合理的方案是用类似于经典场的方法来描述它的运动状态,而用类似于经典粒子的方法来描述其相互作用,最后,再把这两个侧面统一起来.经过量子力学创立者们的共同努力,已经成功地做到了这一点,而整个量子力学的理论,就是在此基础上建立起来的.

按这个方案,微观粒子(以下简称粒子)的状态用波函数 $\psi(\boldsymbol{r},t)$ 来描述,称为物质波.与经典的声波和光波类比,可知物质波的强度应为

$$I \sim |\psi(\boldsymbol{r},t)|^2 \tag{7.1.1}$$

在经典物理中,声波和光波都遵从叠加原理:两个可能的波动函数 ϕ_1 和 ϕ_2 线性叠加的结果 $a\phi_1 + b\phi_2$ 也是一个可能的波动函数.而在空间任一点 P 的波强度可以由前一时刻波前上所有各点传播出来的波在 P 点线性迭加起来而得到.利用这个原理可以解释声和光的干涉、衍射现象.这个原理对物质波来说也同样成立,我们以粒子的双狭缝衍射实验为例来说明.

如图 7.1,粒子束从粒子源 S 射向屏 A 上的狭缝 S_1 和 S_2,我们用 ψ_1 表示粒子穿过狭缝 S_1 到达屏 B 的状态,用 ψ_2 表示粒子穿过狭缝 S_2 到达屏 B 的状态,再用 ψ 表示粒子穿过两个狭缝到达屏 B 的状态.由迭加原理,状态 ψ 应满足

$$\psi = C_1\psi_1 + C_2\psi_2 \tag{7.1.2}$$

其中,C_1 和 C_2 为叠加系数.而物质波在屏 B 上的一点 P 的强度 I 为

$$\begin{aligned} I \sim |\psi|^2 &= |C_1\psi_1 + C_2\psi_2|^2 \\ &= |C_1\psi_1|^2 + |C_2\psi_2|^2 + C_1^* C_2 \psi_1^* \psi_2 + C_1 C_2^* \psi_1 \psi_2^* \end{aligned} \tag{7.1.3}$$

上式右边第一项是粒子穿过缝 S_1 到达 P 点的波的强度 I_1,第二项是粒子穿过缝 S_2 到达 P 点的波为强度 I_2,第三、四项为 ψ_1 与 ψ_2 之间出现的干涉项.由于干涉项的存在,我们就能很好地说明实验中出现的衍射图样.

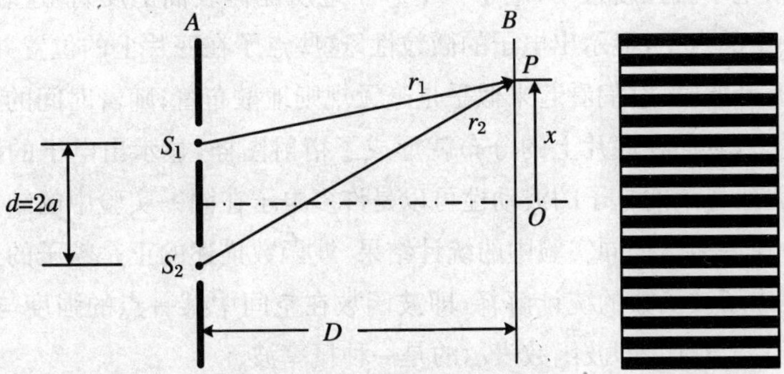

图 7.1　双缝干涉实验

对于一般的情况，如果 ψ_1，ψ_2，…，ψ_n，…为体系的可能状态，那么，它们的线性迭加

$$\psi = C_1\psi_1 + C_2\psi_2 + \cdots + C_n\psi_n + \cdots = \sum_n C_n\psi_n \tag{7.1.4}$$

也是体系的一个可能状态，这就是量子力学中的态叠加原理.

态叠加原理可以直观地理解为：当粒子处于叠加态 ψ 中时，也可以说粒子部分地处于 ψ_1，ψ_2，…，ψ_n，…等状态中.

7.1.3　波函数的物理意义——统计解释

既然我们用波函数来描述一个粒子的状态，那么应当怎样理解波函数与它所描写的粒子之间的关系呢？

有人认为波函数描写的是由许多粒子在空间相互作用而产生的疏密波，这种看法是不正确的.我们知道，在电子束的晶格衍射实验中出现的图样是由波内各部分相互干涉所产生的，如果其是疏密波，则得到的衍射图样应当是由组成波的所有粒子的集体行为所造成的.但事实证明，在晶格衍射实验中，底片上所显示出来的图样和粒子流的强度无关.如果减小入射粒子流的强度，同时延长实验时间，使投射到底片上的粒子总数保持不变，得到的衍射图样完全相同.即使把粒子流强度减小到粒子几乎一个一个地被衍射，只要经过足够长的时间，所得到的衍射图样也还是一样，这说明每一个粒子被衍射的现象和其他粒子无关，衍射图样的产生不是粒子的集体行为，而是个体行为.

为了寻找一个合理的解释，我们深入分析上述电子的衍射实验.如果入射电子流的强度很大，即单位时间内有许多电子被晶体反射，则底片上很快就出现衍射图样.如果入射电子流强度很小,电子一个一个地从晶体表面上反射,这时底片上就出现一个一个的点子,显示出电子的微粒性.这些点子在底片上的位置并不都是重合在一起的,开始时,它们看起来似乎是毫无规则地散布着;随着时间的延长,点子数目逐渐增多,它们在底片上的分布就形成了衍射图样,显示出电子的波动性.由此可见,实验所显示的电子的波动性可以是许多电子在同一实验中的结果,也可以是一个电子在许多次相同实验中的统计结果,波函数描述的正是粒子的这种行为.由此玻恩提出了波函数的统计解释,即波函数在空间中某一点的强度与在该点找到粒子的概率成正比,即波函数表示的是一种概率波.

由于粒子必定要在空间中的某一点出现,所以粒子在空间各点出现的概率总和等于1,因而将波函数乘上一个常数之后,并不影响粒子在空间各点的概率(以后我们将看到也不影响粒子的其他物理性质),量子力学的波函数的这种性质是经典场所没有的.对于声波、光波等经典场,其状态随着场量的大小而变化,如果把场量加大到原来的两倍,那么场的强度随之增大到四倍,这就完全是另一个状态了.

下面,我们用数学语言来表达波函数的这些性质.设波函数 $\varphi(\boldsymbol{r},t)$描写粒子的状态,在空间一点 $\boldsymbol{r}$ 和时刻 t,概率波的强度 $I=|\varphi|^2$.以 $\mathrm{d}P(\boldsymbol{r},t)$表示时刻 t,位置 $\boldsymbol{r}$ 处体积元 $\mathrm{d}\tau$ 内找到粒子的概率,按照玻恩的解释,$\mathrm{d}P(\boldsymbol{r},t)$将正比于 $|\varphi|^2\mathrm{d}\tau$.如用 C 表示比例系数,则有

$$\mathrm{d}P(\boldsymbol{r},t)=C\,|\,\varphi(\boldsymbol{r},t)\,|^2\mathrm{d}\tau \tag{7.1.5}$$

以体积 $\mathrm{d}\tau$ 除概率 $\mathrm{d}P$,得到在时刻 t,在位置 $\boldsymbol{r}$ 点附近单位体积内找到粒子的概率,称为概率密度,用 $\rho(\boldsymbol{r},t)$表示

$$\rho(\boldsymbol{r},t)=\frac{\mathrm{d}P(\boldsymbol{r},t)}{\mathrm{d}\tau}=C\,|\,\varphi(\boldsymbol{r},t)\,|^2 \tag{7.1.6}$$

将(7.1.6)式对整个空间积分,得到粒子在整个空间中出现的概率.由于粒子存在于空间中,这个概率只能等于1,所以有

$$C\iiint|\,\varphi(\boldsymbol{r},t)\,|^2\mathrm{d}\tau=1 \tag{7.1.7}$$

由此可得 $C=1\Big/\iiint|\,\varphi(\boldsymbol{r},t)\,|^2\mathrm{d}\tau$,代入(7.1.6)式后即得到

$$\rho(\boldsymbol{r},t)=\frac{|\,\varphi(\boldsymbol{r},t)\,|^2}{\iiint|\,\varphi(\boldsymbol{r},t)\,|^2\mathrm{d}\tau} \tag{7.1.8}$$

公式(7.1.8)为概率密度的一般表达式,由该式容易看出,将波函数乘上一个常数之后,并不改变粒子在空间各点的概率,即不改变波函数所描写的状态.为了

计算方便，通常总是取 $\psi(r,t)=\sqrt{C}\varphi(\boldsymbol{r},t)$ 来描述粒子的状态，这时有

$$\mathrm{d}P(\boldsymbol{r},t)=|\psi(\boldsymbol{r},t)|^2\mathrm{d}\tau \tag{7.1.9}$$

概率密度为

$$\rho(\boldsymbol{r},t)=|\psi(\boldsymbol{r},t)|^2 \tag{7.1.10}$$

而(7.1.7)式改写为

$$\iiint|\psi(\boldsymbol{r},t)|^2\mathrm{d}\tau=1 \tag{7.1.11}$$

满足上式的波函数称为归一化波函数.(7.1.11)式称为归一化条件，把 φ 换成 ψ 的步骤称为归一化，使 φ 换成 ψ 的常数 $\sqrt{C}$ 称为归一化系数.

在一维问题中，波函数的形式简化为 $\varphi(x,t)$，上述结论仍然成立，只是需要将公式中的三重积分简化为对 x 的单重积分.

应当指出的是，并非所有的波函数都可以归一化.对一维情况，容易验证可归一化性要求波函数满足条件

$$\lim_{|x|\to\infty}x|\psi(x,t)|^2=0 \tag{7.1.12}$$

例如，一维问题中单色平面波的波函数 $\varphi=\mathrm{e}^{\mathrm{i}kx-\mathrm{i}\omega t}$ 就不能够归一化.这时，波函数的模方 $|\varphi|^2$ 仍可用来比较粒子在空间各处出现的概率的大小，即可看成相对概率密度.由于不能归一化，严格的概率密度不再存在.在这种情况下，可以采用局部归一化的方法，即对于像平面波这样概率密度为常数的波函数，选择一个有限的长度范围内进行归一化.通常我们选择这个长度为 2π，得到归一化的平面波波函数为

$$\psi_k(x,t)=\frac{1}{\sqrt{2\pi}}\mathrm{e}^{\mathrm{i}kx-\mathrm{i}\omega t} \tag{7.1.13}$$

这样做的好处是所得结果满足关系：

$$\begin{cases}\displaystyle\int_{-\infty}^{+\infty}\psi_k^*(x,t)\psi_{k'}(x,t)\mathrm{d}x=\delta(k-k')\\ \displaystyle\int_{-\infty}^{+\infty}\psi_k^*(x',t)\psi_k(x,t)\mathrm{d}k=\delta(x-x')\end{cases} \tag{7.1.14}$$

上式可以看成是通常归一化条件的推广，其中 $\delta(x)$ 称为狄拉克函数，定义是

$$\delta(x)=\begin{cases}0 & (x\neq 0)\\ \infty & (x=0)\end{cases},\quad \int_{-\infty}^{\infty}\delta(x)\mathrm{d}x=1 \tag{7.1.15}$$

狄拉克函数 $\delta(x-x')$ 可以描述一个位于 x' 处单位质量质点或者单位电量点电荷的密度，对于任意连续函数 $f(x)$，有以下积分公式：

$$\int_{-\infty}^{+\infty}f(x)\delta(x-x')\mathrm{d}x=f(x'),\quad \int_{-\infty}^{+\infty}f(x)\frac{\mathrm{d}}{\mathrm{d}x}\delta(x-x')\mathrm{d}x=-f'(x') \tag{7.1.16}$$

一般的波函数总可以表示为单色波的叠加，即

$$\psi(x,t) = \int_{-\infty}^{+\infty} c_k(t)\psi_k(x,t)\mathrm{d}k = \frac{1}{\sqrt{2\pi}}\int_{-\infty}^{+\infty} c_k(t)\mathrm{e}^{-\mathrm{i}\omega t}\mathrm{e}^{\mathrm{i}kx}\mathrm{d}k \tag{7.1.17}$$

上式在数学上可以看成一个傅里叶积分，于是得到

$$c_k(t)\mathrm{e}^{-\mathrm{i}\omega t} = \frac{1}{\sqrt{2\pi}}\int_{-\infty}^{+\infty}\mathrm{e}^{-\mathrm{i}kx}\psi(x,t)\mathrm{d}x = \int_{-\infty}^{+\infty}\psi_k^*(x,t)\mathrm{e}^{-\mathrm{i}\omega t}\psi(x,t)\mathrm{d}x$$

即

$$c_k(t) = \int_{-\infty}^{+\infty}\psi_k^*(x,t)\psi(x,t)\mathrm{d}x \tag{7.1.18}$$

为了方便，我们考虑 $t=0$ 时刻，上面两式简化为

$$\begin{aligned}\psi(x) &= \int_{-\infty}^{+\infty} c_k\psi_k(x)\mathrm{d}k = \frac{1}{\sqrt{2\pi}}\int_{-\infty}^{+\infty} c_k\mathrm{e}^{\mathrm{i}kx}\mathrm{d}k \\ c_k &= \frac{1}{\sqrt{2\pi}}\int_{-\infty}^{+\infty}\mathrm{e}^{-\mathrm{i}kx}\psi(x)\mathrm{d}x = \int_{-\infty}^{+\infty}\psi_k^*(x)\psi(x)\mathrm{d}x\end{aligned} \tag{7.1.19}$$

式中的叠加系数 c_k 是对应单色波 $\psi_k(x)$ 的振幅，强度 $|c_k|^2$ 满足关系：

$$\begin{aligned}\int_{-\infty}^{+\infty}|c_k|^2\mathrm{d}k &= \int_{-\infty}^{+\infty} c_k\cdot c_k^*\mathrm{d}k \\ &= \int_{-\infty}^{+\infty}\mathrm{d}k\int_{-\infty}^{+\infty}\psi_k^*(x)\psi(x)\mathrm{d}x\int_{-\infty}^{+\infty}\psi_k(x')\psi^*(x')\mathrm{d}x' \\ &= \int_{-\infty}^{+\infty}\psi^*(x)\mathrm{d}x\int_{-\infty}^{+\infty}\psi(x')\mathrm{d}x'\int_{-\infty}^{+\infty}\mathrm{d}k\psi_k(x)\psi_k^*(x') \\ &= \int_{-\infty}^{+\infty}\psi^*(x)\mathrm{d}x\int_{-\infty}^{+\infty}\psi(x')\mathrm{d}x'\delta(x-x') \\ &= \int_{-\infty}^{+\infty}\psi^*(x)\psi(x)\mathrm{d}x = 1\end{aligned} \tag{7.1.20}$$

在推导中我们用到了(7.1.14)和(7.1.16)式，结果表明叠加系数 c_k 也满足归一化条件，其物理意义为在状态 $\psi(x)$ 中单色波 $\psi_k(x)$ 的概率幅. 由于时间原点可以任意选择，因此含时叠加系数 $c_k(t)$ 为在状态 $\psi(x,t)$ 中单色波 $\psi_k(x,t)$ 的概率幅. 在不引起混淆的情况下，后面我们将把对整个空间积分的表达式中的上下限省去.

将上面的结果推广到三维情况，归一化的平面波波函数为

$$\psi_k(\boldsymbol{r},t) = \frac{1}{(2\pi)^{3/2}}\mathrm{e}^{\mathrm{i}\boldsymbol{k}\cdot\boldsymbol{r}-\mathrm{i}\omega t} \tag{7.1.21}$$

满足关系：

$$\begin{cases}\iiint \psi_k^*(\boldsymbol{r},t)\psi_{k'}(\boldsymbol{r},t)\mathrm{d}\tau = \delta(\boldsymbol{k}-\boldsymbol{k}') = \delta(k_x - k_x')\delta(k_y - k_y')\delta(k_z - k_z') \\ \iiint \psi_k^*(\boldsymbol{r},t)\psi_k(\boldsymbol{r}',t)\mathrm{d}\tau = \delta(\boldsymbol{r}-\boldsymbol{r}') = \delta(x-x')\delta(y-y')\delta(z-z')\end{cases} \tag{7.1.22}$$

叠加系数

$$c_k(t) = \iiint \psi_k^*(\boldsymbol{r},t)\psi(\boldsymbol{r},t)\mathrm{d}\tau \tag{7.1.23}$$

$c_k(t)$为在状态 $\psi(\boldsymbol{r},t)$中单色波 $\psi_k(\boldsymbol{r},t)$的概率幅.

例 7.1.1　证明波函数 φ 乘以一个相因子 $e^{i\delta}$($\delta\in\mathbf{R}$)并不影响归一化性质.

解　设 $\varphi' = \varphi e^{i\delta}$,得到$|\varphi'(\boldsymbol{r},t)|^2 = |\varphi(\boldsymbol{r},t)|^2$,因此相因子不改变归一化常数.

例 7.1.2　计算波函数 $\psi = e^{-k|x|}$ ($k>0$)的归一化常数,并将该波函数归一化.

解　因为$\int_{-\infty}^{\infty}|\psi|^2\mathrm{d}x = \int_{-\infty}^{\infty}e^{-2k|x|}\mathrm{d}x = 2\int_0^{\infty}e^{-2kx}\mathrm{d}x = 1/k$,于是得到归一化常数 $C=k$,归一化后的波函数为 $\psi = \sqrt{C}e^{-k|x|} = \sqrt{k}e^{-k|x|}$.

7.2　力学量的算符表示

7.2.1　力学量的期望值及其算符表示

上一节中我们已经看到,由于微观粒子具有波粒二象性,其状态的描述方式和经典粒子不同,需要用波函数来描写.而微观粒子在相互作用时表现出粒子性,需要用力学量(如坐标、动量、角动量、能量等)来描述.一般来说,力学量可以表示为坐标和动量的函数,在用波函数描述状态的情况下,坐标是自变量,而动量则要通过德布罗意关系来确定.

按德布罗意关系,一个能量为 E,动量为 $\boldsymbol{p}$ 的自由微观粒子,其状态应该用单色平面波(7.1.21)描述.其中波矢 $\boldsymbol{k}$ 和频率 ω 与粒子能量 E 和动量 $\boldsymbol{p}$ 的关系为

$$\begin{cases}E = \hbar\omega \\ \boldsymbol{p} = \hbar\boldsymbol{k}\end{cases} \tag{7.2.1}$$

这里，$\hbar = h/2\pi$，h 为普朗克常数．显然，该状态下粒子的概率密度为常数，即粒子在空间各处出现的概率密度相同．因此，在动量为确定值的状态中，粒子的位置完全不确定，即微观粒子的位置和动量不可能同时取确定值．

在经典力学中，“轨道”概念是以质点的坐标和动量同时有确定值为前提的，只要我们知道了质点在初始时刻的坐标和动量的确定值，那么原则上就可以由牛顿定律求出任何时刻质点的坐标和动量的确切数值，从而可以说质点沿某一轨道运动．而对于微观粒子，由于其坐标和动量不可能同时有确定的值，因而也不存在明确的“轨道”．由此不难看出，在玻尔的原子理论中仍然用轨道来描写氢原子中电子的运动状态是其理论本身存在的缺陷．

对于(7.1.19)式所表示的一般波函数

$$\psi(x) = \int_{-\infty}^{+\infty} c_k \psi_k(x) \mathrm{d}k$$

其叠加系数 c_k 表示状态 $\psi(x)$ 中单色波 $\psi_k(x)$ 的概率幅，也就是动量为 $p_x = \hbar k$ 的概率幅．因此，动量的取值也不确定，我们只能计算其期望值．

按照统计期望值的计算方法，上述状态中动量的期望值为

$$\begin{aligned}
\langle p_x \rangle &= \int \hbar k \mid c_k \mid^2 \mathrm{d}k = \int \hbar k c_k^* \cdot c_k \mathrm{d}k \\
&= \int \mathrm{d}k \cdot \hbar k \cdot \int \mathrm{d}x \psi_k(x) \psi^*(x) \int \mathrm{d}x' \psi_k^*(x') \psi(x') \\
&= \int \mathrm{d}x \psi^*(x) \int \mathrm{d}x' \psi(x') \int \mathrm{d}k \cdot \hbar k \psi_k(x) \psi_k^*(x') \qquad (7.2.2) \\
&= \int \mathrm{d}x \psi^*(x) \int \mathrm{d}x' \psi(x') \left(\mathrm{i}\hbar \frac{\mathrm{d}}{\mathrm{d}x'} \right) \delta(x' - x) \\
&= \int \mathrm{d}x \psi^*(x) \left(\frac{\hbar}{\mathrm{i}} \frac{\mathrm{d}}{\mathrm{d}x} \right) \psi(x)
\end{aligned}$$

推导中我们利用了(7.1.14)，(7.1.16)式和下面的结果：

$$\begin{aligned}
\int \mathrm{d}k \cdot \hbar k \psi_k(x) \psi_k^*(x') &= \frac{1}{2\pi} \int \mathrm{d}k \cdot \hbar k \mathrm{e}^{\mathrm{i}k(x-x')} = \frac{1}{2\pi} \int \mathrm{d}k \cdot \left(\mathrm{i}\hbar \frac{\mathrm{d}}{\mathrm{d}x'} \right) \mathrm{e}^{\mathrm{i}k(x-x')} \\
&= \left(\mathrm{i}\hbar \frac{\mathrm{d}}{\mathrm{d}x'} \right) \int \mathrm{d}k \cdot \psi_k(x) \psi_k^*(x') = \left(\mathrm{i}\hbar \frac{\mathrm{d}}{\mathrm{d}x'} \right) \delta(x' - x)
\end{aligned}$$

在一般情况下，我们有

$$\langle p_x \rangle = \int \mathrm{d}x \psi^*(x,t) \left(\frac{\hbar}{\mathrm{i}} \frac{\mathrm{d}}{\mathrm{d}x} \right) \psi(x,t) \qquad (7.2.3)$$

将上述结果推广到三维情况，得到

$$\langle \boldsymbol{p} \rangle = \iiint \psi^*(\boldsymbol{r},t)\left(\frac{\hbar}{\mathrm{i}}\nabla\right)\psi(\boldsymbol{r},t)\mathrm{d}\tau \tag{7.2.4}$$

由上面的结果可以看出，在计算期望值时，我们可以将动量替换为

$$\boldsymbol{p} \to \hat{\boldsymbol{p}} = -\mathrm{i}\hbar\nabla \tag{7.2.5}$$

再按照(7.2.4)式求解．上式的右边称为动量算符，这个对应关系给出了将经典力学改造为量子力学的途径．

类似地，位置矢量的期望值为

$$\langle \boldsymbol{r} \rangle = \iiint \boldsymbol{r}\,|\,\psi(\boldsymbol{r},t)\,|^2\mathrm{d}\tau = \iiint \psi^*(\boldsymbol{r},t)\boldsymbol{r}\psi(\boldsymbol{r},t)\mathrm{d}\tau \tag{7.2.6}$$

这说明 $\boldsymbol{r}$ 本身也可以看成一种特殊的算符 $\hat{\boldsymbol{r}}$，其作用到波函数 $\psi(\boldsymbol{r},t)$ 上的结果等于 $\boldsymbol{r}\cdot\psi(\boldsymbol{r},t)$．

由于一般的力学量总可以表示为位置和动量的函数，即 $F = F(\boldsymbol{r},\boldsymbol{p})$，因此对应的量子力学算符为

$$F = F(\boldsymbol{r},\boldsymbol{p}) \to \hat{F} = F(\hat{\boldsymbol{r}},\hat{\boldsymbol{p}}) = F(\boldsymbol{r},-\mathrm{i}\hbar\nabla) \tag{7.2.7}$$

该力学量在状态 $\psi(\boldsymbol{r},t)$ 中的期望值为

$$\langle F \rangle = \iiint \psi^*(\boldsymbol{r},t)\hat{F}\psi(\boldsymbol{r},t)\mathrm{d}\tau \tag{7.2.8}$$

注意上式中的波函数要求是已归一化的．

例如，在经典力学中，粒子对原点的角动量为 $\boldsymbol{L} = \boldsymbol{r}\times\boldsymbol{p}$，故在量子力学中，对原点的角动量应该表示为

$$\hat{\boldsymbol{L}} = \hat{\boldsymbol{r}}\times\hat{\boldsymbol{p}} = \frac{\hbar}{\mathrm{i}}\boldsymbol{r}\times\nabla \tag{7.2.9}$$

其直角坐标分量为

$$\hat{L}_x = \hat{y}\hat{p}_z - \hat{z}\hat{p}_y,\quad \hat{L}_y = \hat{z}\hat{p}_x - \hat{x}\hat{p}_z,\quad \hat{L}_z = \hat{x}\hat{p}_y - \hat{y}\hat{p}_x \tag{7.2.10}$$

在状态 $\psi(\boldsymbol{r},t)$ 中的期望值为

$$\langle \boldsymbol{L} \rangle = \iiint \psi^*(\boldsymbol{r},t)\,\hat{\boldsymbol{L}}\psi(\boldsymbol{r},t)\mathrm{d}\tau \tag{7.2.11}$$

一个处于保守力场 $V(\boldsymbol{r})$ 中粒子的哈密顿函数 $H(\boldsymbol{r},\boldsymbol{p})$ 对应的哈密顿算符为

$$\hat{H} = \frac{1}{2m}\hat{\boldsymbol{p}}^2 + V(\hat{\boldsymbol{r}}) = -\frac{\hbar^2}{2m}\nabla^2 + V(\boldsymbol{r}) \tag{7.2.12}$$

其期望值为能量，表达式为

$$\langle E \rangle = \int \psi^*\hat{H}\psi\mathrm{d}\tau \tag{7.2.13}$$

例 7.2.1　求状态 $\psi = \sqrt{k}\mathrm{e}^{-k|x|}$ $(k>0)$ 时位置的期望值、平方平均和标准差．

解 由例 7.1.2 知波函数已经归一化，根据期望值公式(7.2.8)，可以算出

$$\langle x \rangle = \int_{-\infty}^{\infty} |\psi|^2 x \mathrm{d}x = k\int_{-\infty}^{\infty} \mathrm{e}^{-2k|x|} x \mathrm{d}x = 0$$

$$\langle x^2 \rangle = \int_{-\infty}^{\infty} |\psi|^2 x^2 \mathrm{d}x = k\int_{-\infty}^{\infty} \mathrm{e}^{-2k|x|} x^2 \mathrm{d}x = \frac{1}{2}k^{-2}$$

按照概率论的知识，方差为 $\sigma^2 = \langle x^2 \rangle - \langle x \rangle^2 = \frac{1}{2}k^{-2}$，故标准差为 $\sigma = \frac{\sqrt{2}}{2k}$.

7.2.2 力学量算符的性质

前面我们看到，在量子力学中的力学量可以用作用在波函数上的算符来表示. 但是，并不是所有的算符都能够用来表示量子力学中的力学量，表示力学量的算符应具有一些特殊的性质.

第一，因为量子力学中的状态满足线性叠加原理，即：如果 ψ_1 与 ψ_2 都是体系的可能状态，则 $\psi = a\psi_1 + b\psi_2$ 也是一个可能状态. 因此，力学量算符 $\hat{F}$ 对叠加态 ψ 的作用结果应该等于对其组成态 ψ_1 与 ψ_2 分别作用的结果的叠加，即

$$\hat{F}(a\psi_1 + b\psi_2) = a\hat{F}\psi_1 + b\hat{F}\psi_2 \tag{7.2.14}$$

满足上式的算符称为线性算符. 量子力学中的力学量算符都是线性算符，只有线性算符才能表示某个力学量，非线性算符不能表示力学量，例如，根号算符

$$\sqrt{a\psi_1 + b\psi_2} \neq a\sqrt{\psi_1} + b\sqrt{\psi_2}$$

不是线性算符，故不能表示力学量.

第二，因为任何力学量的期望值，都应该是可测量的，必须是实数，即 $\langle F \rangle^* = \langle F \rangle$，而按(7.2.8)式，有

$$\langle F \rangle = \int \psi^* \hat{F}\psi \mathrm{d}\tau, \quad \langle F \rangle^* = \int \psi(\hat{F}\psi)^* \mathrm{d}\tau$$

因此，要求对任意的波函数 ψ 有

$$\int \psi^* \hat{F}\psi \mathrm{d}\tau = \int \psi(\hat{F}\psi)^* \mathrm{d}\tau \tag{7.2.15}$$

满足上式的线性算符称为厄密算符，量子力学中的力学量都是厄密算符.

可以证明，对于任意两个波函数 ψ_1 与 ψ_2，厄密算符具有下面的性质：

$$\int \psi_1^* \hat{F}\psi_2 \mathrm{d}x = \int \psi_2(\hat{F}\psi_1)^* \mathrm{d}x = \int (\hat{F}\psi_1)^* \psi_2 \mathrm{d}x \tag{7.2.16}$$

例如，对于动量算符，显然有

$$\int\psi_1^*\,\hat{p}_x\psi_2\,\mathrm{d}x=\int\psi_1^*\,\frac{\hbar}{\mathrm{i}}\frac{\mathrm{d}}{\mathrm{d}x}\psi_2\,\mathrm{d}x=\frac{\hbar}{\mathrm{i}}\int\psi_1^*\,\mathrm{d}\psi_2$$

$$=\frac{\hbar}{\mathrm{i}}\psi_1^*\,\psi_2\,\Big|_{-\infty}^{+\infty}-\frac{\hbar}{\mathrm{i}}\int\psi_2\,\frac{\mathrm{d}}{\mathrm{d}x}\psi_1^*\,\mathrm{d}x$$

$$=0+\int\psi_2\left(\frac{\hbar}{\mathrm{i}}\frac{\mathrm{d}\psi_1}{\mathrm{d}x}\right)^*\mathrm{d}x=\int\psi_2(\hat{p}_x\psi_1)^*\,\mathrm{d}x$$

满足厄密算符的性质.在证明过程中,我们利用了条件(7.1.12),即 $\psi(\pm\infty)=0$.

利用 (7.2.16)式,不难证明任何实数或者实变量都可以看成厄密算符;厄密算符 $\hat{F}$ 乘上一个实常数 a,结果仍为厄密算符;如果 $\hat{A}$ 和 $\hat{B}$ 都是厄密算符,则 $\hat{A}+\hat{B}$ 和 $\hat{A}-\hat{B}$ 一定是厄密算符,但二者之积 $\hat{A}\hat{B}$ 不一定是厄密算符.具体地说,如果厄密算符 $\hat{A}$ 与 $\hat{B}$ 可交换,即 $\hat{A}\hat{B}=\hat{B}\hat{A}$,则其乘积仍为厄密算符;如果二者不可交换,即 $\hat{A}\hat{B}\neq\hat{B}\hat{A}$,则其乘积为非厄密运符.证明如下:

由于 $\hat{B}$ 为厄密,故有

$$\int\psi_1^*\,\hat{B}\hat{A}\psi_2\,\mathrm{d}x=\int(\hat{B}\psi_1)^*\,\hat{A}\psi_2\,\mathrm{d}x$$

由于 $\hat{A}$ 为厄密,故有

$$\int(\hat{B}\psi_1)^*\,\hat{A}\psi_2\,\mathrm{d}x=\int(\hat{A}\hat{B}\psi_1)^*\,\psi_2\,\mathrm{d}x$$

因此有

$$\int\psi_1^*\,\hat{B}\hat{A}\psi_2\,\mathrm{d}x=\int(\hat{A}\hat{B}\psi_1)^*\,\psi_2\,\mathrm{d}x \tag{7.2.17}$$

设 $\hat{A}\hat{B}=\hat{B}\hat{A}$,则有

$$\int\psi_1^*\,\hat{A}\hat{B}\psi_2\,\mathrm{d}x=\int\psi_1^*\,\hat{B}\hat{A}\psi_2\,\mathrm{d}x$$

这个结果说明 $\hat{A}\hat{B}$ 为厄密算符.当 $\hat{A}\hat{B}\neq\hat{B}\hat{A}$ 时,可看出其不是厄密算符.

例 7.2.2　如果 $\hat{A}$ 和 $\hat{B}$ 都是厄密算符,证明 $\hat{A}\hat{B}+\hat{B}\hat{A}$ 和 $\mathrm{i}(\hat{A}\hat{B}-\hat{B}\hat{A})$ 为厄密算符.

解　由(7.2.17)式可知 $\int\psi_1^*\,\hat{B}\hat{A}\psi_2\,\mathrm{d}x=\int(\hat{A}\hat{B}\psi_1)^*\,\psi_2\,\mathrm{d}x$,交换两个算符的位置得到

$$\int\psi_1^*\,\hat{A}\hat{B}\psi_2\,\mathrm{d}x=\int(\hat{B}\hat{A}\psi_1)^*\,\psi_2\,\mathrm{d}x$$

再将所得二式相加,利用算符的线性性质即得

$$\int\psi_1^*(\hat{A}\hat{B}+\hat{B}\hat{A})\psi_2\,\mathrm{d}x=\int[(\hat{B}\hat{A}+\hat{A}\hat{B})\psi_1]^*\,\psi_2\,\mathrm{d}x$$

说明 $\hat{A}\hat{B}+\hat{B}\hat{A}$ 是厄密算符,同理可证 $\mathrm{i}(\hat{A}\hat{B}-\hat{B}\hat{A})$ 为厄密算符.

7.2.3 力学量算符的本征态和本征值

一般情况下,力学量 F 在状态 ψ 中的取值是统计性的,可以取若干个可能值,各种可能值都有一定的概率,取各个可能值的概率分布由状态的波函数决定.我们把厄密算符:

$$\Delta F = \hat{F} - \langle F\rangle \tag{7.2.18}$$

称为力学量 F 在 ψ 状态下的偏差算符,表示力学量 F 的可能取值对其期望值的偏差.利用公式(7.2.8)式容易看出,偏差算符 ΔF 在 ψ 状态下的期望值为

$$\langle\Delta F\rangle = \int\psi^*\Delta F\psi\mathrm{d}x = \int\psi^*\hat{F}\psi\mathrm{d}x - \langle F\rangle\int\psi^*\psi\mathrm{d}x = 0$$

而

$$\langle(\Delta F)^2\rangle = \int\psi^*\Delta F\cdot\Delta F\psi\mathrm{d}x = \int\Delta F\psi(\Delta F\psi)^*\mathrm{d}x = \int|\Delta F\psi|^2\mathrm{d}x \geqslant 0 \tag{7.2.19}$$

在推导过程中我们已经利用了偏差算符的厄密性.

通常用 $\langle\Delta F^2\rangle$ 来表示对期望值 $\langle F\rangle$ 的偏差程度,称为力学量 F 在 ψ 态下的均方差,其方根 ΔF_s 称为均方根,表示力学量 F 取值的量子涨落.使力学量 F 的均方差为零的状态,称为力学量算符 $\hat{F}$ 的本征态,或力学量 F 的本征态.在本征态中,测量力学量 F 的结果对期望值无偏差,即力学量 F 只能取唯一确定的值 $\lambda=\langle F\rangle$,这个值称为力学量算符 $\hat{F}$ 的本征值,简称力学量 F 的本征值.

由公式(7.2.19)不难看出,如果 ψ 是 F 的本征态,则必有

$$\Delta F\psi = \hat{F}\psi - \langle F\rangle\psi = 0$$

即

$$\hat{F}\psi = \lambda\psi \tag{7.2.20}$$

方程(7.2.19)称为力学量 F 的本征方程.一般来说,本征方程只对某些特定的 λ 值才有合理的解,即才存在满足物理要求的波函数 ψ.所有能使本征方程有解的 λ 数值的集合称为力学量 F 的本征值谱,实验上所测量的力学量 F 的值,只能是其本征值谱中的数值,即本征值.满足方程(7.2.19)的状态称为与本征值 λ 相应的本征态,力学量算符的本征态具有两个非常重要的性质,其一称为正交性,即如果 ψ_1 和 ψ_2 分别是与力学量 F 的两个不同本征值 λ_1 和 λ_2 相对应的本征态,则波函数 ψ_1 和 ψ_2 满足关系:

$$\int \psi_1^* \psi_2 \mathrm{d}x = 0 \tag{7.2.21}$$

其证明如下：

由本征态的定义，我们有 $\hat{F}\psi_1 = \lambda_1 \psi_1$，$\hat{F}\psi_2 = \lambda_2 \psi_2$. 因此

$$\int (\hat{F}\psi_1)^* \psi_2 \mathrm{d}x = \lambda_1 \int \psi_1^* \psi_2 \mathrm{d}x, \quad \int \psi_1 \hat{F}\psi_2 \mathrm{d}x = \lambda_2 \int \psi_1^* \psi_2 \mathrm{d}x$$

利用厄密算符的性质，可以看出上面二个式子的左端相等，因此有

$$\lambda_1 \int \psi_1^* \psi_2 \mathrm{d}x = \lambda_2 \int \psi_1^* \psi_2 \mathrm{d}x$$

即

$$(\lambda_1 - \lambda_2) \int \psi_1^* \psi_2 \mathrm{d}x = 0$$

因为 $\lambda_1 \neq \lambda_2$，故 $\lambda_1 - \lambda_2$ 不为零，要使上式成立，必须有 $\int \psi_1^* \psi_2 \mathrm{d}x = 0$，这就是我们要证明的.

如果力学量的本征态都已归一化，则正交性公式(7.2.21)可以改写为

$$\int \psi_i^* \psi_j \mathrm{d}x = \delta_{ij} \tag{7.2.22}$$

式中，ψ_1 和 ψ_2 为 F 的任意两个本征态，对应的本征值分别为 λ_i 和 λ_j. 当 $i \neq j$ 时，由正交性可知积分为零；当 $i = j$ 时，由归一化条件可知积分为 1. 公式(7.2.22)概括了这两方面的特征，称为本征态的正交归一性关系. 以后我们总是假定力学量算符的本征态是已经归一化的，除非有相反的说明.

本征态的另一个重要性质称为完全性. 所谓完全性的含义是，可以用厄密算符 F 的本征态 ψ_i 线性组合成任意给定的状态，即任意给定的波函数 ψ 均可表示为

$$\psi(x) = \sum_i c_i \psi_i(x) \tag{7.2.23}$$

这里求和是对所有本征态进行. 将完全性关系(7.2.23)式两边乘以 $\psi_j^*(x)$ 再积分，即可以得到

$$\int \psi_j^*(x) \psi(x) \mathrm{d}x = \sum_i c_i \int \psi_j^*(x) \psi_i(x) \mathrm{d}x = c_j \tag{7.2.24}$$

最后一步利用了正交归一性关系(7.2.22).

公式(7.2.23)和(7.2.24)给出了把一个给定的波函数按力学量 F 的本征态 ψ_i 线性展开的具体方法. 其中展开系数 c_i 的物理意义是概率幅，即在 $\psi(x)$ 态中，测量力学量 F 得到本征值 λ_i 的概率为

$$P_i = |c_i|^2 \tag{7.2.25}$$

换句话说,系数 c_i 的模平方给出了力学量 F 可能值的概率分布.按统计平均的定义,在 ψ 态下,力学量 F 的期望值也可以表示为

$$\langle F\rangle = \sum_i \lambda_i P_i = \sum_i \lambda_i |c_i|^2 \tag{7.2.26}$$

例 7.2.3 证明力学量的期望值公式(7.2.26).

解 将完全性公式(7.2.23)代入期望值公式(7.2.8),得到

$$\langle F\rangle = \int \psi^* \hat{F}\psi \mathrm{d}x = \int \Big(\sum_i c_i\psi_i\Big)^* F\Big(\sum_i c_j\psi_j\Big)\mathrm{d}x = \sum_i\sum_j c_i^* c_j \int \psi_i^* F\psi_j \mathrm{d}x$$

考虑到 ψ_j 是 F 的本征态,对应的本征值为 λ_j,因此 $\int \psi_i^* \hat{F}\psi_j \mathrm{d}x = \int \psi_i^* \lambda_j \psi_j \mathrm{d}x = \lambda_j \delta_{ij}$.将结果代入上式,即得

$$\langle F\rangle = \sum_i\sum_j c_i^* c_j \lambda_j \delta_{ij} = \sum_i c_i^* c_i \lambda_i = \sum_i \lambda_i |c_i|^2$$

这就是所要证明的,在证明过程中我们已经假定波函数是归一化的.

例 7.2.4 求动量 p_x 的本征值和本征态.

解 动量 p_x 的本征方程为 $\hat{p}_x\psi(x) = -\mathrm{i}\hbar\psi'(x) = \lambda\psi(x)$,由此可以解出本征态为 $\psi_k(x) = \mathrm{e}^{\mathrm{i}kx}$,归一化后成为 $\psi_k(x) = \mathrm{e}^{\mathrm{i}kx}/\sqrt{2\pi}$;对应的本征值为 $\lambda = \hbar k$($k \in \mathbf{R}$).这个结果与前面用德布罗意关系分析的结果完全一致,表明了量子力学理论的自洽性.

例 7.2.5 求状态 $\psi(x) = 2\mathrm{e}^{\mathrm{i}kx} - \mathrm{e}^{2\mathrm{i}kx} + 2\mathrm{i}\mathrm{e}^{3\mathrm{i}kx}$ 中动量 p_x 的可能取值、对应的概率和期望值.

解 利用(7.1.13)式,波函数可以改写为

$$\psi(x) = 2\mathrm{e}^{\mathrm{i}kx} - \mathrm{e}^{2\mathrm{i}kx} + 2\mathrm{i}\mathrm{e}^{3\mathrm{i}kx} = \sqrt{2\pi}[2\psi_k(x) - \psi_{2k}(x) + 2\mathrm{i}\psi_{3k}(x)]$$

由此可见动量 p_x 的可能取值 $p_{x,n}$ 为 $\hbar k, 2\hbar k, 3\hbar k$,对应的叠加系数 c_n 分别为 $2\sqrt{2\pi}, -\sqrt{2\pi}, 2\mathrm{i}\sqrt{2\pi}$.由于 $\sum |c_n|^2 = 18\pi \neq 1$,因此波函数未归一化.归一化后得到概率 $P_n = |c_n|^2 / \sum |c_n|^2$ 分别是 $\frac{4}{9}, \frac{1}{9}, \frac{4}{9}$,代入期望值公式后得到 $\langle p_x\rangle = \sum_n P_n p_{x,n} = 2\hbar k$.

上述分析过程可以列表 7.1 显示.

表 7.1

$\psi_n(x)$	e^{ikx}	e^{2ikx}	e^{3ikx}	$\psi(x)=2e^{ikx}-e^{2ikx}+2ie^{3ikx}$
c_n	2	−1	$2i$	$\sum\|c_n\|^2=9$
P_n	$\frac{4}{9}$	$\frac{1}{9}$	$\frac{4}{9}$	$\sum P_n=1$
$p_{x,n}$	$\hbar k$	$2\hbar k$	$3\hbar k$	$\langle p_x\rangle=\frac{4}{9}\hbar k+\frac{1}{9}2\hbar k+\frac{4}{9}3\hbar k=2\hbar k$

表 7.1 中已经将共同的因子 $\sqrt{2\pi}$ 略去了.

7.2.4　对易关系与不确定关系

算符运算与代数运算的最大区别是前者的乘法不一定可以交换,算符 $\hat{A}$ 与 $\hat{B}$ 的积 $\hat{A}\hat{B}$ 和 $\hat{B}\hat{A}$ 之差集中反映了这个差别,我们把它称为 $\hat{A}$ 和 $\hat{B}$ 的对易关系,或对易子.对易子通常也是一个算符,记为

$$[\hat{A},\hat{B}]=\hat{A}\hat{B}-\hat{B}\hat{A} \tag{7.2.27}$$

具有反对称性

$$[\hat{B},\hat{A}]=-[\hat{A},\hat{B}] \tag{7.2.28}$$

和线性性

$$[\hat{A},\alpha\hat{B}+\beta\hat{C}]=\alpha[\hat{A},\hat{B}]+\beta[\hat{A},\hat{C}] \tag{7.2.29}$$

可以证明算符乘积的对易子

$$[\hat{A},\hat{B}\hat{C}]=[\hat{A},\hat{B}]\hat{C}+\hat{B}[\hat{A},\hat{C}] \tag{7.2.30}$$

在量子力学中,最基本的力学量算符是坐标的分量 $\hat{x},\hat{y},\hat{z}$ 和动量的分量 $\hat{p}_x$, $\hat{p}_y,\hat{p}_z$,因此,它们之间的对易关系也是量子力学中最基本的对易关系.我们先讨论 $\hat{x}$ 和 $\hat{p}_x$ 的对易关系,$\hat{p}_x$ 是个微分算符,$\hat{x}$ 对波函数的作用是相乘,如果把这两个算符作用于同一个波函数,则所得结果决定于这两个算符作用的顺序,即对任一波函数 ψ,有

$$\hat{x}\hat{p}_x\psi=\frac{\hbar}{\mathrm{i}}x\frac{\partial\psi}{\partial x},\quad \hat{p}_x\hat{x}\psi=\frac{\hbar}{\mathrm{i}}\frac{\partial}{\partial x}(x\psi)=\frac{\hbar}{\mathrm{i}}x\frac{\partial\psi}{\partial x}+\frac{\hbar}{\mathrm{i}}\psi$$

这两个结果并不相同,两者之差为

$$\hat{x}\hat{p}_x\psi-\hat{p}_x\hat{x}\psi=\mathrm{i}\hbar\psi$$

由于 ψ 是任意的波函数,我们可把上式抽象为

$$[\hat{x},\hat{p}_x]=\hat{x}\hat{p}_x-\hat{p}_x\hat{x}=\mathrm{i}\hbar \tag{7.2.31}$$

同样的讨论可以得到

$$\left.\begin{aligned}[\hat{y},\hat{p}_y] &= \hat{y}\hat{p}_y - \hat{p}_y\hat{y} = \mathrm{i}\hbar \\ [\hat{z},\hat{p}_z] &= \hat{z}\hat{p}_z - \hat{p}_z\hat{z} = \mathrm{i}\hbar\end{aligned}\right\} \tag{7.2.31a}$$

以及

$$\begin{aligned}&[\hat{x},\hat{p}_y] = [\hat{x},\hat{p}_z] = [\hat{y},\hat{p}_x] = [\hat{y},\hat{p}_z] = [\hat{z},\hat{p}_x] = [\hat{z},\hat{p}_y] = 0 \\ &[\hat{x},\hat{y}] = [\hat{y},\hat{z}] = [\hat{z},\hat{x}] = 0 \\ &[\hat{p}_x,\hat{p}_y] = [\hat{p}_y,\hat{p}_z] = [\hat{p}_z,\hat{p}_x] = 0\end{aligned} \tag{7.2.32}$$

以上三式说明动量分量与它所对应的坐标是不对易的，而与它不对应的坐标是对易的；坐标各分量之间是对易的，动量各分量之间也是对易的.

力学量一般都是坐标和动量的函数，知道了坐标和动量之间的对易关系后，就可以得出其他力学量之间的对易关系.例如，角动量算符 $\hat{L}_x$ 与 $\hat{L}_y$ 之间的对易关系是

$$\begin{aligned}[\hat{L}_x,\hat{L}_y] &= \hat{L}_x\hat{L}_y - \hat{L}_y\hat{L}_x = (\hat{y}\hat{p}_z - \hat{z}\hat{p}_y)(\hat{z}\hat{p}_x - \hat{x}\hat{p}_z) \\ &\quad - (\hat{z}\hat{p}_x - \hat{x}\hat{p}_z)(\hat{y}\hat{p}_z - \hat{z}\hat{p}_y) \\ &= \hat{y}\hat{p}_z\hat{z}\hat{p}_x - \hat{y}\hat{p}_z\hat{x}\hat{p}_z - \hat{z}\hat{p}_y\hat{z}\hat{p}_x + \hat{z}\hat{p}_y\hat{x}\hat{p}_z - \hat{z}\hat{p}_x\hat{y}\hat{p}_z \\ &\quad + \hat{z}\hat{p}_x\hat{z}\hat{p}_y + \hat{x}\hat{p}_z\hat{y}\hat{p}_z - \hat{x}\hat{p}_z\hat{z}\hat{p}_y \\ &= \hat{y}\hat{p}_z\hat{z}\hat{p}_x + \hat{z}\hat{p}_y\hat{x}\hat{p}_z - \hat{z}\hat{p}_x\hat{y}\hat{p}_z - \hat{x}\hat{p}_z\hat{z}\hat{p}_y \\ &= (\hat{z}\hat{p}_z - \hat{p}_z\hat{z})(\hat{x}\hat{p}_y - \hat{y}\hat{p}_x) = \mathrm{i}\hbar\hat{L}_z\end{aligned} \tag{7.2.33}$$

同理可得

$$[\hat{L}_y,\hat{L}_z] = \mathrm{i}\hbar\hat{L}_x,\quad [\hat{L}_z,\hat{L}_x] = \mathrm{i}\hbar\hat{L}_y \tag{7.2.33a}$$

上面三式可以合写为一个矢量公式

$$\hat{\boldsymbol{L}} \times \hat{\boldsymbol{L}} = \mathrm{i}\hbar\,\hat{\boldsymbol{L}} \tag{7.2.34}$$

而角动量平方算符 $\boldsymbol{L}^2$ 和角动量分量 $\hat{L}_x,\hat{L}_y,\hat{L}_z$ 都是对易的

$$[\hat{L}^2,L_x] = 0,\ [\hat{L}^2,\ L_y] = 0,\ [\hat{L}^2,\ L_z] = 0 \text{ 或 } [\hat{L}^2,\hat{\boldsymbol{L}}] = 0 \tag{7.2.35}$$

这三个等式读者可以自己验证一下.

当两个算符 $\hat{F}$ 和 $\hat{G}$ 不对易时，一般来说它们不能同时有确定值，即不存在共同的本征态.设两者的对易关系为

$$\hat{F}\hat{G} - \hat{G}\hat{F} = \mathrm{i}\hat{K} \tag{7.2.36}$$

可以证明这里 $\hat{K}$ 是一个厄密算符或普通的实数,以 $\langle F\rangle$、$\langle G\rangle$ 和 $\langle K\rangle$ 分别表示 $\hat{F}$、$\hat{G}$ 和 $\hat{K}$ 在态 ψ 中的期望值. 令

$$\Delta\hat{F}=\hat{F}-\langle F\rangle,\quad \Delta\hat{G}=\hat{G}-\langle G\rangle$$

考虑积分:

$$I(\xi)=\int|(\xi\Delta\hat{F}-i\Delta\hat{G})\psi|^2\mathrm{d}\tau\geqslant 0 \tag{7.2.37}$$

式中,ξ 是实参数,积分区域是变量变化的整个空间. 因被积函数是绝对值的平方,所以积分 $I(\xi)$ 大于等于零,将积分中的平方项展开,得到

$$\begin{aligned}I(\xi)&=\int(\xi\Delta\hat{F}\psi-\mathrm{i}\Delta\hat{G}\psi)[\xi(\Delta\hat{F}\psi)^*+\mathrm{i}(\Delta\hat{G}\psi)^*]\mathrm{d}\tau\\&=\xi^2\int(\Delta\hat{F}\psi)(\Delta\hat{F}\psi)^*\mathrm{d}\tau-\mathrm{i}\xi\int[(\Delta\hat{G}\psi)(\Delta\hat{F}\psi)^*-(\Delta\hat{F}\psi)(\Delta\hat{G}\psi)^*]\mathrm{d}\tau\\&\quad+\int(\Delta\hat{G}\psi)(\Delta\hat{G}\psi)^*\mathrm{d}\tau\end{aligned}$$

注意到 $\Delta\hat{F}$ 和 $\Delta\hat{G}$ 都是厄密算符,利用(7.2.16)式,得到

$$I(\xi)=\xi^2\int\psi^*(\Delta\hat{F})^2\psi\mathrm{d}\tau-\mathrm{i}\xi\int\psi^*(\Delta\hat{F}\Delta\hat{G}-\Delta\hat{G}\Delta\hat{F})\psi\mathrm{d}\tau+\int\psi^*(\Delta\hat{G})^2\psi\mathrm{d}\tau$$

因为

$$\begin{aligned}\Delta\hat{F}\Delta\hat{G}-\Delta\hat{G}\Delta\hat{F}&=(\hat{F}-\langle F\rangle)(\hat{G}-\langle G\rangle)-(\hat{G}-\langle G\rangle)(\hat{F}-\langle F\rangle)\\&=\hat{F}\hat{G}-\hat{G}\hat{F}=\mathrm{i}\hat{K}\end{aligned}$$

于是有

$$I(\xi)=\langle\Delta\hat{F}^2\rangle\xi^2+\langle K\rangle\xi+\langle\Delta\hat{G}^2\rangle\geqslant 0$$

上述不等式对任何 ξ 都成立的条件是系数必须满足下列关系

$$\langle(\Delta\hat{F})^2\rangle\cdot\langle(\Delta\hat{G})^2\rangle\geqslant\frac{1}{4}\langle K\rangle^2 \tag{7.2.38}$$

如果 $\langle K\rangle$ 不为零,则 $\hat{F}$ 和 $\hat{G}$ 的均方偏差不会同时为零,它们的乘积要大于一正数. 上式就是著名的不确定关系,反映了微观粒子波粒二象性对力学量测量的限制.

将上述关系应用于坐标和动量,因为 $\hat{x}\hat{p}_x-\hat{p}_x\hat{x}=\mathrm{i}\hbar$,故有

$$\langle(\Delta\hat{x})^2\rangle\cdot\langle(\Delta\hat{p}_x)^2\rangle\geqslant\frac{\hbar^2}{4} \tag{7.2.39}$$

上式可以简写为

$$\Delta x\cdot\Delta p_x\geqslant\frac{\hbar}{2} \tag{7.2.39a}$$

这是不确定关系最常用的形式.

当两个力学量算符相互对易时，可以同时有确定值，即存在着共同的本征态，而且这些本征态的集合还具有完全性.具体地说，可以分为三种情况：

（ⅰ）当这两个力学量完全独立，即它们分享两个不同的自由度时，共同本征态等于各自本征态之积.例如，力学量 p_x 的本征态为 $\frac{1}{\sqrt{2\pi}}e^{ik_x x}$，力学量 p_y 的本征态为 $\frac{1}{\sqrt{2\pi}}e^{ik_y y}$，两者完全独立，共同本征态为 $\frac{1}{2\pi}e^{ik_x x}e^{ik_y y}$.

（ⅱ）当这两个力学量完全不独立，即它们共享一个自由度时，它们本征态相同（或者可化为相同的形式）.例如，力学量 p_x 的本征态为 $\frac{1}{\sqrt{2\pi}}e^{ik_x x}$，力学量 $T=\frac{1}{2m}p_x^2$ 与 p_x 具有确定的函数关系，两者完全不独立，后者的本征态也是 $\frac{1}{\sqrt{2\pi}}e^{ik_x x}$.

（ⅲ）当这两个力学量不完全独立，它们共享二个自由度时，这时问题比较复杂.例如，力学量 $\hat{L}^2$ 与 $\hat{L}_z$，具体情况将在第 9 章研究.

在经典力学中，一个 n 自由度问题需要 n 个广义坐标和 n 个广义动量共 $2n$ 个独立变量来描述.但在量子力学中，广义坐标和与之对应的广义动量不能同时确定，因此一对共轭变量中只能有一个能作为独立变量，出现在波函数内；另一个作为算符，作用在波函数上.一般来说，n 个自由度的系统可以选出 n 个独立的力学量算符，它们彼此相互对易，共同本征态具有完备性，我们称这些力学量组成了该系统的一个力学量完备集.

例 7.2.6 证明公式(7.2.30).

解 按照定义(7.2.27)式，容易推出

$$[\hat{A},\hat{B}\hat{C}]=\hat{A}\hat{B}\hat{C}-\hat{B}\hat{C}\hat{A}=\hat{A}\hat{B}\hat{C}-\hat{B}\hat{A}\hat{C}+\hat{B}\hat{A}\hat{C}-\hat{B}\hat{C}\hat{A}$$
$$=(\hat{A}\hat{B}-\hat{B}\hat{A})\hat{C}+\hat{B}(\hat{A}\hat{C}-\hat{C}\hat{A})=[\hat{A},\hat{B}]\hat{C}+\hat{B}[\hat{A},\hat{C}]$$

例 7.2.7 证明对易关系 $[x,\hat{p}^n]=ni\hbar\,\hat{p}^{n-1}$.

解 当 $n=1$ 时命题显然成立，设当 $n=k$ 时命题成立，即 $[x,\hat{p}^k]=ki\hbar\,\hat{p}^{k-1}$，则利用公式(7.2.30)容易推出 $[x,\hat{p}^{k+1}]=[x,\hat{p}^k]\hat{p}+\hat{p}^k[x,\hat{p}]=ki\hbar\,\hat{p}^{k-1}\cdot\hat{p}+\hat{p}^k i\hbar\,\hat{p}=(k+1)i\hbar\,\hat{p}^k$，因此命题普遍成立.这个关系也可以写成导数形式 $[x,\hat{p}^n]=i\hbar(\hat{p}^n)'$，根据对易关系的线性性(7.2.29)，可以将结果推广为 $[x,f(\hat{p})]=i\hbar f'(\hat{p})$.

例 7.2.8 利用不确定关系估算一维简谐振子的基态能量.

解　一维简谐振子的哈密顿算符为 $\hat{H}=\frac{1}{2\mu}\hat{p}_x^2+\frac{1}{2}\mu\omega^2\hat{x}^2$，取期望值后得到能量表达式 $E=\frac{1}{2\mu}\langle\hat{p}_x^2\rangle+\frac{1}{2}\mu\omega^2\langle\hat{x}^2\rangle$. 由于粒子束缚在势阱内，因此 $\langle p_x\rangle=0$，得到 $\langle(\Delta\hat{p}_x)^2\rangle=\langle\hat{p}_x^2\rangle$；又由于势阱具有轴对称性，因此 $\langle x\rangle=0$，得到 $\langle(\Delta\hat{x})^2\rangle=\langle\hat{x}^2\rangle$. 利用(7.2.39a)式，可以推出 $E=\frac{1}{2\mu}\langle\hat{p}_x^2\rangle+\frac{1}{2}\mu\omega^2\langle\hat{x}^2\rangle\geqslant\frac{1}{2\mu}\frac{\hbar^2}{4\langle\hat{x}^2\rangle}+\frac{1}{2}\mu\omega^2\langle\hat{x}^2\rangle\geqslant\frac{1}{2}\hbar\omega$，即基态能量的估计值为 $E=\frac{1}{2}\hbar\omega$.

7.3　薛定谔方程

7.3.1　薛定谔方程的建立

在经典力学中，当质点在某一时刻的状态为已知时，由质点的运动微分方程就可以求出以后任一时刻质点的状态；在量子力学中的情况也是这样，当微观粒子在某一时刻的状态为已知时，以后时刻粒子所处的状态也可由一个微分方程来决定. 所不同的是，在经典力学中质点的状态用质点的坐标和速度来描写，其运动微分方程就所熟知的牛顿第二定律；而在量子力学中微观粒子的状态用波函数来描写，决定状态变化的方程不再是牛顿运动定律，而是下面我们要建立的薛定谔方程.

作为突破口，先考察与自由粒子对应的单色平面波(7.1.21). 利用德布罗意关系，我们得到

$$\begin{cases}\mathrm{i}\hbar\dfrac{\partial}{\partial t}\psi_{\boldsymbol{k}}(\boldsymbol{r},t)=\hbar\omega\psi_{\boldsymbol{k}}(\boldsymbol{r},t)=E\psi(\boldsymbol{r},t)\\[2mm]\dfrac{\hbar}{\mathrm{i}}\nabla\psi_{\boldsymbol{k}}(\boldsymbol{r},t)=\hbar\boldsymbol{k}\psi_{\boldsymbol{k}}(\boldsymbol{r},t)=\boldsymbol{p}\psi_{\boldsymbol{k}}(\boldsymbol{r},t)\\[2mm]-\hbar^2\nabla^2\psi_{\boldsymbol{k}}(\boldsymbol{r},t)=\hbar^2k^2\psi_{\boldsymbol{k}}(\boldsymbol{r},t)=p^2\psi_{\boldsymbol{k}}(\boldsymbol{r},t)\end{cases}\tag{7.3.1}$$

在经典力学中，自由粒子的能量 E 与动量 $\boldsymbol{p}$ 满足关系：

$$E=\frac{\boldsymbol{p}^2}{2m}\tag{7.3.2}$$

其中，m 为粒子的质量. 由此得到

$$\mathrm{i}\hbar\frac{\partial}{\partial t}\psi_k(\boldsymbol{r},t)=-\frac{\hbar^2}{2m}\nabla^2\psi_k(\boldsymbol{r},t)\tag{7.3.3}$$

上式虽然是由单色平面波导出的,但是由于一般的波函数都可以分解为单色平面波的叠加,因此可以猜想它对一般自由粒子的概率波都正确.

在非自由粒子的情况下,经典力学给出

$$E=\frac{\boldsymbol{p}^2}{2m}+V(\boldsymbol{r})\tag{7.3.4}$$

其中,$V(\boldsymbol{r})$为粒子的势能.于是方程(7.3.3)应该推广为

$$\mathrm{i}\hbar\frac{\partial}{\partial t}\psi(\boldsymbol{r},t)=-\frac{\hbar^2}{2m}\nabla^2\psi(\boldsymbol{r},t)+V\psi(\boldsymbol{r},t)=\hat{H}\psi(\boldsymbol{r},t)\tag{7.3.5}$$

式中的 $\hat{H}$ 为哈密顿算符,由(7.2.12)式定义.上述方程是由薛定谔首先得到的,给出了微观粒子的概率波所遵循的一般规律,通常称为薛定谔方程.

在一维情况下,薛定谔方程(7.3.5)简化为

$$\mathrm{i}\hbar\frac{\partial}{\partial t}\psi(x,t)=-\frac{\hbar^2}{2m}\frac{\partial^2}{\partial x^2}\psi(x,t)+V\psi(x,t)\tag{7.3.6}$$

从薛定谔方程的建立过程可以看出,它并不是通过逻辑推理得出来的.把自由粒子的特殊结论推广到一般情况,这种做法似乎没有充分的根据,只能说是一个猜想.它的正确性是通过在各种情况下运用方程所得到的结果与实验相符合,从而得到验证的.

例 7.3.1　试建立相对论自由粒子概率波的一般方程.

解　在相对论力学中,自由粒子的能量 E 与动量 $\boldsymbol{p}$ 满足关系 $E^2=m^2c^4+p^2c^2$,根据(7.3.1)式可得 $-\hbar^2\dfrac{\partial^2}{\partial t^2}\psi(x,t)=-\hbar^2c^2\dfrac{\partial^2}{\partial x^2}\psi(x,t)+\hbar^2c^4\psi(x,t)$,这个方程虽然是从单色波得到的,但是可以推广到一般自由粒子概率波的运动.

例 7.3.2　写出与经典哈密顿 $H=p_x^2/(2m)+axp_x$ 对应的薛定谔方程.

解　按照对应法则 $E\to\mathrm{i}\hbar\dfrac{\partial}{\partial t}$, $p_x\to-\mathrm{i}\hbar\dfrac{\partial}{\partial x}$,可以写出 $\mathrm{i}\hbar\dfrac{\partial\psi}{\partial t}=-\dfrac{\hbar^2}{2m}\dfrac{\partial^2\psi}{\partial x^2}-\mathrm{i}\hbar ax\dfrac{\partial\psi}{\partial x}$.然而,这个结果并不正确,原因是与 xp_x 对应的算符 $\hat{x}\hat{p}_x=x\cdot\dfrac{\hbar}{\mathrm{i}}\dfrac{\partial}{\partial x}$不是厄密算符,不能表示力学量.这时,我们可以利用例 7.2.2 的结果进行厄密化处理,即将 xp_x 写成$\dfrac{1}{2}(xp_x+p_xx)$,再按照对应法则进行量子化处理,结果为 $\mathrm{i}\hbar\dfrac{\partial\psi}{\partial t}=-\dfrac{\hbar^2}{2m}\dfrac{\partial^2\psi}{\partial x^2}+\dfrac{\hbar a}{2\mathrm{i}}\left[x\dfrac{\partial\psi}{\partial x}+\dfrac{\partial}{\partial x}(x\psi)\right]$.

7.3.2　概率流守恒定律

在讨论了状态或波函数随时间变化的规律之后，下面进一步讨论粒子在一定空间区域内出现的概率将怎样随时间变化的.

设描写粒子状态的波函数为 $\psi(\boldsymbol{r},t)$，则在时刻 t 粒子的概率密度为

$$\rho(\boldsymbol{r},t)=\psi^*(\boldsymbol{r},t)\psi(\boldsymbol{r},t) \tag{7.3.7}$$

概率密度随时间的变化率是

$$\frac{\partial\rho}{\partial t}=\psi^*\frac{\partial\psi}{\partial t}+\frac{\partial\psi^*}{\partial t}\psi \tag{7.3.8}$$

将薛定谔方程(7.3.5)式和它的复共轭方程

$$-\mathrm{i}\hbar\frac{\partial\psi^*}{\partial t}=(\hat{H}\psi)^*=-\frac{\hbar^2}{2m}\nabla^2\psi^*+V(r)\psi^*$$

代入(7.3.8)式，即可得

$$\frac{\partial\rho}{\partial t}=\frac{\mathrm{i}\hbar}{2m}(\psi^*\nabla^2\psi-\psi\nabla^2\psi^*)=\frac{\mathrm{i}\hbar}{2m}\nabla\cdot(\psi^*\nabla\psi-\psi\nabla\psi^*) \tag{7.3.9}$$

定义矢量

$$\boldsymbol{J}=\frac{\mathrm{i}\hbar}{2m}(\psi\nabla\psi^*-\psi^*\nabla\psi) \tag{7.3.10}$$

则(7.3.9)式可改写为

$$\frac{\partial\rho}{\partial t}+\nabla\cdot\boldsymbol{J}=0 \tag{7.3.11}$$

上述方程与电荷守恒定律形式相同，其中概率密度与电荷密度相对应，矢量 $\boldsymbol{J}$ 与电流密度相对应，可以解释为概率流密度，表示单位时间通过单位截面的概率通量.

我们将上式对空间任意体积 V 求积分，得到

$$\iiint_V\frac{\partial\rho}{\partial t}\mathrm{d}\tau=\frac{\mathrm{d}}{\mathrm{d}t}\iiint_V\rho\mathrm{d}\tau=-\iiint_V\nabla\cdot\boldsymbol{J}\mathrm{d}\tau$$

应用矢量分析中的高斯定理，得到

$$\frac{\mathrm{d}}{\mathrm{d}t}\iiint_V\rho\mathrm{d}\tau=-\oint\!\!\!\oint_\Sigma\boldsymbol{J}\cdot\mathrm{d}\boldsymbol{S} \tag{7.3.12}$$

上式中的面积分是对包围体积 V 的封闭曲面 Σ 进行的，(7.3.12)式的左边表示单位时间内体积 V 中概率的增加，右边是概率流密度矢量 J 在体积 V 的边界面 Σ 上向内的通量. 因此，上式的物理意义为：任意区域内概率的增加量等于从外部流入的概率，即外部概率的减少量，系统的总概率是守恒的.

对归一化的波函数,其在无穷远处的波函数为零,相应的概率密度 ρ 和概率流密度 J 也为零,故我们可以把积分区域 V 扩展为整个空间,有

$$\frac{\mathrm{d}}{\mathrm{d}t}\iiint_{\infty}\rho\mathrm{d}\tau = -\oiint_{\infty}\boldsymbol{J}\cdot\mathrm{d}\boldsymbol{S} = 0 \tag{7.3.13}$$

即在整个空间内找到粒子的概率与时间无关,在初始时刻为归一化的波函数,在任何时刻都将保持归一化.这个性质称为概率守恒定律,而其微分形式(7.3.11)式通常称为概率流守恒定律.

到目前为止,我们只提到粒子的状态可以用波函数来描写,至于怎样的函数才能作为波函数,或波函数一般应满足哪些条件则未涉及.现在,有了薛定谔方程和概率流守恒定律之后,就可以讨论这个问题了.由于概率密度和概率流密度应该为单值和有界的函数,所以波函数必须在变量变化的全部区域内都是单值、有界和连续(通常还包括其导数)的函数,这三个条件称为波函数的标准条件.在具体求解量子力学的问题中,波函数的标准条件起重要的作用.

7.3.3 力学量期望值随时间的演化和守恒定律

在波函数 $\psi(\boldsymbol{r},t)$ 所描述的状态中,力学量 $\hat{F}$ 的期望值为

$$\langle F\rangle = \int\psi^*(\boldsymbol{r},t)\hat{F}\psi(\boldsymbol{r},t)\mathrm{d}\tau \tag{7.3.14}$$

由于力学量 F 通常不是时间 t 的显函数.因此,其期望值对时间 t 的导数为

$$\frac{\mathrm{d}\langle F\rangle}{\mathrm{d}t} = \int\frac{\partial\psi^*}{\partial t}\hat{F}\psi\mathrm{d}\tau + \int\psi^*\hat{F}\frac{\partial\psi}{\partial t}\mathrm{d}\tau \tag{7.3.15}$$

利用薛定谔方程及其复共轭方程,可得

$$\frac{\mathrm{d}\langle F\rangle}{\mathrm{d}t} = -\frac{1}{\mathrm{i}\hbar}\int(\hat{H}\psi)^*\hat{F}\psi\mathrm{d}\tau + \frac{1}{\mathrm{i}\hbar}\int\psi^*\hat{F}\hat{H}\psi\mathrm{d}\tau \tag{7.3.16}$$

考虑到哈密顿算符是厄密算符,得到

$$\int(\hat{H}\psi)^*\hat{F}\psi\mathrm{d}\tau = \int\psi^*\hat{H}\hat{F}\psi\mathrm{d}\tau$$

将上式代入(7.3.15)式后,即有

$$\mathrm{i}\hbar\frac{\mathrm{d}\langle F\rangle}{\mathrm{d}t} = \int\psi^*\hat{F}\hat{H}\psi\mathrm{d}\tau - \int\psi^*\hat{H}\hat{F}\psi\mathrm{d}\tau = \int\psi^*[\hat{F},\hat{H}]\psi\mathrm{d}\tau = \langle[\hat{F},\hat{H}]\rangle \tag{7.3.17}$$

由于上式对所有的状态都成立,因此可以写成抽象的形式

$$\mathrm{i}\hbar\frac{\mathrm{d}\hat{F}}{\mathrm{d}t} = [\hat{F},\hat{H}] \tag{7.3.17a}$$

公式(7.3.17)给出了力学量的期望值随时间变化的规律,即任意不显含时间的力学量 F 的期望值对时间的导数正比于该力学量算符与哈密顿算符的对易关系的期望值.如果力学量 F 与哈密顿算符可以交换,即

$$[\hat{F},\hat{H}] = 0 \tag{7.3.18}$$

则由(7.3.17)式可得

$$\frac{\mathrm{d}\langle F\rangle}{\mathrm{d}t} = 0 \tag{7.3.19}$$

即力学量 F 在任意态中的期望值均不随时间变化,我们称满足条件(7.3.18)的力学量为守恒量,而(7.3.19)式给出了在量子力学中的守恒定律.

下面,我们举出了几个守恒量的具体例子:

(ⅰ) 自由粒子的动量

当粒子不受外力作用时,它的哈密顿算符是 $\hat{H}=\hat{\boldsymbol{p}}^2/2m$,因而有

$$\frac{\mathrm{d}\langle\hat{\boldsymbol{p}}\rangle}{\mathrm{d}t} = \frac{1}{\mathrm{i}\hbar}\langle[\hat{\boldsymbol{p}},\hat{H}]\rangle = 0 \tag{7.3.20}$$

所以,自由粒子的动量是守恒量,这就是量子力学中的动量守恒定律.

(ⅱ) 稳定保守系统的能量

对于一个稳定的保守系,其哈密顿算符不显含时间 t.因此体系的能量期望值满足

$$\frac{\mathrm{d}\bar{E}}{\mathrm{d}t} = \frac{\mathrm{d}\langle\hat{H}\rangle}{\mathrm{d}t} = \frac{1}{\mathrm{i}\hbar}\langle[\hat{H},\hat{H}]\rangle = 0 \tag{7.3.21}$$

因而,体系的能量是守恒量,这就是量子力学中的能量守恒定律.

例 7.3.3　将公式(7.3.17a)推广到力学量显含时间的情况.

解　现在,(7.3.15)式需要改写为

$$\frac{\mathrm{d}\langle F\rangle}{\mathrm{d}t} = \int\psi^*\frac{\partial\hat{F}}{\partial t}\psi\mathrm{d}\tau + \int\frac{\partial\psi^*}{\partial t}\hat{F}\psi\mathrm{d}\tau + \int\psi^*\hat{F}\frac{\partial\psi}{\partial t}\mathrm{d}\tau$$

(7.3.17)式要改写为 $\mathrm{i}\hbar\dfrac{\mathrm{d}\langle F\rangle}{\mathrm{d}t} = \mathrm{i}\hbar\langle\dfrac{\partial F}{\partial t}\rangle + \langle[\hat{F},\hat{H}]\rangle$.

7.3.4　定态和定态薛定谔方程

当粒子的势能 $V(\boldsymbol{r})$不含时间 t 时,薛定谔方程(7.3.5)可以分离变量.设

$$\psi(\boldsymbol{r},t) = \varphi(\boldsymbol{r})f(t) \tag{7.3.22}$$

代入薛定谔方程(7.3.5)中,即有

$$i\hbar\varphi(\boldsymbol{r})\frac{\mathrm{d}f(t)}{\mathrm{d}t}=\left[-\frac{\hbar^2}{2m}\nabla^2+V(\boldsymbol{r})\right]\varphi(\boldsymbol{r})\cdot f(t)=f(t)\cdot\hat{H}\varphi(\boldsymbol{r})$$

将上式两边同除以 $\varphi(\boldsymbol{r})f(t)$，得到

$$i\hbar\frac{1}{f(t)}\frac{\mathrm{d}f(t)}{\mathrm{d}t}=\frac{1}{\varphi(\boldsymbol{r})}\hat{H}\varphi(\boldsymbol{r}) \tag{7.3.23}$$

此式左边只是 t 的函数，右边只是 $\boldsymbol{r}$ 的函数，而 $\boldsymbol{r}$ 与 t 又是互相独立的自变量.要使(7.3.23)式成立，必须两边都等于同一常数.设这一常数是 E，则有

$$i\hbar\frac{1}{f(t)}\frac{\mathrm{d}f(t)}{\mathrm{d}t}=E \tag{7.3.24}$$

以及

$$\frac{1}{\varphi(\boldsymbol{r})}\hat{H}\varphi(\boldsymbol{r})=E \tag{7.3.25}$$

由(7.3.24)式解得

$$f(t)=\mathrm{e}^{-\frac{i}{\hbar}Et} \tag{7.3.26}$$

为了简单起见，我们在求解过程中已经略去了积分常数.将(7.3.26)式代入(7.3.22)式，即有

$$\psi(\boldsymbol{r},t)=\varphi(\boldsymbol{r})\mathrm{e}^{-\frac{i}{\hbar}Et} \tag{7.3.28}$$

其中时间部分提供了一个相因子，而空间部分 $\varphi(\boldsymbol{r})$满足方程(7.3.25)，即

$$\hat{H}\varphi(\boldsymbol{r})=E\varphi(\boldsymbol{r}) \tag{7.3.29}$$

显然这是体系的哈密顿算符的本征方程，因此参数 E 的物理意义为能量本征值，而 $\varphi(\boldsymbol{r})$为相应的能量本征态.当波函数由(7.3.28)式给出时，相应的概率密度为

$$\psi^*\psi=\varphi^*(\boldsymbol{r})\mathrm{e}^{\frac{i}{\hbar}Et}\cdot\varphi(\boldsymbol{r})\mathrm{e}^{-\frac{i}{\hbar}Et}=|\varphi(\boldsymbol{r})|^2 \tag{7.3.30}$$

由此可见概率密度与时间无关，即在空间各处的单位体积内找到粒子的概率是不随时间而变的，这样的状态称为定态.可以进一步证明，在定态中任何不显含时间的力学量的统计分布都不随时间而变.(7.3.28)式称为定态波函数，其空间部分 $\varphi(\boldsymbol{r})$所满足的方程(7.3.29)也称为定态薛定谔方程.

应当注意定态并不是绝对静止的状态，因为其概率分布虽然不随时间而变，但是它本身却在不断地变化，随时间变化的规律完全由相因子决定.由于定态的这一特点，我们在处理定态问题时只需要求解定态薛定谔方程(7.3.29)，即能量的本征方程.因为对于定态来说，其波函数 ψ 中的相因子完全由能量E 确定，由定态薛定谔方程不但可以解出波函数的空间部分 $\varphi(\boldsymbol{r})$，同时也求出了能量 E，而后者完全确定了波函数的时间部分.如果求概率密度，则可以直接由波函数的空间部分

得到.

总之,所谓定态是统计分布不随时间变化的状态,同时也是能量具有确定值的状态.能量本征值为最小的定态,称为该粒子的基态,其他为激发态.在通常情况下,粒子总是处于基态的;只有当粒子受到外界作用时,才会从基态变到其他定态,或者在各定态之间互相转化,这个过程称为量子跃进.定态问题的解可以由定态薛定谔方程完全确定.

例 7.3.4　粒子在一维势场中运动,其能量本征态为 $\varphi(x)=A\cosh^{-\mu}kx(\mu>0)$,求对应的能量和势能 $V(x)$.

解　由定态薛定谔方程 $-\frac{\hbar^2}{2m}\varphi''+V(x)\varphi=E\varphi$,得到

$$V(x)=\frac{\hbar^2}{2m}\frac{\varphi''}{\varphi}+E=\frac{\hbar^2}{2m}[\mu(\mu+1)k^2\tanh^2kx-\mu k^2]+E$$

取无穷远为势能零点,即

$$V(\infty)=\frac{\hbar^2}{2m}[\mu(\mu+1)k^2-\mu k^2]+E=0$$

由此推出 $E=-\hbar^2k^2\mu^2/(2m)$,代回第一式,得到势能为

$$V(x)=\frac{\hbar^2}{2m}[\mu(\mu+1)k^2\tanh^2kx-\mu k^2]-\frac{\hbar^2k^2}{2m}\mu^2=-\frac{\hbar^2k^2}{2m}\frac{\mu(\mu+1)}{\cosh^2kx}$$

例 7.3.5　证明在定态中,概率流密度与时间无关.

解　将定态波函数的一般形式(7.3.28)式代入概率流密度定义(7.3.10)式中,得到

$$\begin{aligned}\boldsymbol{J}(\boldsymbol{r},t)&=\frac{\mathrm{i}\hbar}{2m}[\varphi(\boldsymbol{r})\mathrm{e}^{-\frac{\mathrm{i}}{\hbar}Et}\nabla\varphi^*(\boldsymbol{r})\mathrm{e}^{-\frac{\mathrm{i}}{\hbar}Et}-\varphi^*(\boldsymbol{r})\mathrm{e}^{\frac{\mathrm{i}}{\hbar}Et}\nabla\varphi(\boldsymbol{r})\mathrm{e}^{-\frac{\mathrm{i}}{\hbar}Et}]\\&=\frac{\mathrm{i}\hbar}{2m}[\varphi(\boldsymbol{r})\nabla\varphi^*(\boldsymbol{r})-\varphi^*(\boldsymbol{r})\nabla\varphi(\boldsymbol{r})]=\boldsymbol{J}(\boldsymbol{r})\end{aligned}$$

容易看出,由上式得出的结果与时间无关.

又解　根据定态波函数满足关系 $\mathrm{i}\hbar\frac{\partial}{\partial t}\psi(\boldsymbol{r},t)=E\psi(\boldsymbol{r},t)$和 $\mathrm{i}\hbar\frac{\partial}{\partial t}\psi^*(\boldsymbol{r},t)=-E\psi^*(\boldsymbol{r},t)$,可推出

$$\begin{aligned}\frac{\partial\boldsymbol{J}}{\partial t}&=\frac{\mathrm{i}\hbar}{2m}\left[\frac{\partial\psi}{\partial t}\nabla\psi^*+\psi\nabla\frac{\partial\psi^*}{\partial t}-\frac{\partial\psi^*}{\partial t}\nabla\psi-\psi^*\nabla\frac{\partial\psi}{\partial t}\right]\\&=\frac{1}{2m}[E\psi\nabla\psi^*-E\psi\nabla\psi^*+E\psi^*\nabla\psi-E\psi^*\nabla\psi]=0\end{aligned}$$

注意:不能简单地由定态中概率密度 $w=|\psi(\boldsymbol{r})|^2$ 不随时间变化,就推断出概

率流密度也不随时间变化，粒子流绕 z 轴对称均匀加速转动就是一个相反的例子.

习 题 7

1. 已知粒子的波函数为 $\Psi=\begin{cases}Ax(a-x)(0<x<a)\\0\qquad(x\leqslant 0,x\geqslant a)\end{cases}$，求归一化常数 A.

2. 粒子的波函数 $\Psi=\begin{cases}Axe^{-kx}(x>0)\\0\qquad(x\leqslant 0)\end{cases}$ $(k>0)$，求位置的最概然值、期望值和方差.

3. 如果一个粒子的波函数为 $\Psi(x)=\begin{cases}A(a^2-x^2)(|x|<a)\\0\qquad(|x|\geqslant a)\end{cases}$，试求：

   (1) 期望值 $\langle x\rangle,\langle x^2\rangle,\langle p\rangle,\langle p^2\rangle$；(2) 坐标和动量的方差，将结果与不确定关系进行比较.

4. 质量为 m 的一维粒子处于状态 $\Psi(x)=A\cos^3 kx$，求动量和动能的期待值.

5. 已知粒子的状态为 $\Psi(x)=A\left(\sin^2 kx+\dfrac{1}{2}\cos kx\right)$，求粒子位置和动量的方差，并验证不确定关系.

6. 利用海森堡不确定性原理估计氢原子的基态能量.

7. 计算对易关系 $[\hat{p}_x,\hat{x}^n]$ 和 $[\hat{p}_x^2,\hat{x}^n]$.

8. 验证公式 $[\hat{L}^2,L_x]=0,[\hat{L}^2,L_y]=0,[\hat{L}^2,L_z]=0$.

9. 算符 $\hat{a}=\sqrt{\dfrac{m\omega}{2\hbar}}\left(\hat{x}+\dfrac{i}{m\omega}\hat{p}_x\right)$，写出其厄密共轭算符 $\hat{a}^+$，并计算对易关系 $[\hat{a},\hat{a}^+]$.

10. 证明算符关系 $\dfrac{1}{2}[\nabla^2,r]=\dfrac{\partial}{\partial r}+\dfrac{1}{r}$.

11. 在矢势为 $\boldsymbol{A}(\boldsymbol{r})$ 的磁场中，速度算符为 $\boldsymbol{v}=\dfrac{1}{M}(\boldsymbol{p}-q\boldsymbol{A})$，证明 $\boldsymbol{v}\times\boldsymbol{v}=\dfrac{i\hbar q}{M^2}\boldsymbol{B}$，其中，$\boldsymbol{B}=\nabla\times\boldsymbol{A}$ 为磁感应强度.

12. 若 Ψ_n,E_n 为哈密顿算符 $\hat{H}$ 的归一化本征函数和相应的本征值，而 λ 是出现在 $\hat{H}$ 中的任意参数，证明 $\dfrac{\partial E_n}{\partial\lambda}=\int\Psi_n^*\dfrac{\partial\hat{H}}{\partial\lambda}\Psi_n\,d\tau$.

13. 粒子做一维运动，哈密顿算符为 $\hat{H}=\frac{1}{2\mu}\hat{p}^2+V(x)$，定态波函数为 $\varphi_n(x)$，即 $\hat{H}\varphi_n(x)=E_n\varphi_n(x)$. 证明 $\int\varphi_n(x)\hat{p}\varphi_m(x)\mathrm{d}x = a_{n,m}\int\varphi_n(x)\hat{x}\varphi_m(x)\mathrm{d}x$，并求出比例系数.

14. 设粒子的波函数为 $\Psi(x)=c_1\mathrm{e}^{\mathrm{i}k_1x}+c_2\mathrm{e}^{\mathrm{i}k_2x}(c_1,c_2\in\mathbf{R})$，求对应的概率流密度.

15. 设定态波函数为 $\Psi(\boldsymbol{r})=\frac{1}{r}\mathrm{e}^{\mathrm{i}kr}$，计算概率流密度. 从所得结果说明这表示向外传播的球面波.

16. 设波函数 $\Psi_1(x)=A(x/a)^s\mathrm{e}^{-x/a}(x>0)$是一维势场 $V(x)$中的能量本征态，其中，s，a 为正常数，A 为归一化系数，当 $x\to\infty$ 时，$V(x)\to0$. 由此推求粒子的能量和势场.

17. 设一质点的定态波函数 $\Psi(r,\theta,\varphi)=A\mathrm{e}^{-r/a}$，其中，$A$ 和 a 均为常数. 试求出该定态的能量 E 和势能 U.

18. 证明：有心力场中角动量是守恒量.

19. 以动能与动量为例具体说明“力学量算符的本征态也是其函数的本征态，本征值的函数也是算符函数的本征值；但是其函数的本征态却不一定是该力学量算符的本征态.”

20. 质量为 M，带电量为 q 的粒子在电磁场中运动，哈密顿算符为 $\hat{H}=\frac{1}{2M}(\boldsymbol{p}-q\boldsymbol{A})+q\phi$，其中，$\boldsymbol{A}$，$\phi$ 分别为矢势和标势. 证明概率流密度为：$\boldsymbol{J}(\boldsymbol{r})=\frac{1}{M}[\Psi^*(\boldsymbol{r})(\boldsymbol{p}-q\boldsymbol{A})\Psi(\boldsymbol{r})]$.

21. 一质量为 m，带电量为 q 的粒子在均匀电场 $\boldsymbol{E}=(0,E,0)$ 和均匀磁场 $\boldsymbol{B}=(0,0,B)$中运动，磁场的矢势为 $\boldsymbol{A}=(-By,0,0)$. 写出粒子的哈密顿算符，并证明 x 和 z 方向动量算符均为守恒量.

第 8 章　一维量子运动

与在经典力学中一样，一维运动是最易于求解的一种情况. 本章具体应用薛定谔方程来讨论微观粒子的一维运动. 我们的重点是研究量子力学中的一维运动与经典力学中的一维运动有什么质的差别，从而进一步地认识微观粒子运动的一些非经典的特征. 这些特点不只在一维运动中有，在更一般的运动中依然存在. 所以，弄清一维运动的性质，对于讨论更复杂的运动也是必要的.

下面就用定态薛定谔方程来研究几个一维量子运动问题.

8.1　一维无限深方势阱

8.1.1　物理模型

本节讨论在势阱作用下的粒子的运动，考虑一个如图 8.1 所示的势阱. 如果 $E<0$，则经典粒子在势阱中做周期性的束缚运动；按量子力学，$E<0$ 的微观粒子也在势阱中做束缚运动，粒子不能远离势阱区，这种状态称为束缚态. 然而，经典的束缚运动与量子的束缚运动有很大差别：做束缚运动的经典粒子可以具有 $V_m<E<0$ 范围内的任何能量，而处于束缚态的微观粒子的能量不能具有任意值，只能具有一系列不连续的数值 E_1，E_2，…，这种现象称为能量的量子化. 下面通过一个简单的模型来说明这种量子化现象.

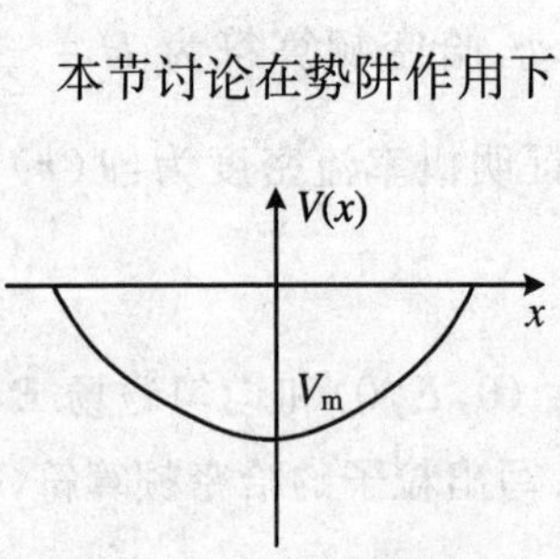

图 8.1　一维势阱

金属中的自由电子被限制在金属内部有限范围内的运动，作为粗略的近似，可以认为它在金属内部不受力，势能为零；但电子要逸出金属表面，必须克服正电荷

的引力做功 W，就相当于在金属表面处势能突然增大到 $V_0 = W$. 上述势能的表达式为

$$V(x) = \begin{cases} 0 & (0 < x < a) \\ V_0 & (x \leqslant 0 \text{ 或 } x \geqslant a) \end{cases} \tag{8.1.1}$$

称为一维有限深方势阱.

上式在 $V_0 \to \infty$ 时的极限称为一维无限深方势阱(如图 8.2 所示)，这是一个理想化模型.

8.1.2　定态薛定谔方程的解

考虑在上述一维无限深方势阱中运动的粒子，由于粒子的能量总是有限的，因此它只能在宽为 a 的两个无限高势壁之间运动，在此区域之外的概率密度为零，即能量本征函数满足条件

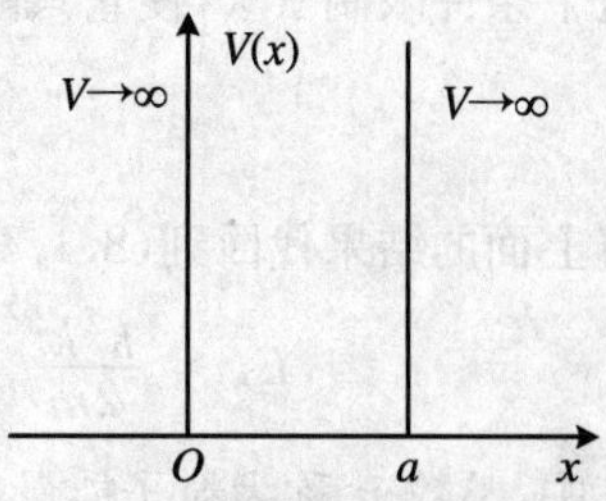

图 8.2　一维无限深方势阱

$$\varphi(x) = 0 \quad (x \leqslant 0 \text{ 或 } x \geqslant a) \tag{8.1.2}$$

将势阱内的势能 $V = 0$ 代入定态薛定谔方程(7.3.29)，得到

$$-\frac{\hbar^2}{2m}\frac{\mathrm{d}^2\varphi(x)}{\mathrm{d}x^2} = E\varphi(x)$$

上式可以化简为

$$\frac{\mathrm{d}^2\varphi(x)}{\mathrm{d}x^2} + k^2\varphi(x) = 0 \tag{8.1.3}$$

其中参数

$$k^2 = \frac{2mE}{\hbar^2} \tag{8.1.4}$$

微分方程(8.1.3)的通解是

$$\varphi(x) = C\cos kx + D\sin kx \tag{8.1.5}$$

其中，C，D 是待定常数，它们以及参数 k 的取值可由波函数的标准条件和归一化条件来确定.

由于在势阱外的波函数为零，由连续性条件得知，在势阱内的波函数必须满足边界条件

$$\varphi(0) = \varphi(a) = 0 \tag{8.1.6}$$

将通解(8.1.5)代入上面的边界条件，得到

$$\begin{cases} C\cos 0 + D\sin 0 = 0 \\ C\cos ka + D\sin ka = 0 \end{cases} \tag{8.1.7}$$

由此容易解出 $C=0$ 和 $D\sin ka=0$. 如果 $D=0$,得到的波函数恒等于零,不满足归一化条件;若要 $D\neq 0$,必须有

$$\sin ka = 0 \tag{8.1.8}$$

这个条件限制了 k,使它只能取一些不连续的数值

$$k = \frac{n\pi}{a} \quad (n = 1,2,3,\cdots) \tag{8.1.9}$$

将上面的结果代回到(8.1.4)式,可得能量本征值

$$E_n = \frac{\hbar^2 k^2}{2m} = \frac{\pi^2 \hbar^2}{2ma^2} n^2 = E_1 n^2 \quad (n = 1,2,3,\cdots) \tag{8.1.10}$$

其中,整数 n 称为粒子能量的量子数,必须注意在这里 n 不能为零,否则整个波函数将恒等于零. 上面的推导过程说明,由于波函数的标准条件(还有归一化条件),一维无限深方势阱中粒子能量只能取某些不连续的特定值,即能量是量子化的. 能量的量子化是微观粒子与经典粒子最显著的区别之一.

把 k 值代入(8.1.5)式,得到

$$\varphi(x) = D\sin \frac{n\pi}{a}x \quad (0 \leqslant x \leqslant a) \tag{8.1.11}$$

其中常数 D 可由归一化条件

$$\int |\varphi(x)|^2 \mathrm{d}x = \int_0^a D^2 \sin^2 \frac{n\pi}{a}x\mathrm{d}x = 1$$

确定. 由此算出 $D=\sqrt{2/a}$,于是得到归一化的能量本征态为

$$\varphi_n(x) = \begin{cases} \sqrt{\dfrac{2}{a}}\sin \dfrac{n\pi}{a}x & (0 \leqslant x \leqslant a) \\ 0 & (x \leqslant 0 \text{ 或 } x \geqslant a) \end{cases} \quad (n = 1,2,3,\cdots) \tag{8.1.12}$$

将上述结果代入到定态波函数的表达式(7.3.28)中,立刻得到

$$\psi_n(x,t) = \varphi_n(x)\mathrm{e}^{-\frac{\mathrm{i}}{\hbar}E_n t} \quad (n \in \mathbf{N}) \tag{8.1.13}$$

例 8.1.1 一维无限深方势阱宽度分别为原子尺度 $a=10^{-10}$ m 和宏观尺度 $a=10^{-2}$ m 时,求电子能级和相邻能级间距.

解 由(8.1.10)式,电子能量为

$$E_n = \frac{\pi^2\hbar^2}{2ma^2}n^2 = \frac{(3.14\times 1.05\times 10^{-34})^2}{2\times 9.11\times 10^{-31}}\frac{n^2}{a^2} = 5.97\times 10^{-38}\frac{n^2}{a^2} \quad (n = 1,2,3,\cdots)$$

当 $a=10^{-10}$ m 时,有

$$E_n = 5.97\times10^{-18}n^2\ \text{J} = 37n^2\ \text{eV},\quad \Delta E_n = 37(2n+1)\ \text{eV}$$

当 $a=10^{-2}$ m时,有

$$E_n = 5.97\times10^{-34}n^2\ \text{J} = 3.7\times10^{-15}n^2\ \text{eV},\quad \Delta E_n = 3.7\times10^{-15}(2n+1)\ \text{eV}$$

由此可见,在宏观尺度下,只要量子数 n 不是特别大(实际上不可能),电子能量在物理上是连续的.

例 8.1.2　计算粒子处于一维无限深方势阱中第二激发态时,可能发出的光谱线的频率.

解　由(8.1.10)式,第二激发态所对应的量子数为 3,对应的能量为 $E_3=9E_1$;较低的能级为 $E_2=4E_1$ 和 $E_1=\pi^2\hbar^2/(2ma^2)$. 画出能级图后,立即看出可能发出 3 条光谱线,频率分别为

$$\omega_{3\to1}=\frac{E_3-E_1}{\hbar}=\frac{8E_1}{\hbar},\quad \omega_{3\to2}=\frac{E_3-E_2}{\hbar}=\frac{5E_1}{\hbar},\quad \omega_{2\to1}=\frac{E_2-E_1}{\hbar}=\frac{3E_1}{\hbar}$$

例 8.1.3　在图 8.2 所示的一维无限深方势阱中,粒子处于状态 $\psi = A\sin^3\dfrac{\pi x}{a}$,计算其能量的可能值、对应的概率和期望值.

解　将粒子的状态分解为能量本征态的叠加,即 $\psi=\dfrac{3}{4}A\sin\dfrac{\pi x}{a}-\dfrac{1}{4}A\sin\dfrac{3\pi x}{a}$. 仿照例 7.2.5 的分析可以得到表 8.1.

表 8.1

$\varphi_n(x)$	$A\sin\dfrac{\pi x}{a}$	$A\sin\dfrac{3\pi x}{a}$	$\psi=\dfrac{3}{4}A\sin\dfrac{\pi x}{a}-\dfrac{1}{4}A\sin\dfrac{3\pi x}{a}$
c_n	$\dfrac{3}{4}$	$-\dfrac{1}{4}$	$\sum \lvert c_n\rvert^2=\dfrac{5}{8}$
P_n	$\dfrac{9}{10}$	$\dfrac{1}{10}$	$\sum P_n=1$
E_n	E_1	$E_3=9E_1$	$\langle E\rangle=\dfrac{9}{10}E_1+\dfrac{1}{10}9E_1=\dfrac{9}{5}E_1$

8.1.3　定态解的物理讨论

由(8.1.10)式可以看到,处在势阱中的粒子的最小能量是 $E=E_1$,而不是零. 也就是说,被束缚的微观粒子没有 $E=0$ 的状态,即没有静止的状态;这一点与经典力学完全不同,在这个势阱中经典粒子的最低能量是零. E_1 称为基态能量,也称零点能量,微观粒子具有不为零的基态能量可以用不确定关系来解释:在势阱中的

粒子被限制在 $0<x<a$ 之中,这相当于进行了精确度为 $\Delta x\approx a/2$ 的位置测量,所以粒子动量的不确定范围为 $\Delta p\sim h/a$,因此粒子不可能是静止的,它至少具有数量级为 $E\sim(\Delta p)^2/2m\sim h^2/2ma^2$ 的能量,这正是零点能量的数量级.

从(8.1.10)式,我们还可以求出相邻能级的间距为

$$\Delta E_n = E_{n+1} - E_n = (2n+1)E_1 \quad (n=1,2,3,\cdots) \tag{8.1.14}$$

由此可见,只有当 a 和 m 都非常小时,能量的量子化现象才较明显.如果 m 是宏观物体的质量,a 是宏观距离,则能级间隔将非常小,能级排列很密集,能量实际上是可以看成是连续的,这样就与经典理论没有多大差别了.

有些染料有机分子,例如,多烯烃,是线状分子,电子可以在整个分子中自由运动,但不能跑出分子之外,这种情况近似于电子在一维势阱中的运动,分子的长度就是势阱的宽度 a,所以分子越长,则其中电子的能级差越小.我们又知道,能级差 ΔE 与该物质吸收光的频率 ν 成比例,$\Delta E=h\nu$.所以,分子越长,吸收光的频率越低,从而反射光的频率较高,这种染料看起来就呈紫色;反之,分子短的染料呈红色,这就是染料具有不同颜色的一个原因.

另一方面,由(8.1.10)式我们还可以求出相邻能级的相对间隔为

$$\frac{\Delta E_n}{E_n} = \frac{(2n+1)}{n^2} \quad (n=1,2,3,\cdots) \tag{8.1.15}$$

它随量子数 n 的增加而减小,在量子数 n 趋于无穷大的极限条件下,能级的相对间隔为 0,可以认为能量从离散变成连续,量子理论退化为经典理论.

按照经典力学,粒子在阱内是以不变的速率 $v=\sqrt{2E/m}$ 来回运动的,各点出现的概率应该相等,为 $\rho(x)=1/a$,不随位置或能量的变化而变化.而由(8.1.14)式,粒子在势阱中的概率密度为

$$\rho_n(x) = |\varphi_n(x)|^2 = \frac{2}{a}\sin^2\frac{n\pi}{a}x \quad (0\leqslant x\leqslant a) \tag{8.1.16}$$

上式表明,与经典力学不同,粒子在势阱中的概率密度随位置或能量而改变,不再是常数.图 8.3 画出了前 4 个定态的波函数 $\varphi(x)$(实线)和概率密度 $|\varphi_n(x)|^2$(虚线)的函数曲线.

例 8.1.4　计算一维无限深方势阱中粒子处于左侧四分之一范围内的概率.

解　由(8.1.16)式,所求概率为

$$P = \int_0^{a/4}\rho_n(x)\mathrm{d}x = \int_0^{a/4}\frac{2}{a}\sin^2\frac{n\pi}{a}x\mathrm{d}x = \frac{1}{4} - \frac{\sin\frac{1}{2}n\pi}{2n\pi}$$

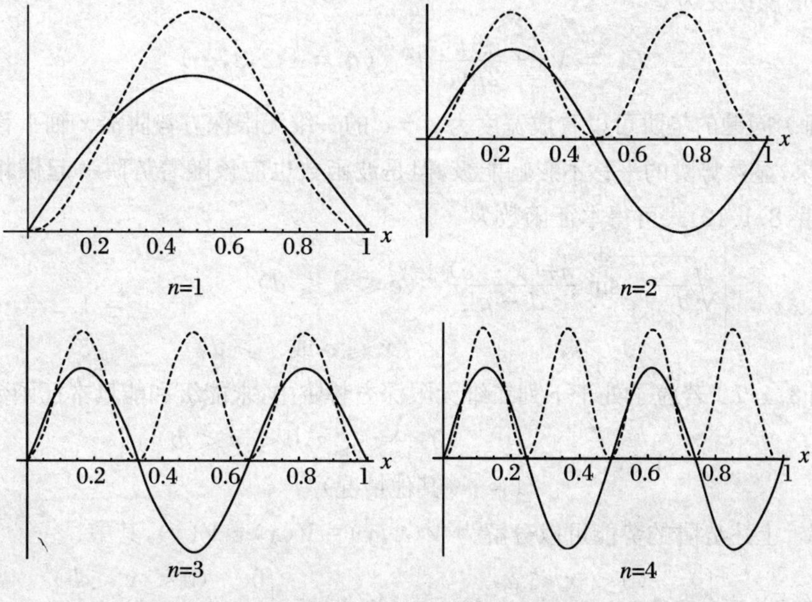

图 8.3　一维无限深方势阱中的定态波函数(实线)和概率密度(虚线)

当量子数 n 很大时,这个概率趋向于 1/4,实际上回到了经典结果.

例 8.1.5　在如图 8.2 所示的一维无限深方势阱中,粒子处于本征态 $\varphi_n(x)$,计算其位置的期望值和平方期望值并与经典理论的结果比较.

解　位置的期望值为 $\langle x\rangle = \int_0^a x\rho_n(x)\mathrm{d}x = \frac{2}{a}\int_0^a x\sin^2\frac{n\pi x}{a}\mathrm{d}x = \frac{1}{2}a$,经典理论的概率密度为 $\rho_c(x)=\frac{1}{a}$,期望值为 $\langle x\rangle = \int_0^a x\rho_c(x)\mathrm{d}x = \int_0^a x\frac{1}{a}\mathrm{d}x = \frac{1}{2}a$,两者完全相同,都在势阱中间. 位置的平方期望值为 $\langle x^2\rangle = \int_0^a x^2\rho_n(x)\mathrm{d}x = \frac{2}{a}\int_0^a x^2\sin^2\frac{n\pi x}{a}\mathrm{d}x = \left(\frac{1}{3}-\frac{1}{2n\pi}\right)a^2$,经典理论的平方期望值为 $\langle x^2\rangle = \int_0^a x^2\rho_c(x)\mathrm{d}x = \int_0^a x^2\frac{1}{a}\mathrm{d}x = \frac{1}{3}a^2$,两者的差别随着 n 的增加而减小.

例 8.1.6　求粒子处于下列势阱中的能级和能量本征函数.

(ⅰ) $V(x)=\begin{cases} V_0 & (0<x<a) \\ \infty & (x\leqslant 0 \text{ 或 } x\geqslant a)\end{cases}$,　(ⅱ) $V(x)=\begin{cases} 0 & (c<x<d) \\ \infty & (x\leqslant c \text{ 或 } x\geqslant d)\end{cases}$.

解　(ⅰ) 问题的势阱与标准的一维无限深方势阱相差一个能量零点,这只影响能级的具体数值,不影响能级的间距,也不影响能量本征函数,由(8.1.10)式可

得粒子的能级变为

$$E_n = V_0 + \frac{\pi^2 \hbar^2}{2ma^2}n^2 \quad (n = 1,2,3,\cdots)$$

（ⅱ）问题的势阱可以看成宽度为 $d-c$ 的一维无限深方势阱沿 x 轴平移距离 c 的结果，显然势阱的平移不影响能级，但是波函数也应该随着势阱一起做相应的平移．由(8.1.12)式可得本征函数为

$$\varphi_n(x) = \begin{cases} \sqrt{\dfrac{2}{d-c}}\sin\dfrac{n\pi(x-c)}{d-c} & (c \leqslant x \leqslant d) \\ 0 & (x \leqslant c \text{ 或 } x \geqslant d) \end{cases} \quad (n = 1,2,3,\cdots)$$

例 8.1.7 若粒子处于下列二维无限深方势阱中，求能级和能量本征函数．

$$V(x,y) = \begin{cases} 0 & (0 < x < a, 0 < y < b) \\ \infty & (\text{其他情况}) \end{cases}$$

解 上述势阱的势能可以分解为 $V(x,y) = V(x) + V(y)$，其中

$$V(x) = \begin{cases} 0 & (0 < x < a) \\ \infty & (x \leqslant 0 \text{ 或 } x \geqslant a) \end{cases}, \quad V(y) = \begin{cases} 0 & (0 < y < b) \\ \infty & (y \leqslant 0 \text{ 或 } y \geqslant b) \end{cases}$$

势阱中粒子的运动也可以分解为沿着 x 方向和 y 方向的两个分运动，分运动的能级和本征函数分别为

$$E_{x,n} = \frac{\pi^2 \hbar^2}{2ma^2}n^2 (n = \mathbf{Z}^+), \quad E_{y,l} = \frac{\pi^2 \hbar^2}{2mb^2}l^2 (l = \mathbf{Z}^+)$$

$$\varphi_n(x) = \begin{cases} \sqrt{\dfrac{2}{a}}\sin\dfrac{n\pi x}{a} & (0 \leqslant x \leqslant a) \\ 0 & (x \leqslant 0 \text{ 或 } x \geqslant a) \end{cases}$$

$$\varphi_l(y) = \begin{cases} \sqrt{\dfrac{2}{b}}\sin\dfrac{l\pi y}{b} & (0 \leqslant y \leqslant b) \\ 0 & (y \leqslant 0 \text{ 或 } y \geqslant b) \end{cases}$$

由于这两个分运动相互独立，因此能量为分运动能量之和，本征函数为分运动本征函数之积，即 $E_{n,l} = E_{x,n} + E_{y,l} (n, l = \mathbf{Z}^+)$，$\varphi_{n,l}(x,y) = \varphi_n(x)\varphi_l(y)$．由于运动有 2 个自由度，因此能级和本征函数需要 2 个下标来区别，即需要 2 个量子数来描述能量本征态．

8.2　一维谐振子

8.2.1　定态薛定谔方程及其解

在第 2 章中已经证明，平衡位置附近运动的质点所受到的力，是一种准弹性力.对于一个具有极小值的一维势阱，粒子在极小值（稳定平衡位置）附近的微振动往往可以用简谐振子模型来近似.研究固体中原子在平衡位置附近振动、分子中的原子振动等问题时，都要使用谐振子模型.与经典物理相同，量子力学中一维谐振子也是一个极其重要的理想模型.

一维谐振子的运动是束缚运动，我们首先关心的是谐振子的能级，以及相应的波函数.取能量的极小值点为原点时，势能为 $V(x)=kx^2/2$，相应的定态薛定谔方程为

$$-\frac{\hbar^2}{2m}\frac{\mathrm{d}^2\varphi}{\mathrm{d}x^2}+\frac{1}{2}m\omega^2x^2\varphi=E\varphi \tag{8.2.1}$$

其中，$\omega=\sqrt{k/m}$.

为便于求解，我们将方程(8.2.1)进行无量纲化，方程两边除以$\frac{1}{2}\hbar\omega$后得到

$$-\frac{\hbar}{m\omega}\frac{\mathrm{d}^2\varphi}{\mathrm{d}x^2}+\frac{m\omega x^2}{\hbar}\varphi=\frac{2E}{\hbar\omega}\varphi \tag{8.2.2}$$

定义无量纲能量 λ 和无量纲变量 ξ 为

$$\lambda=\frac{2E}{\hbar\omega},\quad \xi=\alpha x,\quad \alpha=\sqrt{\frac{m\omega}{\hbar}} \tag{8.2.3}$$

代入(8.2.2)式后，方程简化为

$$\frac{\mathrm{d}^2\varphi}{\mathrm{d}\xi^2}+(\lambda-\xi^2)\varphi=0 \tag{8.2.4}$$

上式是一个线性非常系数的二阶常微分方程，分析其解的结构有助于进行求解.我们先讨论无量纲变量 ξ 很大时的渐近行为，这时参量 λ 可以忽略，(8.2.4)式简化为

$$\varphi''-\xi^2\varphi=0 \tag{8.2.5}$$

当 $\xi\to\infty$ 时，上式的近似解为

$$\varphi \sim \exp\left(\pm \frac{\xi^2}{2}\right) \tag{8.2.6}$$

显然正指数解发散，不符合波函数的有限性要求．所以在 $\xi \to \infty$ 时，负指数解 $\varphi \sim \exp(-\xi^2/2)$ 给出方程(8.2.4)的解的渐近行为．将解中的渐近部分(8.2.6)剥离后，设剩余变化为 $H(\xi)$，即

$$\varphi = H(\xi)\exp\left(-\frac{\xi^2}{2}\right) \tag{8.2.7}$$

将上式代入方程(8.2.4)，得到关于 $H(\xi)$ 的方程

$$\frac{\mathrm{d}^2 H(\xi)}{\mathrm{d}\xi^2} - 2\xi\frac{\mathrm{d}H(\xi)}{\mathrm{d}\xi} + (\lambda - 1)H(\xi) = 0 \tag{8.2.8}$$

这个方程称为厄密方程．厄密方程决定了当 ξ 很小时方程(8.2.4)解的性质，这时我们可以将解函数在 $\xi = 0$ 的邻域泰勒展开到 n 阶，略去高次项后得到一个关于 ξ 的 n 次多项式

$$H(\xi) = a_0 + a_1\xi + a_2\xi^2 + \cdots + a_n\xi^n \tag{8.2.9}$$

将上式代入厄密方程(8.2.8)后，即可用待定系数法求出解函数．

例如，取 $n = 2$，则试探解为 $H_2(\xi) = a_0 + a_1\xi + a_2\xi^2\,(a_2 \neq 0)$，代入 (8.2.8)式后得到

$$2a_2 - 2\xi(a_1 + 2a_2\xi) + (\lambda - 1)(a_0 + a_1\xi + a_2\xi^2) = 0$$

对上式进行降幂排列后，有

$$[-4 + (\lambda - 1)]a_2\xi^2 + [-2 + (\lambda - 1)]a_1\xi + [2a_2 + (\lambda - 1)a_0] = 0$$

要使上式成立，必须有

$$[-4 + (\lambda - 1)]a_2 = 0,\ [-2 + (\lambda - 1)]a_1 = 0,\ 2a_2 + (\lambda - 1)a_0 = 0$$

由于 $a_2 \neq 0$，由上面第一式可得 $\lambda = 5$；将 $\lambda = 5$ 代入第二式后得到 $a_1 = 0$，再代入第三式后得到 $a_0 = -a_2/2$．即

$$n = 2\text{ 时},\ \lambda = 5,\ H_2(\xi) = a_2\left(\xi^2 - \frac{1}{2}\right)$$

同理可得 n 取其他值时的结果．将所得结果列出如下：

$$n = 0\text{ 时},\ \lambda = 1,\ H_0(\xi) = a_0$$

$$n = 1\text{ 时},\ \lambda = 3,\ H_1(\xi) = a_1\xi$$

$$n = 2\text{ 时},\ \lambda = 5,\ H_2(\xi) = a_2\left(\xi^2 - \frac{1}{2}\right)$$

$$n = 3\text{ 时},\ \lambda = 7,\ H_3(\xi) = a_3\left(\xi^3 - \frac{3}{2}\xi\right)$$

$$n = 4\text{时},\ \lambda = 9,\ H_4(\xi) = a_4\left(\xi^4 - 3\xi^2 + \frac{3}{4}\right)$$

$$n = 5\text{时},\ \lambda = 11,\ H_5(\xi) = a_5\left(\xi^5 - 5\xi^3 + \frac{15}{4}\xi\right)$$

…… ……

归纳起来,我们得到

$$\lambda = 2n + 1 \quad (n = 0,\ 1,\ 2,\ \cdots) \tag{8.2.10}$$

适当选取系数后,上述多项式可以统一表示为

$$H_n(\xi) = (-1)^n e^{\xi^2} \frac{d^n}{d\xi^n}(e^{-\xi^2}) \tag{8.2.11}$$

称为厄密多项式,它是厄密方程的多项式解.

利用公式(8.2.3)及(8.2.10)得到

$$E = \frac{1}{2}\hbar\omega\lambda = \hbar\omega\left(n + \frac{1}{2}\right) \quad (n = 0,1,2\cdots) \tag{8.2.12}$$

这就是一维谐振子的能量本征值.

由上式可见,谐振子的能级分布是均匀的,相邻能级之间总是相差 $\hbar\omega$,这就是当年普朗克提出的量子化假设.基态($n=0$)的能量是 $\hbar\omega/2$,这也就是它的零点能,与上一章中用不确定关系得到的结果一致.

把厄密多项式代入(8.2.7)式,就得到各本征值所对应的本征函数.

$$\varphi_n = N_n H_n(\xi) e^{-\xi^2/2} = N_n H_n(\alpha x) e^{-\alpha^2 x^2/2} \tag{8.2.13}$$

其中,N_n 为归一化系数,可由归一化条件确定.

图 8.4 中画出了前四个能量本征函数及其对应的概率密度的形状.

例 8.2.1　计算简谐振子基态波函数的归一化系数.

解　由(8.2.13)式,基态波函数为 $\varphi_0 = N_0 e^{-\xi^2/2}$,代入归一化条件后有

$$1 = \int |\varphi_0|^2 dx = \frac{N_0^2}{\alpha}\int e^{-\xi^2} d\xi = \frac{N_0^2}{\alpha}\int e^{-\xi^2} d\xi$$

$$= \frac{N_0^2}{\alpha}\sqrt{\pi}$$

于是得到 $N_0 = \sqrt{\alpha/\sqrt{\pi}}$.

例 8.2.2　计算简谐振子处于第二激发态时,可能发出的光谱线的频率.

解　由(8.2.12)式,第二激发态对应的能量为 $E_2 = \frac{5}{2}\hbar\omega$;较低的能级为 $E_1 = \frac{3}{2}\hbar\omega$ 和 $E_0 = \frac{1}{2}\hbar\omega$.画出能级图后,立即看出可能发出 2 条光谱线,频率分别为

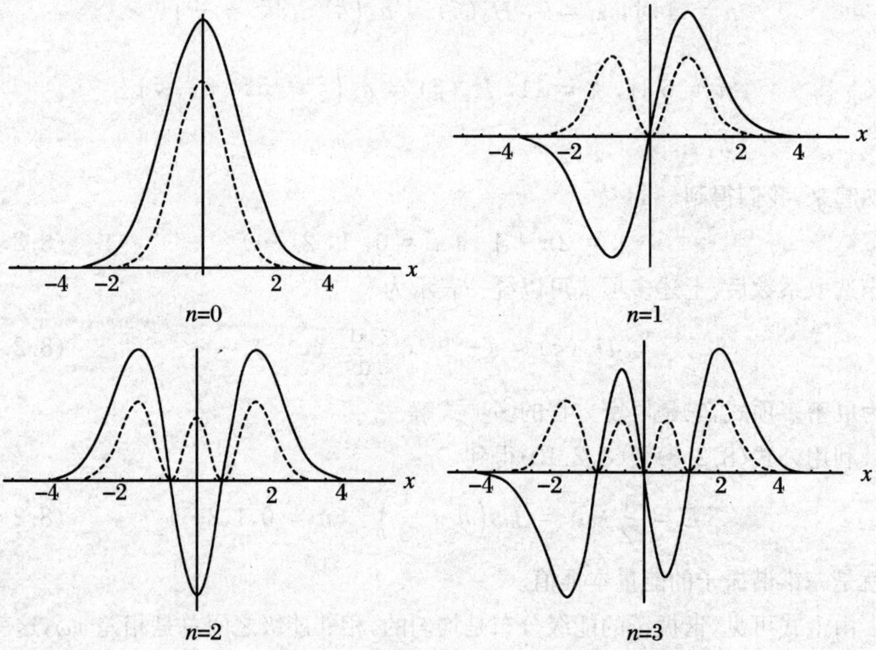

图 8.4　简谐振子的能量本征函数(实线)及其对应的概率密度(虚线)

$$\omega_{2\to1} = \omega_{1\to0} = \frac{E_2 - E_1}{\hbar} = \omega,\quad \omega_{2\to0} = \frac{E_2 - E_0}{\hbar} = 2\omega$$

与例 8.1.3 相比,现在光谱线比一维无限深方势阱少了 1 条,原因是谐振子能级间距相同.

例 8.2.3　质量为 m 的粒子在一维势场 $V(x) = V_0 \tan^2(kx)$ 中运动,就 V_0 很大的情况,估算粒子前几个能级的能量.

解　当 V_0 很大时,低能级中的粒子只能在原点附近做微振动,这时势场可以近似表示为

$$V(x) \approx V_0 k^2 x^2 = \frac{1}{2} m\omega^2 x^2$$

其中,$\omega = \sqrt{2V_0 k^2/m}$. 由此得到

$$E_n \approx \hbar\omega\left(n + \frac{1}{2}\right) = \hbar\sqrt{2V_0 k^2/m}\left(n + \frac{1}{2}\right)\quad (n = 0,1,\cdots)$$

8.2.2　结果的分析

简单的观察即可发现,偶次厄密多项式是偶函数,奇次厄密多项式是奇函

数,即

$$H_n(-\xi) = (-1)^n H_n(\xi) \tag{8.2.14}$$

根据(8.2.7)式和(8.2.11)式,我们进一步发现当量子数 n 为偶数时,能量本征函数为偶函数;n 为奇数时,能量本征函数为奇函数.出现这种现象并不是偶然的,它与问题中的势阱具有空间反演对称性有关.

一般地,考虑一个在对称势阱中束缚粒子的定态薛定谔方程问题

$$\begin{cases} -\dfrac{\hbar^2}{2m}\dfrac{\mathrm{d}^2\varphi}{\mathrm{d}x^2} + V(|x|)\varphi(x) = E\varphi(x) \\ \varphi(\pm\infty) = 0 \end{cases} \tag{8.2.15}$$

显然,在空间反演变换 $x \leftrightarrow -x$ 下,方程和边界条件的形式不变,这说明问题具有空间反演对称性,其解也应该具有同样的对称性,即在上述变换下仍然是问题的解.考虑到方程是线性齐次的,解函数中包含一个任意常数因子,故有

$$P\varphi(x) = \varphi(-x) = \eta\varphi(x)$$

其中,P 为反演算符,也叫宇称算符.对上式再进行一次空间反演变换,得到

$$P^2\varphi(x) = \eta P\varphi(x) = \eta^2\varphi(x)$$

考虑到两次反演后函数还原,即 $P^2 = I$ 为恒等算符,因此有 $\eta^2 = 1$.由此解出 $\eta = \pm 1$,对应的解函数分别为

$$\varphi_{\mathrm{e}}(-x) = +\varphi_{\mathrm{e}}(x), \quad \varphi_{\mathrm{o}}(-x) = -\varphi_{\mathrm{o}}(x) \tag{8.2.16}$$

其中一个是奇函数,一个是偶函数.

当 n 为偶数时,能量本征函数为偶函数,坐标变号时波函数保持不变,这种状态称为偶宇称;当 n 为奇数时,能量本征函数为奇函数,坐标变号时波函数也改变符号,称为奇宇称.宇称是微观粒子的重要性质之一,简谐振子的定态具有确定的宇称,根源于势能的空间反演对称性.

仔细观察图 8.4,你会发现一些规律.简谐振子第 n 激发态波函数(基态作为第 0 个激发态)具有 n 个零点(不计无限远边界处的零点)和 $n+1$ 个极值点,这些极值点总是正负相间的.再看一维无限深方势阱中的情况(图 8.3),我们发现具有相同的规律,即第 n 激发态波函数具有 n 个零点(不计边界处的零点).这个现象也不是偶然的,严格的推理表明:一维束缚粒子第 n 激发态的波函数具有 n 个零点,这个结论称为波函数的零点定理.

由(8.2.4)式,简谐振子第 n 激发态波函数满足条件

$$\varphi_n''(\xi) = (\xi^2 - 2n - 1)\varphi_n(\xi) \tag{8.2.17}$$

考虑函数 $y(\xi)=\xi\varphi_n(\xi)-\varphi_n'(\xi)$，利用上式容易推出

$$y'(\xi)=\xi\varphi_n'(\xi)+\varphi_n(\xi)-\varphi_n''(\xi)=\xi\varphi_n'(\xi)-(\xi^2-2n-2)\varphi_n(\xi)$$

$$\begin{aligned}y''(\xi)&=\xi\varphi_n''(\xi)+\varphi_n'(\xi)-(\xi^2-2n-2)\varphi_n'(\xi)-2\xi\varphi_n(\xi)\\&=\xi(\xi^2-2n-3)\varphi_n(\xi)-(\xi^2-2n-3)\varphi_n'(\xi)=(\xi^2-2n-3)y(\xi)\end{aligned}$$

我们发现函数 $y(\xi)$ 正好满足第 $n+1$ 激发态波函数的条件，也就是说 $y(\xi)=A\varphi_{n+1}(\xi)$，这称为波函数的上升公式.比例系数可以通过归一化条件算出，结果为 $A=\sqrt{2n+2}$.类似地，还可以得到一个波函数的下降公式，它们统称为递推关系.

$$\begin{aligned}\xi\varphi_n(\xi)-\varphi_n'(\xi)&=\sqrt{2n+2}\,\varphi_{n+1}(\xi)\\\xi\varphi_n(\xi)+\varphi_n'(\xi)&=\sqrt{2n}\,\varphi_{n-1}(\xi)\end{aligned}\tag{8.2.18}$$

只要知道了基态波函数，上式可以递推出所有激发态的波函数.由递推关系还可以解出

$$\begin{aligned}\xi\varphi_n(\xi)&=\sqrt{\frac{1}{2}n}\,\varphi_{n-1}(\xi)+\sqrt{\frac{1}{2}(n+1)}\,\varphi_{n+1}(\xi)\\\varphi_n'(\xi)&=\sqrt{\frac{1}{2}n}\,\varphi_{n-1}(\xi)-\sqrt{\frac{1}{2}(n+1)}\,\varphi_{n+1}(\xi)\end{aligned}\tag{8.2.19}$$

这两个公式在具体问题的计算中非常有用.

根据经典力学，简谐振子的能量为

$$E=T+V(x)=\frac{1}{2m}p^2+\frac{1}{2}m\omega^2x^2$$

由于动能总是非负的，因此有 $E\geqslant V(x)$，即

$$|x|\leqslant A=\sqrt{\frac{2E}{m\omega^2}}\tag{8.2.20}$$

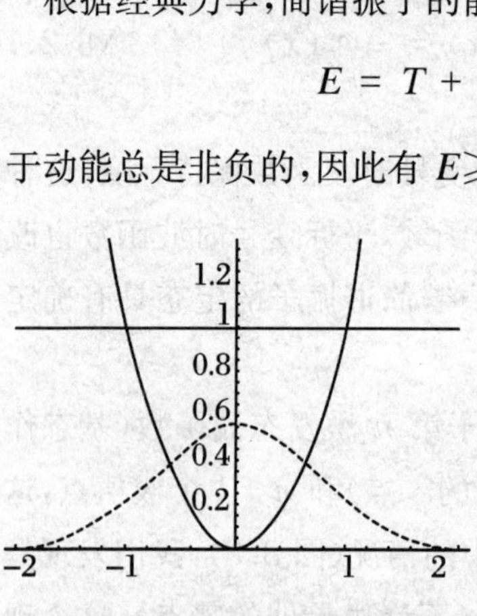

图 8.5　简谐振子基态概率密度

其中，A 为简谐振子的振幅.满足上述条件的区域即第 2 章中所说的经典允许区，反之称为经典禁区，两者的分界点为 $x=\pm A$.由(8.2.13)式，简谐振子第 n 激发态的能量为 $E=(n+1/2)\hbar\omega$，因而经典允许区为 $|x|\leqslant A=\sqrt{2n+1}/\alpha$，对应的无量纲形式为 $|\xi|=|\alpha x|\leqslant\sqrt{2n+1}$.

图 8.5 给出了简谐振子的势能曲线、基态能量及其对应概率密度的无量纲图像.由此可以清楚地看到，基态简谐振子在经典允许区外仍然有一定的存在概率.

微观粒子会以一定的概率进入经典禁区，这是微观粒子波动性的又一重要表现.

按照经典力学，质点处于 x 到 $x+\mathrm{d}x$ 之间的概率 $\rho_c(x)\mathrm{d}x$ 与它留在这个范围中的时间 $\mathrm{d}t$ 成正比，即经典概率密度函数 $\rho_c(x)$ 与速度成反比.

$$\rho_c(x)\mathrm{d}x \sim \mathrm{d}t \Rightarrow \rho_c(x) \sim \frac{\mathrm{d}t}{\mathrm{d}x} = \frac{1}{v}$$

对于谐振子 $x = A\sin(\omega t+\theta)$，由此得到

$$v = \frac{\mathrm{d}x}{\mathrm{d}t} = \omega A\cos(\omega t+\theta) = \omega A\sqrt{1-\frac{x^2}{A^2}}$$

代入上式可得

$$\rho_c(x) = \frac{C}{\sqrt{1-x^2/A^2}} \tag{8.2.20}$$

其中系数 C 可由归一化条件

$$\int_{-A}^{A}\rho_c(x)\mathrm{d}x = \pi AC = 1$$

得到，$C = 1/\pi A$. 所以作为经典简谐振动的粒子只能在 $|x| \leqslant A$ 范围内运动，处在 $x=\pm A$ 时的概率最大；而由 $n=0$ 态的波函数 φ_0 可见，基态谐振子可以存在于整个空间，处在 $x=0$ 的概率较大，而处在 $x=\pm A$ 的概率较小，这明显地与经典理论不同. 对于 n 很大的态，量子简谐振子在 $x=\pm A$ 附近的概率较大，在 $x=0$ 附近的概率较小，接近于经典的理论. 图 8.6 中的实线表示第 10 激发态的概率密度曲线，虚线表示按经典公式(8.2.20)计算出的概率密度曲线，容易看出经过平滑处理(即滤波)后的量子概率密度曲线与经典曲线(虚线)是很接近的.

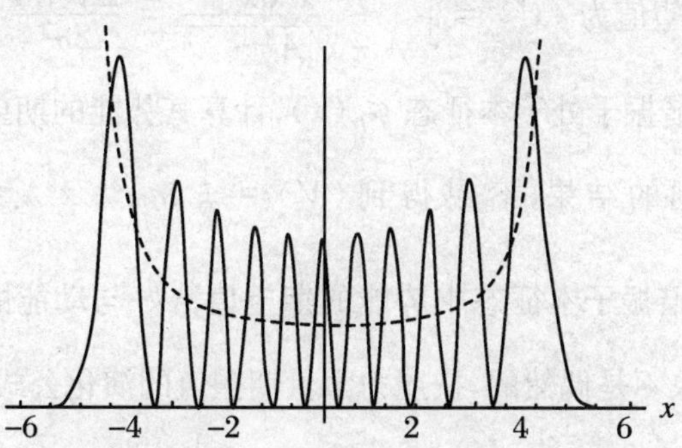

图 8.6　第 10 激发态的经典与量子概率分布

通过本节及上节两个典型模型，我们看到束缚态粒子的能量只能取一些分立的值，称这种能级序列为分立谱. 这个结论不只适用于一维运动，在更一般的情况

下也同样适用,束缚运动的能谱一般都是分立的.相反,对于非束缚运动的粒子,其能量本征值可在某个连续范围中取任何值,这种能谱称为连续谱,这个结果也不限于一维运动而具有普遍性,非束缚态的能谱都是连续的.

例 8.2.4 求线性谐振子处于基态时,在经典界限外被发现的概率.

解 经典界限为$|x| = 1/\alpha$,基态波函数 $\varphi_0 = \sqrt{\alpha/\sqrt{\pi}}\mathrm{e}^{-\frac{1}{2}\xi^2}$,概率密度为 $\rho_0 = \alpha\mathrm{e}^{-\xi^2}/\sqrt{\pi}$,因此在经典界限外的概率为 $2\int_{1/\alpha}^{\infty}\rho_0\mathrm{d}x = 2\int_{1/\alpha}^{\infty}\frac{\alpha}{\sqrt{\pi}}\mathrm{e}^{-\xi^2}\mathrm{d}x = \frac{2}{\sqrt{\pi}}\int_1^{\infty}\mathrm{e}^{-\xi^2}\mathrm{d}\xi = 0.157\,3$.

例 8.2.5 简谐振子处于本征态 $\varphi_n(x)$,计算其位置的期望值和平方期望值并与经典结果比较.

解 位置的期望值为$\langle x\rangle = \int x\rho_n(x)\mathrm{d}x = 0$,经典理论的概率密度为 $\rho_c(x) = \frac{1}{\pi\sqrt{A^2 - x^2}}$,期望值为 $\langle x\rangle = \int_{-A}^{A}\frac{x\mathrm{d}x}{\pi\sqrt{A^2 - x^2}} = 0$,两者完全相同,都在势阱中间.

利用递推公式(8.2.19)和本征函数的正交归一性关系(7.2.22),可以算出位置的平方期望值为

$$\langle x^2\rangle = \int x^2\varphi_n^2\mathrm{d}x = \frac{1}{\alpha^2}\int(\xi\varphi_n)^2\mathrm{d}x$$

$$= \frac{1}{\alpha^2}\int\left(\sqrt{\frac{n}{2}}\varphi_{n-1} + \sqrt{\frac{n+1}{2}}\varphi_{n+1}\right)^2\mathrm{d}x = \frac{2n+1}{2\alpha^2}$$

经典理论的平方期望值为$\langle x^2\rangle = \int_{-A}^{A}\frac{x^2\mathrm{d}x}{\pi\sqrt{A^2 - x^2}} = \frac{2n+1}{2\alpha^2}$,两者也相同.

例 8.2.6 简谐振子处于本征态 $\varphi_n(x)$,计算其势能的期望值.

解 借用上题的结果,容易得到$\langle V\rangle = \frac{1}{2}m\omega^2\langle x^2\rangle = \frac{1}{2}m\omega^2\frac{2n+1}{2\alpha^2} = \hbar\omega\frac{2n+1}{4}$.可见简谐振子本征态中势能的期望值恰好与动能的期望值相等,各占能量的一半.该现象不是偶然的,按照力学量期望值的演化公式(7.3.17),得到

$$\mathrm{i}\hbar\frac{\mathrm{d}}{\mathrm{d}t}\langle x\cdot\hat{p}_x\rangle = \langle[x\cdot\hat{p}_x,\hat{H}]\rangle = \mathrm{i}\hbar\left(\frac{1}{m}\langle\hat{p}_x^2\rangle - \langle x\cdot V'(x)\rangle\right)$$

对于束缚定态$\frac{\mathrm{d}}{\mathrm{d}t}\langle x\cdot\hat{p}_x\rangle = 0$,所以$\frac{1}{m}\langle\hat{p}_x^2\rangle = 2\langle T\rangle = \langle x\cdot V'(x)\rangle$,这个结果称为位力定理.对简谐振子,$x\cdot V'(x) = 2V(x)$,因此 $2\langle T\rangle = 2\langle V(x)\rangle$.

例 8.2.7　简谐振子处于状态 $\psi = Ax^2\varphi_2$，计算其能量的可能值、对应的概率和期望值.

解　利用递推关系(8.2.19)，可以推出

$$\psi = A\alpha^{-2}\xi^2\varphi_2 = A\alpha^{-2}\xi\left(\varphi_1 + \sqrt{\frac{3}{2}}\varphi_3\right) = A\alpha^{-2}\left(\sqrt{\frac{1}{2}}\varphi_0 + \varphi_2 + \frac{3}{2}\varphi_2 + \sqrt{3}\varphi_4\right)$$

类似例 8.1.4 的分析可以得到表 8.2.

表 8.2

$\varphi_n(x)$	φ_0	φ_2	φ_4	$\psi \sim \sqrt{\frac{1}{2}}\varphi_0 + \frac{5}{2}\varphi_2 + \sqrt{3}\varphi_4$
c_n	$\sqrt{\frac{1}{2}}$	$\frac{5}{2}$	$\sqrt{3}$	$\sum \mid c_n \mid^2 = \frac{39}{4}$
P_n	$\frac{2}{39}$	$\frac{25}{39}$	$\frac{12}{39}$	$\sum P_n = 1$
E_n	$\frac{1}{2}\hbar\omega$	$\frac{5}{2}\hbar\omega$	$\frac{9}{2}\hbar\omega$	$\langle E\rangle = \frac{2}{39}\frac{1}{2}\hbar\omega + \frac{25}{39}\frac{5}{2}\hbar\omega + \frac{12}{39}\frac{9}{2}\hbar\omega = \frac{235}{78}\hbar\omega$

例 8.2.8　一个带电量 q 的简谐振子在沿 x 正向的强度为 $\mathscr{E}_0$ 的外电场中运动，求该带电简谐振子的能级，并与无外电场时的情况做比较.

解　以原点(无外电场时的平衡位置)为势能零点，在外电场中带电简谐振子的势能为 $-q\mathscr{E}_0 x$，于是定态薛定谔方程为

$$-\frac{\hbar^2}{2m}\frac{d^2\varphi}{dx^2} + \frac{1}{2}m\omega^2x^2\varphi - q\mathscr{E}_0 x\varphi = E\varphi$$

用配方法，上式可以化为

$$-\frac{\hbar^2}{2m}\frac{d^2\varphi}{dx^2} + \frac{1}{2}m\omega^2(x - x_0)^2\varphi = \left(E + \frac{1}{2}m\omega^2x_0^2\right)\varphi,\quad x_0 = \frac{q\mathscr{E}_0}{m\omega^2}$$

作变换 $x' = x - x_0$，$E' = E + m\omega^2x_0^2/2$，上式成为

$$-\frac{\hbar^2}{2m}\frac{d^2\varphi}{dx'^2} + \frac{1}{2}m\omega^2x'^2\varphi = E'\varphi$$

显然，其能量本征值为

$$E' = \left(n + \frac{1}{2}\right)\hbar\omega\quad (n = 0,1,2,\cdots)$$

由此得到

$$E = E' - \frac{1}{2}m\omega^2x_0^2 = \left(n + \frac{1}{2}\right)\hbar\omega - \frac{1}{2}m\omega^2x_0^2$$

与无外电场时的情况比较，容易看出能级发生了平移，但相邻能级间距不变.

例 8.2.9　求二维各向同性简谐振子的能级和能量本征函数.

解　二维各向同性简谐振子的势能 $V(x,y)=\frac{1}{2}m\omega^2(x^2+y^2)=V(x)+V(y)$,可以分解为两部分 $V(x)=\frac{1}{2}m\omega^2x^2$, $V(y)=\frac{1}{2}m\omega^2y^2$,运动也可以分解为沿着 x 方向和 y 方向的两个分运动,分运动的能级分别为 $E_{x,n}=\hbar\omega\left(n+\frac{1}{2}\right)$, $E_{y,l}=\hbar\omega\left(l+\frac{1}{2}\right)(n,l\in\mathbf{N})$;对应的能量本征函数分别为 $\varphi_n(x)$,$\varphi_l(y)$. 由于这两个分运动相互独立,因此能量为分运动能量之和,即 $E_{n,l}=E_{x,n}+E_{y,l}$; $n,l\in\mathbf{N}$;本征函数为分运动本征函数之积,即 $\varphi_{n,l}(x,y)=\varphi_n(x)\varphi_l(y)$. 能级大小的具体排列顺序可以从表 8.3 中看出.

表 8.3

$E_{n,l}$	$l=0$	$l=1$	$l=2$	$l=3$	$l=4$	…
$n=0$	$\hbar\omega$	$2\hbar\omega$	$3\hbar\omega$	$4\hbar\omega$	$5\hbar\omega$	
$n=1$	$2\hbar\omega$	$3\hbar\omega$	$4\hbar\omega$	$5\hbar\omega$		
$n=2$	$3\hbar\omega$	$4\hbar\omega$	$5\hbar\omega$			
$n=3$	$4\hbar\omega$	$5\hbar\omega$				
$n=4$	$5\hbar\omega$					
…						

能级的取值为 $\hbar\omega(j+1)(j\in\mathbf{N})$,与第 j 个激发态对应的能量本征函数有 $j+1$ 个,分别为 $\varphi_{j,0}(x,y)$,$\varphi_{j-1,1}(x,y)$,…,$\varphi_{1,j-1}(x,y)$,$\varphi_{0,j}(x,y)$,这种情况称为能级简并.

8.3　势垒和隧道效应

8.3.1　一维散射问题

典型的一维势垒可用一个如图 8.7 所示的势能曲线 $V(x)$来描述,如果从左

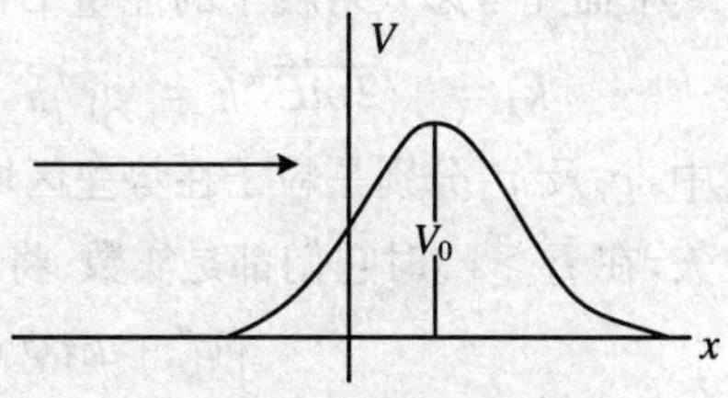

图 8.7　一维势垒散射

方入射一个粒子，这个粒子受到势垒的作用可能被反弹而返回入射处，这称为反射；粒子也可穿过势垒区到右方，这称为透射. 反射粒子流与入射粒子流的强度比称为反射系数(反射概率)，用符号 R 表示；透射粒子流与入射粒子流的强度比称为透射系数(透射概率)，用符号 D 表示. 只要我们在势垒的两边放上探测粒子的仪器，就可以知道粒子是被反射，还是透射.

根据经典理论，只要入射粒子的能量大于势垒高度($V(x)$的极大值 V_0)，即当 $E>V_0$时，它一定会越过势垒从左侧到达右侧，而不发生反射；反之，当 $E<V_0$时，粒子必被反射而不会发生透射，因为该势垒是入射粒子的一个禁区. 采用概率论的语言来说，当 $E>V_0$时，透射概率 $D=1$，反射概率 $R=0$；而当 $E<V_0$时，$D=0$，$R=1$.

但在上节中我们可看到，按量子力学理论，粒子能够以一定的概率进入到经典禁区中，因此同样能够以一定的概率越过势垒而从一侧到达另一侧. 就好像在势垒中有一个“隧道”能使少量粒子穿过，这种现象称为“隧道效应”.

由于有隧道效应，当 $E<V_0$时，粒子不是全被反射，而也可能透射，反射概率 R 不再等于 1，透射概率 D 也不再等于 0；也就是说，势垒并不能完全挡住 $E<V_0$ 的入射粒子，微观粒子可以穿透势垒发生透射. 相应地，当 $E>V_0$时，微观粒子并不完全透射，也有一定的概率反射，透射概率 D 不再等于 1，反射概率 R 也不再等于 0.

8.3.2　一维方势垒的散射

为了具体说明，我们考虑一个方势垒(见图 8.8)，它的势函数是：

$$V(x)=\begin{cases}V_0 & (0\leqslant x\leqslant a)\\ 0 & (x<0 \text{ 或 } x>a)\end{cases}\tag{8.3.1}$$

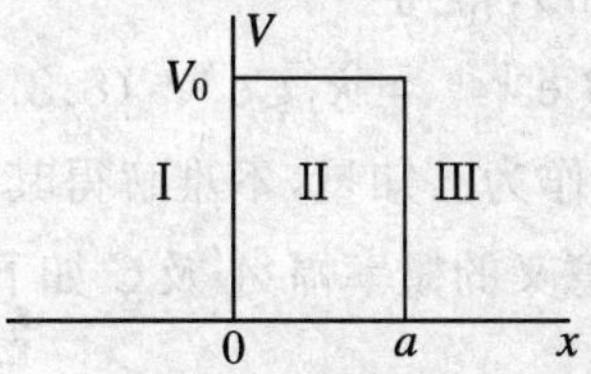

图 8.8　一维方势垒

其中，V_0为势垒的高度，a 为势垒的宽度.

将(8.3.1)代入定态薛定谔方程，得到

$$\begin{cases}\dfrac{d^2\varphi}{dx^2}+\dfrac{2m}{\hbar^2}E\varphi=0 & (x\leqslant 0, a\leqslant x)\\[2ex] \dfrac{d^2\varphi}{dx^2}+\dfrac{2m}{\hbar^2}(E-V_0)\varphi=0 & (0\leqslant x\leqslant a)\end{cases}\tag{8.3.2}$$

下面先考虑入射粒子的能量 E 大于 V_0 的情况,定义两个参数:

$$k_1 = \sqrt{2mE}/\hbar = p_1/\hbar, \quad k_2 = \sqrt{2m(E - V_0)}/\hbar = p_2/\hbar \tag{8.3.3}$$

其中,p_2 及 p_1 分别是粒子在势垒区域以及势垒之外的动量,因此 k_2 及 k_1 是对应的波矢,在 $E > V_0$ 时它们都是实数.将(8.3.3)式代入(8.3.2)式就得到

$$\begin{cases} \varphi'' + k_1^2\varphi = 0 & (x \leqslant 0, a \leqslant x) \\ \varphi'' + k_2^2\varphi = 0 & (0 \leqslant x \leqslant a) \end{cases} \tag{8.3.4}$$

在 $x<0$ 范围内,即图 8.8 中的Ⅰ区,有通解

$$\varphi_1 = A\mathrm{e}^{\mathrm{i}k_1x} + A'\mathrm{e}^{-\mathrm{i}k_1x} \tag{8.3.5}$$

在 $0<x<a$ 范围内,即Ⅱ区,有通解

$$\varphi_2 = B\mathrm{e}^{\mathrm{i}k_2x} + B'\mathrm{e}^{-\mathrm{i}k_2x} \tag{8.3.6}$$

在 $x>a$ 范围内,即Ⅲ区,有通解

$$\varphi_3 = C\mathrm{e}^{\mathrm{i}k_1x} + C'\mathrm{e}^{-\mathrm{i}k_1x} \tag{8.3.7}$$

其中,A, A', B, B' 及 C, C' 都是待定的常数.每个区中都有两项,其波数前的符号不同.根据波数的意义,$\mathrm{e}^{\mathrm{i}k_1x}$ 及 $\mathrm{e}^{\mathrm{i}k_2x}$ 分别表示以动量 p_2 及 p_1 沿 x 轴正向运动的粒子,而 $\mathrm{e}^{-\mathrm{i}k_1x}$ 及 $\mathrm{e}^{-\mathrm{i}k_2x}$ 表示沿 x 轴负向运动的粒子.

我们只讨论粒子从左方入射到势垒的情况,因此 A, A' 分别为入射波和反射波的概率幅,C 为透射波的概率幅.由于没有粒子从 $x = \infty$ 处入射,在区域Ⅲ中应没有沿负 x 方向运动的粒子,所以常数 C' 应为零.

此外,三个区域中的解(8.3.5)、(8.3.6)及(8.3.7)是描写同一个粒子运动状态的函数,所以波函数及其一次微商应当处处连续.在 $x=0$ 点处,要求 $\varphi_1(0) = \varphi_2(0)$ 和 $\varphi_1'(0) = \varphi_2'(0)$,得到

$$A + A' = B + B', \quad k_1A - k_1A' = k_2B - k_2B' \tag{8.3.8}$$

在 $x=a$ 点处,要求 $\varphi_2(a) = \varphi_3(a)$ 和 $\varphi_2'(a) = \varphi_3'(a)$,得到

$$B\mathrm{e}^{\mathrm{i}k_2a} + B'\mathrm{e}^{-\mathrm{i}k_2a} = C\mathrm{e}^{\mathrm{i}k_1a}, \quad k_2B\mathrm{e}^{\mathrm{i}k_2a} - k_2B'\mathrm{e}^{-\mathrm{i}k_2a} = k_1C\mathrm{e}^{\mathrm{i}k_1a} \tag{8.3.9}$$

上面两式共四个代数方程,把入射波的概率幅 A 作为已知量,不难解得其余四个量 A', B, B' 及 C.下面,我们列出其中具有物理意义的概率幅 A' 及 C 如下:

$$C = \frac{4k_1k_2\mathrm{e}^{-\mathrm{i}k_1a}}{(k_1 + k_2)^2\mathrm{e}^{-\mathrm{i}k_2a} - (k_1 - k_2)^2\mathrm{e}^{\mathrm{i}k_2a}}A \tag{8.3.10}$$

$$A' = \frac{2\mathrm{i}(k_1^2 - k_2^2)\sin k_2a}{(k_1 - k_2)^2\mathrm{e}^{\mathrm{i}k_2a} - (k_1 + k_2)^2\mathrm{e}^{-\mathrm{i}k_2a}}A \tag{8.3.11}$$

所以,如果粒子从左方射向势垒,它被反射的概率,即反射系数为

$$R = \frac{|A'|^2}{|A|^2} = \frac{(k_1^2 - k_2^2)^2 \sin^2 k_2 a}{(k_1^2 - k_2^2)^2 \sin^2 k_2 a + 4k_1^2 k_2^2} \tag{8.3.12}$$

它被透射的概率,即透射系数为

$$D = \frac{|C|^2}{|A|^2} = \frac{4k_1^2 k_2^2}{(k_1^2 - k_2^2)^2 \sin^2 k_2 a + 4k_1^2 k_2^2} \tag{8.3.13}$$

这就证明了 $E > V_0$ 的粒子也可能被势垒反射,它的透射概率一般并不像经典情况中那样 $D = 1$,而是 $D < 1$.然而在 $k_2 a = n\pi$ 的特殊情况下,透射概率 $D = 1$,称为共振透射.出现共振透射的原因是入射波在势垒的第一个界面上产生的反射波与在第二个界面上(多次)反射后再通过第一个界面透射回来的返回波相消干涉,从而使Ⅰ区中的反射波消失.共振透射的条件与一维无限深方势阱中束缚态的能级条件非常相似,里面的奥秘引起了人们的关注.

由(8.3.12)及(8.3.13)两式容易验证

$$R + D = 1 \tag{8.3.14}$$

这正是概率流守恒所要求的结果.入射粒子受势垒作用或者反射,或者透射,不可能消失,因而反射与透射的概率和必等于 1.

现在再来讨论 $E < V_0$ 的情况.这时,(8.3.3)式中的 k_2 是虚数,定义

$$k_3 = \frac{\sqrt{2m(V_0 - E)}}{\hbar} \tag{8.3.15}$$

显然 k_3 是实数,满足条件 $k_2 = \mathrm{i}k_3$.于是我们不必再重复上述的求解步骤,只要把上面所有公式中的 k_2 换成 $\mathrm{i}k_3$,就得到了所要求的结果.例如,代替透射概率幅表达式 (8.3.10)的式子为

$$\begin{aligned} C &= \frac{4\mathrm{i}k_1 k_3 \mathrm{e}^{-\mathrm{i}k_1 a}}{(k_1 + \mathrm{i}k_3)^2 \mathrm{e}^{k_3 a} - (k_1 - \mathrm{i}k_3)^2 \mathrm{e}^{-k_3 a}} A \\ &= \frac{2\mathrm{i}k_1 k_3 \mathrm{e}^{-\mathrm{i}k_1 a}}{(k_1^2 - k_3^2)\sinh k_3 a + 2\mathrm{i}k_1 k_3 \cosh k_3 a} A \end{aligned} \tag{8.3.16}$$

透射概率为

$$D = \frac{|C|^2}{|A|^2} = \frac{4k_1^2 k_3^2}{(k_1^2 + k_3^2)^2 \sinh^2 k_3 a + 4k_1^2 k_3^2} \tag{8.3.17}$$

这就证明了能量 $E < V_0$ 的微观粒子依然能够穿透势垒从Ⅰ区跑到Ⅲ区中去,这种情况在经典力学中是不会发生的.

如果势垒足够高,也足够宽,即 $k_3 a \gg 1$,则 $\sinh^2 k_3 a \sim \mathrm{e}^{2k_3 a}/4$.这时透射概率近似为

$$D \sim \frac{4}{\left(\frac{k_1}{k_3}+\frac{k_3}{k_1}\right)^2 e^{2k_3 a}/4+4} \sim D_0 e^{-2k_3 a} = D_0 e^{-2\sqrt{2m(V_0-E)}a/\hbar} \tag{8.3.18}$$

其中

$$D_0 = \frac{16}{\left(\frac{k_1}{k_3}+\frac{k_3}{k_1}\right)^2} = \frac{16E(V_0-E)}{V_0^2} = 16\frac{E}{V_0}\left(1-\frac{E}{V_0}\right) \leqslant 4 \tag{8.3.19}$$

是一个不超过 4 的常数,在数量级分析时可以认为是 1.

上面的近似公式使我们容易估计发生隧道效应的可能性,例如,对于在半导体隧道二极管中的电子,$m=9\times10^{-31}$ kg, $V_0-E\approx1$ eV$\approx10^{-19}$ J,势垒宽度 $a\approx10^{-10}$ m,代入 (8.3.18) 式,得到 $D\approx0.4$,所以穿透概率是很大的;若 V_0-E 及 a 仍采用上列数据,但对宏观粒子,如 $m=10^{-3}$ kg 的球,得 $D\approx e^{-14}$,所以宏观粒子实际上不会发生隧道效应这种现象.

表 8.4 给出了当势垒的高度 V_0 比能量 E 大 4 eV 时,电子越过不同宽度 a 的势垒时的透射系数.

表 8.4

a (10^{-10} m)	1.0	2.0	4.0	8.0
D	1.6×10^{-1}	2.6×10^{-2}	6.6×10^{-4}	4.3×10^{-7}

由此可见,透射系数对势垒的宽度极为敏感,扫描隧道电子显微镜就是根据这一性质制成的.

如果势垒不是方形的,而是任意形状 $V(x)$,在这种情况下,我们可以把这个势垒看作由许多方形势垒组成的,每个方形势垒宽为 dx,高为 $V(x_i)$. 能量为 E 的粒子在 $x=a$ 处射入势垒 $V(x)$,在 $x=b$ 处射出,即 $V(a)=V(b)=E$. 由(8.3.18)式,粒子贯穿第 i 个方形势垒的透射系数为

$$D_i = \exp\left\{-\frac{2}{\hbar}\sqrt{2m[V(x_i)-E]}dx\right\} \tag{8.3.20}$$

粒子贯穿整个势垒的透射系数近似为各个方形势垒透射系数之积,即

$$D \approx \prod_i D_i = \exp\left[-\frac{2}{\hbar}\int_a^b \sqrt{2m(V-E)}dx\right] \tag{8.3.21}$$

其中积分的上下限为经典运动的转向点,满足方程 $V(x)=E$.

例 8.3.1　一个能量为 E 的粒子入射到高度为 $V_0=2E$ 的方势垒上,已知透射系数为 $\delta\ll1$,试估算势垒的宽度 a.

解　由(8.3.19)式可以求出 $D_0 = 4$，代入(8.3.19)式后得到 $\delta = 4e^{-2\sqrt{2m(V_0-E)}a/\hbar} = 4e^{-2\sqrt{mV_0}a/\hbar}$，由此解出势垒宽度的近似值

$$a = \frac{\hbar}{2\sqrt{mV_0}}\ln\left(\frac{4}{\delta}\right)$$

例 8.3.2　能量为 E 的粒子被势垒 $V(x) = V_0a^2/(x^2+a^2)$ 散射，若 $E = V_0/2$，求粒子的透射系数.

解　先由方程 $V(x) = E$ 求出经典转向点为 $\pm a$，于是有 $V(x) - E = V_0a^2/(x^2+a^2) - \frac{1}{2}V_0$. 设 $y = x/a$，上式简化为 $V - E = V_0\left(\frac{1}{y^2+1} - \frac{1}{2}\right) = \frac{V_0}{2}\left(\frac{1-y^2}{y^2+1}\right)$.

将结果代入公式(8.3.21)，得到

$$D \approx \exp\left[-\frac{2}{\hbar}\int_{-a}^{a}\sqrt{2m(V-E)}\mathrm{d}x\right] = \exp\left[-\frac{2a\sqrt{mV_0}}{\hbar}\int_{-1}^{1}\sqrt{\frac{1-y^2}{1+y^2}}\mathrm{d}y\right]$$

$$= \exp\left[-\frac{2a\sqrt{mV_0}}{\hbar}A\right]$$

其中，$A = \int_{-1}^{1}\sqrt{\frac{1-y^2}{1+y^2}}\mathrm{d}y = 1.42$，为常数.

8.4　定态微扰理论

8.4.1　问题的提出

在量子力学中，对于具体物理问题的定态薛定谔方程，像一维无限深势阱和一维线性谐振子这样可以准确求解的问题是很少的. 在经常遇到的许多问题中，由于体系的哈密顿算符比较复杂，往往不能求得精确的解，而只能求近似解. 因此，量子力学中求近似解的方法就显得非常重要.

例如，考虑一个带电量 q 的粒子在一维无限深势阱中运动，同时受到沿 x 正向的强度为 E_0 的外电场作用，求该带电粒子的能级.

显然，当外电场为零时，粒子的能级和对应的本征函数已经在 8.1 节中求出.

现在有了外电场作用,其哈密顿算符变为

$$\hat{H} = \frac{1}{2m}\hat{p}_x^2 + V(x) - qE_0 x \tag{8.4.1}$$

其中

$$V(x) = \begin{cases} 0 & (0 < x < a) \\ \infty & (x < 0, x > a) \end{cases} \tag{8.4.2}$$

这个问题的定态薛定谔方程难以严格求解,需要采用近似解法.在上面的例子中,如电场很弱,在势阱内电势能 qE_0x 为一很小的量,这时我们可以用下面介绍的定态微扰方法来近似求解.

8.4.2 定态微扰方法

体系的定态薛定谔方程是哈密顿算符 $\hat{H}$ 的本征方程.假设 $\hat{H}$ 可以分为两部分,一部分记为 $\hat{H}^{(0)}$,称为无微扰的哈密顿算符,它的本征值 $E_n^{(0)}$ 和本征函数 $\varphi_n^{(0)}$ 是已知的,即

$$\hat{H}^{(0)}\psi_n^{(0)} = E_n^{(0)}\psi_n^{(0)} \tag{8.4.3}$$

另一部分记为 $\hat{H}^{(1)}$,它相对 $\hat{H}^{(0)}$ 很小,称为加于 $\hat{H}^{(0)}$ 上的微扰.为了明显起见,我们将微扰表示为 $\lambda\hat{H}'$,其中参数 λ 是一个表示微扰项数量级的小量.这样,体系的哈密顿算符可表示为

$$\hat{H} = \hat{H}^{(0)} + \hat{H}^{(1)} = \hat{H}^{(0)} + \lambda\hat{H}' = \hat{H}(\lambda) \tag{8.4.4}$$

我们用 $E_n(\lambda)$和 $\varphi_n(\lambda)$分别表示 $\hat{H}(\lambda)$的本征值和本征函数

$$\hat{H}(\lambda)\psi_n(\lambda) = E_n(\lambda)\psi_n(\lambda) \tag{8.4.5}$$

如果参数 $\lambda = 0$,说明没有微扰,因此有

$$\hat{H}_n(0) = \hat{H}_n^{(0)}, \quad E_n(0) = E_n^{(0)}, \quad \varphi_n(0) = \varphi_n^{(0)} \tag{8.4.6}$$

微扰项的引入使得体系的能级由 $E_n^{(0)}$ 变成为$E_n(\lambda)$,能级发生了移动;波函数也由 $\varphi_n^{(0)}$ 变为$\varphi_n(\lambda)$.由假设,微扰参数 λ 是一个小量,可以把本征值和本征函数按 λ 展开,得到近似式

$$\begin{aligned} E_n(\lambda) &\approx E_n(0) + \lambda E_n' = E_n^{(0)} + E_n^{(1)} \\ \varphi_n(\lambda) &\approx \varphi_n(0) + \lambda\varphi_n' = \varphi_n^{(0)} + \varphi_n^{(1)} \end{aligned} \tag{8.4.7}$$

上式中的 $E_n^{(1)} = \lambda E_n'$ 和 $\varphi_n^{(1)} = \lambda\varphi_n'$ 分别称为本征值和本征函数的一级修正.将上式代入本征方程(8.4.5)即有

$$(\hat{H}^0 + \lambda\hat{H}')(\varphi_n^{(0)} + \lambda\varphi_n') = (E_n^{(0)} + \lambda E_n')(\varphi_n^{(0)} + \lambda\varphi_n') \tag{8.4.8}$$

在上式中略去 λ 的高次项后，再利用(8.4.3)式进行化简，即可得

$$\hat{H}^{(0)}\varphi' + \hat{H}'\varphi_n^{(0)} = E_n^{(0)}\varphi' + E'_n\varphi_n^{(0)} \tag{8.4.9}$$

(8.4.9)式即是修正项所满足的方程.将上式两边右乘 $\varphi_n^{(0)*}$ 再对坐标 x 积分，得

$$\int\varphi_n^{(0)*}\hat{H}^{(0)}\varphi'_n\mathrm{d}x + \int\varphi_n^{(0)*}\hat{H}'\varphi_n^{(0)}\mathrm{d}x = E_n^{(0)}\int\varphi_n^{(0)*}\varphi'_n\mathrm{d}x + E'\int\varphi_n^{(0)*}\varphi_n^{(0)}\mathrm{d}x \tag{8.4.10}$$

考虑到 $\hat{H}^{(0)}$ 为厄密算符，因此有

$$\int\varphi_n^{(0)*}\hat{H}^{(0)}\varphi'_n\mathrm{d}x = \int[\hat{H}^{(0)}\varphi_n^{(0)}]^*\varphi'_n\mathrm{d}x = E_n^{(0)}\int\varphi_n^{(0)*}\varphi'_n\mathrm{d}x \tag{8.4.11}$$

利用上式和归一化条件，方程(8.4.10)可以简化为

$$E'_n = \hat{H}'_{n,n} \quad 或 \quad E_n^{(1)} = \lambda E'_n = \lambda\hat{H}'_{n,n} = H_{n,n}^{(1)} \tag{8.4.12}$$

这就是能量本征值的一级修正公式，其中

$$\hat{H}'_{n,m} = \int\varphi_n^{(0)*}\hat{H}'\varphi_m^{(0)}\mathrm{d}x \quad 或 \quad \hat{H}_{n,m}^{(1)} = \int\varphi_n^{(0)*}\hat{H}^{(1)}\varphi_m^{(0)}\mathrm{d}x \tag{8.4.13}$$

称为微扰矩阵元.

如果(8.4.10)式中所乘的是另一个本征函数 $\varphi_m^{(0)*}$，结果将变为

$$\int\varphi_m^{(0)*}\hat{H}^{(0)}\varphi'_n\mathrm{d}x + \int\varphi_m^{(0)*}\hat{H}'\varphi_n^{(0)}\mathrm{d}x = E_n^{(0)}\int\varphi_m^{(0)*}\varphi'_n\mathrm{d}x \tag{8.4.14}$$

其中已经利用了能量算符本征函数的正交性 $\int\varphi_m^{(0)*}\varphi_n^{(0)}\mathrm{d}x = 0, m\neq n$.

再由 $\hat{H}^{(0)}$ 的厄密性，(8.4.14)式可以进一步简化为

$$E_m^{(0)}c_m + H'_{m,n} = E_n^{(0)}c_m \tag{8.4.15}$$

其中，$c_m = \int\varphi_m^{(0)*}\varphi'_n\mathrm{d}x$ 恰好是一级修正波函数按无微扰的本征函数展开式

$$\varphi'_n = \sum_m c_m\varphi_m^{(0)} \tag{8.4.16}$$

的系数.根据(8.4.15)式可以解出

$$c_m = \frac{H'_{m,n}}{E_n^{(0)} - E_m^{(0)}} \quad (m\neq n) \tag{8.4.17}$$

将结果代入(8.4.16)式后，立刻得到一级修正波函数

$$\varphi' = \sum_{m\neq n}\frac{H'_{m,n}}{E_n^{(0)} - E_m^{(0)}}\varphi_m^{(0)} \quad 或 \quad \varphi_n^{(1)} = \sum_{m\neq n}\frac{H_{m,n}^{(1)}}{E_n^{(0)} - E_m^{(0)}}\varphi_m^{(0)} \tag{8.4.18}$$

在上式中，我们仅对所有与 n 不相同的 m 求和，与(8.4.16)式相比缺少一项 $c_n\varphi_n^{(0)}$.进一步计算表明 c_n 与小量 λ 的平方成比例，因此在一级近似的情况下该项

应该为零.

由(8.4.12)和(8.4.18)两个公式,就可以利用无微扰的本征值 $E_n^{(0)}$ 和本征函数 $\varphi_n^{(0)}$ 近似求出有微扰时的能量本征值 E_n 和本征函数 φ_n,其误差为小量 λ 的高次项.

考虑到微扰方法的基本假设是修正项应该远远小于无微扰时的对应项,由此可以得到应用微扰方法的条件为

$$\lambda\left|\frac{H'_{m,n}}{E_n^{(0)}-E_m^{(0)}}\right| = \left|\frac{H_{m,n}^{(1)}}{E_n^{(0)}-E_m^{(0)}}\right| \ll 1 \tag{8.4.19}$$

8.4.3 原问题的近似解

现在,我们用微扰理论来近似求解本节开始时所遇到的问题.系统的哈密顿算符由(8.4.1)式给出,因为假定电场很弱,故可以把电势能看成是微扰的,余下的为无微扰哈密顿算符,即

$$H^{(0)} = \frac{1}{2m}\hat{p}_x^2 + V(x),\quad H^{(1)} = -qE_0 x \tag{8.4.20}$$

由 8.1 节可知,无微扰时能量的本征值 $E_n^{(0)}$ 和本征函数 $\psi_n^{(0)}$ 分别为

$$E_n^{(0)} = \frac{\pi^2\hbar^2}{2ma^2}n^2 = E_1 n^2,\quad \varphi_n^{(0)}(x) = \sqrt{\frac{2}{a}}\sin\frac{n\pi x}{a}\quad (0 < x < a)$$

下面用微扰方法来求能级的一级修正.由(8.4.13)式,微扰矩阵元

$$\hat{H}_{n,m}^{(1)} = \int\varphi_n^{(0)*}\hat{H}^{(1)}\varphi_n^{(0)}\mathrm{d}x = \frac{2}{a}\int_0^a\sin\frac{n\pi x}{a}(-qE_0 x)\sin\frac{n\pi x}{a}\mathrm{d}x = -qE_0\langle x\rangle$$

利用例 8.1.5 中的结果,立刻得到

$$E_n^{(1)} = \hat{H}_{n,n}^{(1)} = -\frac{1}{2}qE_0 a \tag{8.4.21}$$

我们看到,由于弱电场的存在,所有能级的能量都下降了一个小量.在其他微扰的情况下,能级一般也都发生变化,但是变化量通常随着能级的不同而不同.

如果在(8.4.7)式中将本征值和本征函数展开到微扰参数 λ 的高次项,还可以进一步求出本征值和本征函数的二级修正或更高级的修正,所用方法与此相同,我们就不进行详细讨论了.

例 8.4.1　计算一维谐振子在受到一个与位移平方成比例的微扰后,其基态能量的一级近似,并与严格解进行比较.

解　由题设,令

$$\hat{H}^{(0)} = \frac{1}{2m}\hat{p}_x^2 + \frac{1}{2}m\omega^2 x^2, \quad \hat{H}^{(1)} = \frac{\delta}{2}m\omega^2 x^2$$

可以求出微扰矩阵元

$$H_{0,0}^{(1)} = \int \varphi_0^{(0)*}\hat{H}^{(1)}\varphi_0^{(0)}\mathrm{d}x = \int \frac{\delta}{2}m\omega^2 x^2 (\varphi_0^{(0)})^2\mathrm{d}x$$

$$= \frac{\delta}{2}\frac{m\omega^2}{\alpha^2}\int (\varphi_0^{(0)})^2\mathrm{d}x = \frac{\delta}{4}\frac{m\omega^2}{\alpha^2}$$

在计算中利用了递推关系 $\xi\varphi_0^{(0)} = \varphi_1^{(0)}/\sqrt{2}$. 于是基态能量的一级近似为

$$E_n \approx E_n^{(0)} + H_{0,0}^{(1)} = \frac{1}{2}\hbar\omega + \frac{\delta}{4}\frac{m\omega^2}{\alpha^2} = \frac{1}{2}\hbar\omega + \frac{\delta}{4}\hbar\omega$$

另一方面,粒子含微扰的哈密顿算符为

$$\hat{H} = \frac{1}{2m}\hat{p}_x^2 + \frac{1}{2}m\omega^2(1+\delta)x^2 = \frac{1}{2m}\hat{p}_x^2 + \frac{1}{2}m\omega_1^2 x^2, \quad \omega_1 = \omega\sqrt{1+\delta}$$

这也是一个简谐振子,其基态能量的精确值为

$$E_0 = \frac{1}{2}\hbar\omega_1 = \frac{1}{2}\hbar\omega\sqrt{1+\delta} = \frac{1}{2}\hbar\omega\left(1 + \frac{1}{2}\delta - \frac{1}{8}\delta^2 + \cdots\right)$$

将近似值与精确值相比,我们发现微扰方法的一级近似恰好等于精确结果按微扰参数展开到一次项的结果.

习　题　8

1. 在区间[0,π]内的一维无限深势阱中粒子处于状态 $\Psi = A\sin x(1-4\cos x)$,求测量其能量的可能值,对应的概率、能量期待值和标准差.
2. 粒子在范围为[0, a]的一维无限深势阱中运动的粒子,如果波函数为 $\Psi(x) = Ax(a-x)$,求能量的期待值.
3. 在例 8.1.3 的状态中,求能量的标准差.
4. 粒子在范围为[0, π]的一维无限深势阱中运动,在 $t=0$ 时刻波函数为 $\Psi(x,0) = A\sin^3 x$,求状态随时间的演化规律.
5. 一个质量为 m 的粒子在一维无限深势阱($0\leqslant x\leqslant\pi$)中运动,若初始状态($t=0$)为 $\Psi(x,0) = A(1+\cos x)\sin x$,求 t 时刻的波函数、能量期望值和在势阱左半

部$(0\leqslant x\leqslant\frac{1}{2}\pi)$发现粒子的概率.

6. 求粒子处于势阱 $V(x)=\begin{cases}V_0\ (c<x<d)\\ \infty\ \ (x\leqslant c\text{ 或 }x\geqslant d)\end{cases}$ 中的能级和能量本征函数.

7. 设粒子处于二维无限深势阱 $V(x,y)=\begin{cases}0\ \ (0<x<a,0<y<a)\\ \infty\ (\text{其他区域})\end{cases}$，求粒子能量和相应的本征态，并讨论前5条能级简并情况.

8. 一粒子在一维势阱 $V(x)=\begin{cases}\infty\ \ (x<0)\\ 0\ \ \ (0\leqslant x\leqslant a)\\ V_0\ (x>a)\end{cases}$ 中运动，求束缚态能级所满足的方程.

9. 频率为 ω 的一维简谐振子处于第3激发态，试求所能发出的光谱线条数和相应的频率.

10. 求一维简谐振子处于状态 $\Psi=\varphi_1(x)-\mathrm{i}\varphi_2(x)+2\varphi_3(x)$，求测量其能量的可能值，对应的概率、能量期待值和方差.

11. 简谐振子处于状态 $\Psi=Ax\dfrac{\mathrm{d}\varphi_2(x)}{\mathrm{d}x}$，计算其能量的可能值、对应的概率和期望值.

12. 计算一维线性谐振子第三激发态的动量期待值和势能期待值.

13. 试求一维谐振子处在第一激发态时概率最大的位置.

14. 设 $t=0$ 时，频率为 ω 的谐振子处于状态 $\Psi(x,0)=\cos\beta\,\Psi_n(x)+\sin\beta\,\Psi_{n+1}(x)$，其中，$\beta$ 为常数，求坐标平均值随着时间的变化规律.

15. 一个质量为 m 的粒子在势场 $V=\begin{cases}\frac{1}{2}m\omega^2x^2\ (x>0)\\ \infty\ \ \ \ \ \ \ \ \ \ \ (x\leqslant 0)\end{cases}$ 中运动，计算能量本征值和本征态.

16. 一个质量为 m 的粒子在势场 $V=Ax^{-12}-Bx^6\,(A,B>0,x>0)$ 中运动，近似计算该粒子的基态能量.

17. 二维粒子在势场 $V(x,y)=\begin{cases}\frac{1}{2}m\omega^2x^2\ (0<y<a)\\ \infty\ \ \ \ \ \ \ \ \ \ \ (y<0,y>a)\end{cases}$ 中运动，计算该粒子的能级和能量本征函数，并在势阱宽度满足 $a^2=\hbar\pi^2/(m\omega)$ 时讨论能量的简并

情况.

18. 一维简谐振子势阱中有两个质量分别为 m_1, $m_2=\frac{1}{4}m_1$ 的粒子,粒子间无相互作用,求系统前五个能级的能量和简并度.

19. 能量为 E 的粒子从左边向势垒 $V(x)=\begin{cases}V_0\ (c\leqslant x\leqslant d)\\ 0\ \ (x<c\ 或\ x>d)\end{cases}$ 运动,求透射系数.

20. 质量为 m 的粒子从左边向势垒 $V(x)=\begin{cases}\frac{1}{2}m\omega^2(a^2-x^2)\ (|x|<a)\\ 0\qquad\qquad (|x|\geqslant a)\end{cases}$ 运动,如能量为 $E=\frac{1}{2}m\omega^2(a^2-x_0^2)(|x_0|<a)$,近似计算透射系数.

21. 能量为 E 的粒子从左边向势垒 $V(x)=\begin{cases}0\ \ (x<0)\\ V_0\ (0\leqslant x)\end{cases}$ 运动,求反射系数.

22. 能量为 E 的粒子从左边向势垒 $V(x)=\begin{cases}0\ \ (x<0)\\ U_1\ (0\leqslant x\leqslant a)\\ U_2\ (a<x)\end{cases}$ 运动,求透射系数.

23. 能量为 E 的粒子从左边向势垒 $V(x)=aV_0\delta(x)(aV_0>0)$ 运动,求透射系数.

24. 势阱为 $V(x)=-aV_0\delta(x)(aV_0>0)$,求粒子的束缚态能级和波函数.

25. 一维粒子的势能为 $U=\frac{1}{2}\mu\omega^2x^2+Ax^3+Bx^4$,用微扰方法求基态能量的一级近似.

26. 在一维无限深势阱[0,a]中运动的粒子,受到微扰 $H'=kx$ 的作用,求粒子能量的修正.

27. 质量为 m 的二维粒子在势场 $V=\frac{1}{2}m\omega^2(x^2+y^2)$ 中运动,如加上微扰 $H'=\lambda xy$,求基态和第一激发态的能量一级修正.

第9章　量子有心运动

9.1 量子转子

9.1.1 量子转子的哈密顿算符

一个受某种约束使得其位置与空间某定点的距离为定长的质点称为空间转子，按(3.3.19)式，自由空间转子的哈密顿函数为

$$H=\frac{1}{2I}\left(p_\theta^2+\frac{1}{\sin^2\theta}p_\varphi^2\right)=\frac{1}{2I}L^2 \tag{9.1.1}$$

考虑到波粒二象性后，量子化的空间转子应该用哈密顿算符来描述，具体形式为

$$\hat{H}=\frac{1}{2I}\hat{L}^2 \tag{9.1.2}$$

其中角动量算符在直角坐标中的形式已经由(7.2.10)式给出.由于角动量问题只涉及横向变量 θ 和 φ，因此采用球坐标更为方便.利用直角坐标和球坐标的变换关系

$$\begin{cases}x=r\sin\theta\cos\varphi\\ y=r\sin\theta\sin\varphi\\ z=r\cos\theta\end{cases} \tag{9.1.3}$$

可得

$$\begin{pmatrix} \dfrac{\partial}{\partial x} \\ \dfrac{\partial}{\partial y} \\ \dfrac{\partial}{\partial z} \end{pmatrix} = \begin{pmatrix} \sin\theta\cos\varphi & \cos\theta\cos\varphi & -\sin\varphi \\ \sin\theta\sin\varphi & \cos\theta\sin\varphi & \cos\varphi \\ \cos\theta & -\sin\theta & 0 \end{pmatrix} \begin{pmatrix} \dfrac{\partial}{\partial r} \\ \dfrac{1}{r}\dfrac{\partial}{\partial\theta} \\ \dfrac{1}{r\sin\theta}\dfrac{\partial}{\partial\varphi} \end{pmatrix} \tag{9.1.4}$$

由此可以直接写出动量算符 $\hat{\boldsymbol{p}} = -\mathrm{i}\hbar\nabla$ 在球坐标中的形式.将坐标和动量算符的球坐标中的形式代入(7.2.10)式,即得到在球坐标下角动量算符的表达式

$$\begin{cases} \hat{L}_x = \mathrm{i}\hbar\left(\sin\varphi\dfrac{\partial}{\partial\theta} + \cot\theta\cos\varphi\dfrac{\partial}{\partial\varphi}\right) \\ \hat{L}_y = \mathrm{i}\hbar\left(-\cos\varphi\dfrac{\partial}{\partial\theta} + \cot\theta\sin\varphi\dfrac{\partial}{\partial\varphi}\right) \\ \hat{L}_z = -\mathrm{i}\hbar\dfrac{\partial}{\partial\varphi} \end{cases} \tag{9.1.5}$$

由上式可以进一步推出角动量平方算符在球坐标下的表达式为

$$\hat{L}^2 = -\hbar^2\nabla_\Omega^2 \tag{9.1.6}$$

其中

$$\nabla_\Omega^2 = \frac{1}{\sin\theta}\frac{\partial}{\partial\theta}\left(\sin\theta\frac{\partial}{\partial\theta}\right) + \frac{1}{\sin^2\theta}\frac{\partial^2}{\partial\varphi} \tag{9.1.7}$$

称为球面拉普拉斯算符.

如果该质点的运动被进一步限制在一个平面(Oxy 平面)上,则称为平面转子,其哈密顿函数为

$$H = \frac{1}{2I}p_\varphi^2 = \frac{1}{2I}L_z^2 \tag{9.1.8}$$

考虑到波粒二象性后,量子化的平面转子应该用如下哈密顿算符来描述

$$\hat{H} = \frac{1}{2I}\hat{L}_z^2 \tag{9.1.9}$$

容易看出,量子空间转子的哈密顿算符与角动量算符的平方成正比,它们具有共同的本征函数和成同样比例的本征值;同理,量子平面转子的哈密顿算符与角动量算符 z 分量也具有共同的本征函数.

9.1.2　量子平面转子

利用角动量算符 z 分量在球坐标中的表达式(9.1.5),可以写出其本征值方程为

$$\hat{L}_z\Phi = -\mathrm{i}\hbar\frac{\mathrm{d}\Phi}{\mathrm{d}\varphi} = \lambda\Phi \tag{9.1.10}$$

其中,λ 为角动量算符 z 分量的本征值.设 $\lambda = m\hbar$,上式简化为 $\Phi' = \mathrm{i}m\Phi$,解为 $\Phi = A\mathrm{e}^{\mathrm{i}m\varphi}$.由于波函数必须是位置的单值函数,故应有 $\Phi(\varphi+2\pi)=\Phi(\varphi)$,于是得到限制条件

$$\mathrm{e}^{\mathrm{i}2\pi m}\cdot\mathrm{e}^{\mathrm{i}m\varphi} = \mathrm{e}^{\mathrm{i}m\varphi}\quad 或\quad \mathrm{e}^{\mathrm{i}2\pi m} = 1 \tag{9.1.11}$$

上式要求参数 m 只能取整数,称为磁量子数.

由归一化条件

$$1 = \int_0^{2\pi}\Phi^*\Phi\mathrm{d}\varphi = 2\pi A^2 \tag{9.1.12}$$

立刻得到归一化系数为 $A = 1/\sqrt{2\pi}$.这样,角动量 z 分量的归一化本征函数为

$$\Phi_m = \frac{1}{\sqrt{2\pi}}\mathrm{e}^{\mathrm{i}m\varphi}\quad (m\in\mathbf{Z}) \tag{9.1.13}$$

下面,我们来研究量子平面转子的能量本征值问题.将本征函数 Φ_m 代入量子平面转子的本征值方程

$$\hat{H}\Phi = \frac{1}{2I}\hat{L}_z^2\Phi = \frac{\hbar^2 m^2}{2I}\Phi = E\Phi \tag{9.1.14}$$

立即可以得到本征值

$$E = \frac{m^2\hbar^2}{2I}\quad (m = 0, \pm 1, \pm 2, \cdots) \tag{9.1.15}$$

由于磁粒子数 m 的符号不影响本征值的大小,因此除了基态($m=0$)之外,量子平面转子的能级都是二重简并的.

9.1.3　量子空间转子

利用角动量平方算符在球坐标中的表达式(9.1.6),可以写出本征方程为

$$\hat{L}^2 Y = -\hbar^2\left[\frac{1}{\sin\theta}\frac{\partial}{\partial\theta}\left(\sin\theta\frac{\partial}{\partial\theta}\right)+\frac{1}{\sin^2\theta}\frac{\partial^2}{\partial\varphi^2}\right]Y = \mu Y \tag{9.1.16}$$

令本征值 $\mu = \lambda\hbar^2$,上式可以简化为

$$\frac{1}{\sin\theta}\frac{\partial}{\partial\theta}\left(\sin\theta\frac{\partial Y}{\partial\theta}\right)+\frac{1}{\sin^2\theta}\frac{\partial^2 Y}{\partial\varphi^2}+\lambda Y = 0 \tag{9.1.16a}$$

由于角动量平方算符与角动量 z 分量算符是可以对易的,两者具有共同的本征函数集合,因此我们可以设

$$Y(\theta,\varphi) = \Theta(\theta)\Phi_m(\varphi) \tag{9.1.17}$$

其中，$\Phi_m(\varphi)$为角动量 z 分量算符的本征函数，将上式代入本征方程(9.1.16a)，即有

$$\frac{1}{\sin\theta}\frac{\mathrm{d}}{\mathrm{d}\theta}\left[\sin\theta\frac{\mathrm{d}\Theta}{\mathrm{d}\theta}\right]+\left(\lambda-\frac{m^2}{\sin^2\theta}\right)\Theta=0 \tag{9.1.18}$$

作变量变换 $\xi=\cos\theta, P(\xi)=P(\cos\theta)=\Theta(\theta)$，上式成为

$$\frac{\mathrm{d}}{\mathrm{d}\xi}\left[(1-\xi^2)\frac{\mathrm{d}P}{\mathrm{d}\xi}\right]+\left(\lambda-\frac{m^2}{1-\xi^2}\right)P=0 \tag{9.1.19}$$

这个方程称为连带勒让德方程.因为 θ 的变化区域是 0 到 π，故 ξ 的变化区域是 1 到 -1.而 $\xi=\pm1$ 是方程(9.1.19)的奇点，要使其解 $P(\xi)$在 $\xi=\pm1$ 处保持有界，参数 λ 不能任意取值，只能取某些特殊的值.为了在解方程的同时找到这些特殊值，先考虑这个方程在 $m=0$ 时的特例

$$\frac{\mathrm{d}}{\mathrm{d}\xi}\left[(1-\xi^2)\frac{\mathrm{d}P}{\mathrm{d}\xi}\right]+\lambda P=0 \tag{9.1.20}$$

或

$$(1-\xi^2)P''(\xi)-2\xi P'(\xi)+\lambda P(\xi)=0\quad(|\xi|\leqslant1) \tag{9.1.20a}$$

上式称为勒让德方程.

将未知函数在 $\xi=0$ 处泰勒展开到 l 阶，略去高价项后得到一个多项式

$$\mathrm{P}_l(\xi)=a_0+a_1\xi+a_2\xi^2+\cdots+a_l\xi^l \tag{9.1.21}$$

考虑到勒让德方程具有空间反演对称性，其解具有确定的宇称.因此当 l 为奇数时，展开式为奇多项式；当 l 为偶数时为偶多项式.将此多项式代入方程(9.1.20)，用待定系数法不难得到：

$l=0$ 时，$\lambda=0$，　$\mathrm{P}_0(\xi)=a_0$；

$l=1$ 时，$\lambda=2$，　$\mathrm{P}_1(\xi)=a_1\xi$；

$l=2$ 时，$\lambda=6$，　$\mathrm{P}_2(\xi)=a_2\left(\xi^2-\dfrac{2}{3}\right)$；

$l=3$ 时，$\lambda=12$，　$\mathrm{P}_3(\xi)=a_3\left(\xi^3-\dfrac{3}{5}\xi\right)$；

$l=4$ 时，$\lambda=20$，　$\mathrm{P}_4(\xi)=a_4\left(\xi^4-\dfrac{6}{7}\xi^2+\dfrac{3}{35}\right)$；

$l=5$ 时，$\lambda=30$，　$\mathrm{P}_5(\xi)=a_5\left(\xi^5-\dfrac{10}{9}\xi^3+\dfrac{5}{21}\xi\right)$；

……

归纳起来，我们得到

$$\lambda = l(l+1) \quad (l = 0, 1, 2, \cdots) \tag{9.1.22}$$

适当选取系数后,上述多项式解可以统一表示为

$$\mathrm{P}_l(\xi) = \frac{1}{2^l l!}\frac{\mathrm{d}^l}{\mathrm{d}\xi^l}(\xi^2 - 1)^l \tag{9.1.23}$$

称为勒让德多项式,其次数 l 称为角量子数.数学上可以严格地证明勒让德多项式是勒让德方程满足边界条件的.

利用勒让德多项式,我们容易验证函数

$$\mathrm{P}_l^m(\xi) = (1-\xi^2)^{\frac{|m|}{2}}\frac{\mathrm{d}^{|m|}}{\mathrm{d}\xi^{|m|}}\mathrm{P}_l(\xi) \tag{9.1.24}$$

满足连带勒让德方程(9.1.19)和有界性条件,称为连带勒让德函数.由(9.1.24)式容易看出角量子数 l 和磁量子数 m 之间满足条件

$$|m| \leqslant l \tag{9.1.25}$$

由(9.1.13)和(9.1.24)两式,可以得到角动量平方算符的本征函数为

$$\mathrm{Y}_{l,m}(\theta,\varphi) = N_{l,m}\mathrm{P}_l^m(\cos\theta)\mathrm{e}^{\mathrm{i}m\varphi} \tag{9.1.26}$$

式中,$N_{l,m}$ 是归一化系数,$\mathrm{Y}_{l,m}$ 称为球函数.由归一化条件

$$\iint \mathrm{Y}_{l,m}^*(\theta,\varphi)\mathrm{Y}_{l,m}(\theta,\varphi)\mathrm{d}\Omega = \int_0^{2\pi}\mathrm{d}\varphi\int_0^{\pi}\sin\theta\mathrm{d}\theta\mathrm{Y}_{l,m}^*(\theta,\varphi)\mathrm{Y}_{l,m}(\theta,\varphi) = 1 \tag{9.1.27}$$

可以求得归一化系数 $N_{l,m}$ 的值为

$$N_{l,m} = \sqrt{\frac{(2l+1)(l-|m|)!}{4\pi(l+|m|)!}} \tag{9.1.28}$$

球函数 $\mathrm{Y}_{l,m}$ 是角动量平方算符和角动量 z 分量算符的共同本征函数,对应的本征值为

$$\begin{cases} L^2 = \lambda_l\hbar^2 = l(l+1)\hbar^2 & (l = 0,1,2,\cdots) \\ L_z = m\hbar & (m = 0, \pm 1, \cdots, \pm l) \end{cases} \tag{9.1.29}$$

如果我们以狄拉克常数 $\hbar$ 为角动量的单位,则磁量子数 m 就表示角动量在 z 轴上投影的大小,参数 λ 为角动量的平方,角量子数 l 反映了角动量的大小.由于量子数 l, m 只能取某些整数值,因此在量子力学中,角动量的取值是量子化的,即只能取某些分立值.其两个相邻取值的间隔为 $\hbar$.在经典极限下,可以认为 $\hbar$ 趋于零,角动量相邻取值的间隔可以忽略不计,这时,就可以将角动量的取值看成连续的了.

由(9.1.29)式可知,对应于一个 l 值,m 可以取 $2l+1$ 个值,因而对应于 $\hat{L}^2$

的一个本征值就有 $2l+1$ 个不同的本征函数 $\mathrm{Y}_{l,m}$，这说明 $\hat{L}^2$ 的本征值是 $2l+1$ 度兼并的.

考虑到角动量算符 $\hat{L}^2$ 和 $\hat{L}_z$ 都是厄米算符，其共同的本征函数具有正交归一性，因此球函数 $\mathrm{Y}_{l,m}$ 满足关系

$$\iint \mathrm{Y}_{l,m}^{*}\mathrm{Y}_{l',m'}\,\mathrm{d}\Omega = \delta_{l,l'}\delta_{m,m'} \tag{9.1.30}$$

习惯上称 $l=0$ 的状态为 s 态，处于这种态的粒子简称为 s 粒子；$l=1$ 的态称为 p 态，$l=2$ 的态称为 d 态……在角量子数 l 给定之后，磁量子数 m 可以取从 $-l$ 到 l 共 $2l+1$ 个值，因此存在着 $2l+1$ 个独立的球谐函数 $\mathrm{Y}_{l,m}$. 下面我们给出 $l=0,\ 1,\ 2$ 时，球函数的具体形式.

$$\mathrm{Y}_{0,0} = \frac{1}{\sqrt{4\pi}}$$

$$\mathrm{Y}_{1,0} = \sqrt{\frac{3}{4\pi}}\cos\theta, \qquad \mathrm{Y}_{1,\pm1} = \sqrt{\frac{3}{8\pi}}\sin\theta \mathrm{e}^{\pm \mathrm{i}\varphi}$$

$$\mathrm{Y}_{2,0} = \sqrt{\frac{5}{16\pi}}(3\cos^2\theta - 1), \qquad \mathrm{Y}_{2,\pm1} = \sqrt{\frac{15}{8\pi}}\cos\theta\sin\theta \mathrm{e}^{\pm \mathrm{i}\varphi}$$

$$\mathrm{Y}_{2,\pm2} = \sqrt{\frac{15}{32\pi}}\sin^2\theta \mathrm{e}^{\pm 2\mathrm{i}\varphi}$$

由(9.1.26)式知，概率密度为

$$\rho_{l,m}(\theta,\varphi) = |\mathrm{Y}_{l,m}|^2 = N_{l,m}^2[\mathrm{P}_l^m(\cos\theta)]^2 \quad (|m| \leqslant l) \tag{9.1.31}$$

如图 9.1，给出了 $l=0,\ 1,\ 2$ 时，概率密度分布的图像，其中曲面到原点的距离表示在该方向上概率的大小.

由(9.1.31)式容易看出概率分布与角度 φ 无关，具有绕 z 轴转动不变的对称性质. 根据这种轴对称性，其概率密度的分布情况也可以简单地用一个过轴的剖面图来描述.

下面，我们来研究量子空间转子的能量本征值问题. 将角动量平方算符的本征函数 $\mathrm{Y}_{l,m}$ 代入量子空间转子的本征值方程

$$\hat{H}\mathrm{Y}_{l,m} = \frac{1}{2I}\hat{L}^2\mathrm{Y}_{l,m} = E\mathrm{Y}_{l,m} \tag{9.1.32}$$

立即可以得到

$$E_l = \frac{l(l+1)\hbar^2}{2I} \quad (l = 0,1,2,\cdots) \tag{9.1.33}$$

对应的简并度为 $2l+1$.

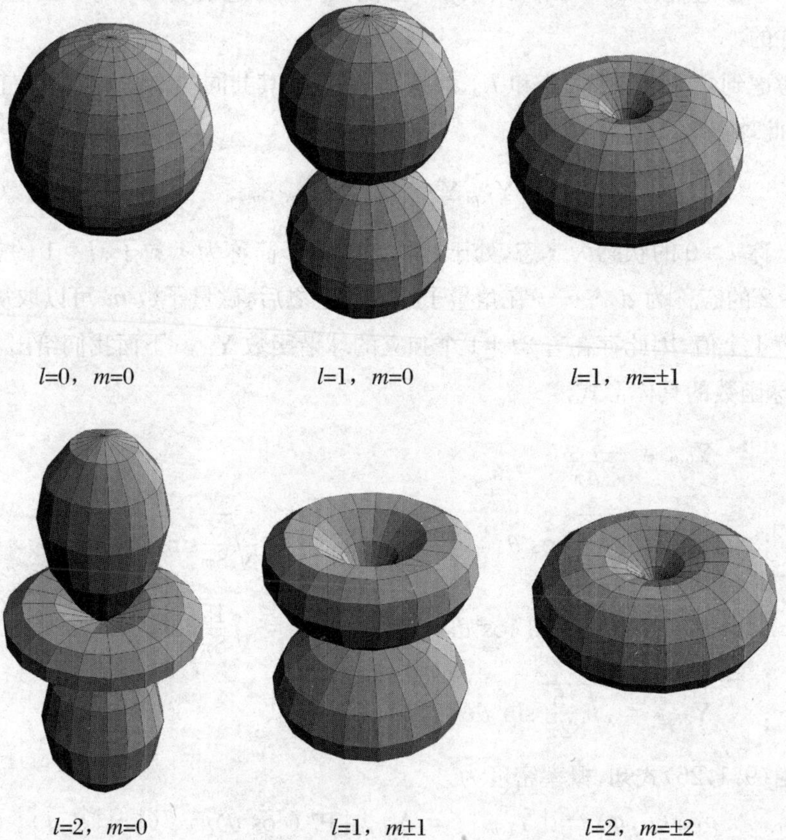

图 9.1　角动量本征态概率密度分布的图像

例 9.1.1　求解哈密顿算符 $\hat{H}=\dfrac{1}{2I}(\hat{L}_x^2+\hat{L}_y^2)$的本征方程.

解　哈密顿算符可以改写为 $\hat{H}=\dfrac{1}{2I}(\hat{L}_x^2+\hat{L}_y^2)=\dfrac{1}{2I}(\hat{L}^2-\hat{L}_z^2)$，它与 $\hat{L}^2$，$\hat{L}_z$ 对易，完全由 $\hat{L}^2$，$\hat{L}_z$ 确定，并且共享 2 个自由度，因此它们具有共同的本征态 $Y_{l,m}$. 将 $Y_{l,m}$代入本征方程$\dfrac{1}{2I}(\hat{L}^2-\hat{L}_z^2)Y_{l,m}=EY_{l,m}$后，立刻得到能量本征值 $E=\dfrac{1}{2I}[l(l+1)-m^2]\hbar^2$.

例 9.1.2　求状态 $\psi=2Y_{1,1}-2\mathrm{i}Y_{2,0}+Y_{2,1}$中角动量平方及其 z 分量的可能值、对应的概率和期望值.

解　类似例 8.1.4 的分析，可以得到表 9.1.

表 9.1

$Y_{l,m}$	$Y_{1,1}$	$Y_{2,0}$	$Y_{2,1}$	$\psi = 2Y_{1,1} - 2iY_{2,0} + Y_{2,1}$
$c_{l,m}$	2	$-2i$	1	$\sum \lvert c_{l,m} \rvert^2 = 9$
$P_{l,m}$	$\frac{4}{9}$	$\frac{4}{9}$	$\frac{1}{9}$	$\sum P_{l,m} = 1$
L_z	$\hbar$	0	$\hbar$	$\langle L_z \rangle = \frac{4}{9}\hbar + 0 + \frac{1}{9}\hbar = \frac{5}{9}\hbar$
L^2	$2\hbar^2$	$6\hbar^2$	$6\hbar^2$	$\langle L^2 \rangle = \frac{4}{9} \cdot 2\hbar^2 + \frac{4}{9} \cdot 6\hbar^2 + \frac{1}{9} \cdot 6\hbar^2 = \frac{38}{9}\hbar$

例 9.1.3　在角动量本征态状态 $Y_{l,m}(\theta,\varphi)$中,求概率密度 $\rho(\theta)$.

解　在立体角 $d\Omega = \sin\theta d\theta d\varphi$ 中的概率为

$$dP(\theta,\varphi) = |Y_{l,m}(\theta,\varphi)|^2 d\Omega = N_{l,m}^2 [P_l^m(\cos\theta)]^2 \sin\theta d\theta d\varphi$$

将上式对角度 φ 积分后,得到

$$dP(\theta) = 2\pi N_{l,m}^2 [P_l^m(\cos\theta)]^2 \sin\theta d\theta$$

由此求得概率密度

$$\rho(\theta) = dP(\theta)/d\theta = 2\pi N_{l,m}^2 [P_l^m(\cos\theta)]^2 \sin\theta$$

注意:不能简单地认为 $\rho(\theta) = \rho(\theta,\varphi) = |Y_{l,m}(\theta,\varphi)|^2$,虽然后者与角度 φ 无关.

9.2　量子有心运动

9.2.1　量子有心运动的哈密顿算符

考虑一个质量为 μ 的微观粒子,在势函数为 $V(r)$的有心力场中运动.按经典理论,其哈密顿函数为 $H = \boldsymbol{p}^2/(2\mu) + V(r)$,故对应的哈密顿算符为

$$\hat{H} = \frac{\hat{\boldsymbol{p}}^2}{2\mu} + V(r) = \frac{-\hbar^2 \nabla^2}{2\mu} + V(r) \tag{9.2.1}$$

利用变换关系(9.1.4),可以得到在球坐标下的拉普拉斯算符

$$\nabla^2 = \frac{1}{r}\frac{\partial^2}{\partial r^2} r + \frac{1}{r^2}\nabla_\Omega^2 \tag{9.2.2}$$

其中,∇_Ω^2为球面拉普拉斯算符,具体形式由(9.1.7)式给出.这样哈密顿算符就

成为

$$\hat{H}=\frac{-\hbar^2}{2\mu}\left(\frac{1}{r}\frac{\partial^2}{\partial r^2}r+\frac{1}{r^2}\nabla_\Omega^2\right)+V(r) \tag{9.2.3}$$

注意到角动量平方算符 $\hat{L}^2=-\hbar^2\nabla_\Omega^2$，哈密顿算符又可以化为

$$\hat{H}=-\frac{\hbar^2}{2\mu}\frac{1}{r}\frac{\partial^2}{\partial r^2}r+\frac{1}{2\mu r^2}\hat{L}^2+V(r) \tag{9.2.4}$$

后两项与经典有心力场理论中的有效势能 $V_e(\rho)=V(\rho)+L^2/(2m\rho^2)$ 相对应.

9.2.2 量子有心运动的分解

有心力场中的定态薛定谔方程即哈密顿算符的本征方程，可写为

$$-\frac{\hbar^2}{2\mu}\frac{1}{r}\frac{\partial^2}{\partial r^2}(r\psi)+\frac{1}{2\mu r^2}\hat{L}^2\psi+V(r)\psi=E\psi \tag{9.2.5}$$

注意角动量平方算符 $\hat{L}^2$ 和角动量 z 分量算符 $\hat{L}_z$ 仅与角度坐标 θ,φ 有关，与矢径 r 无关，因此它们与哈密顿算符可以对易，具有共同的本征函数 ψ.

因为 $\hat{L}^2$ 和 $\hat{L}_z$ 的共同本征函数为球函数 $\mathrm{Y}_{l,m}$，能量本征态可以分解为两部分

$$\psi(r,\theta,\varphi)=R(r)\mathrm{Y}_{l,m}(\theta,\varphi) \tag{9.2.6}$$

其中，$\mathrm{Y}_{l,m}(\theta,\varphi)$ 仅与角度坐标 θ,φ 有关，可称为波函数的横向部分，或横向波函数；而 $R(r)$ 仅与矢径 r 有关，可称为波函数的径向部分，或径向波函数. 将上面的分解式代入(9.2.5)式，并利用角动量平方的本征方程，得到

$$-\frac{\hbar^2}{2\mu r}\frac{\mathrm{d}^2}{\mathrm{d}r^2}(rR)+\left[\frac{l(l+1)\hbar^2}{2\mu r^2}+V(r)\right]R=ER \tag{9.2.7}$$

上式仅与矢径 r 有关，称之为径向方程. 横向波函数 $\mathrm{Y}_{l,m}(\theta,\varphi)$ 与有心力场的具体形式无关，因此它反映的是一般有心力场中粒子运动的共同规律. 径向波函数取决于有心力场的具体形式，它反映了某个特定有心力场中的具体运动规律. 粒子能量 E 的取值由径向方程决定，而径向方程中含有参数 l，这说明横向运动对径向运动是有影响的.

量子有心运动可分解为两个分运动，这与经典有心运动的情况完全相同，在物理上是很自然的. 因为按对应原理，经典运动规律是量子运动规律在普朗克常数 $\hbar$ 趋于零时(即可以忽略时)的极限，因此，经典有心运动也可以分解为径向运动和横向运动是理所当然的.

对于一个束缚在有心力场中运动的粒子，其总的波函数 $\psi(r,\theta,\varphi)=R(r)\mathrm{Y}_{l,m}(\theta,\varphi)$ 应满足归一化条件

$$\iiint \psi^*(\boldsymbol{r})\psi(\boldsymbol{r})\mathrm{d}\tau = 1 \tag{9.2.8}$$

考虑到在球坐标中,体积元也可以分解为径向与横向两部分

$$\mathrm{d}\tau = r^2\mathrm{d}r \cdot \mathrm{d}\Omega, \quad \mathrm{d}\Omega = \sin\theta\mathrm{d}\theta\mathrm{d}\varphi \tag{9.2.9}$$

因此归一化条件(9.2.8)式可写成

$$\int R^*(r)R(r)r^2\mathrm{d}r\iint Y^*(\theta,\varphi)Y(\theta,\varphi)\mathrm{d}\Omega = 1$$

由上式我们可以看出,在有心力场中径向波函数 $R(r)$和横向波函数 $Y(\theta,\varphi)$可以分别归一化,即各自满足关系

$$\int R^*(r)R(r)r^2\mathrm{d}r = 1 \tag{9.2.10}$$

$$\iint Y^*(\theta,\varphi)Y(\theta,\varphi)\mathrm{d}\Omega = 1 \tag{9.2.11}$$

令 $u(r) = rR(r)$,则径向方程简化为

$$-\frac{\hbar^2}{2\mu}\frac{\mathrm{d}^2}{\mathrm{d}r^2}u(r) + \left[V(r) + \frac{l(l+1)\hbar^2}{2\mu r^2}\right]u(r) = Eu(r) \tag{9.2.12}$$

归一化条件(9.2.10)式变为

$$\int u^*(r)u(r)\mathrm{d}r = 1 \tag{9.2.13}$$

容易看出,(9.2.12)式相当于一个在有效势场

$$V_{\mathrm{e}}(r) = V(r) + \frac{l(l+1)\hbar^2}{2\mu r^2} \tag{9.2.14}$$

中运动的一维粒子的定态薛定谔方程,而 $u(r)$即为相应的一维定态波函数,也称为约化的径向波函数.一个在有心力场中作量子运动的粒子,其径向运动相当于一个在有效势场中运动的一维粒子,这和经典力学的情况相同,而附加的惯性离心势的形式也和经典力学完全一致,其差别只是在于量子力学中 $L^2 = l(l+1)\hbar^2$ 取分立值,而在经典力学中 L^2则是连续的.

和一维量子运动的情况类似,在有效势能为势阱的时候,粒子可以处于束缚态中,能量 E 存在分立谱;反之,能量为连续谱,粒子处于散射态.

9.2.3　平方反比引力场

下面我们以平方反比引力场为例,来具体讨论量子有心力场问题.这时,势能为

$$V = -\frac{B}{r} \tag{9.2.15}$$

因此,对一个角量子数为 l 的粒子,其惯性离心势为 $l(l+1)\hbar^2/2\mu r^2$,径向方程为

$$-\frac{\hbar^2}{2\mu}\frac{\mathrm{d}^2}{\mathrm{d}r^2}u_l(r) + \left(\frac{l(l+1)\hbar^2}{2\mu r^2} - \frac{B}{r}\right)u_l(r) = Eu_l(r) \tag{9.2.16}$$

有效势能为

$$V_{\mathrm{e}} = \frac{l(l+1)\hbar^2}{2\mu r^2} - \frac{B}{r} \tag{9.2.17}$$

其图形如图 9.2 所示.

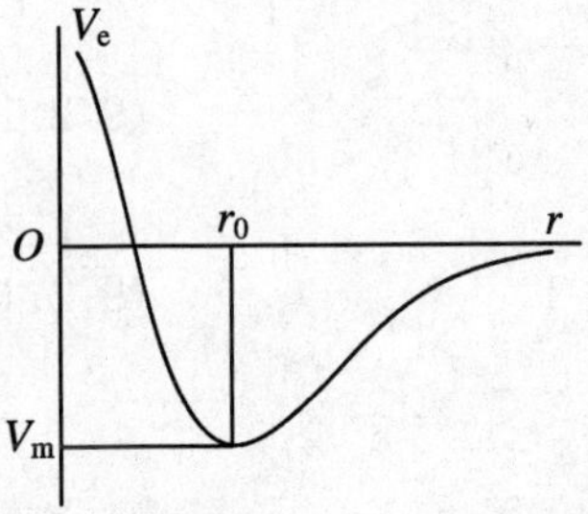

图 9.2　平方反比引力场的有效势

由 $V'_{\mathrm{e}}(r)=0$ 可以求出有效势能在 $r_0 = l(l+1)\hbar^2/(\mu B)$ 处有最小值,最小值为 $V_{\mathrm{m}} = -\mu B^2/[2l(l+1)\hbar^2]$,因此粒子存在经典束缚态,量子束缚态的能量 E 由方程(9.2.16)决定.因为 $V(\infty)=0$,故束缚态能量 $E<0$.

为了简化问题,我们把方程(9.2.16)写成

$$\frac{\mathrm{d}^2}{\mathrm{d}r^2}u_l(r) + \left[\frac{2\mu E}{\hbar^2} + \frac{2\mu B}{\hbar^2 r} - \frac{l(l+1)}{r^2}\right]u_l(r) = 0 \tag{9.2.16a}$$

为了将径向坐标无量纲化,我们需要选择一个量纲为长度倒数的特征量.考虑到上述方程中各个参数的量纲分别为

$$[\mu] = M,\ [E] = ML^2T^{-2},\ [B] = ML^3T^{-2},\ [\hbar] = ML^2T^{-1}$$

容易发现参数组合 $\sqrt{\mu E/\hbar^2}$ 和 $\mu B/\hbar^2$ 的量纲均为长度倒数.更细致地考虑后,我们取

$$\alpha = \sqrt{-\frac{8\mu E}{\hbar^2}},\quad \lambda = \frac{2\mu B}{\hbar^2\alpha} = \frac{B}{\hbar}\sqrt{-\frac{\mu}{2E}} \tag{9.2.18}$$

定义无量纲化径向坐标 $\rho = \alpha r$ 后,(9.2.16a)式简化为

$$\frac{\mathrm{d}^2u_l}{\mathrm{d}\rho^2} + \left[\frac{\lambda}{\rho} - \frac{1}{4} - \frac{l(l+1)}{\rho^2}\right]u_l = 0 \tag{9.2.19}$$

下面我们对方程(9.2.19)的解进行结构分析,当 $\rho\to\infty$ 时,该方程变为

$$\frac{\mathrm{d}^2u}{\mathrm{d}\rho^2} - \frac{1}{4}u = 0$$

于是得到渐近解 $u = \mathrm{e}^{\pm\rho/2}$,其中正指数与波函数在无限远处的有限性条件抵触,所以应取 $u\sim\mathrm{e}^{-\rho/2}$.设剥离渐近解后的部分为 $f(\rho)$,即

$$u_l(\rho) = e^{-\rho/2} f(\rho) \tag{9.2.20}$$

将上式代入方程(9.2.19)中,得到 $f(\rho)$所满足的方程

$$\frac{d^2 f}{d\rho^2} - \frac{df}{d\rho} + \left[\frac{\lambda}{\rho} - \frac{l(l+1)}{\rho^2}\right] f = 0 \tag{9.2.21}$$

当 $\rho \to 0$ 时,方程(9.2.21)成为

$$\frac{d^2 f}{d\rho^2} - \frac{l(l+1)}{\rho^2} f = 0$$

它的解是 $f=\rho^{-l}$,$f=\rho^{l+1}$,而负指数解与波函数在原点的有限性条件抵触,所以应取 $f \sim \rho^{l+1}$,这是方程(9.2.21)在 $\rho \to 0$ 时的渐近解.再将这个渐近解剥离,即设

$$f = \rho^{l+1} \cdot g_l(\rho) \tag{9.2.22}$$

代入方程(9.2.21)后,可以得到

$$\rho g'' + [2(l+1) - \rho] g' + (\lambda - l - 1) g = 0 \tag{9.2.23}$$

这个方程虽然比原始的方程(9.2.19)要简单些,但仍然可以进一步简化.对(9.2.23)式两边进行求导,不难得到

$$\rho g''' + [2l + 3 - \rho] g'' + (\lambda - l - 2) g' = 0$$

将上式与(9.2.23)式进行比较,容易发现未知函数 g 换成它的导函数 g'后,方程仍然属于同一类型,只是一次导数的系数增加了 1,零次导数的系数减少了 1.反过来,我们把未知函数 g 换成它的 $2l+1$ 次积分 g_{2l+1}后,方程成为

$$\rho L'' + (1 - \rho) L' + (\lambda + l) L = 0 \tag{9.2.24}$$

其中,$L(\rho)=g_{2l+1}(\rho)$,上式称为拉盖尔方程.

下面我们将方程(9.2.24)中的未知函数在 $\rho=0$ 处泰勒展开到 s 阶,略去高价项后得到一个多项式

$$L(\rho) = a_0 + a_1\rho + a_2\rho^2 + \cdots + a_s\rho^s \tag{9.2.25}$$

代入拉盖尔方程后,得到

$s=0$ 时,$\lambda=-l$,　$L_0(\rho)=a_0$;

$s=1$ 时,$\lambda=1-l$,　$L_1(\rho)=a_1(\rho-1)$;

$s=2$ 时,$\lambda=2-l$,　$L_2(\rho)=a_2(\rho^2-4\rho+2)$;

$s=3$ 时,$\lambda=3-l$,　$L_3(\rho)=a_3(\rho^3-9\rho^2+18\rho-6)$;

$s=4$ 时,$\lambda=4-l$,　$L_4(\rho)=a_4(\rho^4-16\rho^3+72\rho^2-96\rho+24)$;

……

因此,参数的取值可以归纳为

$$\lambda = s - l \tag{9.2.26}$$

适当选取系数后,多项式解可以归纳为

$$\mathrm{L}_s(\rho) = \mathrm{e}^{\rho}\frac{\mathrm{d}^s}{\mathrm{d}\rho^s}\mathrm{e}^{-\rho}\rho^s \tag{9.2.27}$$

称为 s 阶拉盖尔多项式,数学上可以严格地证明只有拉盖尔多项式才能保证所得本征函数满足归一化条件,拉盖尔多项式是拉盖尔方程的多项式解.

考虑到上面的拉盖尔多项式是方程(9.2.23)的解函数 g 的 $2l+1$ 次积分,因此方程(9.2.23)的解为

$$g(\rho) = \mathrm{L}_s^{(2l+1)}(\rho) = \frac{\mathrm{d}^{2l+1}}{\mathrm{d}\rho^{2l+1}}\mathrm{L}_s(\rho) \tag{9.2.28}$$

上式是 $n_r = s-2l-1$ 次多项式,称为缔合拉盖尔多项式,多项式的次数 n_r 称为径向量子数.利用径向量子数 n_r,上式又可以表示为

$$g(\rho) = \mathrm{L}_{n_r+2l+1}^{(2l+1)}(\rho) = \frac{\mathrm{d}^{2l+1}}{\mathrm{d}\rho^{2l+1}}\mathrm{L}_{n_r+2l+1}(\rho) \tag{9.2.28a}$$

在上式的基础上,再加上先前被剥离的渐近部分,可得约化的径向定态波函数

$$u_{n_r,l}(\rho) = A\mathrm{e}^{-\rho/2}\rho^{l+1}\mathrm{L}_{n_r+2l+1}^{(2l+1)}(\rho) \tag{9.2.29}$$

利用归一化条件

$$\int_0^\infty u^* u\,\mathrm{d}r = \frac{1}{\alpha}\int_0^\infty u^2(\rho)\,\mathrm{d}\rho = 1$$

可求得归一化系数为

$$A = \sqrt{\frac{\alpha \cdot n_r!}{2(n_r+l+1)\left[(n_r+2l+1)!\right]^3}} \tag{9.2.30}$$

利用径向量子数 n_r,(9.2.26)式又可以表示为

$$\lambda = n_r + l + 1 \tag{9.2.31}$$

而由(9.2.18)式,可得束缚态能量为

$$E = -\frac{\mu}{2}\left(\frac{B}{\hbar\lambda}\right)^2 = -\frac{\mu B^2}{2\hbar^2}\frac{1}{(n_r+l+1)^2} \quad (n_r = 0,1,2,\cdots) \tag{9.2.32}$$

由于 n_r 和 l 均只能取非负整数,因此能量 E 是分立的.径向量子数 n_r 表示在角量子数 l 一定时,粒子能级的高低.而由(9.2.32)式,我们发现粒子的能量只与 $n = n_r + l + 1$ 有关,例如,$n_r = 0, l = 1$ 的状态与 $n_r = 1, l = 0$ 的状态是不同的,但它们都有相同的能量,这种情况是平方反比引力场所特有的,称为库仑兼并现象.在这种情况下,我们也可以用 n 取代径向量子数 n_r 来表示粒子的状态.因为 n 直接和粒子的能量有关,我们称之为总量子数.

由于 n 只能取正整数,因此基态能量为

$$E_1 = -E_D \tag{9.2.33}$$

其中,$E_D = \mu B^2/2\hbar^2$ 为结合能,表示粒子从基态($E = E_1$)跃迁到非束缚态($E \geqslant 0$)所需要的最小能量.利用结合能,粒子的能级又可以表示为

$$E_n = \frac{-E_D}{n^2} \quad (n > l) \tag{9.2.32a}$$

引入总量子数后,约化的径向定态波函数又可以表示为

$$u_{n,l}(\rho) = A\mathrm{e}^{-\rho/2}\rho^{l+1}\mathrm{L}_{n+l}^{2l+1}(\rho) \tag{9.2.29a}$$

径向定态波函数成为

$$R_{n,l}(r) = \frac{u_{n,l}(\alpha r)}{r} \tag{9.2.34}$$

总波函数为

$$\psi_{n,l,m}(r,\theta,\varphi) = R_{n,l}(r)\mathrm{Y}_{l,m}(\theta,\varphi) \tag{9.2.35}$$

例 9.2.1　质量为 m 的粒子在半径为 a 的三维球对称无限深方势阱中,即 $V(r)=\begin{cases}\infty\ (r \geqslant a),\\ 0\ \ (r < a)\end{cases}$.求粒子处于 S 态(即角量子数 $l=0$)时,能量的本征值和本征函数.

解　当 $l=0$ 时,约化的径向方程成为

$$\begin{cases} u'' + k^2 u = 0 \quad (r < a) \\ u(0) = u(a) = 0 \end{cases}$$

上述定解问题的数学形式与一维无限深方势阱完全相同,因此能级为

$$E_{n,0} = \frac{\hbar^2 k_n^2}{2m}, \quad k_n = \frac{n\pi}{a} \quad (n \in \mathbf{Z}^+)$$

约化的径向本征函数为 $u_{n,0} = \sqrt{\dfrac{2}{a}}\sin k_n r$,径向本征函数为 $R_{n,0} = \sqrt{\dfrac{2}{a}}\dfrac{\sin k_n r}{r}$,完整的本征函数为 $\Psi_{n,0,0} = R_{n,0}(r)\,Y_{0,0}(\theta,\varphi) = \dfrac{1}{\sqrt{2\pi a}}\dfrac{\sin k_n r}{r}$.

例 9.2.2　在上题中求处于基态的粒子对势阱壁的压强.

解　由于动能不显含参数 a,因此有

$$F = \langle \hat{F} \rangle = \left\langle -\frac{\partial V}{\partial a} \right\rangle = -\left\langle \frac{\partial \hat{H}}{\partial a} \right\rangle$$

利用费曼 - 海尔曼定理(即习题 7 中 12 题的结果),得到

$$F = -\left\langle \frac{\partial \hat{H}}{\partial a} \right\rangle = -\frac{\partial E_{1,0}}{\partial a} = \frac{\hbar^2 \pi^2}{ma^3}$$

因此压强为

$$p = \frac{F}{4\pi a^2} = \frac{\hbar^2 \pi}{4ma^5}$$

9.3 氢 原 子

9.3.1 氢原子运动的分解

氢原子是由电子和原子核组成的系统，其中电子和原子在库仑相互作用下运动，形成一个二体问题，其哈密顿算符为

$$\hat{H} = \frac{1}{2m_e}\hat{\boldsymbol{p}}_e^2 + \frac{1}{2m_n}\hat{\boldsymbol{p}}_n^2 - \frac{1}{4\pi\varepsilon_0}\frac{e^2}{|\boldsymbol{r}_e - \boldsymbol{r}_n|} \tag{9.3.1}$$

式中，m_e，m_n、$\boldsymbol{r}_e$，$\boldsymbol{r}_n$ 和 $\hat{\boldsymbol{p}}_e$，$\hat{\boldsymbol{p}}_n$ 分别为电子及原子核的质量、位矢和动量算符.

我们知道，在经典力学中二体问题可以分解为质心运动和相对运动，其总的哈密顿函数为质心运动的哈密顿函数加上相对运动的哈密顿函数，即

$$H = H_c + H_r$$

定义氢原子系统的总质量为 $M = m_e + m_n$，质心位矢为 $\boldsymbol{R} = (m_e\boldsymbol{r}_e + m_n\boldsymbol{r}_n)/M$，对应的广义动量为系统的总动量 $\boldsymbol{P} = \boldsymbol{p}_e + \boldsymbol{p}_n$，则质心哈密顿可以表示为 $H_c = \boldsymbol{P}^2/2M$，由此可见质心运动是自由运动.

再定义内部相对运动的折合质量为 $\mu = m_e m_n/M$，相对运动的位矢为 $\boldsymbol{r} = \boldsymbol{r}_e - \boldsymbol{r}_n$，对应的广义动量为 $\boldsymbol{p} = \mu\dot{\boldsymbol{r}}$，则相对哈密顿可以表示为 $H_r = \boldsymbol{p}^2/2\mu - e^2/4\pi\varepsilon_0 r$，故相对运动等价于在库仑场中的单粒子运动.

在量子力学中情况也是这样，只要把系统的经典哈密顿函数中的动量改成相应的动量算符，我们就可以得到系统的哈密顿算符

$$\hat{H} = \hat{H}_c + \hat{H}_r$$

其中，质心运动的哈密顿算符为

$$\hat{H}_c = \frac{1}{2M}\hat{\boldsymbol{P}}^2 \tag{9.3.2}$$

式中，总动量算符为 $\hat{\boldsymbol{P}} = -\mathrm{i}\hbar\,\nabla_{\boldsymbol{R}}$. 相对运动的哈密顿算符为

$$\hat{H}_\mathrm{r} = \frac{1}{2\mu}\hat{\boldsymbol{p}}^2 - \frac{\mathrm{e}^2}{4\pi\varepsilon_0}\frac{1}{r} \tag{9.3.3}$$

式中，相对运动的动量算符为 $\hat{\boldsymbol{p}} = -\mathrm{i}\hbar\,\nabla_{\boldsymbol{r}}$.

质心运动是自由运动，其定态波函数为平面波，它决定了氢原子的整体运动状况；相对运动是平方反比有心引力场中的单粒子运动，它决定了氢原子的内部结构.

9.3.2　氢原子的内部运动

氢原子内部运动的定态薛定谔方程为

$$\hat{H}_r\psi(\boldsymbol{r}) = \left(\frac{1}{2\mu}\hat{\boldsymbol{p}}^2 - \frac{\mathrm{e}^2}{4\pi\varepsilon_0}\frac{1}{r}\right)\psi(\boldsymbol{r}) = E_\mathrm{r}\psi(\boldsymbol{r}) \tag{9.3.4}$$

也是一个平方反比引力场问题. 与上节相比，相当于 $B = e^2/(4\pi\varepsilon_0)$ 的情况，由(9.2.32a)式，能级为

$$E_n = \frac{-E_D}{n^2} \quad (n \in \mathbf{Z}^+) \tag{9.3.5}$$

其中的离解能为氢原子的电离能

$$E_D = \frac{\mu B^2}{2\hbar^2} = \frac{\mu\mathrm{e}^4}{32\pi^2\varepsilon_0^2\hbar^2} = \frac{1}{4\pi\varepsilon_0}\frac{\mathrm{e}^2}{2a_B} \tag{9.3.6}$$

式中

$$a_B = \frac{4\pi\varepsilon_0\hbar^2}{\mu\mathrm{e}^2} \tag{9.3.7}$$

是按半经典的玻尔理论计算出来的氢原子基态的电子轨道半径，称为第一玻尔半径. 利用第一玻尔半径，(9.2.18)式成为

$$\alpha = \sqrt{-\frac{8\mu E}{\hbar^2}} = \sqrt{\frac{\mu e^2}{\pi\varepsilon_0\hbar^2 n^2 a_B}} = \frac{2}{na_B} \tag{9.3.8}$$

无量纲化径向坐标 ρ 成为

$$\rho = \alpha r = \frac{2r}{na_B} \tag{9.3.9}$$

由(9.2.29a)式，约化的径向波函数成为

$$u_{n,l}(r) = \sqrt{\frac{(n-l-1)!}{a_B n^2\left[(n+l)!\right]^3}}\,\mathrm{e}^{-\frac{r}{na_B}}\left(\frac{2r}{na_B}\right)^{l+1} L_{(n+l)}^{(2l+1)}\left(\frac{2r}{na_B}\right) \quad (n > l \geqslant 0) \tag{9.3.10}$$

下面，我们给出前面几个约化的径向波函数，其中，$\xi = r/a_B$，

$$u_{1,0}(r) = \frac{2}{\sqrt{a_B}} \cdot \xi e^{-\xi}, \quad u_{2,0}(r) = \frac{1}{\sqrt{8a_B}}\xi(2-\xi)e^{-\xi/2},$$

$$u_{2,1}(r) = \frac{1}{\sqrt{24a_B}}\xi^2 e^{-\xi/2}, \quad u_{3,0}(r) = \frac{1}{\sqrt{27a_B}}\xi\left(2 - \frac{4}{3}\xi + \frac{4}{27}\xi^2\right)e^{-\xi/3},$$

$$u_{3,1}(r) = \sqrt{\frac{8}{27a_B}}\xi^2\left(\frac{2}{9} - \frac{1}{27}\xi\right)e^{-\xi/3}, \quad u_{3,2}(r) = \sqrt{\frac{8}{135a_B}}\frac{1}{27}\xi^3 e^{-\xi/3}$$

约化的径向概率密度函数为

$$w_{n,l} = |u_{n,l}|^2 \tag{9.3.11}$$

下面给出 $n=1, 2, 3$ 时，约化的径向概率密度 $w_{n,l}(r)$ 的图像（图 9.3）.

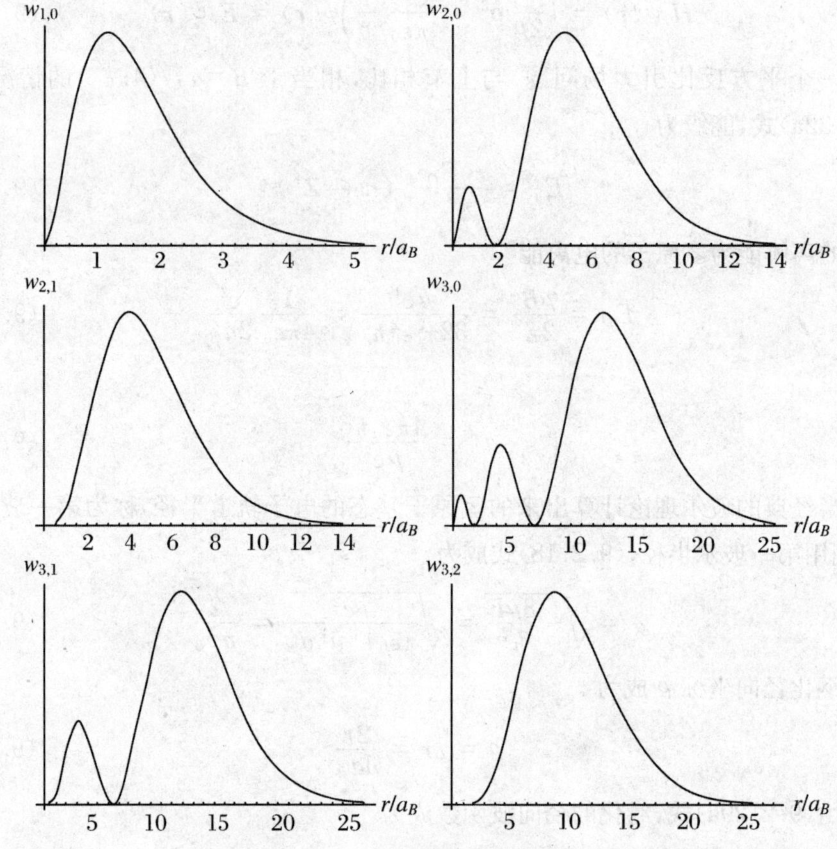

图 9.3　径向概率密度的图像

由(9.3.11)式，得到基态（$n=1$，$l=0$）的径向概率分布为

$$w_{1,0} = |u_{1,0}|^2 = \frac{4}{a_B^3} r^2 \mathrm{e}^{-\frac{2r}{a_B}} \tag{9.3.12}$$

其极大值位置由 $w'_{1,0}(r) = 0$ 决定，由此可得 $r = a_B$，这说明在量子力学中，第一玻尔半径 a_B 的物理意义是氢原子基态的径向概率密度取极大值的位置.

从径向分布的角度来看，由图 9.3 可见 $w_{1,0}$ 在 $r = a_B$ 处的极大值比较尖锐，当 r 远离 a_B 时，径向概率密度 $w_{1,0}$ 迅速趋于零. 我们可以粗略地认为粒子在 $r = a_B$ 所确定的轨道上运动，但是由于不确定关系，其轨道是模糊的，这就说明了玻尔理论的近似性.

而基态总波函数为

$$\psi_{1,0,0} = \frac{u_{1,0}}{r} Y_{0,0} = \frac{1}{\sqrt{\pi a_B^3}} \mathrm{e}^{-\frac{r}{a_B}} \tag{9.3.13}$$

基态电子的横向概率分布为

$$|Y_{0,0}|^2 = \frac{1}{4\pi} \tag{9.3.14}$$

显然，这个分布具有球对称性，而不是像玻尔理论那样，基态的轨道限定在某个平面上，这也可以用不确定关系来解释，由于玻尔没有考虑到波动性的影响，因此角动量 $L^2 = 0$ 的状态在玻尔理论中是不存在的，于是也就不可能产生各向同性的分布了.

如果考虑角动量不为 0 的情况，就可以得到与玻尔理论相对应的量子状态. 为了简单起见，我们考虑 $2p$ 态（即 $n = 2,\ l = 1$），其径向概率分布为

$$w_{2,1} = |u_{2,1}|^2 = \frac{1}{24 a_B^5} r^4 \mathrm{e}^{-\frac{r}{a_B}} \tag{9.3.15}$$

极大值位置由 $w'_{2,1}(r) = 0$ 决定，由上式可得 $r = 4a_B$，这恰好是玻尔的第二轨道半径.

我们取角动量平均值的方向为 z 轴，则 $m = 1$，这时横向波函数为 $Y_{1,1} = \sqrt{\frac{3}{8\pi}} \sin\theta \mathrm{e}^{\mathrm{i}\varphi}$，横向概率分布为

$$|Y_{1,1}|^2 = \frac{3}{8\pi} \sin^2\theta \tag{9.3.16}$$

显然在 $\theta = \pi/2$ 处，横向概率取极大值. 而 $\theta = \pi/2$ 恰好是与 z 轴垂直的 Oxy 平面，即是玻尔理论中的轨道平面. 因此量子态 $\psi_{2,1,1}$ 与第二玻尔轨道相对应，径向概率密度取极大值的位置为第二玻尔轨道半径，横向概率密度取极大值的位置为第二玻尔轨道平面.

9.3.3　类氢离子

下面我们考虑类氢离子的情况，这时原子核的电荷量为 Ze，核外仍然只有一个电子.内部运动的定态薛定谔方程变为

$$\hat{H}_r\psi(\boldsymbol{r}) = \left(\frac{1}{2\mu}\hat{\boldsymbol{p}}^2 - \frac{Ze^2}{4\pi\varepsilon_0}\frac{1}{r}\right)\psi(\boldsymbol{r}) = E_r\psi(\boldsymbol{r}) \qquad (9.3.17)$$

这相当于 $B = Ze^2/4\pi\varepsilon_0$ 的情况，由(9.2.32a)式，能级仍然由(9.3.5)式确定，但是其中的结合能变为

$$E_D = \frac{\mu B^2}{2\hbar^2} = \frac{\mu Z^2 e^4}{32\pi^2\varepsilon_0^2\hbar^2} = \frac{1}{4\pi\varepsilon_0}\frac{Z^2e^2}{2a_B} \qquad (9.3.18)$$

(9.2.18)式成为

$$\alpha = \sqrt{-\frac{8\mu E}{\hbar^2}} = \sqrt{\frac{\mu Z^2 e^2}{\pi\varepsilon_0\hbar^2 n^2 a_B}} = \frac{2Z}{na_B} = \frac{2}{n(a_B/Z)} \qquad (9.3.19)$$

这相当于轨道半径减小到原来的 Z 分之一.这个结果从物理上很容易理解，原子核对电子的引力变大了，电子的轨道也相应地变小了.

例 9.3.1　设氢原子处于状态 $\Psi(r,\theta,\varphi) = \frac{1}{2}\Psi_{2,1,0} - \frac{\sqrt{3}}{2}\Psi_{2,1,-1}$，求氢原子能量、角动量平方及角动量 z 分量的可能值，这些可能值出现的概率和这些力学量的期待值.

解　在本征态 $\Psi_{n,l,m}$ 中，能量本征值为 $E_n = -E_D n^{-2}$，$E_D = me_s^4/(2\hbar^2)$，角动量平方本征值为 $l(l+1)\hbar^2$，角动量 z 分量的本征值为 $m\hbar$.由此得到分布情况表 9.2.

表 9.2

状态	$\Psi_{n,l,m}$	$\Psi_{2,1,0}$	$\Psi_{2,1,-1}$
概率幅	$c_{n,l,m}$	$\frac{1}{2}$	$-\frac{\sqrt{3}}{2}$
概率	$w_{n,l,m} = \lvert c_{n,l,m}\rvert^2$	$\frac{1}{4}$	$\frac{3}{4}$
能量可能值	$E_n = -\frac{1}{n^2}E_D$	$-\frac{1}{4}E_D$	$-\frac{1}{4}E_D$
角动量可能值	$l(l+1)\hbar^2$	$2\hbar^2$	$2\hbar^2$
角动量 z 分量可能值	$m\hbar$	0	$-\hbar$

由表 9.2 可得能量的期待值为

$$E = -\frac{1}{4}\cdot\frac{1}{4}E_D - \frac{3}{4}\cdot\frac{1}{4}E_D = -\frac{1}{4}E_D$$

角动量平方的期待值为

$$\langle L^2\rangle = \frac{1}{4}\cdot 2\hbar^2 + \frac{3}{4}\cdot 2\hbar^2 = 2\hbar^2$$

角动量 z 分量的期待值为

$$\langle L_z\rangle = \frac{1}{4}\cdot 0 + \frac{3}{4}\cdot(-\hbar) = -\frac{3}{4}\cdot\hbar$$

例 9.3.2　氢原子处于基态 $\Psi_{1,0,0}$，计算径向坐标的期望值和方差.

解　基态波函数 $\Psi_{1,0,0} = \mathrm{e}^{-r/a_B}/\sqrt{\pi a_B^3}$，因此径向坐标的期望值为

$$\begin{aligned}\bar{r} &= \iiint \Psi^*(r)\, r\Psi(r)\mathrm{d}\tau = \int_0^{\pi}\sin\theta\mathrm{d}\theta\int_0^{2\pi}\mathrm{d}\varphi\int_0^{\infty} r\frac{1}{\pi a_B^3}\mathrm{e}^{-2r/a_B}r^2\mathrm{d}r \\ &= 4\pi\cdot\frac{1}{\pi a_B^3}\int_0^{\infty}\mathrm{e}^{-2r/a_B}r^3\mathrm{d}r = \frac{3}{2}a_B\end{aligned}$$

平方平均值为

$$\overline{r^2} = \iiint \Psi^*(r)\, r^2\Psi(r)\mathrm{d}\tau = 4\pi\cdot\frac{1}{\pi a_B^3}\int_0^{\infty}\mathrm{e}^{-2r/a_B}r^4\mathrm{d}r = 3a_B^2$$

方差为 $\overline{\Delta r^2} = \overline{r^2} - \bar{r}^2 = 3a_B^2 - \left(\frac{3}{2}a_B\right)^2 = \frac{3}{4}a_B^2$.

9.4　有心力场的量子散射

9.4.1　量子散射的描述

实验上，人们从微观对象（如原子或原子核）中获取信息的主要渠道有两个：一是微观对象所发出的光或其他射线，二是该微观对象对入射光或其他粒子束的吸收和散射.原子吸收或者发射光波的频率是离散的，谱线具有线状结构，说明原子具有能级，原子能级与其内部相互作用之间有密切的联系，这部分内容已经在本章的前几节中作了介绍.第 2 章中介绍了经典的散射理论，第 8 章中介绍了一维量子散射问题，本节主要研究三维情况下的量子散射问题.通过对散射实验数据的分

析,可以了解靶粒子的内部结构与及其与入射粒子的相互作用.

散射可以分为弹性散射与非弹性散射,在弹性散射过程中入射粒子的能量保持不变,不涉及靶粒子内部状态的变化,相对比较单纯,是散射问题理论研究的基础.本节主要研究高能粒子束对有心力场的弹性散射.

以入射方向为 z 轴、散射中心为原点,入射粒子流在单位时间内散射到(θ,φ)方向立体角 $\mathrm{d}\Omega=\sin\theta\mathrm{d}\theta\mathrm{d}\varphi$ 内的粒子数为 $\mathrm{d}n$,它与入射粒子流的强度 J 和立体角的大小 $\mathrm{d}\Omega$ 成正比,比例系数

$$q(\theta,\varphi)=\frac{\mathrm{d}n}{J\mathrm{d}\Omega} \tag{9.4.1}$$

具有面积的量纲,称为微分散射截面.微分散射截面等于单位强度的入射粒子流在单位时间内散射到(θ,φ)方向单位立体角内的粒子数,可以用实验直接测量.微分散射截面对立体角进行积分后,得到总散射截面

$$Q=\iint q(\theta,\varphi)\mathrm{d}\Omega=\int_0^{2\pi}\mathrm{d}\varphi\int_0^{\pi}q(\theta,\varphi)\sin\theta\mathrm{d}\theta \tag{9.4.2}$$

上式给出了散射粒子数与单位面积入射粒子数之比.

取入射流密度为 1,入射波函数为 $\psi_{\text{in}}=\mathrm{e}^{\mathrm{i}kz}$;从微观尺度来看,散射粒子探测器离开散射中心很远,可以认为 $r\to\infty$.在一般情况下,入射粒子与散射中心的相互作用势能满足条件$\lim\limits_{r\to\infty}V(\boldsymbol{r})=0$,被测散射波表现为球面波.在弹性散射时,由于能量守恒,散射波波矢量的大小与入射波相同,因此有 $\psi_{\text{out}}=f(\theta,\varphi)\mathrm{e}^{\mathrm{i}kr}/r$,其中,$f(\theta,\varphi)$称为散射振幅.完整的波函数满足定态薛定谔方程

$$-\frac{\hbar^2}{2m}\nabla^2\psi+V(\boldsymbol{r})\psi=E\psi \tag{9.4.3}$$

和无穷远边界条件

$$\psi=\psi_{\text{in}}+\psi_{\text{out}}=\mathrm{e}^{\mathrm{i}kz}+\frac{f(\theta,\varphi)\mathrm{e}^{\mathrm{i}kr}}{r} \tag{9.4.4}$$

由公式(7.3.10),入射波的概率流密度为

$$\boldsymbol{J}_{\text{in}}=\frac{\mathrm{i}\hbar}{2m}(\mathrm{e}^{\mathrm{i}kz}\nabla\mathrm{e}^{-\mathrm{i}kz}-\mathrm{e}^{-\mathrm{i}kz}\nabla\mathrm{e}^{\mathrm{i}kz})=\frac{\hbar}{m}\nabla(kz)=\frac{\hbar k}{m}\boldsymbol{e}_k=v\boldsymbol{e}_k \tag{9.4.5}$$

其中,$v=\hbar k/m$ 为入射粒子流的速度.当 $r\to\infty$时,在 $\theta\neq0$ 方向上只有出射波,其概率流密度为

$$\boldsymbol{J}_{\text{r}}(\boldsymbol{r})=\frac{\hbar\mid f(\theta,\varphi)\mid^2}{mr^2}\nabla(kr)=\frac{\hbar k\mid f(\theta,\varphi)\mid^2}{mr^2}\boldsymbol{e}_{\text{r}}=\frac{v\mid f(\theta,\varphi)\mid^2}{r^2}\boldsymbol{e}_{\text{r}} \tag{9.4.6}$$

故单位时间穿过球面元 $\mathrm{d}S=r^2\mathrm{d}\Omega$ 的散射粒子数为

$$dn = J_r(\boldsymbol{r})dS = v\,|f(\theta,\varphi)|^2 d\Omega$$

由此得到微分散射截面的理论公式为

$$q(\theta,\varphi) = \frac{dn}{J_{in}d\Omega} = |f(\theta,\varphi)|^2 \tag{9.4.7}$$

9.4.2 玻恩近似

如果入射粒子的能量 E 很高，远远大于其与散射中心的势能 V，这时可以用微扰方法来计算. 取入射波 $\psi_{in} = e^{ikz} = e^{i\boldsymbol{k}\cdot\boldsymbol{r}}$ 为无扰动波函数 $\psi^{(0)}$，出射波 ψ_{out} 为一级修正 $\psi^{(1)}$，无微扰的定态薛定谔方程为

$$-\frac{\hbar^2}{2m}\nabla^2\psi^{(0)} = E\psi^{(0)} \tag{9.4.8}$$

令 $k^2 = 2mE/\hbar^2$，上式简化为

$$\nabla^2\psi^{(0)} + k^2\psi^{(0)} = 0 \tag{9.4.9}$$

这是一个自由粒子的能量本征方程，具有连续谱.

在弹性散射时能量保持不变，含微扰的定态薛定谔方程为

$$\nabla^2\psi + k^2\psi = \lambda U\psi \tag{9.4.10}$$

其中，$\lambda U = 2mV/\hbar^2$. 将波函数进行微扰展开，令 $\psi = \psi^{(0)} + \lambda\psi^{(1)} + \cdots$，代入方程(9.4.10)后展开到一级近似

$$\nabla^2(\psi^{(0)} + \lambda\psi^{(1)}) + k^2(\psi^{(0)} + \lambda\psi^{(1)}) = \lambda U\psi^{(0)}$$

利用无微扰的定态薛定谔方程(9.4.9)，上式可以简化为

$$\nabla^2\psi^{(1)} + k^2\psi^{(1)} = U(\boldsymbol{r})\psi^{(0)} \tag{9.4.11}$$

这是一个赫姆霍兹方程. 仿照电动力学中推迟势的求解方法，得到

$$\psi^{(1)}(\boldsymbol{r}) = -\frac{1}{4\pi}\iiint\frac{e^{ikR}}{R}U(\boldsymbol{r}')\psi^{(0)}(\boldsymbol{r}')d\tau' \quad (R = |\boldsymbol{r}' - \boldsymbol{r}|)$$

于是得到

$$\begin{aligned}\psi_{out} = \lambda\psi^{(1)} &= -\frac{1}{4\pi}\iiint\frac{e^{ikR}}{R}\lambda U(\boldsymbol{r}')\psi_{in}(\boldsymbol{r}')d\tau' \\ &= -\frac{1}{4\pi}\iiint\frac{e^{ikR}}{R}\frac{2mV(\boldsymbol{r}')}{\hbar^2}e^{i\boldsymbol{k}\cdot\boldsymbol{r}}d\tau' \end{aligned}\tag{9.4.12}$$

上式中 $\boldsymbol{R} = \boldsymbol{r} - \boldsymbol{r}'$. 散射中心到测量点的距离 r 远远大于其到相互作用点 r' 的距离，即 $r \gg r'$，上式化简为

$$\psi_{out}(\boldsymbol{r}) \approx -\frac{m}{2\pi\hbar^2}\frac{e^{ikr}}{r}\iiint e^{i(\boldsymbol{k}-\boldsymbol{k}')\cdot\boldsymbol{r}'}V(\boldsymbol{r}')d\tau' \tag{9.4.13}$$

与(9.4.4)式做比较后,得到散射振幅为

$$f(\theta,\varphi) = -\frac{m}{2\pi\hbar^2}\iiint e^{i(\boldsymbol{k}-\boldsymbol{k}')\cdot\boldsymbol{r}'}V(\boldsymbol{r}')d\tau' = -\frac{m}{2\pi\hbar^2}\iiint e^{-i\boldsymbol{K}\cdot\boldsymbol{r}'}V(\boldsymbol{r}')d\tau' \tag{9.4.14}$$

其中,$K = |\boldsymbol{k}' - \boldsymbol{k}| = 2k\sin\frac{1}{2}\theta$,$\theta$ 为入射波波矢量 $\boldsymbol{k}$ 和散射波波矢量 $\boldsymbol{k}'$之间的夹角.

在有心力场中,上面的散射振幅公式可以进一步简化为

$$f(\theta) = -\frac{2m}{K\hbar^2}\int_0^\infty rV(r)\sin Kr\mathrm{d}r \tag{9.4.15}$$

必须注意:当靶粒子的质量为无穷大时,散射中心与靶粒子重合;当靶粒子质量有限时,散射中心为靶粒子和入射粒子的质心,入射粒子的质量应该修正为折合质量,所得到的散射截面也要做相应的变换.

例 9.4.1　求粒子束在势场 $V(r) = -V_0e^{-r/a}$ $(a>0)$中散射时的微分散射截面和总散射截面.

解　这是个有心力场问题,将散射势能代入公式(9.4.15),得到散射振幅

$$f = \frac{2mV_0}{\hbar^2K}\int_0^a re^{-r/a}\sin Kr\mathrm{d}r = \frac{4mV_0a^3}{\hbar^2(1+K^2a^2)^2}$$

由此得到微分散射截面为

$$q(\theta) = |f(\theta)|^2 = \frac{16m^2V_0^2a^6}{\hbar^4(1+K^2a^2)^4},\quad K = 2k\sin\frac{1}{2}\theta$$

积分后算出总散射截面

$$Q = \iint q(\theta)\mathrm{d}\Omega = 2\pi\int_0^\pi q(\theta)\sin\theta\mathrm{d}\theta = \frac{16\pi m^2a^4V_0^2}{3\hbar^4k^2}\left[1-\frac{1}{(1+4k^2a^2)^3}\right]$$

习　题　9

1. 粒子在一半径为 a 的圆环上"自由"运动,求其能量的本征值和本征函数.

2. 粒子在一半径为 a 的圆环上运动,势能为 $V(\varphi) = \begin{cases}0 & (0<\varphi<\alpha)\\ \infty & (\alpha<\varphi<2\pi)\end{cases}$,求其能量的本征值和本征函数.

3. 求状态 $\Psi = A(2Y_{1,0} - 2Y_{2,0} + \mathrm{i}Y_{2,1})$ 中，角动量平方及其 z 分量的可能值、概率和期望值.

4. 转动惯量为 I 的空间转子的状态是 $\Psi = A(2Y_{1,0} - 2Y_{2,0} + \mathrm{i}Y_{2,1})$，求能量的可能值、概率和期望值.

5. 对称陀螺的哈密顿算符为 $\hat{H} = \dfrac{1}{2I_1}(\hat{L}_x^2 + \hat{L}_y^2) + \dfrac{1}{2I_2}\hat{L}_z^2$，求能量本征值和本征函数.

6. 转动惯量为 I，电偶极矩为 D 的空间转子处在均匀电场中，如果电场较小，用微扰法求转子基态能量的一级修正.

7. 证明算符关系 $\dfrac{1}{r^2}\dfrac{\partial}{\partial r}r^2\dfrac{\partial}{\partial r} = \dfrac{\partial^2}{\partial r^2} + \dfrac{2}{r}\dfrac{\partial}{\partial r} = \dfrac{1}{r}\dfrac{\partial^2}{\partial r^2}r$.

8. 质量为 m 的粒子三维球对称壳层无限深势阱中，即 $V(r) = \begin{cases} \infty & (r \leqslant a, r \geqslant b) \\ 0 & (a < r < b) \end{cases}$.
求粒子处于 S 态(即角量子数 $l = 0$)时，能量的本征值和本征函数.

9. 质量为 m 的粒子三维球对称简谐振子势阱中，即 $V(r) = \dfrac{1}{2}m\omega^2 r^2$. 求粒子处于 S 态时，能量的本征值和本征函数.

10. 氢原子处于状态 $\Psi = 2\Psi_{1,0,0} - \Psi_{2,1,0} + 2\mathrm{i}\Psi_{2,1,1}$，试求：
(1) 能量和角动量平方的可能值；(2) 对应的概率和期望值.

11. 氢原子处在基态，求 $r^n (n \geqslant -2)$ 的期待值.

12. 求氢原子基态电子的动能和势能期望值，基态波函数为 $\Psi_{1,0,0} = \dfrac{1}{\sqrt{\pi}}\dfrac{1}{a_B^{3/2}}\mathrm{e}^{-r/a_B}$.

13. 与类氢原子圆轨道对应的径向波函数为 $u_n(r) = Ar^n \mathrm{e}^{-Zr/na_B}$，求径向坐标的最概然值，期望值和标准差.

14. 证明氢原子中电子运动所产生的电流密度在球坐标中的分量是

$$J_{er} = J_{e\theta} = 0, \quad J_{e\varphi} = -\frac{\mathrm{e}\hbar m}{m_{\mathrm{e}} r \sin\theta} \mid \Psi_{nlm} \mid^2$$

15. 粒子受到势能为 $U(r) = \dfrac{A}{r^2}$ 的场的散射，用玻恩近似法求微分散射截面，并与经典力学的结果进行比较.

第 10 章　量子力学的拓展

10.1 表 象 理 论

10.1.1　动量表象

第 7 章中介绍了力学量的算符表示，力学量的测量值为算符的本征值，力学量取唯一确定值的状态为算符的本征函数. 力学量本征函数的集合具有正交性和完备性. 微观粒子的任何态函数可以用力学量算符的本征函数进行展开，展开系数为在该状态中取值的概率幅. 然而在描述微观状态时，用的波函数却总是坐标取值的概率幅 $\psi(x,t)$，这样就产生了一个问题：凭什么坐标这个力学量这么特殊？其他力学量取值的概率幅能不能用来描述微观状态？

为了方便起见，我们先考察与坐标关系最密切的动量. 动量算符 $\hat{p}_x$ 的本征值为 $\hbar k(k\in\mathbf{R})$，对应的本征态为 $\psi_k(x)=\dfrac{1}{\sqrt{2\pi}}\mathrm{e}^{\mathrm{i}kx}$. 如果知道了某个微观状态 $\psi(x)$ 中动量取值 $\hbar k$ 的概率幅 c_k，由叠加原理就可以构造一个波函数

$$\varphi(x)=\int c_k\psi_k(x)\mathrm{d}k \tag{10.1.1}$$

在该波函数所描述的微观状态中测量动量取值 $\hbar k'$ 的概率幅 $d_{k'}$ 可以通过动量本征态的正交归一化条件(7.1.14)得到，即用 $\psi^*_{k'}(x)$ 左乘上式后再对 x 积分，得到

$$d_{k'}=\int\mathrm{d}x\psi^*_{k'}(x)\varphi(x)\mathrm{d}x=\int c_k\mathrm{d}k\int\mathrm{d}x\psi^*_{k'}(x)\psi_k(x)=\int c_k\mathrm{d}k\delta(k-k')=c_{k'} \tag{10.1.2}$$

这说明用概率幅 c_k 所构造的波函数(10.1.1)正是描述原微观状态的波函数 $\psi(x)$，换句话说，用概率幅 c_k 完全可以确定粒子的微观状态.(7.1.20)式表明，只

要波函数 $\psi(x)$是归一化的,对应的概率幅 c_k 也是归一化的.

接下来的问题是如何利用概率幅 c_k 来计算任意力学量的平均值.按照前面的方案,力学量 $\hat{F}=F(\hat{x},\hat{p}_x)=F\left(x,-\mathrm{i}\hbar\frac{\partial}{\partial x}\right)$在用波函数$\psi(x)$描述的状态中的平均值为

$$\langle F\rangle=\int \mathrm{d}x\psi^*(x)F\left(x,-\mathrm{i}\hbar\frac{\partial}{\partial x}\right)\psi(x) \tag{10.1.3}$$

将展开式 $\psi(x)=\int c_k\psi_k(x)\mathrm{d}k$ 代入上式,得到

$$\begin{aligned}\langle F\rangle&=\int \mathrm{d}x\int c_{k'}^*\psi_{k'}^*(x)\mathrm{d}k'F\left(x,-\mathrm{i}\hbar\frac{\partial}{\partial x}\right)\int c_k\psi_k(x)\mathrm{d}k\\&=\int c_{k'}^*\mathrm{d}k'\int \mathrm{d}k\int\psi_{k'}^*(x)F(x,\hbar k)\psi_k(x)c_k\mathrm{d}x\\&=\int c_{k'}^*\mathrm{d}k'\int \mathrm{d}k\int F\left(\mathrm{i}\frac{\partial}{\partial k'},\hbar k\right)\psi_{k'}^*(x)\psi_k(x)c_k\mathrm{d}x\\&=\int c_{k'}^*\mathrm{d}k'\int \mathrm{d}kF\left(\mathrm{i}\frac{\partial}{\partial k'},\hbar k\right)c_k\int\psi_{k'}^*(x)\psi_k(x)\mathrm{d}x\\&=\int c_{k'}^*\mathrm{d}k'\int \mathrm{d}kF\left(\mathrm{i}\frac{\partial}{\partial k'},\hbar k\right)c_k\delta(k'-k)\\&=\int c_k^*F\left(\mathrm{i}\frac{\partial}{\partial k},\hbar k\right)c_k\mathrm{d}k\end{aligned} \tag{10.1.4}$$

在推导中我们利用了性质

$$-\mathrm{i}\hbar\frac{\partial}{\partial x}\psi_k(x)=\hbar k\psi_k(x),\quad x\psi_k(x)=-\mathrm{i}\frac{\partial}{\partial k}\psi_k(x)$$

上面的结果表明,在用动量的概率幅描述微观状态时,应该将力学量算符表示为

$$\hat{F}=F(\hat{x},\hat{p}_x)=F\left(\mathrm{i}\frac{\partial}{\partial k},\hbar k\right) \tag{10.1.5}$$

在计算力学量平均值的时候,应用公式

$$\langle F(\hat{x},\hat{p}_x)\rangle=\int c_k^*F\left(\mathrm{i}\frac{\partial}{\partial k},\hbar k\right)c_k\mathrm{d}k \tag{10.1.6}$$

上面的结果充分说明了完全可以用动量的概率幅来描述粒子的微观状态,我们将这种描述方式称为动量表象,而前面所用坐标的概率幅来描述粒子微观状态的方式称为坐标表象.

例 10.1.1　将上面的结果推广到三维情况.

解　上面结果的三维推广为:状态用动量 $\boldsymbol{p}$ 取值 $\hbar\boldsymbol{k}$ 的概率幅$c_{\boldsymbol{k}}$ 来描述,相应

地力学量用算符 $F(\hat{\boldsymbol{r}},\hat{\boldsymbol{p}})=F(\mathrm{i}\nabla_k,\hbar\boldsymbol{k})$，其中，$\nabla_k=\boldsymbol{e}_x\dfrac{\partial}{\partial k_x}+\boldsymbol{e}_y\dfrac{\partial}{\partial k_y}+\boldsymbol{e}_z\dfrac{\partial}{\partial k_z}$. 力学量的平均值为

$$\langle F(\hat{\boldsymbol{r}},\hat{\boldsymbol{p}})\rangle=\int c_k^* F(\mathrm{i}\nabla_k,\hbar\boldsymbol{k})c_k\mathrm{d}\boldsymbol{k}$$

例 10.1.2 写出动量表象中简谐振子的定态薛定谔方程.

解 简谐振子的哈密顿算符为 $\hat{H}=\dfrac{1}{2m}\hat{p}_x^2+\dfrac{1}{2}m\omega^2\hat{x}^2$，按照上面的方案，动量表象中简谐振子的定态薛定谔方程为 $\left[\dfrac{1}{2m}(\hbar k)^2+\dfrac{1}{2}m\omega^2\left(\mathrm{i}\dfrac{\partial}{\partial k}\right)^2\right]c_k=Ec_k$.

10.1.2 离散表象

由于动量算符的本征值为连续谱，相应的概率幅 c_k 是一个连续函数，即动量表象中的微观状态是用一个连续函数来描述的，而力学量是用作用在连续函数上的微分算符来表示的. 这一点动量表象与坐标表象完全相同，都可以认为是连续表象的不同形式. 然而，在量子力学中常用的角动量和束缚态哈密顿算符的本征值都是离散的，相应的概率幅 c_n 也都不连续. 这时，还能不能建立其相应的表象？如何建立？

为了解决上述问题，我们考察一个具有离散本征值 q_n 的力学量 Q，在坐标表象下的本征方程为 $\hat{Q}u_n(x)=q_nu_n(x)$. 假设在某个微观状态中的概率幅为 c_n，则由叠加原理可知该状态的坐标表象为

$$\psi(x)=\sum_n c_nu_n(x) \tag{10.1.7}$$

也就是说概率幅可以完全确定微观状态.

用力学量 Q 取值的概率幅 c_n 来表示微观状态时，力学量 F 的平均值如何计算？我们还是回到坐标表象中，这时

$$\langle F\rangle=\int\psi^*(x)\hat{F}\psi(x)\mathrm{d}x \tag{10.1.8}$$

将(10.1.7)式代入上式，得到

$$\langle F\rangle=\int\sum_n c_n^*u_n^*(x)\hat{F}\sum_m c_mu_m(x)\mathrm{d}x=\sum_n\sum_m c_n^*\int u_n^*(x)\hat{F}u_m(x)\mathrm{d}xc_m$$

我们定义

$$F_{n,m}=\int u_n^*(x)\hat{F}u_m(x)\mathrm{d}x \tag{10.1.9}$$

则平均值公式可以表示为

$$\langle F\rangle = \sum_n \sum_m c_n^* F_{n,m} c_m \tag{10.1.10}$$

注意到上面的运算与矩阵相乘时矩阵元的运算规则相同,这启发我们利用矩阵来表示状态.

将某个状态 ψ 中力学量 Q 取值的概率幅 c_n 的全体列成一个列矩阵,称为在 Q 表象下状态 ψ 的态矢量;而将(10.1.9)式中的 $\boldsymbol{F}_{n,m}$ 作为矩阵元排列为一个方矩阵,称为 Q 表象下力学量 F 的矩阵(本书中我们将矩阵上面的算符标记略去了),即定义

$$\boldsymbol{\Psi}_Q = \begin{pmatrix} c_1 \\ c_2 \\ \vdots \end{pmatrix}, \quad \boldsymbol{F}_Q = \begin{pmatrix} F_{1,1} & F_{1,2} & \cdots \\ F_{2,1} & F_{2,2} & \cdots \\ \vdots & \vdots & \vdots \end{pmatrix} \tag{10.1.11}$$

则平均值公式又可以表示为

$$\langle F\rangle = \boldsymbol{\Psi}_Q^+ \boldsymbol{F}_Q \boldsymbol{\Psi}_Q = (c_1^* \quad c_2^* \quad \cdots)\begin{pmatrix} F_{1,1} & F_{1,2} & \cdots \\ F_{2,1} & F_{2,2} & \cdots \\ \vdots & \vdots & \vdots \end{pmatrix}\begin{pmatrix} c_1 \\ c_2 \\ \vdots \end{pmatrix} \tag{10.1.12}$$

其中,$\boldsymbol{\Psi}_Q^+ = (\boldsymbol{\Psi}_Q^*)^{\mathrm{T}} = (c_1^* \quad c_2^* \quad \cdots)$为态矢量 $\boldsymbol{\Psi}_Q$ 的厄密转置.作为特例,常数 1 的平均值为

$$\langle 1\rangle = \boldsymbol{\Psi}_Q^+ \boldsymbol{\Psi}_Q = (c_1^* \quad c_2^* \quad \cdots)\begin{pmatrix} c_1 \\ c_2 \\ \vdots \end{pmatrix} \tag{10.1.13}$$

上式实际上就是 Q 表象中的归一化条件.

在坐标表象中力学量算符为厄密算符,相应地在 Q 表象中力学量矩阵为厄密矩阵,即

$$\boldsymbol{F}_Q^+ = (\boldsymbol{F}_Q^*)^{\mathrm{T}} = \boldsymbol{F}_Q \tag{10.1.14}$$

证明如下:由(10.1.9)式

$$\begin{aligned} \boldsymbol{F}_{m,n}^* &= \int u_m(x)\left[\hat{F}u_n(x)\right]^* \mathrm{d}x = \int \left[\hat{F}u_n(x)\right]^* u_m(x)\mathrm{d}x \\ &= \int u_n^*(x)\hat{F}u_m(x)\mathrm{d}x = \boldsymbol{F}_{n,m} \end{aligned}$$

上述处理给出了用力学量 Q 离散取值的概率幅来描述任意微观状态和力学

量的完整方案,称为力学量 Q 表象.最初的量子力学采用的就是这种形式,历史上又称为矩阵力学.

例 10.1.3　证明力学量在其自身表象中是对角矩阵,对角元就是本征值.

解　不失一般性,我们以上述算符 Q 在自身表象中的矩阵为例来证明.按照(10.1.9)式,矩阵元为 $Q_{n,m}=\int u_n^*(x)\hat{Q}u_m(x)\mathrm{d}x$.由本征方程 $\hat{Q}u_n(x)=q_n u_n(x)$,立刻得到 $Q_{n,m}=\int u_n^*(x)q_m u_m(x)\mathrm{d}x=q_m\delta_{n,m}$,这说明矩阵 Q_Q 是对角化的,对角元就是本征值.

例 10.1.4　求出坐标算符在简谐振子能量表象中的矩阵形式.

解　简谐振子能量本征态为 $\varphi_m(x)$,矩阵元为 $x_{n,m}=\int\varphi_n^*(x)x\varphi_m(x)\mathrm{d}x$,利用递推公式(8.2.19),左式化为

$$\begin{aligned}x_{n,m}&=\frac{1}{\alpha}\int\varphi_n^*\left[\sqrt{\frac{1}{2}m}\varphi_{m-1}+\sqrt{\frac{1}{2}(m+1)}\varphi_{m+1}\right]\mathrm{d}x\\&=\frac{1}{\alpha}\left[\sqrt{\frac{1}{2}m}\delta_{n,m-1}+\sqrt{\frac{1}{2}(m+1)}\delta_{n,m+1}\right]\end{aligned}$$

矩阵为

$$\boldsymbol{x}_H=\frac{1}{\sqrt{2}\alpha}\begin{pmatrix}0&1&0&0&\cdots\\1&0&\sqrt{2}&0&\cdots\\0&\sqrt{2}&0&\sqrt{3}&\cdots\\0&0&\sqrt{3}&0&\cdots\\\vdots&\vdots&\vdots&\vdots&\vdots\end{pmatrix}$$

例 10.1.5　写出角动量表象中 $\boldsymbol{L}^2,\boldsymbol{L}_z$ 的矩阵形式.

解　角动量表象即$(\boldsymbol{L}^2,\boldsymbol{L}_z)$表象,以它们取值为$(l(l+1)\hbar^2,m\hbar)$的概率幅 $c_{l,m}$ 来描述微观状态.在自身表象中,力学量矩阵是对角化的,对角元就是本征值.现在的问题是如何排列它们的顺序.通常的方法是先按从小到大的顺序排角量子数,角量子数相同时按从大到小排列磁量子数.

$$
L^2=\hbar^2\begin{pmatrix} 0 & 0 & 0 & 0 & 0 & 0 & \cdots \\ 0 & 2 & 0 & 0 & 0 & 0 & \cdots \\ 0 & 0 & 2 & 0 & 0 & 0 & \cdots \\ 0 & 0 & 0 & 2 & 0 & 0 & \cdots \\ 0 & 0 & 0 & 0 & 6 & 0 & \cdots \\ 0 & 0 & 0 & 0 & 0 & 6 & \cdots \\ \vdots & \vdots & \vdots & \vdots & \vdots & \vdots & \ddots \end{pmatrix},\quad L_z=\hbar\begin{pmatrix} 0 & 0 & 0 & 0 & 0 & 0 & \cdots \\ 0 & 1 & 0 & 0 & 0 & 0 & \cdots \\ 0 & 0 & 0 & 0 & 0 & 0 & \cdots \\ 0 & 0 & 0 & -1 & 0 & 0 & \cdots \\ 0 & 0 & 0 & 0 & 2 & 0 & \cdots \\ 0 & 0 & 0 & 0 & 0 & 1 & \cdots \\ \vdots & \vdots & \vdots & \vdots & \vdots & \vdots & \ddots \end{pmatrix}
$$

由此可见，按照角量子数的不同取值，可以将矩阵分解为若干个对角子矩阵. 子矩阵的大小为角动量平方所具有的简并度 $2l+1$，即 l 一定时 m 的可能取值.

例 10.1.6　利用球函数的递推公式求出当 $l=1$ 时在角动量表象中 L_y，L_z 的矩阵形式. $\hat{L}_\pm \mathrm{Y}_{l,m}=\hbar\sqrt{(l\mp m)(l\pm m+1)}\mathrm{Y}_{l,m\pm1}$，其中，$\hat{L}_\pm=\hat{L}_x\pm \mathrm{i}\hat{L}_y$ 为球函数的升降算符.

解　当 $l=1$ 时，递推公式成为

$$
\hat{L}_+\ \mathrm{Y}_{1,m}=\hbar\sqrt{(1-m)(2+m)}\mathrm{Y}_{1,m+1}
$$

$$
\hat{L}_-\ \mathrm{Y}_{1,m}=\hbar\sqrt{(1+m)(2-m)}\mathrm{Y}_{1,m\pm1}
$$

由(10.1.9)式，升降算符的矩阵元分别为

$$
(L_+)_{n,m}=\iint \mathrm{Y}_{1,n}^*\hat{L}_+\ \mathrm{Y}_{1,m}\mathrm{d}\Omega=\hbar\sqrt{(1-m)(2+m)}\delta_{n,m+1}
$$

$$
(L_-)_{n,m}=\iint \mathrm{Y}_{1,n}^*\hat{L}_-\ \mathrm{Y}_{1,m}\mathrm{d}\Omega=\hbar\sqrt{(1+m)(2-m)}\delta_{n,m-1}
$$

它们的矩阵形式为

$$
L_+=\hbar\begin{pmatrix} 0 & \sqrt{2} & 0 \\ 0 & 0 & \sqrt{2} \\ 0 & 0 & 0 \end{pmatrix},\quad L_-=\hbar\begin{pmatrix} 0 & 0 & 0 \\ \sqrt{2} & 0 & 0 \\ 0 & \sqrt{2} & 0 \end{pmatrix}
$$

按升降算符的定义，得

$$
L_x=\frac{1}{2}(L_++L_-)=\frac{\sqrt{2}\hbar}{2}\begin{pmatrix} 0 & 1 & 0 \\ 1 & 0 & 1 \\ 0 & 1 & 0 \end{pmatrix}
$$

$$
L_y=\frac{1}{2\mathrm{i}}(L_+-L_-)=\frac{\sqrt{2}\hbar}{2\mathrm{i}}\begin{pmatrix} 0 & 1 & 0 \\ -1 & 0 & 1 \\ 0 & -1 & 0 \end{pmatrix}
$$

10.1.3 表象变换

不同表象的引入,为量子力学问题的解决提供了多种选择的空间,具有很大的应用价值.在具体问题的处理过程中,往往要从一种表象转换到另一种表象,这就需要进行表象变换.

前面我们引入离散表象的过程,实际上就是将坐标表象变换到离散表象的过程,离散表象之间也可以直接相互变换.假设另有一个具有离散本征值 r_n 的力学量 R,在坐标表象下的本征方程为 $\hat{R}v_n(x)=r_nv_n(x)$.利用本征态的正交归一性,可以求出(10.1.7)式所描述的状态中测量力学量 R 得到本征值 r_n 的概率幅 d_n,这也是该状态在 R 表象下的矩阵元.

$$d_m = \int v_m^*(x)\psi(x)\mathrm{d}x = \sum_n \int v_m^*(x)u_n(x)\mathrm{d}xc_n = \sum_n S_{m,n}c_n \tag{10.1.15}$$

其中

$$S_{m,n} = \int v_m^*(x)u_n(x)\mathrm{d}x \tag{10.1.16}$$

可以看成一个矩阵 $\boldsymbol{S}$ 的矩阵元.该矩阵将同一个状态在 Q 表象中的概率幅变为 R 表象中的概率幅,可以认为是从 Q 表象变到 R 表象的变换矩阵,记为 $\boldsymbol{S}_{RQ}$.由此,变换关系(10.1.15)就可以表示为矩阵形式

$$\boldsymbol{\Psi}_R = \boldsymbol{S}_{RQ}\boldsymbol{\Psi}_Q \tag{10.1.17}$$

类似地可以证明

$$\boldsymbol{\Psi}_Q = \boldsymbol{S}_{QR}\boldsymbol{\Psi}_R \tag{10.1.18}$$

其中,$(\boldsymbol{S}_{QR})_{m,n} = \int u_m^*(x)v_n(x)\mathrm{d}x = (\boldsymbol{S}_{RQ})_{n,m}^*$,即 $\boldsymbol{S}_{QR}=\boldsymbol{S}_{RQ}^+$.

将(10.1.17)式代入(10.1.18)式,立刻得到 $\boldsymbol{\Psi}_Q=\boldsymbol{S}_{QR}\boldsymbol{\Psi}_R=\boldsymbol{S}_{QR}\boldsymbol{S}_{RQ}\boldsymbol{\Psi}_Q$,这说明

$$\boldsymbol{S}_{QR}\boldsymbol{S}_{RQ} = \boldsymbol{S}_{RQ}^+\boldsymbol{S}_{RQ} = \boldsymbol{I} \tag{10.1.19}$$

即不同表象之间的变换矩阵是幺正矩阵,因此表象变换也称为幺正变换.

利用力学量的平均值公式,我们还可以导出力学量矩阵在两个表象之间的变换.将(10.1.18)式代入(10.1.12)式,得到

$$\langle F\rangle = \boldsymbol{\Psi}_Q^+\boldsymbol{F}_Q\boldsymbol{\Psi}_Q = \boldsymbol{\Psi}_R^+\boldsymbol{S}_{RQ}\boldsymbol{F}_Q\boldsymbol{S}_{QR}\boldsymbol{\Psi}_R$$

而从 R 表象来看,应该有$\langle F\rangle=\boldsymbol{\Psi}_R^+\boldsymbol{F}_R\boldsymbol{\Psi}_R$,于是得到

$$\boldsymbol{F}_R = \boldsymbol{S}_{RQ}\boldsymbol{F}_Q\boldsymbol{S}_{QR} \tag{10.1.20}$$

这就是不同表象之间力学量矩阵的变换公式.

用线性代数的语言来说,Q 表象就是用力学量 Q 的本征态作为基矢量,将状态空间中的矢量和算符表示为矩阵形式.由于本征态集合具有正交归一性,因此基矢量是正交标准基.表象变换就是正交标准基之间的变换,因此具有幺正性.

10.2 自　旋

10.2.1 自旋的提出

最初建立量子力学的时候,人们并没有认识到电子有自旋.然而,在实验中人们发现锂、钠、钾、铷、铯等碱金属元素的原子光谱线实际上是由两条很接近的谱线组成的,例如,钠原子光谱中的一条很亮的黄线($\lambda \approx 589.3$ nm)是由 $\lambda \approx 589.0$ nm 和 $\lambda \approx 589.6$ nm 两条谱线组成的,这称为该光谱线的精细结构.出现这种现象的原因无法用电子绕核的运动来说明,这使许多人感到困惑.

在 1921 年的斯特恩-盖拉赫实验中,发现锂、钠、钾、银等基态原子在通过不均匀磁场时,原子束会分裂为两部分.这表明原子有磁矩,但是按照电子绕原子核运动的理论算出的磁矩取值应该等于其轨道角动量分量的取值,即有 $2l+1$ 种可能.由此推算出角量子数 l 应为 1/2,显然与前面的理论不符.

在行星绕日运动的启发下,乌伦贝克和高德斯密特首先提出:除轨道运动外,电子还存在一种自旋运动,就好像地球在绕太阳公转的同时本身也在自转,电子本身具有自旋角动量 S.与轨道角动量一样,自旋角动量大小可以由自旋角量子数 s 确定

$$S = \sqrt{s(s+1)}\hbar \tag{10.2.1}$$

自旋角动量的空间取向也是量子化的,即它在外磁场方向的分量 S_z 的取值为

$$S_z = m_s\hbar \tag{10.2.2}$$

其中,m_s 称为自旋磁量子数,它可以取 $-s, -s+1, \cdots, s-1, s$ 共 $2s+1$ 个值.按照斯特恩-盖拉赫的实验结果,电子自旋磁矩在磁场方向的分量有两种数值,故自旋磁量子数 m_s 只能取两个值,即 $2s+1=2$,于是得到自旋角量子数 $s=1/2$,自旋磁量子数为 $m_s=-1/2$ 和 1/2.

利用自旋的概念，不但可以定性解释碱金属光谱的精细结构，而且还能定量地计算出光谱线裂距，结果与实验值相符.除了电子之外，后来人们还发现质子、中子、π介子和光子等基本粒子也具有自旋，质子和中子的自旋角量子数(简称自旋)为1/2，π介子的自旋为0，光子的自旋为1.

10.2.2 自旋角动量与自旋态

在量子力学中要定量地处理电子自旋问题，必须给出自旋角动量的形式.而自旋是微观粒子特有的性质，没有经典的描述.从与轨道角动量的类比中，人们提出自旋角动量应该具有与轨道角动量同样的代数性质，即

$$\hat{\boldsymbol{S}} \times \hat{\boldsymbol{S}} = \mathrm{i}\hbar \hat{\boldsymbol{S}} \tag{10.2.3}$$

由于电子自旋只能取两种值，由例10.1.5，可以猜想电子的自旋角动量应该用2×2矩阵来表示.为了简化问题，我们将电子的自旋角动量写成

$$\hat{\boldsymbol{S}} = \frac{1}{2}\hbar \hat{\boldsymbol{\sigma}} \tag{10.2.4}$$

其中，$\hat{\boldsymbol{\sigma}}$是无量纲的2×2厄密矩阵，称为泡利矩阵.泡利矩阵满足对易关系

$$\hat{\boldsymbol{\sigma}} \times \hat{\boldsymbol{\sigma}} = 2\mathrm{i}\hat{\boldsymbol{\sigma}} \tag{10.2.5}$$

即

$$\begin{cases} \hat{\boldsymbol{\sigma}}_x\hat{\boldsymbol{\sigma}}_y - \hat{\boldsymbol{\sigma}}_y\hat{\boldsymbol{\sigma}}_x = 2\mathrm{i}\hat{\boldsymbol{\sigma}}_z \\ \hat{\boldsymbol{\sigma}}_y\hat{\boldsymbol{\sigma}}_z - \hat{\boldsymbol{\sigma}}_z\hat{\boldsymbol{\sigma}}_y = 2\mathrm{i}\hat{\boldsymbol{\sigma}}_x \\ \hat{\boldsymbol{\sigma}}_z\hat{\boldsymbol{\sigma}}_x - \hat{\boldsymbol{\sigma}}_x\hat{\boldsymbol{\sigma}}_z = 2\mathrm{i}\hat{\boldsymbol{\sigma}}_y \end{cases} \tag{10.2.5a}$$

在泡利表象，即$\boldsymbol{\sigma}_z$为对角矩阵的表象中，泡利矩阵的具体形式为

$$\boldsymbol{\sigma}_x = \begin{pmatrix} 0 & 1 \\ 1 & 0 \end{pmatrix}, \quad \boldsymbol{\sigma}_y = \begin{pmatrix} 0 & -\mathrm{i} \\ \mathrm{i} & 0 \end{pmatrix}, \quad \boldsymbol{\sigma}_z = \begin{pmatrix} 1 & 0 \\ 0 & -1 \end{pmatrix} \tag{10.2.6}$$

容易验证$\boldsymbol{\sigma}_x^2 = \boldsymbol{\sigma}_y^2 = \boldsymbol{\sigma}_z^2 = 1$和$\boldsymbol{\sigma}^2 = 3$.

由泡利矩阵可以直接得到

$$\boldsymbol{S}^2 = \boldsymbol{S}_x^2 + \boldsymbol{S}_y^2 + \boldsymbol{S}_z^2 = \frac{3\hbar^2}{4}\begin{pmatrix} 1 & 0 \\ 0 & 1 \end{pmatrix} = \frac{3\hbar^2}{4} \tag{10.2.7}$$

这是一个常量，不影响问题的自由度.

由本征方程$\boldsymbol{\sigma}_z\boldsymbol{\chi} = \lambda\boldsymbol{\chi}$容易看出$\boldsymbol{\sigma}_z$的本征值为±1，对应的本征态为

$$\boldsymbol{\chi}_+ = \begin{pmatrix} 1 \\ 0 \end{pmatrix}, \quad \boldsymbol{\chi}_- = \begin{pmatrix} 0 \\ 1 \end{pmatrix} \tag{10.2.8}$$

它们也是 S_z 的本征态，对应的本征值为 $\pm\frac{1}{2}\hbar$.

由于电子存在自旋，电子的运动又多了一个经典力学所没有的自由度，第 9 章中氢原子内部运动的波函数(9.2.35)应该修改为

$$\boldsymbol{\psi}_{n,l,m,m_s}(r,\theta,\varphi,\boldsymbol{S}_z) = R_{n,l}(r)\mathrm{Y}_{l,m}(\theta,\varphi)\boldsymbol{\chi}_{m_s}(\boldsymbol{S}_z) \tag{10.2.9}$$

上式中的 $\boldsymbol{\chi}_{\pm\frac{1}{2}}(\boldsymbol{S}_z)=\boldsymbol{\chi}_{\pm}(\boldsymbol{\sigma}_z)$.

例 10.2.1　证明泡利矩阵具有性质 $\boldsymbol{\sigma}_x\boldsymbol{\sigma}_y\boldsymbol{\sigma}_z=\mathrm{i}$.

解　直接利用在 $\boldsymbol{\sigma}_z$ 表象中泡利算符的矩阵形式，得到

$$\hat{\boldsymbol{\sigma}}_x\hat{\boldsymbol{\sigma}}_y\hat{\boldsymbol{\sigma}}_z = \begin{pmatrix}0 & 1\\ 1 & 0\end{pmatrix}\begin{pmatrix}0 & -\mathrm{i}\\ \mathrm{i} & 0\end{pmatrix}\begin{pmatrix}1 & 0\\ 0 & -1\end{pmatrix} = \begin{pmatrix}\mathrm{i} & 0\\ 0 & -\mathrm{i}\end{pmatrix}\begin{pmatrix}1 & 0\\ 0 & -1\end{pmatrix} = \mathrm{i}\begin{pmatrix}1 & 0\\ 0 & 1\end{pmatrix}$$

例 10.2.2　在 $\boldsymbol{\sigma}_z$ 表象中求电子自旋角动量 $\hat{S}_x$ 的本征值和对应的本征态.

解　由(10.2.4)式得到 $\hat{S}_x$ 的矩阵形式，设 $\boldsymbol{S}_x$ 的本征值为 $\eta=\frac{1}{2}\hbar\lambda$，对应的本征函数为 $\boldsymbol{\psi}=\begin{pmatrix}c_1\\ c_2\end{pmatrix}$，代入本征方程 $\boldsymbol{S}_x\boldsymbol{\psi}=\eta\boldsymbol{\psi}$ 后得到

$$\frac{\hbar}{2}\begin{pmatrix}0 & 1\\ 1 & 0\end{pmatrix}\begin{pmatrix}c_1\\ c_2\end{pmatrix} = \frac{\hbar}{2}\lambda\begin{pmatrix}c_1\\ c_2\end{pmatrix}$$

化简后成为

$$\begin{pmatrix}-\lambda & 1\\ 1 & -\lambda\end{pmatrix}\begin{pmatrix}c_1\\ c_2\end{pmatrix} = 0$$

由非零解条件 $\begin{vmatrix}-\lambda & 1\\ 1 & -\lambda\end{vmatrix}=\lambda^2-1=0$，得到 $\lambda=\pm1$，即 $\boldsymbol{S}_x$ 的本征值为 $\eta=\pm\frac{1}{2}\hbar$.

将 $\lambda=1$ 代入本征方程后，可得 $c_1=c_2$，于是有 $\boldsymbol{\psi}_+=\begin{pmatrix}c_1\\ c_2\end{pmatrix}=c_2\begin{pmatrix}1\\ 1\end{pmatrix}$. 由归一化条件：$1=\boldsymbol{\psi}_+^{\dagger}\boldsymbol{\psi}_+=|c_1|^2+|c_2|^2=2|c_2|^2$，得到 $c_2=1/\sqrt{2}$.

将 $\lambda=-1$ 代入本征方程，解出对应的本征态为 $\boldsymbol{\psi}_-=\frac{\sqrt{2}}{2}\begin{pmatrix}-1\\ 1\end{pmatrix}$.

例 10.2.3　在 S_z 的本征态中求自旋角动量 $\boldsymbol{S}_x,\boldsymbol{S}_x^2,\boldsymbol{S}_y,\boldsymbol{S}_y^2$ 的平均值.

解　在状态 $\boldsymbol{\chi}_+(\boldsymbol{S}_z)$ 中，

$$\langle \boldsymbol{S}_x\rangle = \boldsymbol{\chi}_+^{\dagger}\boldsymbol{S}_x\boldsymbol{\chi}_+ = \frac{\hbar}{2}(1\ \ 0)\begin{pmatrix}0 & 1\\ 1 & 0\end{pmatrix}\begin{pmatrix}1\\ 0\end{pmatrix} = 0$$

$$\langle \boldsymbol{S}_y \rangle = \boldsymbol{\chi}_+^+ \boldsymbol{S}_y \boldsymbol{\chi}_+ = \frac{\hbar}{2}(1\quad 0)\begin{pmatrix} 0 & -\mathrm{i} \\ \mathrm{i} & 0 \end{pmatrix}\begin{pmatrix} 1 \\ 0 \end{pmatrix} = 0$$

同理可得$\langle \boldsymbol{S}_x \rangle = \boldsymbol{\chi}_-^+ \boldsymbol{S}_x \boldsymbol{\chi}_- = 0$，$\langle \boldsymbol{S}_y \rangle = \boldsymbol{\chi}_-^+ \boldsymbol{S}_y \boldsymbol{\chi}_- = 0$. 而 $\boldsymbol{S}_x^2 = \frac{1}{4}\hbar^2 \boldsymbol{\sigma}_x^2 = \frac{1}{4}\hbar^2$，$\boldsymbol{S}_y^2 = \frac{1}{4}\hbar^2 \boldsymbol{\sigma}_x^2 = \frac{1}{4}\hbar^2$ 都是常量，因此也是它们的平均值.

例 10.2.4　求自旋角动量的投影 $\hat{\boldsymbol{S}}_n = \hat{\boldsymbol{S}}_x \cos\alpha + \hat{\boldsymbol{S}}_y \sin\alpha$ 的本征值和所属的本征函数.

解　自旋角动量的矩阵形式为

$$\boldsymbol{S}_n = \frac{\hbar}{2}(\boldsymbol{\sigma}_x \cos\alpha + \boldsymbol{\sigma}_y \sin\alpha) = \frac{\hbar}{2}\begin{pmatrix} 0 & \cos\alpha - \mathrm{i}\sin\alpha \\ \cos\alpha + \mathrm{i}\sin\alpha & 0 \end{pmatrix}$$

由空间的各向同性可知，其本征值为 $\pm\frac{\hbar}{2}$，设本征函数为 $\boldsymbol{\psi} = \begin{pmatrix} c_1 \\ c_2 \end{pmatrix}$，代入本征方程得到

$$\begin{pmatrix} 0 & \cos\alpha - \mathrm{i}\sin\alpha \\ \cos\alpha + \mathrm{i}\sin\alpha & 0 \end{pmatrix}\begin{pmatrix} c_1 \\ c_2 \end{pmatrix} = \pm\begin{pmatrix} c_1 \\ c_2 \end{pmatrix}$$

容易求出 $c_1 = \pm(\cos\alpha - \mathrm{i}\sin\alpha)c_2$，于是有

$$\boldsymbol{\psi}_\pm = \begin{pmatrix} c_1 \\ c_2 \end{pmatrix} = \pm c_2 \begin{pmatrix} \cos\alpha - \mathrm{i}\sin\alpha \\ \pm 1 \end{pmatrix}$$

归一化条件为 $1 = |c_1|^2 + |c_2|^2 = 2|c_2|^2$，由此得到 $c_2 = \sqrt{2}/2$.

10.2.3　自旋的耦合

下面，我们考虑两个自旋为 1/2 的独立粒子组成的系统. 在泡利表象下，单个粒子的本征态为 $\chi_\pm$，它们的共同本征态为

$$\begin{aligned} \chi_1 &= \chi_+(S_{1z})\chi_+(S_{2z}), \quad \chi_2 = \chi_+(S_{1z})\chi_-(S_{2z}) \\ \chi_3 &= \chi_-(S_{1z})\chi_+(S_{2z}), \quad \chi_4 = \chi_-(S_{1z})\chi_-(S_{2z}) \end{aligned} \tag{10.2.10}$$

在系统的自旋状态空间中具有完备性，即任意自旋状态都可以由它们的线性组合得到，即

$$\psi(S_{1z}, S_{2z}) = c_1\chi_1 + c_1\chi_2 + c_3\chi_3 + c_4\chi_4 \tag{10.2.11}$$

上述系数$\{c_i \mid i = 1,2,3,4\}$即概率幅，用它们来描述状态的表象称为无耦合表象.

我们也可以将(10.2.10)式中的本征态按照对称性的要求进行组合，得到

$$\begin{cases} x_S^{(1)} = \chi_+(S_{1z})\chi_+(S_{2z}) \\ x_S^{(2)} = \chi_-(S_{1z})\chi_-(S_{2z}) \\ x_S^{(3)} = \dfrac{1}{\sqrt{2}}[\chi_+(S_{1z})\chi_-(S_{2z}) + \chi_-(S_{1z})\chi_+(S_{2z})] \\ x_A = \dfrac{1}{\sqrt{2}}[\chi_+(S_{1z})\chi_-(S_{2z}) - \chi_-(S_{1z})\chi_+(S_{2z})] \end{cases} \tag{10.2.12}$$

其中前 3 个状态都是交换对称的，后 1 个状态是交换反对称的. 可以证明上面 4 个状态都是归一化的，而且彼此正交. 将这些状态作为基矢量来表示系统的自旋状态，这种描述方式称为耦合表象.

定义两个自旋算符的矢量和为 $\hat{\boldsymbol{S}} = \hat{\boldsymbol{S}}_1 + \hat{\boldsymbol{S}}_2$，由于这两个粒子是相互独立的，所属算符彼此对易，于是

$$\begin{aligned} \hat{\boldsymbol{S}} \times \hat{\boldsymbol{S}} &= (\hat{\boldsymbol{S}}_1 + \hat{\boldsymbol{S}}_2) \times (\hat{\boldsymbol{S}}_1 + \hat{\boldsymbol{S}}_2) \\ &= \hat{\boldsymbol{S}}_1 \times \hat{\boldsymbol{S}}_1 + \hat{\boldsymbol{S}}_2 \times \hat{\boldsymbol{S}}_1 + \hat{\boldsymbol{S}}_1 \times \hat{\boldsymbol{S}}_2 + \hat{\boldsymbol{S}}_2 \times \hat{\boldsymbol{S}}_2 \\ &= \mathrm{i}\hbar\hat{\boldsymbol{S}}_1 + 0 + \mathrm{i}\hbar\hat{\boldsymbol{S}}_2 = \mathrm{i}\hbar\hat{\boldsymbol{S}} \end{aligned} \tag{10.2.13}$$

这表明这个矢量和是角动量算符，称为总角动量算符.

可以进一步证明(10.2.12)式中的 4 个状态都是角动量平方算符 $\hat{\boldsymbol{S}}^2$ 及其分量 $\hat{\boldsymbol{S}}_z$ 的本征态，其中对称态对应 $\hat{\boldsymbol{S}}^2$ 的本征值为 $2\hbar^2$，$\hat{\boldsymbol{S}}_z/\hbar$ 的本征值分别为 $+1$，-1 和 0；反对称态对应 $\hat{\boldsymbol{S}}^2$ 的本征值为 0，$\hat{\boldsymbol{S}}_z$ 的本征值也为 0. 按照轨道角动量本征态 $\mathrm{Y}_{l,m}$ 的标记方法，我们可以将这 4 个状态重新标记为

$$\chi_{1,1} = x_S^{(1)},\ \chi_{1,-1} = x_S^{(2)},\ \chi_{1,0} = x_S^{(3)},\ \chi_{0,0} = x_A \tag{10.2.14}$$

它们满足关系

$$\hat{\boldsymbol{S}}^2\chi_{S,M} = S(S+1)\hbar^2\chi_{S,M},\quad \hat{\boldsymbol{S}}_z\chi_{S,M} = M\hbar\chi_{S,M} \tag{10.2.15}$$

例 10.2.5　外磁场中有两个自旋为 $\frac{1}{2}$ 的粒子，系统的哈密顿量为 $H = a(S_{1z} + S_{2z}) + g\boldsymbol{S}_1 \cdot \boldsymbol{S}_2$，其中，$a$，$b$，$g$ 都是常数，求该系统的能级和对应的本征态.

解　利用总角动量 $\boldsymbol{S} = \boldsymbol{S}_1 + \boldsymbol{S}_2$，系统的哈密顿量可以改写为

$$H = aS_z + \frac{1}{2}g(S^2 - S_1^2 - S_2^2) = aS_z + \frac{1}{2}gS^2 - \frac{3}{4}g\hbar^2$$

上式为 S^2，S_z 的函数，因此有共同本征态 $\chi_{S,M}$. 将上面的哈密顿量作用到本征态上，立刻得到 $H\chi_{S,M} = \left[aM\hbar + \frac{1}{2}gS(S+1)\hbar^2 - \frac{3}{4}g\hbar^2\right]\chi_{S,M}$，可知对应的系统能级为

$$E_{S,M} = aM\hbar + \frac{1}{2}gS(S+1)\hbar^2 - \frac{3}{4}g\hbar^2$$

10.3 全同性原理

10.3.1 多粒子系统的波函数

前几章中研究的对象都是单个粒子,本节我们研究由多个粒子组成的量子系统.为了具体起见,先考虑一个典型的例子.

设一维无限深方势阱中有两个质量相同但相互独立的无自旋粒子,其能量本征态分别为 $\varphi_n(x_1)$ 和 $\varphi_l(x_2)$;对应的能量本征值为 $E_n = E_1 n^2$ 和 $E_l = E_1 l^2$.因此,系统总能量的本征态为 $\varphi_{n,l}(x_1, x_2) = \varphi_n(x_1)\varphi_l(x_2)$,对应的本征值为 $E_{n,l} = E_n + E_l = E_1(n^2 + l^2)$.系统的能级可以从表 10.1 中看出来.

表 10.1

$E_{n,l}/E_1$	$l=1$	$l=2$	$l=3$	$l=4$	$l=5$
$n=1$	2	5	10	17	26
$n=2$	5	8	13	20	29
$n=3$	10	13	18	25	
$n=4$	17	20	25		
$n=5$	26	29			

系统各个能级及其对应的本征态按照顺序排列如表 10.2 所示.

表 10.2

激发态序数	系统能量	系统本征态	简并度
0	$2E_1$	$\varphi_1(x_1)\varphi_1(x_2)$	1
1	$5E_1$	$\varphi_1(x_1)\varphi_2(x_2), \varphi_2(x_1)\varphi_1(x_2)$	2
2	$8E_1$	$\varphi_2(x_1)\varphi_2(x_2)$	1
3	$10E_1$	$\varphi_1(x_1)\varphi_3(x_2), \varphi_3(x_1)\varphi_1(x_2)$	2
4	$13E_1$	$\varphi_2(x_1)\varphi_3(x_2), \varphi_3(x_1)\varphi_2(x_2)$	2

对于其他势阱中两个独立粒子的系统，或者一维无限深方势阱中多个独立粒子的系统都可以类似地处理. 当粒子之间有相互作用时，如果相互作用能量比无相互作用时系统的能量小得多，则可以按照微扰方法来近似计算.

上例中的单粒子能量并没有简并，但是系统的能量却出现了简并，这是由于粒子之间存在交换对称性的缘故. 如果单粒子能量本身就有简并，系统的简并度将指数增大. 设某个单粒子能级的简并度为 ω，系统中的粒子数为 a，当所有粒子都集中在该单粒子能级时，系统的简并度至少为

$$\Omega = \omega^a \tag{10.3.1}$$

例 10.3.1　在上面的例子中，如果两个粒子同在一个单粒子状态，系统是否一定无简并？

解　不一定，例如，$E_{5,5}=50E_1$，与它同能量的还有 $E_{1,7}=E_{7,1}=50E_1$，因此该能级为 3 度简并.

10.3.2　全同性原理

原子中的电子可以近似看成独立的多电子系统问题，系统内各个电子可能具有不同的能量 ε_i，原子的总能量为

$$E = \sum_i \varepsilon_i$$

在系统各种可能的电子组态中，只有能量最低的电子组态(即系统的基态)才是稳定的，它决定了原子的物理性质和化学性质. 那么，我们该如何来确定一个电子数为 N 的原子基态的电子组态呢？由于单个电子的最低能量状态为 $1s$，一个最简单的设想是原子的基态全都由 $1s$ 的电子组成，即基态的电子组态为 $1s^N$，基态能量为 $NE_{1,0}$. 如果是这样，所有原子的光谱结构和化学性质都将类似，与观察到的实验结果完全不相符.

为了解释上述疑难，1925 年，泡利通过对多电子原子光谱的大量数据进行深入分析，概括出一条经验法则：在同一个原子中，不可能有两个或两个以上的电子处于相同的单粒子状态，这个法则被称为泡利不相容原理.

进一步的研究表明，泡利原理并非仅局限于原子体系，也不是仅仅适用于电子的，而是具有一定的普遍性. 为什么两个或两个以上的电子不能处于同一个状态？其背后的原因是什么？为了从理论上说明这个经验法则，人们开始了更深入地探索.

实验表明，所有电子的质量、电荷与自旋等物理量都精确地相同，没有任何区

别.按经典理论,电子运动沿确定的轨道,我们可以根据轨道的不同来识别电子;而按量子理论,电子运动具有波动性,电子波可以相互叠加,因此无法识别不同的电子.即在量子理论中,全同粒子是不可区分的,这是量子力学的一条基本原理,称为全同性原理.

如果一个系统由两个全同粒子组成,其波函数为 $\psi(r_1,m_{s1};r_2,m_{s2})$.按全同性原理,这两个粒子是不可区分的,交换一下不应该改变系统的状态,其波函数最多只相差一个作为比例因子的常数 A,即

$$\boldsymbol{\psi}(\boldsymbol{r}_2,m_{s2};\boldsymbol{r}_1,m_{s1}) = A\boldsymbol{\psi}(\boldsymbol{r}_1,m_{s1};\boldsymbol{r}_2,m_{s2}) \tag{10.3.2}$$

连续交换两次后有

$$\boldsymbol{\psi}(\boldsymbol{r}_1,m_{s1};\boldsymbol{r}_2,m_{s2}) = A\boldsymbol{\psi}(\boldsymbol{r}_2,m_{s2};\boldsymbol{r}_1,m_{s1}) = A^2\boldsymbol{\psi}(\boldsymbol{r}_1,m_{s1};\boldsymbol{r}_2,m_{s2}) \tag{10.3.3}$$

因此得到 $A^2=1$,即 $A=\pm 1$.于是有

$$\boldsymbol{\psi}(\boldsymbol{r}_2,m_{s2};\boldsymbol{r}_1,m_{s1}) = \pm\,\boldsymbol{\psi}(\boldsymbol{r}_1,m_{s1};\boldsymbol{r}_2,m_{s2}) \tag{10.3.4}$$

实验表明,对于自旋为整数的微观粒子(称玻色子),如光子、π 介子和 α 粒子等,对应的常数 $A=1$;而对于自旋为半整数的微观粒子(称费米子),如电子、质子和中子等,对应的常数 $A=-1$.

如果两个费米子同时处于同一个单电子状态 $\varphi(\boldsymbol{r},m_s)$,则此二费米子系统的波函数为 $\boldsymbol{\psi}(\boldsymbol{r}_1,m_{s1};\boldsymbol{r}_2,m_{s2})=\varphi(\boldsymbol{r}_1,m_{s1})\varphi(\boldsymbol{r}_2,m_{s2})$,由(10.3.4)式得到

$$\varphi(\boldsymbol{r}_2,m_{s2})\varphi(\boldsymbol{r}_1,m_{s1}) = -\varphi(\boldsymbol{r}_1,m_{s1})\varphi(\boldsymbol{r}_2,m_{s2}) \tag{10.3.5}$$

上式仅当单粒子状态 $\varphi(\boldsymbol{r},m_s)=0$ 时才能成立,这与波函数的归一化条件矛盾,因此两个或者更多的费米子不可能同时处于同一个单粒子状态.

对于自旋为整数的玻色子,上式成为

$$\varphi(\boldsymbol{r}_2,m_{s2})\varphi(\boldsymbol{r}_1,m_{s1}) = \varphi(\boldsymbol{r}_1,m_{s1})\varphi(\boldsymbol{r}_2,m_{s2}) \tag{10.3.6}$$

这是一个恒等式,因此两个或者更多的玻色子可以同时处于同一个单粒子状态.

例 10.3.2　一体系由三个全同的玻色子组成,玻色子之间无相互作用.玻色子只有两个可能的单粒子态.问系统可能的状态有几个?它们的波函数怎样用单粒子波函数构成?

解　设单粒子波函数为 $\varphi_1(q),\varphi_2(q)$,体系可能的状态 $\boldsymbol{\psi}(q_1,q_2,q_3)$ 由单粒子波函数的乘积 $\varphi_i(q_1)\varphi_j(q_2)\varphi_k(q_3)$ 组成;全同性原理要求 $\boldsymbol{\psi}(q_1,q_2,q_3)$ 在粒子交换时保持不变,即为自变量交换的对称函数.

根据对称性的要求,体系的波函数只能有两种形式:

（ⅰ）三个粒子处于同一单粒子态，这时有两种情况，即 $\varphi_1(q_1)\varphi_1(q_2)\varphi_1(q_3)$ 和 $\varphi_2(q_1)\varphi_2(q_2)\varphi_2(q_3)$，它们都是交换对称的，因此构成两个体系的波函数

$$\boldsymbol{\psi}_S^{(1)} = \varphi_1(q_1)\varphi_1(q_2)\varphi_1(q_3),\quad \boldsymbol{\psi}_S^{(2)} = \varphi_2(q_1)\varphi_2(q_2)\varphi_2(q_3)$$

（ⅱ）两个粒子处于同一单粒子态，另一个粒子处于其他状态，共有 $\varphi_1(q_1)\varphi_1(q_2)\varphi_2(q_3)$ 和 $\varphi_2(q_1)\varphi_2(q_2)\varphi_1(q_3)$ 两种情况. 它们不是交换对称的，需要对称化后才能构成体系的波函数. 对称化的方法是对所有可能的交换结果求和，结果得到

$$\begin{aligned}\boldsymbol{\psi}_S^{(3)} &= A[\varphi_1(q_1)\varphi_1(q_2)\varphi_2(q_3) + \varphi_1(q_1)\varphi_1(q_3)\varphi_2(q_2) \\ &\quad + \varphi_1(q_3)\varphi_1(q_2)\varphi_2(q_1)] \\ \boldsymbol{\psi}_S^{(4)} &= A[\varphi_2(q_1)\varphi_2(q_2)\varphi_1(q_3) + \varphi_2(q_1)\varphi_2(q_3)\varphi_1(q_2) \\ &\quad + \varphi_2(q_3)\varphi_2(q_2)\varphi_1(q_1)]\end{aligned}$$

其中系数可以由归一化条件求得，为 $A = \dfrac{1}{\sqrt{3}}$. 这样，体系共有 4 个可能的状态.

又解　把单粒子状态看成盒子，问题成为在 2 个不同的盒子里放 3 个相同的粒子. 由排列组合知识可以求得共有 4 种不同的放法，对应 4 个系统波函数. 如表 10.3 所示.

表 10.3

$\varphi_1(q)$	$\varphi_2(q)$	$\boldsymbol{\psi}_S$
3 个	0 个	$\boldsymbol{\psi}_S^{(1)}$
2 个	1 个	$\boldsymbol{\psi}_S^{(3)}$
1 个	2 个	$\boldsymbol{\psi}_S^{(4)}$
0 个	3 个	$\boldsymbol{\psi}_S^{(2)}$

10.3.3　全同粒子系统

现在我们考虑一个由 a 个全同粒子组成的系统，每个粒子可以处于 ω 个单粒子状态时，系统的状态数. 一般来说，组成系统的各个粒子是否具有可区分性对系统状态数的计算具有重要影响. 如果组成粒子定域在不同的位置，这时粒子可以按其位置来区别，该系统称为定域子系统，状态数记为 Ω_{BM}；如果粒子是非定域的，这时按照是否满足泡利不相容定律分为费米子或玻色子，对应的系统分别称为费米系统或玻色系统，状态数记为 Ω_{FD} 或 Ω_{BE}.

当 $a=0$ 时,三种情况相同,均为空粒子状态,可以认为 $\Omega_{\mathrm{BM}}=\Omega_{\mathrm{FD}}=\Omega_{\mathrm{BE}}=1$;

当 $a=1$ 时,三种情况也相同,均为单粒子状态,可以认为 $\Omega_{\mathrm{BM}}=\Omega_{\mathrm{FD}}=\Omega_{\mathrm{BE}}=\omega$;

当 $a=2$ 时,三种情况开始出现不同.如 $\omega=1$,则容易得到 $\Omega_{\mathrm{BM}}=\Omega_{\mathrm{BE}}=1$,$\Omega_{\mathrm{FD}}=0$;如 $\omega=2$,则容易得到 $\Omega_{\mathrm{BM}}=4$,$\Omega_{\mathrm{BE}}=3$,$\Omega_{\mathrm{FD}}=1$;如 $\omega=3$,表 10.4 给出了三种情况系统所有可能的状态.

表 10.4

Ω_{BM}			Ω_{BE}			Ω_{FD}		
AB			OO					
	AB			OO				
		AB			OO			
A	B		O	O		O	O	
B	A							
	A	B		O	O		O	O
	B	A						
A		B	O		O	O		O
B		A						

由此可以得到 $\Omega_{\mathrm{BM}}=9$,$\Omega_{\mathrm{BE}}=6$,$\Omega_{\mathrm{FD}}=3$,….

为了找出一般规律,我们把上面的结果作一个重新排列,如表 10.5 所示.

表 10.5

ω	a	Ω_{BM}	Ω_{BE}	Ω_{FD}
	0	1	1	1
1	1	1	1	1
	2	1	1	0
	0	1	1	1
2	1	2	2	2
	2	4	3	1
	3	8	4	0
	0	1	1	1
3	1	3	3	3
	2	9	6	3
	3	27	10	1

由此可以归纳出：

$$\Omega_{\mathrm{MB}} = \omega^{a};\quad \Omega_{\mathrm{BE}} = C^{a}_{\omega+a-1};\quad \Omega_{\mathrm{FD}} = C^{a}_{\omega} \tag{10.3.7}$$

上述结果可以严格地进行证明.

在组成粒子间不存在相互作用或者相互作用可以忽略不计的时候，系统称为近独立子系.对一个全同粒子的近独立子系，其粒子数按单粒子能级的分配称为分布，分布可以用各能级上粒子数的有序集合来描述，即$\{a_l\} = \{a_0, a_1, a_2, \cdots, a_l, \cdots\}$.分布$\{a_l\}$对应的粒子数和能量为

$$N = \sum_l a_l,\quad E = \sum_l a_l \varepsilon_l \tag{10.3.8}$$

对应于定域子系统、玻色系统和费米系统等三种不同粒子系统，一个给定的分布$\{a_l\}$中各个能级所包含的状态数如表 10.6 所示.

表 10.6

粒子数		a_0	a_1	…	a_l	…
简并度		ω_0	ω_1	…	ω_l	…
状态数	MB	$\omega_0^{a_0}$	$\omega_1^{a_1}$	…	$\omega_l^{a_l}$	…
	BE	$C^{a_0}_{\omega_0}$	$C^{a_1}_{\omega_1}$	…	$C^{a_l}_{\omega_l}$	…
	FD	$C^{a_0}_{\omega_0+a_0-1}$	$C^{a_1}_{\omega_1+a_1-1}$	…	$C^{a_l}_{\omega_l+a_l-1}$	…

对于玻色系统和费米系统（统称全同离域子系统），交换不同能级的两个粒子仍然是同一个状态，因此分布的状态数为各个能级状态数之积；对于定域子系统，交换不同能级的两个粒子将得到一个新状态，因此分布的状态数为各个能级状态数之积再乘以所有可能的交换数.因此，我们得到三种分布所包含的状态数：

$$\Omega_{\mathrm{MB}} = \frac{N!}{\prod_l a_l!}\prod_l \omega_l^{a_l},\quad \Omega_{\mathrm{BE}} = \prod_l C^{a_l}_{\omega_l+a_l-1},\quad \Omega_{\mathrm{FD}} = \prod_l C^{a_l}_{\omega_l} \tag{10.3.9}$$

例 10.3.3　锂原子中的 3 个电子分布在二个最低的单电子能级上，求系统状态数.

解　由于电子云的屏蔽效应，二个最低的单电子能级为 1s 和 2s.考虑到自旋自由度，这两个单电子能级的简并度均为 $\omega = 2$.电子服从费米分布，每个能级最多只能有 2 个电子.如果 1s 中有 2 个电子，另一个电子在 2s 态，则系统状态数为 $C_2^2 C_2^1 = 2$；如果 1s 中有 1 个电子，另 2 个电子在 2s 态，则系统状态数为 $C_2^1 C_2^2 = 2$.因此系统状态的总数为 $\Omega = C_2^2 C_2^1 + C_2^1 C_2^2 = 4$.

习 题 10

1. 一维线性谐振子处在基态 $\Psi(x)=\sqrt{\alpha/\sqrt{\pi}}\mathrm{e}^{-\frac{1}{2}\alpha^2x^2}$，求动量的概率幅.
2. 求在动量表象中线性谐振子的能量本征函数.
3. 用动量表象求一维 δ 函数吸引势 $V(x)=-V_0\delta(x)$的束缚态.
4. 设粒子在周期性势场 $V(x)=V_0\cos bx$ 中运动,写出它在动量表象中的薛定谔方程.
5. 利用例 10.1.6 中给出的力学量 L_x 的矩阵形式,求本征值和本征函数.
6. 粒子处于状态 $\Psi=\dfrac{1}{\sqrt{4\pi}}(\mathrm{e}^{\mathrm{i}\varphi}\sin\theta+\cos\theta)$,求测量 L_x 的可能值、相应的概率以及期待值.
7. 在上题中,求测量 L_y 的期待值和方差.
8. 利用例 10.1.6 中给出的力学量 L_x 的矩阵形式,计算 L_x^2 的本征值和本征函数.说明“力学量的本征态也是其函数的本征态,但是其函数的本征态却不一定是该力学量的本征态.”
9. 写出一维无限深方势阱中,状态 $\Psi=A\sin^3\dfrac{\pi x}{a}$在能量表象中的形式,并进行归一化.
10. 求一维无限深势阱中粒子的坐标和动量在能量表象中的矩阵元.
11. 力学量 Q 有 2 个非简并的本征值,对应的本征函数为 φ_1,φ_2,力学量 F 满足关系 $F\varphi_1=2\varphi_2,F\varphi_2=2\varphi_1-3\varphi_2$,求 F 的本征值与本征函数.
12. 力学量 A,B 满足关系 $A^2=B^2=1,AB+BA=0$,两者均无简并,在 A 表象中求解A,B 的矩阵形式,并求出 B 的本征值和本征函数.
13. 设力学量 $\hat{F}$ 在某表象中的矩阵形式为 $12\sigma_x-5\sigma_z$,求其本征值.
14. 设一体系未受微扰作用时只有两个能级：$E_{0,1},E_{0,2}$，现在受到微扰 $\hat{H}'$的作用，微扰矩阵元为 $H'_{1,2}=H'_{2,1}=a,H'_{1,1}=H'_{2,2}=b$，$a$，$b$ 都是实数.用微扰公式求能量至二级修正值,并与严格解进行比较.
15. 证明与 3 个泡利矩阵都对易的二维矩阵 $\boldsymbol{A}$ 一定是零矩阵或常数矩阵.

16. 证明算符恒等式 $e^{i\xi\sigma_x}=\cos\xi+i\sigma_x\sin\xi, e^{i\xi\sigma_y}=\cos\xi+i\sigma_y\sin\xi$，其中 ξ 为实数. 由此验证 $e^{-i\xi\sigma_x}e^{i\xi\sigma_x}=e^{i\xi\sigma_x}e^{-i\xi\sigma_x}=1, e^{-i\xi\sigma_y}e^{i\xi\sigma_y}=e^{i\xi\sigma_y}e^{-i\xi\sigma_y}=1$.

17. 设 ξ 为任意实数，证明 $e^{-i\xi\sigma_y}\sigma_z e^{i\xi\sigma_y}=\sigma_z\cos 2\xi+\sigma_x\sin 2\xi, e^{-i\xi\sigma_x}\sigma_z e^{i\xi\sigma_x}=\sigma_z\cos 2\xi-\sigma_y\sin 2\xi$，并讨论算符 $e^{-i\xi\sigma_y}$ 的物理意义.

18. 求电子自旋角动量算符 $\hat{S}_x$ 及 $\hat{S}_y$ 的本征值和所属的本征函数.

19. 求自旋角动量在 $(\cos\alpha, 0, \sin\alpha)$ 方向的投影 $\hat{S}_n=\hat{S}_x\cos\alpha+\hat{S}_z\sin\alpha$ 的本征值和所属的本征函数. 在这些本征态中，求 $\hat{S}_z$ 的可能值、概率和期待值.

20. 求在自旋态 $\chi_{\frac{1}{2}}(S_z)$ 中，$\hat{S}_x$ 和 $\hat{S}_y$ 的不确定关系 $\overline{(\Delta S_x)^2}\cdot\overline{(\Delta S_y)^2}$.

21. 一个自旋 1/2 的带电粒子处于恒定磁场中，其哈密顿量为 $H=\hbar\omega(4\sigma_z-3\sigma_x)$，求能量本征值与相应的本征态.

22. 一个电子在恒定外磁场 $\boldsymbol{B}=B_0\boldsymbol{i}$ 中，初始时刻处于状态 $\chi_{-\frac{1}{2}}(S_z)$，求以后自旋的运动.

23. 设氢原子的状态是 $\Psi=\begin{pmatrix}\frac{1}{2}R_{2,1}(r)Y_{1,1}(\theta,\varphi)\\ -\frac{\sqrt{3}}{2}R_{2,1}(r)Y_{1,0}(\theta,\varphi)\end{pmatrix}$，求轨道角动量 z 分量 $\hat{L}_z$ 和自旋角动量 z 分量 $\hat{S}_z$ 的期待值.

24. 氢原子处于状态 $\Psi=A\begin{pmatrix}\Psi_{1,0,0}\\ -\Psi_{2,1,0}+2i\Psi_{2,1,1}\end{pmatrix}$，试求：

(1) 能量和自旋角动量 z 分量的可能值；(2) 对应的概率和期待值.

25. 证明 $\chi_S^{(1)}, \chi_S^{(2)}, \chi_S^{(3)}$ 和 χ_A 组成正交归一系.

26. 计算两两之间的具有“反铁磁”相互作用 $J\boldsymbol{S}_i\cdot\boldsymbol{S}_j$ $(J>0\ i, j=1,2,3)$ 或铁磁相互作用 $J<0$ 的三个 1/2 自旋粒子的基态能量，讨论其简并度.

27. 一系统由两个自旋为 1/2 的非全同粒子组成，不考虑轨道运动，两粒子间的相互作用可写为 $\hat{H}=A\boldsymbol{S}_1\cdot\boldsymbol{S}_2$. 设初始时刻 $(t=0)$ 粒子 1 自旋朝上，$S_{1z}=\frac{1}{2}\hbar$；粒子 2 自旋朝下，$S_{2z}=-\frac{1}{2}\hbar$. 求 t 时刻以后：

(1) 粒子 1 自旋沿 z 轴向上的几率；(2) 粒子 1 和 2 自旋均沿 z 轴向上几率；(3) 总自旋为 0 和 1 的几率.

28. 一维无限深势阱中有两个电子，归一化的单粒子空间状态分别为 $\varphi_1(x_1)$ 和

$\varphi_2(x_2)$，求系统的简并度和归一化波函数.

29. 两个电子同时处于同一个简谐振子势场的第一激发态，归一化的单粒子本征态的空间部分为 $\varphi_n(x)$，不计相互作用，求系统的能量和归一化波函数.

30. 一自旋为 1/2 的两粒子系统，其中一个粒子的动量为 $\boldsymbol{p}_1$，另一个粒子的动量为 $\boldsymbol{p}_2$. 当系统处于自旋单态时，写出空间部分的波函数.

31. 设两电子在弹性中心力场中运动，每个电子的势能是 $U(r)=\dfrac{1}{2}m_e\omega^2r^2$. 如果电子之间的库仑能和 $U(r)$ 相比可以忽略，当一个电子处于基态，另一电子处于沿 x 方向运动的第一激发态时，求两个电子系统的波函数.

32. 如果在例 10.3.3 中不考虑电子云的屏蔽效应，求系统状态数.

第 11 章　热　力　学

我们知道,物体的运动是丰富多彩的,但就其根本规律来说有两类,即个体规律性和统计规律性.当给出了一个粒子的初始状况和外界作用后,以后的运动状况可以由力学规律确定,这种力学规律对于宏观质点而言,即为已学过的牛顿力学定律;对于微观粒子而言,即为量子力学规律.如果一个物质系统是由大量个体所组成的,或当一个事件重复出现多次时,则总体状态就会呈现出一种新的规律——统计规律性.

热力学系统是由极其大量微观粒子所组成的宏观系统,就其组成粒子的个体来说,满足量子力学规律(在极限情况下为经典力学规律);就其总体来说,还满足一定的统计规律.热力学现象是这些内在规律性的宏观表现.因此,揭示热现象规律的方法有两种,一种是根据实验事实,经过逻辑推理和数学演绎,得到热现象的宏观理论,这称为热力学;另一种方法是以系统存在大量微观粒子为前提,运用力学理论来研究组成粒子的个体性质,在此基础上再用统计方法研究系统的整体性质,这是热现象的微观理论,称为统计物理.可见,热力学与统计物理分别从不同的角度来研究宏观系统的热运动规律,它们相辅相成,构成一门完整的科学.

用控制论的语言来说,热力学用的是黑箱方法,回答“怎么样”的问题;而统计物理用的是白箱方法,回答“为什么”的问题.从认识发展的角度,可以认为热力学为统计物理提供了实验基础,统计物理是热力学的深化和提高.

11.1　热力学基本概念

11.1.1　热力学系统

在具体研究物质性质的时候,总要先确定一定的对象,并将所研究的对象与其他物质区分开来.我们所研究的物质对象称为系统,与此系统有关的其他物体称为外界.

系统的分类有多种方法,按系统与外界的相互作用,可以分为三类:

(ⅰ) 开放系统:系统与外界既有能量交换,又有物质交换;

(ⅱ) 封闭系统:系统与外界只有能量交换,没有物质交换;

(ⅲ) 孤立系统:系统与外界既无能量交换,又无物质交换.

例如,密封的保暖瓶中的水可以近似地看成孤立系统,把保暖瓶换成玻璃瓶后就变成封闭系统,再把盖子打开就成了开放系统.严格地说,一切系统都具有开放性,孤立系统只是理想化的模型.

当系统由同一种微观粒子组成时,称为单元系统,否则称为多元系统.

11.1.2 热力学状态

状态是系统性质的总和,热力学系统物理性质的总和称为热力学状态.

按状态与时间的关系可以分为平衡态和非平衡态,把系统隔绝外界的影响后仍然能够保持不变的状态称为平衡态,否则称为非平衡态.

一个孤立系统在经过足够长的时间后,会达到一个稳定的热力学状态——热力学平衡态,此后系统的各种宏观性质不再发生变化.在没有外界作用的条件下,处于热力学平衡态的系统将永远保持其状态不变;而处于非平衡态的系统可以自发地发生变化,即使没有外界的作用,系统也会逐渐向平衡态演化.

按状态与空间的关系可以分为均匀系、分块均匀系和非均匀系.各部分的性质完全相同的状态称为均匀系,或者单相系;由几个不同的均匀部分组成的状态称为分块均匀系,或者复相系,其中每个均匀部分称为它的一个相;其他情况称为非均匀系.例如,平衡时的盐水溶液可以认为是单相系,冰水混合物是复相系,重力场中的静止空气是平衡的非均匀系,一般来说非平衡态总是非均匀的.

11.1.3 热力学的状态参量

热力学状态需要用物理量来定量描述,描述热力学状态的宏观物理量称为状态参量.按照物理量本身的性质,状态参量可以分为:

几何参量:如体积 V,面积 A 和长度 L 等;

力学参量:如压强 p,表面张力 σ 等;

电磁参量:如电场强度 E,磁感应强度 B,电极化强度 P 和磁化强度 M 等;

化学参量:如摩尔数 n,浓度 c 等.

另一方面,根据热力学系统中部分与整体的关系,状态参量可分为:

(ⅰ)强度量:如温度、压强、电场强度、磁场强度等.这类量的特点是:它的大小与系统的总质量的多少无关.一个处于热力学平衡态的系统,在保持其平衡不受破坏的情况下分隔成若干部分,每一部分的强度量值仍等于分隔前的强度量值;在单相系中,各部分的强度量相等.

(ⅱ)广延量:如体积、长度、面积、内能、熵、电量、总磁矩等,这类参量的特点是:它的大小与系统的总质量成正比,系统的某一广延量值等于该广延量在各个组成部分的取值之和.

容易发现,强度量乘以强度量得到强度量,强度量乘以广延量得到广延量,广延量除以广延量得到强度量.这些性质对处理热力学问题以及其他有关的物理学问题非常有用.

一般地说,强度量是引起系统状态发生变化的主动因素.就是说,当系统某强度量与外界有差异时,系统状态可能会发生变化.借助力学的概念,强度量可视为广义力,广义力做功将使系统状态发生变化.相对应地,广延量是状态变化的被动因素,可视为广义坐标,它的变化可视为广义坐标在强度量作用下引起的广义位移.在可能的情况下,我们总是用小写字母表示强度量,用大写字母表示广延量.1 mol 的广延量可以用小写,也可以加下标 m 标注.

应注意的是:状态参量是客观物理量,是可以测量的量.在平衡态,状态参量不随时间变化;对均匀系,状态参量不随地点变化;在一般情况下,描述系统性质的状态参量是时间与位置的函数,在不同时刻、不同地点取不同的值.

显然,处于平衡态的均匀系统,状态参量是与时间和位置无关的常量.实验表明,这时系统的各个状态参量之间不是互相独立的,只要少数几个独立参量就可以完全确定系统的状态,其他状态参量可以表示为这几个独立参量的函数,这种函数称为态函数,而独立参量的数目称为热力学系统的自由度.

实验表明,对于气体、液体或各向同性的固体等简单系统,只需要两个独立参量.独立参量的选取不是唯一的,例如,我们可以选取压强 p 和体积 V 作为气体的独立变量,也可以选取压强 p 和温度 T 为独立参量;但是系统的自由度是唯一确定的,我们只能取两个独立参量,其他状态参量都可以表示成它们的函数.在这种情况下,我们可以用这两个作为独立参量的物理量作为坐标轴,将状态空间用一个平面图直观地描述出来,其中每一个点表示系统的一个平衡状态.例如,选用压强

p 和体积 V 作为独立参量时，得到的状态图称为 p-V 图. 在 p-V 图上，横坐标为 V 轴，纵坐标为 p 轴，图上的一个点对应一组压强 p 和体积 V 的值，其他状态参量都是由其确定的函数，因此该点完全确定了系统的状态.

一个复杂的实际系统可以有多个独立参量，然而当压强 p 和体积 V 之外的其他独立参量保持不变的时候，也可以看成是简单系统. 这时，同样可以用 p-V 图来直观地描写系统的热力学平衡态.

11.1.4 物态方程

热力学系统平衡态的状态参量与温度有关，各独立参量与温度的函数关系称为系统的物态方程. 对于简单系统，其物态方程的一般形式为

$$f(p,\ V,\ T) = 0 \tag{11.1.1}$$

物态方程的具体形式需要通过实验来测定，为了方便，人们往往先测定一些物质系数，再推算出相应的物态方程. 简单系统的物质系数有定压膨胀系数 α、定容压强系数 β 和等温压缩系数 κ，它们的定义分别为

$$\alpha = \frac{1}{V}\left(\frac{\partial V}{\partial T}\right)_p,\quad \beta = \frac{1}{p}\left(\frac{\partial p}{\partial T}\right)_V,\quad \kappa = -\frac{1}{V}\left(\frac{\partial V}{\partial p}\right)_T \tag{11.1.2}$$

即 α 是压强不变时，体积随温度的相对变化率；β 是体积不变时，压强随温度的相对变化率；κ 是温度不变时，体积随压强的相对变化率的大小.

利用上述物质系数，容易推出

$$\mathrm{d}V = \left(\frac{\partial V}{\partial T}\right)_p \mathrm{d}T + \left(\frac{\partial V}{\partial p}\right)_T \mathrm{d}p = V\alpha \mathrm{d}T - V\kappa \mathrm{d}p$$

即

$$\frac{\mathrm{d}V}{V} = \alpha \mathrm{d}T - \kappa \mathrm{d}p \quad 或 \quad \ln V = \int \alpha \mathrm{d}T - \kappa \mathrm{d}p \tag{11.1.3}$$

上式给出了该热力学系统的物态方程.

对于 n mol 的理想气体，实验测出 $\alpha = 1/T$，$\kappa = 1/p$，因此

$$\ln V = \int \alpha \mathrm{d}T - \kappa \mathrm{d}p = \int \frac{\mathrm{d}T}{T} - \frac{\mathrm{d}p}{p} = \ln T - \ln p + \ln C$$

因此物态方程为

$$pV = CT \tag{11.1.4}$$

根据实验，积分常数 $C = nR$（n 为摩尔数，$R = 8.31\ \mathrm{J \cdot mol^{-1} K^{-1}}$）为普适气体常量.

理想气体模型是在低压的极限情况下得到的，对于一般气体，物态方程应修正为范德瓦尔斯方程，n mol气体的范氏方程为

$$\left(p+\frac{n^2a}{V^2}\right)(V-nb)=nRT \tag{11.1.5}$$

上式可以在更一般的情况下描述气体的性质.

例 11.1.1 根据状态方程 $f(p,V,T)=0$，证明 $\alpha=\kappa\beta p$.

解 由状态方程可以解出 $V=V(p,T)$，取全微分

$$\mathrm{d}V=\left(\frac{\partial V}{\partial p}\right)_T\mathrm{d}p+\left(\frac{\partial V}{\partial T}\right)_p\mathrm{d}T$$

在 V 一定时，上式的两边同时除以 $\mathrm{d}T$，得到

$$0=\left(\frac{\partial V}{\partial p}\right)_T\left(\frac{\partial p}{\partial T}\right)_V+\left(\frac{\partial V}{\partial T}\right)_p=-\kappa V\cdot p\beta+V\alpha$$

整理后得

$$\alpha=\frac{1}{\kappa}\beta p$$

例 11.1.2 计算范氏方程的物质系数.

解 范氏方程的物态方程可以写为

$$p=\frac{nRT}{V-nb}-\frac{n^2a}{V^2}$$

由此立刻得到

$$\beta=\frac{1}{p}\left(\frac{\partial p}{\partial T}\right)_V=\frac{1}{p}\frac{nR}{V-nb},\quad\frac{1}{\kappa}=-V\left(\frac{\partial p}{\partial V}\right)_T=\frac{nRTV}{(V-nb)^2}-\frac{2n^2a}{V^2}$$

而定压膨胀系数 α 可以由例 11.1.1 得到.

11.1.5 热力学过程

过程是状态随时间的演化，热力学过程是一个热力学系统的状态随时间的演化.当发生热力学过程时，描述系统状态的各个参量随着时间而变化，或者说是时间的函数.

内部因素或外部作用都可以引起热力学过程，其中内部因素根源于系统内部各部分不平衡(非平衡态)；外部作用根源于系统与外界有质量或能量交换(非孤立系).

按照演化的原因，可以把热力学过程分为四类，如表 11.1 所示.

表 11.1

	无外部作用	有外部作用
无内部因素	静态过程	准静态过程
有内部因素	自发过程	受迫过程

现在分别说明上述几种典型的热力学过程：

（ⅰ）静态过程

孤立系统的平衡态中既无内部因素，又无外部作用，因此系统的状态不发生任何变化，或者说始终保持原状态，这是一种特殊的过程，类似力学中的相对静止.

（ⅱ）自发过程

自发过程是纯粹由内部原因引起过程的，平衡态不存在自发过程.处于非平衡态的孤立系统经过足够长的时间后，就会达到平衡态，这表明自发过程的方向是由非平衡向平衡演化.由非平衡到平衡态的演化时间称为弛豫时间，弛豫时间的长短由系统偏离平衡态的程度决定，偏离程度越大，弛豫时间就越长.

（ⅲ）准静态过程

平衡态的破坏来自于外界因素的影响，当外界条件变化得非常缓慢时，系统状态的变化也相应地非常缓慢.在这种情况下一方面由于外界的作用，系统稍稍偏离平衡态；另一方面由于系统内部的自发运动很快又达到新的平衡态.这样，整个过程可以看作是由一系列近平衡的状态所构成的.我们将这种进行的无限缓慢而每时每刻都近似处于平衡态的过程称为准静态过程，准静态过程是一个理想化的过程.例如，密封在气缸里的气体处于平衡态时，压强与温度处处均匀；如果将活塞缓慢地移动，虽然气体的压强与温度的均匀性质不断受到破坏，但由于气体分子的运动又使得受到破坏的均匀性不断得到恢复.也就是说，在活塞缓慢移动过程中，每时每刻气体都处于近平衡状态，这便是一个准静态过程.在准静态过程中，可以认为状态参量满足状态方程，给热力学问题的理论研究带来极大的方便，后面在没有特殊声明的情况下，我们考虑的热力学过程都认为是准静态的.

由于在准静态过程中，可以认为系统时刻都处于平衡态，因此可以用状态图，比如 p-V 图中的点来表示.而状态随着时间的演化，在状态图上就画出了一条曲线，称为过程曲线.过程曲线只能表示准静态过程，非静态的其他过程中系统通常处于非平衡态，无法用状态图上的点来表示.

（ⅳ）受迫过程

在外界作用下(孤立系统不存在受迫过程),使得系统的平衡状态受到较大的破坏.因而过程中往往同时又引发了自发过程.受迫过程中的状态一般不能看成平衡态,也不满足状态方程.

按照演化的结果,又可以把热力学过程分为可逆过程与不可逆过程两类.

如果一个过程沿与原过程相反的方向发生,在经历与原过程相同的中间环节以后,使系统与外界都回到原来的状态而不带来任何变化,则原过程称之为可逆过程;相反地,若经历一个过程后无论如何都不能使系统与外界都恢复原状而不引起其他变化,则原过程称之为不可逆过程.

无摩擦的准静态过程是可逆过程,因为每一瞬间系统的平衡性质都不被破坏,状态方程都能满足,当过程沿相反方向发生时,又会逐次地再现原过程的中间状态,同时外界也可以得到复原.除了这种理想情况之外,一切实际过程都是不可逆的.

11.2 热力学基本定律

11.2.1 功、热量、熵和内能

使热力学系统状态发生改变的方式很多,对于封闭系统,可分为两大类,即做功与热交换.

(ⅰ)功

由系统与外界相互作用产生宏观位移而传递能量的过程称之为做功.在力学中,功定义为物体所受外力与物体沿力的方向所产生的位移之积;在热力学中的元功 $\mathrm{d}W$ 定义为广义力 Y 与对应广义位移 $\mathrm{d}y$ 之积.即

$$\mathrm{d}W = Y\mathrm{d}y \tag{11.2.1}$$

总功为

$$W = \int_C \mathrm{d}W = \int_C Y\mathrm{d}y \tag{11.2.2}$$

上式中的积分路径为系统的过程,可以用状态图中的曲线来表示.由图 11.1 可以看出,阴影面积为元功,系统在从 A 态变到 B 态的过程中对外做的总功应为面积 $ABba$.

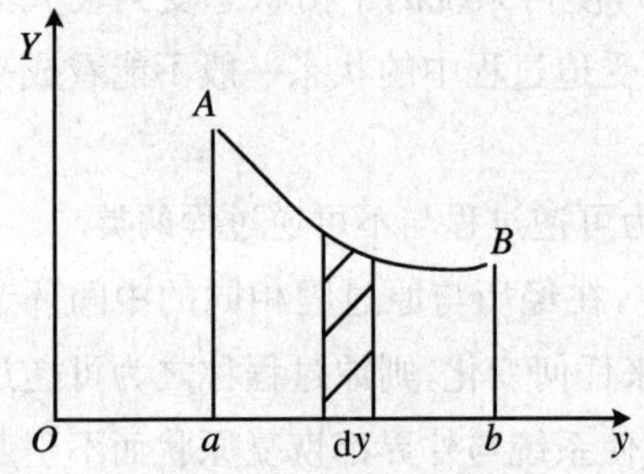

图 11.1　系统对外界做功

为明确起见,我们约定系统对外界所做之功为正,外界对系统所做之功为负.对于简单系统,其广义力 Y 为压强 p,广义坐标 y 为体积 V,系统对外做的元功为

$$\mathrm{d}W = p\mathrm{d}V \tag{11.2.3}$$

对电介质,系统对外界所作的极化功为

$$\mathrm{d}W = E\mathrm{d}P \tag{11.2.3a}$$

其中,P 为系统的电矩,E 为外电场的电场强度.

对磁介质,系统对外界所做的磁化功为

$$\mathrm{d}W = B\mathrm{d}M \tag{11.2.3b}$$

其中,M 为系统的磁矩,B 为外磁场的磁感应强度.

例 11.2.1　计算 1 摩尔范德瓦尔斯气体在下列过程中所做的功:

(ⅰ) 从初态 $A(p_1,v_1,T_1)$ 等温地膨胀到终态 $B(p_2,v_2,T_1)$;

(ⅱ) 从初态 $A(p_1,v_1,T_1)$ 等压地膨胀到状态 $C(p_1,v_2,T_2)$,再等容地降压到终态 $B(p_2,v_2,T_1)$.

解　(ⅰ) 1 mol 范氏气体的物态方程为

$$\left(p + \frac{a}{v^2}\right)(v - b) = RT, \quad P = \frac{RT}{v - b} - \frac{a}{v^2}$$

因此,当气体从初态 (p_1,v_1,T_1) 等温地膨胀到终态 (p_2,v_2,T_1) 时,它所做的功为

$$W = \int_{v_1}^{v_2} p\mathrm{d}v = \int_{v_1}^{v_2}\left(\frac{RT_1}{v - b} - \frac{a}{v^2}\right)\mathrm{d}v = RT_1\ln\frac{v_2 - b}{v_1 - b} + \frac{a}{v_2} - \frac{a}{v_1}$$

(ⅱ) 当气体从初态 (p_1,v_1,T_1) 等压地膨胀到状态 (p_1,v_2,T_2) 时,它所做的功为

$$W = \int_{v_1}^{v_2} p\mathrm{d}v = p_1\int_{v_1}^{v_2}\mathrm{d}v = p_1(v_2 - v_1)$$

而气体从状态 (p_1,v_2,T_2) 再等体积地降压到终态 (p_2,v_2,T_1) 时,由于体积不变,$\mathrm{d}v = 0$,气体所做的功为零,因此,在这一全过程中气体所做的总功即为

$$W = p_1(v_2 - v_1)$$

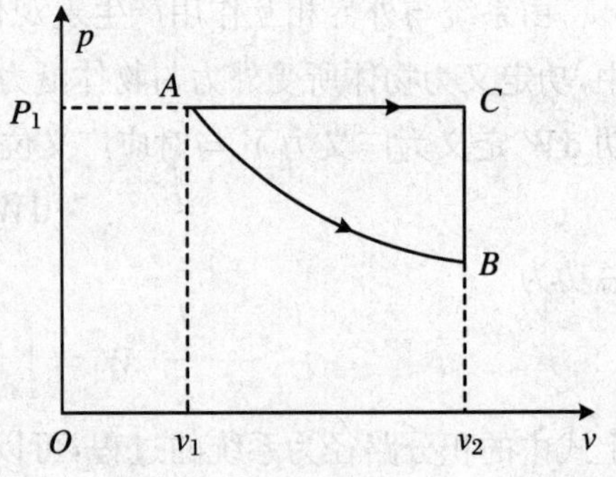

图 11.2　范氏气体做功

应注意的是:以上两种情况下,气体的初态都是(p_1, v_1, T_1),终态都是(p_2, v_2, T_1),但系统所做的功不同,这说明功是与过程有关的量.这一点通过右边的 p-V 图可以看得更清楚.

(ⅱ)热量

在单纯热交换的过程中,系统与外界之间所转移的能量称为热量.如物体吸收热量为 ΔQ 的元过程中时,其温度升高为 ΔT,则该物体的热容量定义为

$$C = \lim_{\Delta T \to 0} \frac{\Delta Q}{\Delta T} = \frac{\mathrm{d}Q}{\mathrm{d}T} \tag{11.2.4}$$

与功一样,热量也是与过程有关的量.因此不同的过程中物体吸收的热量不同,热容量也不相同.在等体积过程中的热容量称为定容热容,等压过程中的热容量称为定压热容,它们分别为

$$C_V = \lim_{\Delta T \to 0} \left(\frac{\Delta Q}{\Delta T}\right)_V = \left(\frac{\mathrm{d}Q}{\mathrm{d}T}\right)_V \tag{11.2.5}$$

$$C_p = \lim_{\Delta T \to 0} \left(\frac{\Delta Q}{\Delta T}\right)_p = \left(\frac{\mathrm{d}Q}{\mathrm{d}T}\right)_p \tag{11.2.6}$$

对于等体积过程和等压过程,系统吸收的热量为

$$Q_V = \int \mathrm{d}Q_V = \int C_V \mathrm{d}T \tag{11.2.7}$$

$$Q_p = \int \mathrm{d}Q_p = \int C_p \mathrm{d}T \tag{11.2.8}$$

(ⅲ)熵

通过以上对功与热量的讨论可知,两者都是能量转移的量度,都是过程量(即与具体过程有关的物理量),在这些方面两者非常相似.然而,在元功表达式 $\mathrm{d}W = Y\mathrm{d}y$ 中微分号前面的广义力是强度量,后面的广义位移是广延量,两者都由系统的状态唯一确定,即都是态函数;但是在热量表达式 $\mathrm{d}Q = C\mathrm{d}T$ 中微分号前面的热容量是广延量,后面的温度是强度量,并且热容量随着过程的不同而改变,不是一个态函数.对比之下热量的表达式显得非常不协调.我们能否找出一个与 $\mathrm{d}W = Y\mathrm{d}y$ 相类似的热量 $\mathrm{d}Q$ 的表达式呢?

通过分析可知,简单系统做功是由于压强差的作用下,物体产生体积变化而引起的,在这里强度量 p 是主动因素,广延量 V 为被动因素;而热量传导是由于温度差所引起的,在热传递过程中温度 T 是主动因素,也是一个强度量,与 p 相对应,而热量 Q 与功 W 相对应,从对称与和谐的角度看,也应该有一个广延性的物理量与 V 对应.为此,可以引入一个新的物理量 S,它与 V 相对应,这样在准静态过程

中系统吸收的热量可表示为

$$dQ = TdS \tag{11.2.9}$$

于是,热量的表达式便与功的表达式完全对应起来了.从形式上看,我们引入新物理量 S 是热量除以温度的商,因而称为熵.后面将要证明,与体积同样,熵也是系统状态的单值函数.

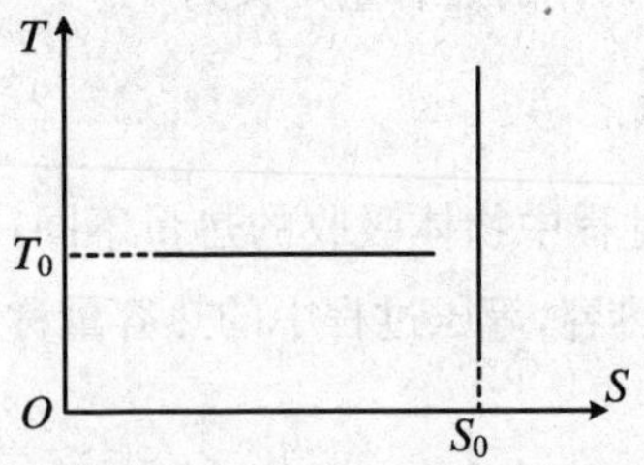

图 11.3 T-S 图

为了直观起见,我们也可以取温度 T 和熵 S 为独立变量,把简单系统的状态和演化过程用坐标图的方式表示出来,这种坐标图称为 T-S 图.在 T-S 图上,点表示系统的一个平衡态,曲线表示一个准静态过程,曲线下方的面积表示系统在该过程中所吸收的热量.由图 11.3 可以看到:在 T-S 图上,等温过程为水平直线,绝热过程为垂直线,都非常简单.

(ⅳ) 内能

与力学系统的机械能类似,热力学中也有一个相应的概念——内能.内能用 U 表示,是系统微观粒子机械能的总和,即系统内部分子运动的动能、势能,以及分子中原子电子运动能量等的总和,一般不包括系统宏观机械运动的动能.与熵相同,内能也是系统状态的单值函数.

11.2.2 热力学定律

以上我们分别介绍了热力学中几个重要物理量,以下将讨论热力学中最重要的几个实验定律.

(ⅰ) 热力学第零定律

若两物体(指封闭系统)相互接触有能量传递而又不做功时,则这种相互作用形式称之为热接触.

如果两个物体发生热接触时,各自可以保持原先的平衡状态,我们说这两个物体之间相互热平衡.未达到热平衡的两个物体发生热接触时,各自的平衡状态就会受到破坏,但经过一段时间后,两个物体所组成的系统就会达到一个新的平衡状态,两个物体也达到了相互热平衡.实验表明,A,B 和 C 三个物体中,若 A 与 C 相互热平衡,B 与 C 也相互热平衡,则 A 与 B 一定相互热平衡,这个性质称为热平衡的传递性.热平衡的物体之间具有传递性,这个规律称为热平衡定律,亦称为热力学第零定律.

由热平衡定律可知,处于相互热平衡的物体之间必定拥有某一共同的物理性质,我们将表征这个物理性质的量叫做温度.也就是说,两个以上系统相互热平衡的必要条件是温度相等.相反地,如果两个物体有温度差,发生热接触时就一定会出现热传递现象.

温度可以利用某种物质的状态参量与温度的变化关系来测量,该状态参量所描述的物理性质称为测温特性,温度的数值表示法叫做温标.常用的温标有摄氏温标和华氏温标;带温标的测温物体称为温度计.

选用理想气体作为测温物质,以压强或体积作为状态参量,可得到理想气体温标.例如理想气体的定容温度计的规定为:取压强 p 为测温参量,T 表示温度,规定 T 与 p 呈线性关系,取水的三相点(水,冰与蒸汽三相共存的状态)的温度为 273.16 K(K 为温度单位).当气体的压强为 p 时,其温度为

$$T = \frac{p}{p_0} \times 273.16\,(\mathrm{K}) \tag{11.2.10}$$

其中,p_0为与水的三相点保持热平衡时温度计的压强.由于热力学第零定律并没有对温标的选择有任何限制,因此经验温标的任意单值函数也可以作为温标.

(ⅱ) 热力学第一定律

如果一个平衡的封闭系统不与外界进行热交换,其状态变化只能由它对外界做功而引起(外界对它做功可以看成负的对外功),这样的过程称为绝热过程.

大量的实验表明,在绝热过程中,热力学系统从一个初态演化到一定的终态时,不管所经历的中间状态如何,它对外所做的功都是相等的,这说明系统内能的变化是一定的.绝热过程中系统对外所做的功应等于本身内能的减少,用数学公式来表示即为

$$W_S = -\Delta U \tag{11.2.11}$$

这便是绝热过程的热力学第一定律,它说明内能是在绝热过程中系统对外做功能力大小的量度.

对于一般过程,热力学第一定律可表示为

$$\Delta U = Q - W \tag{11.2.12}$$

即系统吸收的热量减去对外做功的差等于系统内能的增加量.对于无限小的元过程,第一定律可表示为

$$\mathrm{d}U = \mathrm{d}Q - \mathrm{d}W \tag{11.2.13}$$

此式对可逆或不可逆过程都是正确的.

很明显,热力学第一定律是能量守恒与转化定律在热现象中的表现.在历史上有很多人试图发明一种不消耗能量而又不断对外放出有用功的机器,这种机器称为第一类永动机.但这些努力最后总是以失败而告终,这从反面证明了能量守恒定律.因此热力学第一定律也可表述为:第一类永动机是不可能制成的.

对于简单系统,我们有

$$dU = dQ - p\,dV \tag{11.2.13a}$$

由此可以推出

$$C_V = \left(\frac{\partial U}{\partial T}\right)_V \tag{11.2.14}$$

(ⅲ) 热力学第二定律

热力学第一定律解决了能量转化的数量关系问题,明确了热机的热功转化效率不可能超过百分之百,但是能否达到百分之百呢? 亦即能否使燃料燃烧放出的热量全部转化为功呢? 这是热力学第一定律所不能回答的.历史上人们通过长期的实践,总结出了能够回答上述问题的一个新的规律,即热力学第二定律,它有两种表述:

克劳修斯说法:不可能把热从低温物体传到高温物体,而不引起其他变化.

开尔文说法:不可能从单一热源吸热使之完全变成有用功而不引起其他变化.

人们把从单一热源吸取热量使之全部变成有用功而不产生其他变化的机械叫做第二类永动机,所以热力学第二定律又可表述为:第二类永动机是不可能制成的.

克劳修斯说法的实质是指出了热传导的不可逆性,而开尔文说法的实质是指出了功变热的不可逆性,他们分别从两个不同角度说明了不可逆过程具有方向性,而这两种说法的等价性表明了不同的不可逆过程之间具有内在的联系.

在此基础上,克劳修斯进一步证明了一切不可逆过程都有等价性,并用定量的形式把这个规律表达了出来,即

$$dS \geqslant \frac{dQ}{T} \tag{11.2.15}$$

上式是热力学第二定律的数学表达式.当过程为可逆时,有 $dS = dQ/T$,这给出了态函数熵的定义;当过程为不可逆时,有 $dS > dQ/T$(式中,T 是热源温度,而不是系统温度,两者不一定相同,而且系统温度也不一定有意义),这给出了一切不可逆过程的共同规律.

设系统由初始状态 A 到达终态 B，则熵的变化为

$$S_B - S_A = \int_A^B \frac{dQ_{可}}{T} \tag{11.2.16}$$

由于熵是态函数，其中积分路径可以是任何一个连接初态 A 与终态 B 的可逆过程. 由上式我们只能确定熵的改变量，并不能确定熵的具体数值. 熵与内能一样，也有一个零点的选择问题.

对于绝热过程，$dQ=0$，因此有 $dS \geqslant 0$，这说明在绝热过程中，系统的熵永远不会减少. 这个结论又称为熵增加原理，它与热力学第二定律等价. 显然，孤立系统的熵只能单调增加，当熵增加到某个最大值后，就保持不变. 另一方面，我们知道孤立系统总是由非平衡态向平衡态演化，到达平衡态后，系统进入静态过程，一切宏观物理量都保持不变. 因此，熵函数的最大值对应于系统的平衡态，熵函数的数值与其最大值的差距反映了系统的状态与平衡态的接近程度，这给出了熵函数的宏观意义.

由热力学第二定律我们还可以得到

$$C_V = T\left(\frac{\partial S}{\partial T}\right)_V, \quad C_p = T\left(\frac{\partial S}{\partial T}\right)_p \tag{11.2.17}$$

（ⅳ）卡诺定理

能够循环地吸热并对外做功的机器称之为热机，如图 11.4，热机的工作过程是顺时针的封闭曲线. 在一个循环过程中，系统吸热 Q_1、放热 Q_2、对外做功 W 分别为

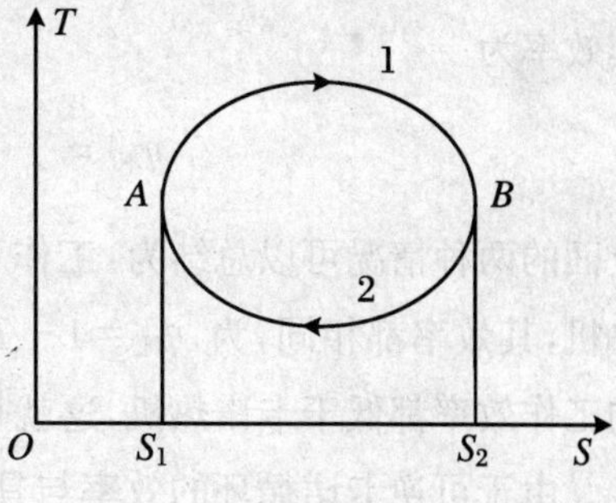

图 11.4　T-S 图中的循环过程

$$Q_1 = \int_{S_1}^{S_2} T_1(S)dS$$

$$Q_2 = \int_{S_1}^{S_2} T_2(S)dS \tag{11.2.18}$$

$$W = Q_1 - Q_2 = \oint T(S)dS$$

其效率为

$$\eta = \frac{W}{Q_1} = \frac{1-Q_2}{Q_1} \tag{11.2.19}$$

由于不可能从单一热源吸热做功，因此最简单的热机应该具有两个热源，称为卡诺热机. 卡诺热机是最简单、最基本的理想热机，其工作物质所经历的过程称为卡诺循环. 可逆的卡诺循环由两条等温线和两条绝热线组成，系统在高温热源 T_1

处吸热，在低温热源 T_2处放热．在 T-S 图中卡诺循环过程如图 11.5 所示．

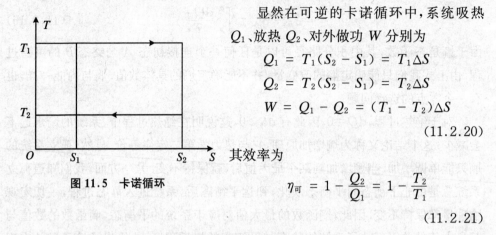

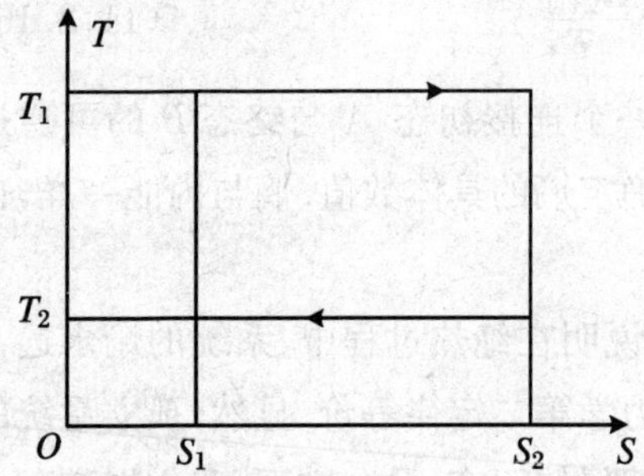

图 11.5　卡诺循环

显然在可逆的卡诺循环中，系统吸热 Q_1、放热 Q_2、对外做功 W 分别为

$$Q_1 = T_1(S_2 - S_1) = T_1\Delta S$$
$$Q_2 = T_2(S_2 - S_1) = T_2\Delta S$$
$$W = Q_1 - Q_2 = (T_1 - T_2)\Delta S \tag{11.2.20}$$

其效率为

$$\eta_{可} = 1 - \frac{Q_2}{Q_1} = 1 - \frac{T_2}{T_1} \tag{11.2.21}$$

这个结果与具体的工作物质无关，具有普遍性．

在不可逆的卡诺循环中，系统吸热 Q_1、放热 Q_2、对外做功 W 分别为

$$Q_1 < T_1(S_2 - S_1) = T_1\Delta S$$
$$Q_2 > - T_2(S_1 - S_2) = T_2\Delta S \tag{11.2.22}$$
$$W = Q_1 - Q_2 < (T_1 - T_2)\Delta S$$

其效率为

$$\eta_{不} = 1 - \frac{Q_2}{Q_1} < 1 - \frac{T_2}{T_1} = \eta_{可} \tag{11.2.23}$$

上面的两种情况可以总结为：工作于一定的高温热源与低温热源之间的可逆卡诺热机，其效率都相同，为 $\eta_{可} = 1 - T_2/T_1$，而在同样条件下工作的不可逆卡诺热机的工作效率都低于卡诺热机，这就是著名的卡诺定理．

由于可逆卡诺循环的效率与具体工作物质的性质无关，它只是热源温度的函数，因此，我们可以定义一个与具体物质无关的新温标，称为绝对温标．可以证明绝对温标与理想气体温标成正比，因此我们通常把理想气体温标作为绝对温标的具体表示．

（Ⅴ）热力学第三定律

我们知道，按照(11.2.16)式来计算系统的熵，存在一个任意的积分常数，称为熵常数．即热力学第二定律只规定了熵的变化量，并没有规定熵常数的数值．然而，在有些物理和化学反应中，却需要并可以测量出熵函数的数值，因此热力学第二定律对熵函数的定义并不完善．能斯特总结了低温下化学反应中的大量实验资料，提

出了关于熵常数的猜想：当温度趋近于绝对零度时，一切系统的熵都趋近于一个共同的极限值，即

$$\lim_{T\to 0} S = S_0 \tag{11.2.24}$$

这个极限值是一个与系统其他状态参量都无关的常量.把它取为零后，可以得到所有系统在任意状态下的熵，称之为绝对熵.绝对熵给出了各种不同系统之间的一个统一量度，具有重要的意义.由于(11.2.24)式是独立于热力学第二定律的一个重要基本规律，通常称为热力学第三定律.

由热力学第三定律可以推出

$$\lim_{T\to 0} C_V = \lim_{T\to 0} C_p = 0 \tag{11.2.25}$$

上式表明随着温度接近绝对零度，从该系统吸收热量越来越困难，因而继续降温也越来越困难.于是，又可以推出一个重要的结论：用任何方法都不可能使一个系统达到绝对零度.这个结论给出了热力学第三定律的另一种表述和物理意义.

例 11.2.2 利用热力学定律证明状态图上的两条绝热线不可能相交.

解 状态图上的曲线表示准静态过程，绝热线表示等熵过程.用 T-S 图表示，两条绝热线为两条垂直的直线，它们相互平行，因此不可能相交.

例 11.2.3 设系统在低温下的热容量为 $C = AT^3$，求该系统的绝对熵.

解 按照绝对熵的定义，$S = \int_0^T \frac{dQ}{T} = \int_0^T \frac{CdT}{T} = \int_0^T \frac{AT^3 dT}{T} = \frac{1}{3}AT^3$.

11.2.3 热力学基本不等式与热力学势

（ⅰ）热力学基本不等式

热力学第零定律说明了热力学系统有一个态函数 T，它反映了系统的平衡性质；热力学第一定律说明了热力学系统有一个态函数 U，它反映了系统的守恒性质；热力学第二定律说明了热力学系统有一个态函数 S，它反映了系统的演化性质；热力学第三定律表明不同系统的熵具有统一性.温度 T、内能 U 及熵 S 这三个基本的态函数，概括了系统的热力学性质.

将热力学第二定律(11.2.15)式代入热力学第一定律(11.2.13)式中，我们就得到了

$$dU \leqslant TdS - dW \tag{11.2.26}$$

这称为热力学基本不等式.热力学基本不等式概括了热力学的基本定律，联系了热力学的三个基本函数，是热力学理论的核心.

对于简单系统，上式成为

$$dU \leqslant TdS - pdV \tag{11.2.27}$$

利用热力学基本不等式，原则上可以解决平衡态热力学问题. 但在具体处理过程中，有时并不方便. 为此，我们需要引入一些辅助的态函数，下面将介绍如何由基本态函数 T、U 和 S 来引入新的辅助态函数，并简要讨论其意义及应用.

（ⅱ）焓

我们知道，内能反映了系统在绝热过程中系统对外做功的能力. 那么，有没有这样一个态函数，能够反映在某个常见过程中系统对外供热的能力呢？考虑一个新的态函数——焓，定义为

$$H = U + pV \tag{11.2.28}$$

由热力学第一定律得

$$dH = dU + pdV + Vdp = dQ + Vdp + pdV - dW \tag{11.2.29}$$

对于简单系统，上式成为

$$dH = dQ + Vdp \tag{11.2.29a}$$

在等压过程中，我们有

$$dH = dQ \tag{11.2.30}$$

它表明在简单系统的等压过程中，系统所吸收的热量等于焓的增加量；反之，系统所放出的热量等于焓的减少量，这说明焓反映了等压过程中系统的放热能力.

作为副产品，我们还得到

$$C_p = \left(\frac{\partial H}{\partial T}\right)_p \tag{11.2.31}$$

将热力学基本不等式代入(11.2.29a)式，我们得到

$$dH \leqslant TdS + Vdp \tag{11.2.32}$$

上式说明在等熵等压过程中，简单系统将向着焓减小的方向演化，焓的最小值对应着系统的平衡态.

（ⅲ）自由能

类似地，我们可以定义一个新的态函数——自由能

$$F = U - TS \tag{11.2.33}$$

利用热力学基本不等式，我们得到

$$dF = dU - d(TS) \leqslant - SdT - dW \tag{11.2.34}$$

在等温过程中，我们有

$$dF \leqslant - dW \tag{11.2.35}$$

它表明外界对系统所做的功大于或等于自由能的增加量.反之,系统对外做的功不超过自由能的减少量,这说明自由能反映了等温过程中系统对外做功的能力.更精确一点,等温过程中系统对外所能做的最大功等于自由能的减少量.

(11.2.33)式又可以改写为

$$U = F + TS \tag{11.2.36}$$

这表明系统的内能可以分为两部分,一部分是自由能 F,由于我们的自然环境可以近似地认为是等温的,它表示内能中可以用来对外做功的那部分能量;另一部分为 TS,称为束缚能,它是内能中无法做功的部分.自然界中的能量总是守恒的,不存在任何危机;而人们所说的能源危机,实际上是做功本领的危机,即自由能的危机.

对于简单系统,(11.2.34)式成为

$$dF \leqslant - SdT - pdV \tag{11.2.37}$$

上式说明在等温等体积过程中,简单系统将向着自由能减少的方向演化,自由能的最小值对应着系统的平衡态.

(ⅳ) 自由焓(又称吉布斯函数)

与自由能类似,我们定义自由焓

$$G = H - TS \tag{11.2.38}$$

利用热力学基本不等式,我们得到

$$dG = dH - d(TS) \leqslant - SdT + Vdp + pdV - dW \tag{11.2.39}$$

对于简单系统,上式成为

$$dG \leqslant - SdT + Vdp \tag{11.2.40}$$

上式说明在等温等压过程中,$dG \leqslant 0$,简单系统将向着自由焓减小的方向演化,自由焓的最小值对应着系统的平衡态.

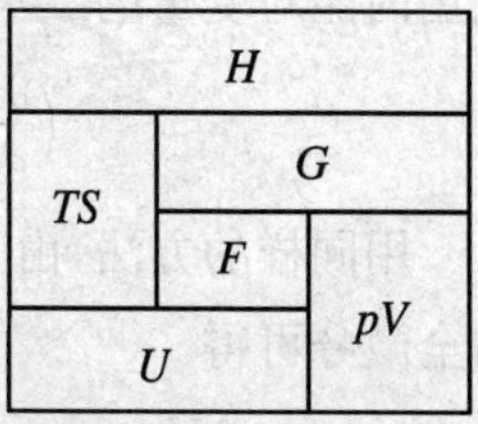

图 11.6 热力不学势之间的关系

焓、自由能和自由焓都具有能量的量纲,反映系统在一定过程中对外传热或做功的能力,因此统称为热力学势,热力学势是重要的态函数.图 11.6 直观地给出了这些热力学势之间的关系.

例 11.2.4 利用热力学不等式证明:当系统的温度和自由能保持不变时,平衡态的体积最小.

解 由(11.2.37)式,当 $dF = dT = 0$ 时,有 $pdV \leqslant 0$,即 $dV \leqslant 0$.这表明当系统

的温度和自由能保持不变时，系统总是向体积减小的方向演化，直到体积达到最小值，即平衡态.

11.3　热力学基本方程及其应用

11.3.1　热力学基本方程与麦克斯韦关系

对于可逆过程，简单系统的热力学基本不等式化为

$$dU = TdS - pdV \tag{11.3.1}$$

称为热力学基本方程.与此等价的有

$$\begin{aligned} dH &= TdS + Vdp \\ dF &= -SdT - pdV \\ dG &= -SdT + Vdp \end{aligned} \tag{11.3.2}$$

(11.3.1)式与(11.3.2)式合称为克劳修斯方程组，它们是解决简单系统平衡态问题的基本出发点.将(11.3.1)式与内能 $U(S,V)$ 的全微分

$$dU = \left(\frac{\partial U}{\partial S}\right)_V dS + \left(\frac{\partial U}{\partial V}\right)_S dV$$

相比较，则得

$$T = \left(\frac{\partial U}{\partial S}\right)_V, \quad P = -\left(\frac{\partial U}{\partial V}\right)_S \tag{11.3.3}$$

利用内能对变量的二次偏导数的先后次序可以交换，进一步得到

$$\left(\frac{\partial P}{\partial S}\right)_V = -\frac{\partial^2 U}{\partial S \partial V} = -\frac{\partial^2 U}{\partial V \partial S} = -\left(\frac{\partial T}{\partial V}\right)_S \tag{11.3.4}$$

用同样的方法，由克劳修斯方程组的后三式及 $H(S,p)$，$F(T,V)$和 $G(T,p)$ 的全微分可得

$$\left(\frac{\partial V}{\partial S}\right)_p = \left(\frac{\partial T}{\partial p}\right)_S, \quad \left(\frac{\partial S}{\partial V}\right)_T = \left(\frac{\partial p}{\partial T}\right)_V, \quad \left(\frac{\partial S}{\partial p}\right)_T = -\left(\frac{\partial V}{\partial T}\right)_p \tag{11.3.4a}$$

S	V
P	T

以上四式称为麦克斯韦关系式.此式给出了容易测量的与难以测量的物理量之间的相互关系，在应用方面非常有用，最好能够记忆.表 11.2 可以帮助你记忆.

表 11.2

S	V
P	T

11.3.2 麦克斯韦关系的应用

麦克斯韦关系在热力学问题的研究中有广泛的应用,例如,我们可以借助它求出范氏气体的熵函数.取 T 和 V 为独立参量,得到熵函数 $S(T,V)$的微分表达式

$$dS = \left(\frac{\partial S}{\partial T}\right)_V dT + \left(\frac{\partial S}{\partial V}\right)_T dV$$

利用热容量与熵的关系(11.2.17)式和麦克斯韦关系,我们得到

$$dS = \frac{C_V}{T}dT + \left(\frac{\partial p}{\partial T}\right)_V dV$$

由范氏气体的物态方程(11.1.5)式,得到

$$p = \frac{nRT}{V-nb} - \frac{n^2a}{V^2} \quad\Rightarrow\quad \left(\frac{\partial p}{\partial T}\right)_V = \frac{nR}{V-nb}$$

由此推出

$$dS = \frac{C_V}{T}dT + \frac{nR}{V-nb}dV \quad\Rightarrow\quad S = \int\frac{C_V}{T}dT + nR\ln(V-nb) \tag{11.3.5}$$

如果在研究的范围内,定容热容量变化较小,可以近似看成常数,有

$$S = C_V\ln T + nR\ln(V-nb) + S_0 \tag{11.3.5a}$$

范氏气体的绝热线方程为

$$C_V\ln T + nR\ln(V-nb) = \text{const} \tag{11.3.6}$$

例 11.3.1 求理想气体内能与体积的关系.

解 将(11.3.1)式两边同时除以 dV,再令 T 保持不变,立即得到

$$\left(\frac{\partial U}{\partial V}\right)_T = T\left(\frac{\partial S}{\partial V}\right)_T - p$$

再应用麦氏关系(11.3.4)式,得

$$\left(\frac{\partial U}{\partial V}\right)_T = T\left(\frac{\partial p}{\partial T}\right)_V - p$$

利用理想气体的物态方程(11.1.4),得到

$$p = \frac{nRT}{V} \quad\Rightarrow\quad \left(\frac{\partial p}{\partial T}\right)_V = \frac{nR}{V}$$

由此得到

$$\left(\frac{\partial U}{\partial V}\right)_T = T\frac{nR}{V} - p = 0 \tag{11.3.7}$$

这个结果称为焦耳定律，是在热力学基本方程发现之前，焦耳通过长期实验所得出的结论.

例 11.3.2 证明迈尔公式 $C_p - C_V = -VT\alpha^2/\kappa$.

解 由热容量与熵函数的关系(11.2.17)式，我们得到

$$C_p - C_V = T\left[\left(\frac{\partial S}{\partial T}\right)_p - \left(\frac{\partial S}{\partial T}\right)_V\right]$$

考虑复合函数 $S = S[T, V(T,P)]$ 的偏微商

$$\left(\frac{\partial S}{\partial T}\right)_p = \left(\frac{\partial S}{\partial T}\right)_V + \left(\frac{\partial S}{\partial V}\right)_T\left(\frac{\partial V}{\partial T}\right)_p$$

代入上式得到

$$C_p - C_V = T\left(\frac{\partial S}{\partial V}\right)_T\left(\frac{\partial V}{\partial T}\right)_p$$

由麦氏关系(11.3.13)式以及公式 $\alpha = \kappa\beta p$，最后得到

$$C_p - C_V = T\left(\frac{\partial p}{\partial T}\right)_V\left(\frac{\partial V}{\partial T}\right)_p = Tp\beta V\alpha = \frac{VT\alpha^2}{\kappa} \tag{11.3.8}$$

对理想气体，上式成为

$$C_p - C_V = nR \tag{11.3.8a}$$

在理论研究中，常用定容热容量 C_V，然而物体具有热胀冷缩的性质，在热传导的过程中很难保持体积不变，因此 C_V 难以测量，而定压热容量 C_p 容易测量. 利用上式，我们可以由易测物理量 C_p 推出难测物理量 C_V.

11.3.3 热力学系统的特征函数

三个热力学基本函数完全确定了均匀系统的热平衡性质，然而在应用中最好能找到一个能全面反映系统热平衡性质的函数. 这样的函数是否存在？下面来看一个例子.

例如，取 T, V 为独立变量，自由能为 $F = F(T, V)$，其微分为

$$\mathrm{d}F = \left(\frac{\partial F}{\partial T}\right)_V \mathrm{d}T + \left(\frac{\partial F}{\partial V}\right)_T \mathrm{d}V$$

与热力学基本方程进行比较，立刻得到

$$S = -\left(\frac{\partial F}{\partial T}\right)_V = S(T,V), \quad p = -\left(\frac{\partial F}{\partial V}\right)_T = p(T,V) \tag{11.3.9}$$

利用自由能的定义，又可以得到

$$U = F + TS = F(T,V) - T\left(\frac{\partial F}{\partial T}\right)_V \tag{11.3.10}$$

这样，我们就由自由能 $F = F(T,V)$ 得出了三个热力学基本函数，从而可以完全确定均匀系统的热平衡性质. 我们把完全确定均匀系统热平衡性质的函数称为特征函数，自由能 $F = F(T,V)$ 是一个特征函数.

需要注意的是，同样是自由能，取其他独立变量的时候，例如，$F = F(T,p)$ 时，就不具有上述性质，因此 $F = F(T,p)$ 不是一个特征函数.

可以证明在适当选择独立变量的时候，克劳修斯方程组中出现的所有态函数都可以满足特征函数的条件，例如，取 T,p 为独立变量，自由焓为 $G = G(T,p)$，其微分为

$$\mathrm{d}G = \left(\frac{\partial G}{\partial T}\right)_p \mathrm{d}T + \left(\frac{\partial G}{\partial p}\right)_T \mathrm{d}p$$

与热力学基本方程做比较，立刻得到

$$S = -\left(\frac{\partial G}{\partial T}\right)_p = S(T,p), \quad V = \left(\frac{\partial G}{\partial p}\right)_T = V(T,p) \tag{11.3.11}$$

利用自由焓的定义，又可以得到

$$U = G - T\left(\frac{\partial G}{\partial T}\right)_p - p\left(\frac{\partial G}{\partial p}\right)_T \tag{11.3.12}$$

这样，我们就由自由焓 $G = G(T,p)$ 得出了三个热力学基本函数，这表明它是一个特征函数.

从某种意义上说，特征函数不是一个函数，而是一种配合. 我们不能说什么是特征函数，只能说什么态函数与什么独立变量相配合时是特征函数. 这种配合的条件就是与热力学基本方程的变量关系保持一致.

例 11.3.3 证明热力学函数 $V = V(U,S)$ 为特征函数.

解 将 $V = V(U,S)$ 的微分表达式 $\mathrm{d}V = \frac{\partial V}{\partial U}\mathrm{d}U + \frac{\partial V}{\partial S}\mathrm{d}S$ 与热力学基本方程 $\mathrm{d}U = T\mathrm{d}S - p\mathrm{d}V$ 进行比较，得到 $T = \frac{\partial V}{\partial U} = T(U,S)$，$p = -\frac{\partial V}{\partial S} = p(U,S)$. 由这两个公式可以解出 U,S 与 T,p 的函数关系，代入 $V = V(U,S)$ 立即得到物态方程，这样就从所给函数得到了三个热力学基本函数，说明它是一个特征函数.

11.4　复相系统与多元系统

11.4.1　复相系统与平衡相变

前面研究的都是单元单相系统，下面我们将要研究单元的复相系统.在摩尔数不变的情况下，即封闭系统内，系统的自由焓为

$$dG = -SdT + Vdp \tag{11.3.2}$$

在等温等压的条件下，给系统增加 dn 摩尔的同样物质，其自由焓也相应地得到了一个增量，该增量与 dn 成比例，比例系数记为 μ，由于历史的原因，人们将 μ 称为化学势. 这种情况下，公式(11.3.2)需要推广为

$$dG = -SdT + Vdp + \mu dn \tag{11.4.1}$$

上式为开放系统的热力学基本方程.

由(11.4.1)式容易得到

$$\mu = \left(\frac{\partial G}{\partial n}\right)_{T,p} \tag{11.4.2}$$

由于自由焓为广延量，因此

$$G(T,p,n) = ng(T,p) \tag{11.4.3}$$

其中，$g(T,p) = G(T,p,1)$为摩尔自由焓.将自由焓的这个性质代入(11.4.2)式，立刻得到

$$\mu = \left(\frac{\partial G}{\partial n}\right)_{T,p} = g(T,p) \tag{11.4.4}$$

这表明化学势等于摩尔自由焓.

对(11.4.3)式两边进行微分，并利用上式的结果，又得到

$$dG = \mu dn + nd\mu$$

将上式与热力学基本方程(11.4.1)进行比较，我们得到了关于化学势的一个重要性质

$$nd\mu = -SdT + Vdp \tag{11.4.5}$$

上式称为吉布斯关系.

现在考虑一个由二相组成的封闭系统，显然两相的摩尔数之和应该不变，即

$$n^{\alpha} + n^{\beta} = n = \text{常数}$$

两相平衡时，由热平衡条件得到 $T^{\alpha} = T^{\beta} = T$，由力学平衡条件得到 $p^{\alpha} = p^{\beta} = p$，在保持 T,p 不变的条件下有

$$\delta G^{\alpha} = \mu^{\alpha}(T,p)\delta n^{\alpha}, \quad \delta G^{\beta} = \mu^{\beta}(T,p)\delta n^{\beta}$$

该系统的自由焓的改变量为

$$\delta G = \delta G^{\alpha} + \delta G^{\beta} = \mu^{\alpha}\delta n^{\alpha} + \mu^{\beta}\delta n^{\beta} = (\mu^{\alpha} - \mu^{\beta})\delta n^{\alpha} \tag{11.4.6}$$

推导中已经利用了两相摩尔数之和不变的条件.

由(11.2.40)式可知，在等温等压过程中封闭系统的自由焓在平衡态时取最小值，因此得到两相平衡的条件为

$$\mu^{\alpha}(T,p) = \mu^{\beta}(T,p) \tag{11.4.7}$$

如果不满足上述平衡条件，系统将向自由焓减小的方向演化，即 $\delta G < 0$. 如果 $\mu^{\alpha} > \mu^{\beta}$，由(11.4.6)式可以判断出 $\delta n^{\alpha} < 0$ 或 $\delta n^{\beta} > 0$，即化学势大的一相摩尔数将减小，而化学势小的一相摩尔数将增加，物质由化学势大的相向化学势小的相转化.

用相图可以直观地表示两相平衡条件，相图是以温度 T 为横坐标，以压强 p 为纵坐标的状态图. 如图 11.7 所示，两相平衡条件(11.4.7)式在图中为一条曲线. $\mu^{\alpha}(T,p) > \mu^{\beta}(T,p)$ 的区域如在曲线的下方，则下方是 β 相稳定存在的范围；$\mu^{\alpha}(T,p) < \mu^{\beta}(T,p)$ 的区域在曲线的上方，是 α 相稳定存在的范围.

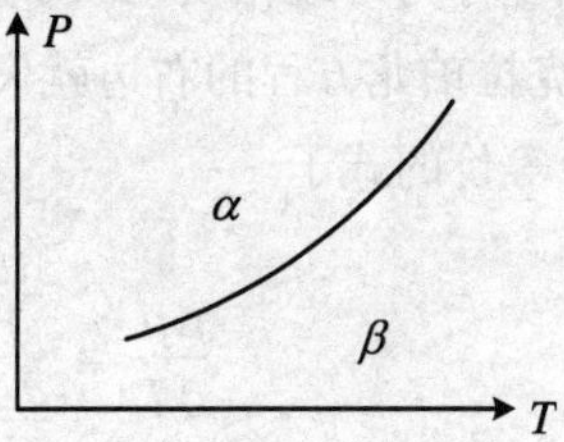

图 11.7 两相平衡曲线

容易推出在平衡相变过程中，系统摩尔焓与摩尔内能的变化量分别为

$$\Delta h = T\Delta s = L, \quad \Delta u = L - p\Delta v \tag{11.4.8}$$

其中，L 为相变时一摩尔物质所吸收的热量，统称为相变潜热. 与熔化曲线，即固态和液态的平衡曲线对应的是熔化热；与汽化曲线，即气态和液态的平衡曲线对应的是汽化热；与升华曲线，即气态和固态的平衡曲线对应的是升华热.

将两相平衡条件(11.4.7)式的两边进行微分，得到

$$-s^{\alpha}\mathrm{d}T + v^{\alpha}\mathrm{d}p = -s^{\beta}\mathrm{d}T + v^{\beta}\mathrm{d}p$$

再利用(11.4.8)式，我们就可以推出相平衡曲线的斜率

$$\frac{\mathrm{d}p}{\mathrm{d}T} = \frac{s^{\beta} - s^{\alpha}}{v^{\beta} - v^{\alpha}} = \frac{L}{T\Delta v}, \quad L = T(s^{\beta} - s^{\alpha}) = T\Delta s \tag{11.4.9}$$

上式就是著名的克拉珀龙方程.

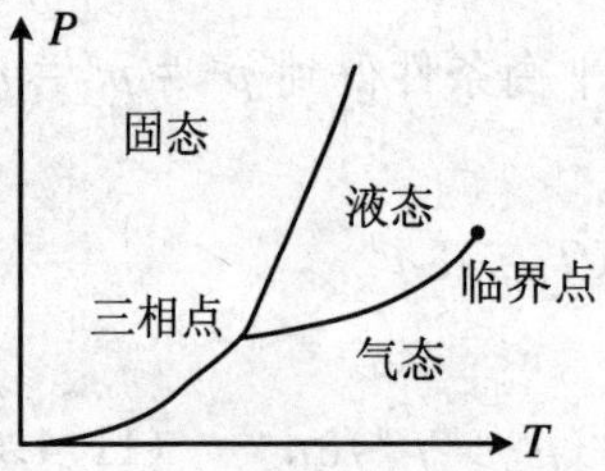

图 11.8　三相点

三相点是气液、固气、液固三条两相平衡曲线的交点，也是气、液、固三相平衡共存点，如图 11.8 所示，它们的化学势满足条件

$$\mu^g(T,p) = \mu^l(T,p) = \mu^s(T,p) \quad (11.4.10)$$

由上式可以解出三相点的温度 T_0 和压强 p_0，这个状态非常稳定，不像液态的沸点那样随着压强变化，通常用来作为校准温度计的标准.

由于固态的摩尔体积与液态的摩尔体积比较接近，因此熔化曲线的斜率较大. 冰的摩尔体积反而比水的摩尔体积大，因此其熔化曲线的斜率为负，这是一种很少见的反常情况. 汽化曲线有一个终点，称为临界点，临界点(T_c，p_c)是一个气液不分的状态. 由于汽化曲线有终点，因此可以设法绕过这个终点，不经过相变而直接从气态连续地过渡到液态.

通常的相变有相变潜热或体积变化，即 $T\Delta s = L$，Δv 不同时等于零，这样的平衡相变称为一级相变，其两相平衡曲线由克拉珀龙方程决定. 如果这两项同时为零，克拉珀龙方程的右边就失去了意义，这时我们可以用罗比塔法则来计算，得到两个等价的式子

$$\frac{\mathrm{d}p}{\mathrm{d}T} = \frac{\dfrac{\partial \Delta s}{\partial T}}{\dfrac{\partial \Delta v}{\partial T}} = \frac{\Delta c_p}{Tv\Delta\alpha}, \quad \frac{\mathrm{d}p}{\mathrm{d}T} = \frac{\dfrac{\partial \Delta s}{\partial p}}{\dfrac{\partial \Delta v}{\partial p}} = \frac{\Delta\alpha}{\Delta\kappa} \quad (11.4.11)$$

在这种情况下发生的相变称为连续相变，上式称为厄伦菲斯特方程，给出了连续相变平衡曲线的共同规律. 汽化曲线的临界点所发生的相变就是一种连续相变，用范氏气体可以研究该点的性质.

例 11.4.1　求出理想气体的化学势.

解　由理想气体的物态方程可以得到$\left(\dfrac{\partial G}{\partial p}\right)_T = V = \dfrac{nRT}{p}$，将上式对压强进行偏积分，即将另一个变量 T 当成参数，对 p 进行积分. 得到 $G = nRT[\ln p + \varphi(T)]$，其中，$nRT\varphi(T)$ 为偏积分时所出现的积分常数. 因此 $\mu = g = G/n = RT[\ln p + \varphi(T)]$.

例 11.4.2　推导凝聚态物质的蒸汽压方程.

解　考虑到凝聚态(液态或固态)物质的摩尔体积 v^α 远远小于气态的摩尔体积 v^β，克拉珀龙方程可以简化为$\dfrac{\mathrm{d}p}{\mathrm{d}T} = \dfrac{L}{Tv^\beta}$. 将蒸汽近似看成理想气体，利用理想气

体的物态方程 $v^{\beta}=\frac{RT}{p}$，克拉珀龙方程进一步简化为 $\frac{\mathrm{d}p}{\mathrm{d}T}=\frac{pL}{RT^2}$，由此得到 $\frac{\mathrm{d}p}{p}=\frac{L\mathrm{d}T}{RT^2}$. 在通常情况下，相变潜热变化不大，可以近似看成常量，于是上式积分后成为 $\ln p=-\frac{L}{RT}+\ln p_0\Rightarrow p=p_0\exp\left(-\frac{L}{RT}\right)$.

11.4.2　多元系统

前面所研究的都是单元系统，实际的热力学系统往往是多元的，下面我们来研究多元系统的热力学规律. 与开放系统的热力学基本方程类似，在多元系统的情况下，公式(11.4.1)需要进一步推广为

$$\mathrm{d}G=-S\mathrm{d}T+V\mathrm{d}p+\sum_i\mu_i\mathrm{d}n_i \tag{11.4.12}$$

上式为多元系统的热力学基本方程. 其中

$$\mu_i=\left(\frac{\partial G}{\partial n_i}\right)_{T,p,n_j}=\mu_i(T,p,n_1,n_2,\cdots) \tag{11.4.13}$$

称为偏化学势. 由于上述表达式中含有其他组元变量，因此它与单一组元时的自由焓 $g_i(T,p)$ 不再相同.

由定义(11.4.13)式可以看出偏化学势为强度量，因此当系统扩大或者缩小 n 倍后偏化学势的大小不变. 设 n 为系统的总摩尔数，将系统缩小 n 倍后得到

$$\mu_i=\mu_i(T,p,x_1,x_2,\cdots) \tag{11.4.14}$$

其中，$x_i=n_i/n$ 为该组元在总摩尔数中所占的比例，称为摩尔分数.

而自由焓为广延量，因此有 $G=G(T,p,n_1,n_2,\cdots)=nG(T,p,x_1,x_2,\cdots)$. 将该式两边对总摩尔数 n 求导，得到

$$\sum_i x_i\frac{\partial G}{\partial n_i}=G(T,p,x_1,x_2,\cdots)=\frac{1}{n}G(T,p,n_1,n_2,\cdots)$$

即

$$G=\sum_i n_i\mu_i\quad 或\quad g=\sum_i x_i\mu_i \tag{11.4.15}$$

其中，$g=G/n$ 为摩尔自由焓. 由上式可以进一步推出广义吉布斯关系

$$\sum_i n_i\mathrm{d}\mu_i=-S\mathrm{d}T+V\mathrm{d}p \tag{11.4.16}$$

常见的多元系统为混合理想气体，其物态方程为

$$p=\sum_i p_i \tag{11.4.17}$$

其中，$p_i=n_iRT/V=x_ip$ 称为该组元的分压，上式称为道尔顿分压定律.

为了求出混合理想气体的偏化学势,我们假设混合理想气体通过某种特殊的过滤膜与纯 i 组元的理想气体平衡,该膜只能通过该组元的分子.该混合理想气体的压强为 p,纯 i 组元的压强为 p'.这时,由膜两边的力学平衡条件得到 $p_i = x_i p = p'$,由膜两边 i 组元的平衡条件得到

$$\mu_i(T,p,x_i) = g_i(T,p') \tag{11.4.18}$$

利用力学平衡条件,得到

$$\begin{aligned}\mu_i(T,p,x_i) &= g_i(T,x_i p) = RT[\varphi_i(T) + \ln(x_i p)] \\ &= RT[\varphi_i(T) + \ln p + \ln x_i] = g_i(T,p) + RT\ln x_i\end{aligned} \tag{11.4.19}$$

溶液也是一种多元系统,实验表明稀溶液的偏化学势也近似满足上式.

例 11.4.3　证明理想气体在混合后的熵增大.

解　混合前系统的自由焓为 $G = \sum_i n_i g_i(T,p)$,混合后系统的自由焓为 $G' = \sum_i n_i \mu_i$,两者之差为

$$\Delta G = G' - G = \sum_i n_i(\mu_i - g_i) = \sum_i n_i RT\ln x_i = nRT\sum_i x_i \ln x_i < 0$$

于是有

$$\Delta S = -\frac{\partial \Delta G}{\partial T} = -nR\sum_i x_i \ln x_i > 0$$

11.4.3　化学反应

下面应用多元系统的热力学理论来研究单相化学反应的平衡条件及演化方向.先考虑下面的典型化学反应

$$3H_2 + SO_2 = H_2S + 2H_2O$$

上式中的系数给出了化学反应中各个组元摩尔数变化的比例,规定生成物系数为正,则上述反应中量的变化分别为$(-3\mathrm{d}n, -1\mathrm{d}n, +1\mathrm{d}n, +2\mathrm{d}n)$,这相当于将反应方程移项为

$$-3H_2 - SO_2 + H_2S + 2H_2O = 0$$

上式给出了描述该反应的热力学方程.

一般化学反应的热力学方程为

$$\sum_i \nu_i A_i = 0 \tag{11.4.20}$$

式中,A_i 表示组元,ν_i 为系数反应物的系数为负.各个组元在反应过程中量的变

化为 $dn_i=\nu_i dn$，如果其初始量为 n_{i0}，则可以解出

$$n_i = n_{i0} + \nu_i n \tag{11.4.21}$$

其中，n 称为反应进度. $dn>0$ 表示反应向正向进行，生成物增加.

由于反应的各个组元的量不能为负数，(11.4.21)式给出了对反应进度的严格限制. 反应进度的取值 $n_{\min}\leqslant n\leqslant n_{\max}$ 给出了反应的限度. 为了能以百分比的形式来直观描述反应进展的情况，定义化学反应的反应度

$$e = \frac{n - n_{\min}}{n_{\max} - n_{\min}} \tag{11.4.22}$$

当反应正向进行到极限时，$e=1$；逆向进行到极限时，$e=0$.

由氢气和氧气合成水的化学反应，其热力学方程为

$$-2H_2 - O_2 + 2H_2O = 0$$

设开始时各个组元的摩尔数分别为 $n_{H_2}=4, n_{O_2}=3, n_{H_2O}=1$，则它们的变化为

$$n_{H_2} = 4 - 2n \geqslant 0,\quad n_{O_2} = 3 - n \geqslant 0,\quad n_{H_2O} = 1 + 2n \geqslant 0$$

由此可以解出对反应进度的限制条件为 $-0.5\leqslant n\leqslant 2$，反应度为 $e=\dfrac{n+0.5}{2+0.5}=\dfrac{2n+1}{5}$.

对于一个等温等压的封闭系统，其内部组分间的化学反应过程由方程(11.4.20)给出. 如果反应进度为 δn，则系统自由焓的变化量为

$$\delta G = \sum_i \mu_i \delta n_i = \sum_i \mu_i \nu_i \delta n = -A\delta n \tag{11.4.23}$$

其中

$$A = -\frac{dG}{dn} = -\sum_i \mu_i \nu_i \tag{11.4.24}$$

称为化学反应亲和势.

由于在等温等压条件下，自由焓只能向减小的方向变化，因此当 $A>0$ 时，$\delta n>0$，反应正向进行；当 $A<0$ 时，$\delta n<0$，反应逆向进行；当 $A=0$ 时，反应达到动态平衡.

对于混合理想气体，偏化学势由(11.4.19)式给出，于是得到

$$A = -RT\sum_i \nu_i[\varphi_i(T) + \ln p_i] = RT[\ln K_p - \sum_i \nu_i \ln p_i] \tag{11.4.25}$$

其中

$$\ln K_p = -\sum_i \nu_i \varphi_i(T) \tag{11.4.26}$$

称为平衡常数，可以由实验直接测量. 测出平衡常数后，即可根据(11.4.25)式确定

化学亲和势的符号,从而判断化学反应的方向.

例 11.4.4　求 N_2O_4 分解反应达到平衡时的反应度.

解　反应的热力学方程为 $-N_2O_4+2NO_2=0$,由于是纯分解反应,其初始条件为 $n_{N_2O_4}=N, n_{NO_2}=0$.它们随反应进度的变化为 $n_{N_2O_4}=N-n\geqslant 0, n_{NO_2}=2n\geqslant 0$,由此可以解出对反应进度的限制条件为 $0\leqslant n\leqslant N$,反应度为 $e=n/N$.利用反应度,各个组元的量又可以表示为 $n_{N_2O_4}=(1-e)N, n_{NO_2}=2eN$,对应的摩尔分数为 $x_{N_2O_4}=\dfrac{1-e}{1+e}, x_{NO_2}=\dfrac{2e}{1+e}$.反应平衡条件为 $A=0$,或者 $\ln K_p=\sum_i \nu_i \ln p_i$.

由此得到

$$K_p = p_{N_2O_4}^{-1} p_{NO_2}^2 = (x_{N_2O_4})^{-1}(x_{N_2O_4})^2 = \left(\frac{1-e}{1+e}p\right)^{-1}\left(\frac{2e}{1+e}p\right)^2 = \frac{4e^2}{1-e^2}p$$

可以解出 $e=(1+4p/K_p)^{-1/2}$.

习　题　11

1. 判断 $p, V, n, RT, pV, p^2, V^2$ 中哪些为广延量,哪些为强度量.
2. 由物态方程 $p(V-b)=RT$ 求物质系数 α, β, κ_K.
3. 在 0 ℃和 $1p_n$ 下,测得铜块的物质系数为 $\alpha=4.85\times10^{-5}\ K^{-1}$ 和 $\kappa_T=7.8\times10^{-7}\ p_n^{-1}$,可以看成常数.使铜块加热至10 ℃,问:

   (1) 压强要增加多少 p_n 才能使铜块的体积维持不变?(2) 若压强增加 100 p_n,铜块的体积改变多少?
4. 1 mol 理想气体,在27 ℃的恒温下体积发生膨胀,其压强由 $20p_n$ 准静态地降到 $1p_n$,求气体所做的功和所吸取的热量.
5. 在 25 ℃下,压强在 0 至 1 000 p_n 之间,测得水的体积为

   $$V = 18.066 - 0.715\times10^{-3}p + 0.046\times10^{-6}p^2\,(\mathrm{cm^3\cdot mol^{-1}})$$

   如果保持温度不变,将 1 mol 的水从 $1p_n$ 加压至 1 000 p_n,求外界所做的功.
6. 满足 $pV^n=C$ 的过程称为多方过程,其中常数 n 称为多方指数.由热力学第一定律证明:理想气体在多方过程中的热容量为 $C_n=\dfrac{n-\gamma}{n-1}C_V$.
7. 试证明:理想气体在某一过程中的热容量 C_n 如果是常数,该过程一定是多方过

程，多方指数 $n=\dfrac{C_n-C_p}{C_n-C_V}$. 假设气体的定压热容量和定容热容量是常量.

8. 理想气体分别经等压过程和等容过程，温度由 T_1 升至 T_2. 假设 γ 是常数，试证明前者的熵增加值为后者的 γ 倍.

9. 温度为 0 ℃的 1 kg 水与温度为100 ℃的恒温热源接触后，水温达到100 ℃. 试分别求水和热源的熵变以及整个系统的总熵变. 欲使参与过程的整个系统的熵保持不变，应如何使水温从 0 ℃升至100 ℃？已知水的比热容为 $4.18\ \mathrm{J\cdot g^{-1}\cdot K^{-1}}$.

10. 物体的初温 T_1，高于热源的温度 T_2，有一热机在此物体与热源之间工作，直到将物体的温度降低到 T_2 为止，若热机从物体吸取的热量为 Q，试根据熵增加原理证明，此热机所能输出的最大功为 $W_{\max}=Q-T_2(S_1-S_2)$，其中，S_1-S_2 是物体的熵减少量.

11. 有两个相同的物体，热容量为常数，初始温度同为 T_i. 今令一制冷机在这两个物体间工作，使其中一个物体的温度降低到 T_2 为止. 假设物体维持在定压下，并且不发生相变. 试根据熵增加原理证明，此过程所需的最小功为 $W_{\min}=C_p\left(\dfrac{T_i^2}{T_2}+T_2-2T_i\right)$.

12. 热机在循环中与多个热源交换热量，在热机从其中吸收热量的热源中，最高温度为 T_1；在热机向其放出热量的热源中，最低温度为 T_2，证明，热机的效率不超过 $1-T_2/T_1$.

13. 利用麦克斯韦关系证明 $\left(\dfrac{\partial C_V}{\partial V}\right)_T=T\left(\dfrac{\partial^2 p}{\partial T^2}\right)_V$，$\left(\dfrac{\partial C_p}{\partial p}\right)_T=-T\left(\dfrac{\partial^2 V}{\partial T^2}\right)_p$，由此证明：

(1) 理想气体的定容热容量和定压热容量只是温度 T 的函数；

(2) 范氏气体的定容热容量只是温度 T 的函数，与体积无关.

14. 已知在体积保持不变时，一气体的压强正比于其热力学温度. 由麦氏关系证明在温度保持不变时，该气体的熵随体积而增加.

15. 证明绝热压缩系数 $\kappa_S=-\dfrac{1}{V}\left(\dfrac{\partial V}{\partial p}\right)_S$ 与等温压缩系数 $\kappa_T=-\dfrac{1}{V}\left(\dfrac{\partial V}{\partial p}\right)_T$ 之比为 $\dfrac{C_V}{C_p}$.

16. 对于细弹性体问题，其几何参量 V 要改为长度 L，力学参量 p 要改为张力 J，物态方程是 $f(J,L,T)=0$. 对应的物质系数为线胀系数与等温杨氏模量，定

义分别为 $\alpha=\frac{1}{L}\left(\frac{\partial L}{\partial T}\right)_J$，$Y=\frac{L}{A}\left(\frac{\partial J}{\partial L}\right)_T$，其中，$A$ 是弹性体的截面积.

(1) 证明 $\frac{\mathrm{d}L}{L}=\alpha\mathrm{d}T+\frac{1}{AY}\mathrm{d}J$；

(2) 如果温度变化范围不大，α 和 Y 可以看作常量，则有 $\ln\frac{L}{L_0}=\alpha\Delta T+\frac{1}{AY}\Delta J$.

17. 一理想弹性体的物态方程为

$$J=bT\left(\frac{L}{L_0}-\frac{L_0^2}{L^2}\right)$$

其中，L_0 是张力为零时的 L 值，b 是常量. 试求等温杨氏模量和线胀系数.

18. 上题中弹性体在准静态等温过程中长度由 L_0 压缩为 $\frac{1}{2}L_0$，利用 $\mathrm{d}W=-J\mathrm{d}L$ 计算系统对外界所作的功.

19. 由弹性体的热力学基本方程 $\mathrm{d}U=\mathrm{d}Q-\mathrm{d}W=T\mathrm{d}S+J\mathrm{d}L$，推出相应的麦克斯韦关系.

20. 求 17 题中的弹性体等温可逆地由 L_0 拉长至 $2L_0$ 时所吸收的热量和内能的变化.

21. 试求上题中弹性体在可逆绝热过程中温度随长度的变化率.

22. 忽略体积功时，电介质的热力学基本方程为 $\mathrm{d}U=T\mathrm{d}S+E\mathrm{d}P$，其中，$E$ 为电场强度，P 为介质的电偶极矩，写出相应的麦克斯韦关系.

23. 如电介质的物态方程为 $P=cVE/T$，电场从初值 E_i 变到终值 E_f，试求：

(1) 等温过程中电介质吸收的热量；(2) 绝热过程中电介质温度的变化.

24. 求范氏气体的特征函数摩尔自由能，并导出其他的热力学函数.

25. 由例 11.4.1 所得理想气体的化学势求理想气体的熵、物态方程、内能、焓和自由能.

26. 证明化学势中的温度函数为 $\varphi(T)=-\int\frac{\mathrm{d}T}{T^2}\int\frac{c_p}{R}\mathrm{d}T$.

27. 利用开系中的热力学基本方程(11.4.1)证明：

(1) $\left(\frac{\partial\mu}{\partial T}\right)_{V,n}=-\left(\frac{\partial S}{\partial n}\right)_{T,V}$；(2) $\left(\frac{\partial\mu}{\partial p}\right)_{T,n}=\left(\frac{\partial V}{\partial n}\right)_{T,p}$.

28. 试证明在相变中物质摩尔内能的变化为

$$\Delta u = L\left(1 - \frac{p}{T}\frac{\mathrm{d}T}{\mathrm{d}p}\right)$$

如果一相是气相，可看作理想气体，另一相是凝聚相，试将公式化简.

29. 在三相点附近，固态氨的蒸汽压(单位为 Pa)方程为 $\ln p = 27.92 - \frac{3\,754}{T}$ 液态氨的蒸汽压力方程为 $\ln p = 24.38 - \frac{3\,063}{T}$. 试求氨三相点的温度和压强，氨的汽化热、升华热及在三相点的熔解热.

30. 在 1 个大气压和 100 ℃时，水的熵为 0.31 cal/(g · K)，水蒸气的熵为 1.76 cal/(g · K).

(1) 求该条件下水的汽化热；

(2) 如该条件下水蒸气的焓为 640 cal/g，求水的焓；

(3) 求该条件下水和水蒸气的自由焓；

(4) 证明自由焓在等温等压过程中不变.

31. 汽化线的终点是称为临界点，满足条件 $\left(\frac{\partial p}{\partial V}\right)_T = 0$，$\left(\frac{\partial^2 p}{\partial V^2}\right)_T = 0$，

(1) 求出范氏气体临界点的温度 T_c，体积 V_c 和压强 p_c；

(2) 将范氏气体中的常数用临界点的温度，体积和压强表示；

(3) 以临界点的温度，体积和压强为单位，即定义 $\tilde{T} = T/T_c$，$\tilde{V} = V/V_c$ 和 $\tilde{p} = p/p_c$，将范氏气体的物态方程写成无量纲形式.

32. 在多元系统的情况下，由公式(11.4.12)证明

$$\mathrm{d}H = T\mathrm{d}S + V\mathrm{d}p + \sum_i \mu_i \mathrm{d}n_i, \quad \mathrm{d}F = -S\mathrm{d}T - p\mathrm{d}V + \sum_i \mu_i \mathrm{d}n_i$$

33. 若将 U 看作独立变量 $T, p, n_1, \cdots, n_k$ 的函数，试证明 $U = \sum_i n_i u_i$ 和 $u = \sum_i x_i u_i$. 其中，$u_i = \frac{\partial U}{\partial n_i}$ 称为偏摩尔内能，$u = \frac{U}{n}$ 为摩尔内能.

34. 二元理想溶液具有下列形式的化学势：

$$\mu_1 = g_1(T, p) + RT\ln x_1, \quad \mu_2 = g_2(T, p) + RT\ln x_2$$

其中，$g_i(T, p)$ 为纯 i 组元的化学势，x_i 是溶液中 i 组元的摩尔分数. 当物质的量分别为 n_1, n_2 的两种纯液体在等温等压下合成理想溶液时，试证明混合前后

(1) 自由焓的变化为 $\Delta G = RT(n_1\ln x_1 + n_2\ln x_2)$.

(2) 体积不变,即 $\Delta V=0$.

(3) 熵增加,即 $\Delta S=-R(n_1\ln x_1+n_2\ln x_2)>0$,因此过程能够自发发生.

(4) 没有混合热,即焓变 $\Delta H=0$.

35. 理想溶液中各组元的化学势为 $\mu_i=g_i(T,p)+RT\ln x_i$.

(1) 假设溶质是非挥发性的. 试证明:当溶液与溶剂的蒸气达到平衡时,相平衡条件为

$$g_1'=g_1+RT\ln(1-x)$$

其中,g_1' 是蒸气的摩尔自由焓,g_1 是纯溶剂的摩尔自由焓,x 是溶质在溶液中的摩尔分数.

(2) 求证:在一定温度下,溶剂的饱和蒸气压随溶质浓度的变化率为 $\left(\frac{\partial p}{\partial x}\right)_T=-\frac{p}{1-x}$.

36. 证明在NH_3 分解为 N_2 和 H_2 的反应$\frac{1}{2}N_2+\frac{3}{2}H_2-NH_3=0$ 中,平衡常量为

$K_p=\frac{\sqrt{27}}{4}\times\frac{\varepsilon^2}{1-\varepsilon^2}p$,其中,$\varepsilon$ 是分解度.

37. 物质的量为 $n_0\nu_1$ 的气体 A_1和物质的量为 $n_0\nu_2$ 的气体 A_2的混合物在温度 T 和压强 p 下体积为 V_0,当发生化学变化 $\nu_3A_3+\nu_4A_4-\nu_1A_1-\nu_2A_2=0$,并在同样的温度和压强下达到平衡时,其体积为 V_e. 试求平衡时的反应度 ε.

38. 在星球间的气层中初值着很强的热电离金属蒸汽,并不断地进行着电离和复合反应.试用电子气、离子气和中性原子气平衡条件,求出一次电离度与总压强的关系.

第 12 章　玻尔兹曼统计理论

近独立粒子系统由大量全同粒子所组成，其中粒子间的相互作用十分微弱，可以忽略不计，理想气体就是一个典型的近独立粒子系统. 定域的近独立粒子系统和在经典近似条件下的非定域的近独立粒子系统都满足玻尔兹曼分布，相应的物理统计规律称为玻尔兹曼统计理论.

玻尔兹曼统计理论是最简单的统计物理理论，它体现了统计物理的基本思想和方法，其他统计理论都可以看成玻尔兹曼统计理论的某种拓展或者推广，因此玻尔兹曼统计理论也是最基本的统计物理理论. 学好本章的内容，是进一步掌握关于非独立粒子系统的系综理论、近独立粒子系统的量子统计理论和非平衡态统计理论的基础.

12.1　统计物理的基本原理

12.1.1　统计物理的基本假设

（ⅰ）宏观测量假设

我们知道，宏观的热力学系统是由大量微观粒子所组成的. 因此，宏观物理量可以通过对相应微观物理量的测算来确定. 由于微观粒子在不停地运动，其状态在不断地变化，对应的物理量也在不断地变化，但是宏观物理量却具有稳定性. 其原因在于微观物理量的变化是从微观时间间隔（例如 1 ns）的角度来推算的，而宏观物理量的变化是从宏观时间间隔（例如 1 s）的角度来测量的. 宏观的时间间隔比微观的时间间隔长得多，宏观物理仪器测量到的是对应微观物理量在宏观时间间隔内的期望值，即：

宏观物理量是对应微观物理量的宏观时间期望值.

（ⅱ）统计平均假设

计算宏观系统中微观物理量对宏观时间的期望值需要求解大量粒子(10^{23})在很长的微观时间(10^9 ns)的运动，这在实际上是不可能完成的.另一方面，求解上述运动需要知道各个粒子的初始运动状态，由于测量误差和计算误差的存在，结果的积累误差将非常大，即使算出来了，也没有实际意义.考虑到宏观物理状态具有稳定性，因此对应的微观状态出现的时间分布也应该是稳定的.因此我们有理由假设：

微观物理量在宏观时间内的期望值等于它的某种统计期望值.

（ⅲ）等概率假设

如果系统具有一定的对称性，对应的随机事件的概率就应该相等.例如，一个骰子，六个面向上的概率都等于 1/6，其条件是骰子各面的情况相同.在分析一个热力学系统，例如，一个容器中盛有理想气体，如果它与外界无任何作用，且系统处于平衡状态，则不难想象，任何一个微观态出现的可能性都没有理由比其他微观状态更大.由此，玻尔兹曼于 19 世纪 70 年代提出如下假设：

当孤立系统处于平衡态时，系统一切可能的微观态都具有相等的概率.

上述三个假设是平衡态统计物理的基础和出发点，它们不是从理论上推论出来的，而是作为合情合理的猜想提出来的，它们的正确性由它们的各种推论与实际符合而得到验证.

12.1.2　最概然分布

按照等概率假设，包含微观状态数目较多的宏观分布的概率较大，称为最概然分布.然而等概率假设的前提是孤立系统，这就要求满足总粒子数守恒和总能量守恒这两个基本条件，即

$$N = \sum_l a_l = \text{常数},\quad E = \sum_l \varepsilon_l a_l = \text{常数} \tag{12.1.1}$$

在上述约束条件下，我们考虑费米系统的最概然分布.由(10.3.9)式，费米系统任意分布$\{a_l\}$所包括的微观状态数为

$$\Omega_{\mathrm{FD}} = \prod_l C_{\omega_l}^{a_l} = \frac{\prod_l \omega_l!}{\prod_l a_l! \prod_l (\omega_l - a_l)!}$$

为了计算方便，我们考察其对数

$$\ln\Omega_{\mathrm{FD}} = \sum_l \ln\omega_l! - \sum_l \ln a_l! - \sum_l \ln(\omega_l - a_l)! \tag{12.1.2}$$

约束条件下函数的极值可以用拉格朗日不定乘子法来计算，对应于(12.1.1)式的两个约束条件，我们引入两个不定乘子 α 和 β，则(12.1.2)式的条件极值可以化为下式的无条件极值

$$f = \ln\Omega_{FD} + \alpha\left(N - \sum_l a_l\right) + \beta\left(E - \sum_l a_l\varepsilon_l\right) \tag{12.1.3}$$

其极值条件为

$$\frac{\partial f}{\partial a_l} = -\ln a_l + \ln(\omega_l - a_l) - \alpha - \beta_{\varepsilon l} = 0 \tag{12.1.4}$$

在计算中我们利用了斯特林公式 $\ln x! \approx x\ \ln x - x$. 将(12.1.4)式化简后，立即得到

$$a_l = \frac{\omega_l}{e^{\alpha+\beta\varepsilon_l} + 1} \tag{12.1.5}$$

这就是费米系统的最概然分布，称为费米分布.

同理可得玻色系统和定域子系统的最概然分布分别为

$$a_l = \frac{\omega_l}{e^{\alpha+\beta\varepsilon_l} - 1},\quad a_l = \frac{\omega_l}{e^{\alpha+\beta\varepsilon_l}} = \omega_l e^{-\alpha-\beta\varepsilon_l} \tag{12.1.6}$$

称为玻色分布和玻尔兹曼分布.

比较(12.1.5)与(12.1.6)两式，我们发现三种分布的形式非常相似，可以统一表示为

$$a_l = \frac{\omega_l}{e^{\alpha+\beta\varepsilon_l} + \eta}\quad (\eta = 0, \pm 1) \tag{12.1.7}$$

由上式容易看出，当

$$e^\alpha \gg 1 \tag{12.1.8}$$

时，玻色分布与费米分布都简化为玻尔兹曼分布，这表明此时由全同性原理引起的不可分辨效应已经不重要了. 条件(12.1.8)式被称为经典近似条件，在该条件下，$\omega_l \gg a_l$，即各个能级中的粒子数远远小于其简并度，这表明经典近似条件的意义是粒子在状态空间中的分布非常稀疏.

将经典近似条件代入(10.3.9)式，得到近似公式

$$\Omega_{BE} \approx \Omega_{FD} \approx \frac{\Omega_{MB}}{N!} = \Omega_{cl} \tag{12.1.9}$$

其中，Ω_{cl} 称为全同离域子系统的经典状态数. 这说明在经典近似条件下，虽然全同离域子系统的分布与定域子系统的分布相同，但是全同性原理引起的不可分辨效应的影响依然存在，体现在对系统总状态数的计算上.

12.1.3 微观粒子能级简并度的计算

前面的结果表明,各个能级上分布的粒子数由能级的能量和简并度决定.因此,对于给定能量的能级,确定其简并度对统计物理的计算来说就非常重要.下面就来研究这个问题.

根据量子力学的知识,我们知道 r 个自由度的粒子的微观状态需要用 r 量子数来描述,其中能量量子数是最重要的量子数.能量量子数相同的状态形成一个能级,能级中所包括的微观状态数目称为该能级的简并度,第 l 个能级的能量记为 ε_l,其简并度记为 ω_l.在简单的情况下,它们可以通过求解定态薛定谔方程来得到.例如,一维束缚粒子的能量均无简并,而一维平动的粒子和平面转子除了基态外,其他能级都是二度简并.二维的线性谐振子的简并度比其能量量子数多1,空间转子的简并度为 $2l+1$,其他二维粒子,即使是二维无限深方势阱中的粒子,其简并度也很难计算.在三维时,情况就变得更加复杂了.

在无法严格计算出简并度时,可以将问题放宽为计算在一个能量范围$[\varepsilon_a, \varepsilon_b)$内的状态数

$$N_{ab} = \sum_{\varepsilon_a \leqslant \varepsilon_l < \varepsilon_b} \omega_l \tag{12.1.10}$$

当能级足够密集的时候,上式可以连续化,近似等于

$$N_{ab} = \int_{\varepsilon_a}^{\varepsilon_b} \omega(\varepsilon)\mathrm{d}\varepsilon \tag{12.1.11}$$

其中,$\omega(\varepsilon)\mathrm{d}\varepsilon$ 为能量间隔$[\varepsilon, \varepsilon+\mathrm{d}\varepsilon)$内的状态数,$\omega(\varepsilon)$为单位能量间隔内的状态数,称为态密度.从物理意义上来说,态密度是在连续近似下的简并度,或者说是简并度的一种经典近似.

按照量子力学的不确定关系,一对正则变量 p 和 q 之间满足关系 $\Delta p\Delta q \sim h$,因此自由度为1的两个单粒子状态在大小为 h 的相空间(即以正则变量为坐标轴的空间)中将无法分辨,或者说每个可识别的单粒子状态需要占有大小为 h 的相空间体积.类似地,自由度为 r 的每个单粒子状态需要占有大小为 h^r 的相空间体积.于是,能量间隔$[\varepsilon, \varepsilon+\mathrm{d}\varepsilon)$内的状态数为

$$\mathrm{d}\sigma = \omega(\varepsilon)\mathrm{d}\varepsilon = \int_{\varepsilon \leqslant H < \varepsilon+\mathrm{d}\varepsilon} \frac{\mathrm{d}\mu}{h^r} \tag{12.1.12}$$

其中,H 为粒子的哈密顿函数,而

$$\sigma(\varepsilon) = \int_{H \leqslant \varepsilon} \frac{\mathrm{d}\mu}{h^r} \tag{12.1.13}$$

为等能面 $H=\varepsilon$ 内的状态数.由此可以求出态密度为

$$\omega(\varepsilon)=\frac{\mathrm{d}\sigma(\varepsilon)}{\mathrm{d}\varepsilon} \tag{12.1.14}$$

利用上面的结果,对一维无限深势阱中的粒子,有

$$\sigma_1(\varepsilon)=\frac{1}{h}\int_0^L\mathrm{d}x\int_{-\sqrt{2m\varepsilon}}^{+\sqrt{2m\varepsilon}}\mathrm{d}p=\frac{2L}{h}\sqrt{2m\varepsilon} \tag{12.1.15}$$

由此得到态密度为

$$\omega_1(\varepsilon)=\frac{\mathrm{d}\sigma_1(\varepsilon)}{\mathrm{d}\varepsilon}=\frac{L}{h}\sqrt{\frac{2m}{\varepsilon}} \tag{12.1.16}$$

对于空间转子,有

$$\sigma_{\mathrm{r}}(\varepsilon)=\iint_{H\leqslant\varepsilon}\frac{\mathrm{d}p_\theta\mathrm{d}p_\varphi\mathrm{d}\theta\mathrm{d}\varphi}{h^2}=\frac{2\pi}{h^2}\int_0^\pi\mathrm{d}\theta\pi 2I\varepsilon\sin\theta=\frac{8\pi^2I\varepsilon}{h^2}=\frac{2I\varepsilon}{\hbar^2} \tag{12.1.17}$$

由此得到态密度为

$$\omega_{\mathrm{r}}(\varepsilon)=\frac{\mathrm{d}\sigma_{\mathrm{r}}(\varepsilon)}{\mathrm{d}\varepsilon}=\frac{2I}{\hbar^2} \tag{12.1.18}$$

例 12.1.1　计算一维简谐振子能量的态密度.

解　一维简谐振子能量为 $H=\frac{1}{2m}p^2+\frac{1}{2}m\omega^2x^2$,即 $\frac{1}{2m\varepsilon}p^2+\frac{1}{2\varepsilon}m\omega^2x^2=1$.这说明等能面为一个椭圆,两个半轴分别为 $\sqrt{2m\varepsilon}$ 和 $\sqrt{2\varepsilon/m\omega^2}$,由此算出等能面内包围的相空间体积为 $2\pi\varepsilon/\omega$,状态数为 $\sigma_v(\varepsilon)=\varepsilon/\hbar\omega$,对应的态密度为 $\omega_v(\varepsilon)=1/\hbar\omega$,即平均每隔 $\hbar\omega$ 有 1 个能级.

例 12.1.2　计算限制在面积为 L^2 的空间中二维准自由粒子能量的态密度.

解　二维准自由粒子能量为 $H=(p_x^2+p_x^2)/2m$,由此算出等能面内包围的状态数为 $\sigma_2(\varepsilon)=\iint_{p_x^2+p_y^2\leqslant 2m\varepsilon}\mathrm{d}p_x\mathrm{d}p_y\iint_{L^2}\mathrm{d}x\mathrm{d}y/h^2$,式中在动量空间中包围的区域为半径 $\sqrt{2m\varepsilon}$ 的圆,故面积为 $2\pi m\varepsilon$,于是等能面内包围的状态数为 $\sigma_2(\varepsilon)=2\pi m\varepsilon L^2/h^2$,对应的态密度为 $\omega_2(\varepsilon)=\sigma_2'(\varepsilon)=\frac{2\pi mL^2}{h^2}$.

例 12.1.3　计算限制在体积为 L^3 的空间中三维准自由粒子能量的态密度.

解　与上题类似,等能面内包围的状态数为 $\sigma_3(\varepsilon)=\iint_{p_x^2+p_y^2+p_z^2\leqslant 2m\varepsilon}\mathrm{d}p_x\mathrm{d}p_y\mathrm{d}p_z\iint_{L^3}\mathrm{d}x\mathrm{d}y\mathrm{d}z/h^3$,由此可以算出 $\sigma_3(\varepsilon)=\frac{4\pi}{3}(2m\varepsilon)^{3/2}L^3/h^3$,对应的态密度为

$$\omega_3(\varepsilon) = \sigma_3'(\varepsilon) = \frac{2\pi}{\varepsilon}\frac{(2m\varepsilon)^{3/2}L^3}{h^3}$$

由上面的例子,可以归纳出一个共同的特点,即 $\sigma(\varepsilon)=\sigma(1)\varepsilon^{\nu}$,因此对应的态密度为

$$\omega(\varepsilon) = \sigma'(\varepsilon) = \sigma(1)\nu\varepsilon^{\nu-1} \tag{12.1.19}$$

即态密度为能量的幂函数,这个特点有一定的普遍性.

12.2 热力学量的统计表达式与热力学定律

12.2.1 配分函数与概率

按玻尔兹曼分布,处于第 l 个能级的粒子数为

$$a_l = \omega_l e^{-\alpha-\beta\varepsilon_l} \tag{12.2.1}$$

总粒子数为

$$N = \sum_l a_l = e^{-\alpha} z \tag{12.2.2}$$

其中

$$z = \sum_l \omega_l e^{-\beta\varepsilon_l} = z(\beta, y) \tag{12.2.3}$$

称为配分函数,是参数 β 和广义坐标 y(隐含在能级之中)的函数.配分函数既是宏观参量的函数,又与微观状态的简并度和能级有关,起到了联系微观与宏观的桥梁作用,在统计物理中的作用非常重要.

利用配分函数,粒子处于第 l 个能级的概率可以表示为

$$p_l = \frac{a_l}{N} = \frac{1}{z}\omega_l e^{-\beta\varepsilon_l} \tag{12.2.4}$$

而粒子处于第 l 个能级中的状态 s 的概率可以表示为

$$p_s = \frac{p_l}{\omega_l} = \frac{1}{z} e^{-\beta\varepsilon_s} \tag{12.2.4a}$$

这说明配分函数是粒子概率分布的归一化系数.

例 12.2.1 计算空间转子处于第 l 个能级的概率 p_l,以及处于该能级中某个状态的概率 p_s.

解　空间转子的能级为 $\varepsilon_l = l(l+1)\hbar^2/2I(l\in\mathbf{N})$，对应的简并度为 $\omega_l = 2l+1$. 由此得到配分函数为 $z = \sum_{l=0}^{\infty}(2l+1)\mathrm{e}^{-\beta l(l+1)\hbar^2/2I}$（这个级数无法严格求和），空间转子处于第 l 个能级的概率为 $p_l = (2l+1)\mathrm{e}^{-\beta l(l+1)\hbar^2/2I}/z$，处于该能级中某个状态的概率 $p_s = p_l/\omega_l = \mathrm{e}^{-\beta l(l+1)\hbar^2/2I}/z$.

12.2.2　熵的微观表达式及其意义

由上一章可知，从微观角度来看，平衡态的系统微观状态数 Ω 取最大值；而从宏观角度来看，平衡态的熵 S 取最大值，因此，我们有理由猜想：孤立系统的熵是其微观状态数的函数，即

$$S = f(\Omega) \tag{12.2.5}$$

对于两个独立的孤立系统所组成的大系统，大系统的状态数为两个子系统状态数之积，而大系统的熵为两个子系统熵之和，即

$$\Omega = \Omega_1\,\Omega_2,\quad S = S_1 + S_2$$

于是有

$$f(\Omega_1\,\Omega_2) = f(\Omega_1) + f(\Omega_2)$$

上面的函数方程的解为

$$S = f(\Omega) = k_{\mathrm{B}}\ln\Omega \tag{12.2.5a}$$

上式称为玻耳兹曼关系，其中比例系数 k_{B} 称为玻尔兹曼常数. 玻耳兹曼关系给出了熵函数的微观意义：系统在某个宏观状态的熵等于玻耳兹曼常数乘以相应的微观态数的对数. 某个宏观状态的熵越大，其对应的微观态数越多，处于特定微观状态的可能性就越小，不确定性就越大，其微观运动的混乱程度就越大. 换句话说，熵是微观运动混乱度的量度.

对于近独立的定域子系统，由(10.3.9)式可得微观状态数为

$$\begin{aligned}\ln\Omega &= \ln\frac{N!\prod_l \omega_l^{a_l}}{\prod_l a_l!} = \ln N! + \sum_l a_l\ln\omega_l - \sum_l \ln a_l!\\ &= N\ln N + \sum_l a_l\ln\omega_l - \sum_l a_l\ln a_l = \sum_l a_l\ln(\omega_l N/a_l)\end{aligned} \tag{12.2.6}$$

根据玻尔兹曼关系可得到

$$S = k_{\mathrm{B}}\ln\Omega = -Nk_{\mathrm{B}}\sum_s p_s\ln p_s \tag{12.2.7}$$

由(12.1.9)式,在经典近似条件的全同离域子系统的熵为

$$S_{\mathrm{cl}} = k_{\mathrm{B}}\ln\Omega_{\mathrm{cl}} = k_{\mathrm{B}}\ln\Omega - k_{\mathrm{B}}\ln N! = -Nk_{\mathrm{B}}\sum_s p_s\ln p_s - k_{\mathrm{B}}\ln N! \tag{12.2.7a}$$

12.2.3 热力学量的统计表达式

利用配分函数,我们容易由内能的微观表达式得到内能的统计表达式

$$U = \sum_l a_l\varepsilon_l = \frac{N}{z}\left(-\frac{\partial}{\partial\beta}\right)z = -N\frac{\partial}{\partial\beta}\ln z \tag{12.2.8}$$

设 $Y\mathrm{d}y$ 为系统对外界所做之功,一般情况下,粒子的能级 ε_l 是宏观热力学外界参量 y(例如体积)的函数.当外参量改变时,处于能级 ε_l 的粒子受到外界施于的广义力为 $-\partial\varepsilon_l/\partial y$,因此

$$Y = -\sum_l\frac{\partial\varepsilon_l}{\partial y}a_l = \frac{N}{z}\left(\frac{1}{\beta}\frac{\partial z}{\partial y}\right) = \frac{N}{\beta}\frac{\partial}{\partial y}\ln z \tag{12.2.9}$$

这是广义力的统计表达式.当外参量为体积时,对应的广义力就是压强.

由配分函数,又可以得到定域子系统的熵的统计表达式为

$$S = k_{\mathrm{B}}\sum_l a_l\ln\left(\frac{\omega_l N}{a_l}\right) = k_{\mathrm{B}}\sum_l a_l(\ln z + \beta\varepsilon_l) = Nk_{\mathrm{B}}\ln z + k_{\mathrm{B}}\beta U \tag{12.2.10}$$

对于非定域子系统,在经典极限条件下的状态数为 $\Omega_{\mathrm{cl}} = \Omega_{\mathrm{MB}}/N!$,因此熵为

$$S = Nk_{\mathrm{B}}\ln z + k_{\mathrm{B}}\beta U - k_{\mathrm{B}}\ln N! \tag{12.2.10a}$$

它们可以统一表示为

$$S = Nk_{\mathrm{B}}\left(\ln z - \beta\frac{\partial\ln z}{\partial\beta}\right) + S_0 \tag{12.2.10b}$$

为了确定参数 β 的热力学意义,我们考虑热力学基本方程的统计表达式

$$T\mathrm{d}S = \mathrm{d}U + Y\mathrm{d}y = -N\mathrm{d}\frac{\partial\ln z}{\partial\beta} + \frac{N}{\beta}\frac{\partial\ln z}{\partial y}\mathrm{d}y \tag{12.2.11}$$

上式两边乘以参数 β,得到

$$\beta T\mathrm{d}S = -N\beta\mathrm{d}\frac{\partial\ln z}{\partial\beta} + N\frac{\partial\ln z}{\partial y}\mathrm{d}y = N\mathrm{d}\left(\ln z - \beta\frac{\partial\ln z}{\partial\beta}\right) = \mathrm{d}(N\ln z + \beta U)$$

即

$$k_{\mathrm{B}}\beta T\mathrm{d}S = \mathrm{d}(Nk_{\mathrm{B}}\ln z + k_{\mathrm{B}}\beta U) \tag{12.2.12}$$

与(12.2.10)式做比较,可以看出

$$\beta = \frac{1}{k_B T} \tag{12.2.13}$$

即参数 β 的热力学意义是温度.

我们还可以进一步得到自由能 F 的统计表达式

$$F = U - TS = -N\frac{\partial \ln z}{\partial \beta} - Nk_B T\left(\ln z - \beta\frac{\partial}{\partial \beta}\ln z\right) - TS_0 = -Nk_B T\ln z - TS_0 \tag{12.2.14}$$

这说明配分函数 z 的宏观意义是特征函数 $F(T,y)$.

12.2.4　热力学定律的微观意义

考虑一个孤立系统,它由两个封闭的子系统组成,子系统的粒子数分别为 N_1 和 N_2,能量分别为 E_1 和 E_2.当子系统之间相互热隔绝时,约束条件为

$$N' = \sum_l a'_l,\quad N'' = \sum_l a''_l,\quad U' = \sum_l a'_l\varepsilon'_l,\quad U'' = \sum_l a''_l\varepsilon''_l \tag{12.2.15}$$

平衡时需要四个拉格朗日不定乘子,分别记为 α',α'',β'和β''.当子系统之间相互热接触,即可以交换能量时,约束条件成为

$$N' = \sum_l a'_l,\quad N'' = \sum_l a''_l,\quad U = \sum_l a'_l\varepsilon'_l + \sum_l a''_l\varepsilon''_l \tag{12.2.16}$$

平衡时只需要三个拉格朗日不定乘子,分别为 α',α''和β.这表明当两个系统热平衡时,具有一个共同的物理量 β,即热平衡条件为 $\beta' = \beta'' = \beta$,由(12.2.13)式得到 $T' = T'' = T$,这正是宏观的热力学第零定律.

系统内能的微观表达式为

$$U = \sum_l a_l\varepsilon_l,\quad dU = \sum_l \varepsilon_l da_l + \sum_l a_l d\varepsilon_l \tag{12.2.17}$$

其中第一项是在能级(外参数 y)不变时,由于粒子在各个能级之间重新分配而引起的能量变化;第二项是在各能级上的粒子数分布不变时,由于能级(外参数 y)变化而引起的能量变化.容易证明

$$\begin{aligned} dW &= Ydy = -\sum_l \frac{\partial \varepsilon_l}{\partial y}a_l dy = -\sum_l a_l d\varepsilon_l \\ dQ &= dU + dW = \sum_l a_l\varepsilon_l - \sum_l a_l d\varepsilon_l = \sum_l \varepsilon_l da_l \end{aligned} \tag{12.2.18}$$

上式给出了热量与功的微观意义.

按照玻耳兹曼关系,系统在某个宏观状态的熵等于玻耳兹曼常数乘以相应的

微观态数的对数.孤立系统的熵单调增加,说明系统总是由微观状态数较少的宏观状态演化到微观状态数较多的宏观状态.换句话说,系统微观运动总是向混乱度增大的方向演化,这就是热力学第二定律的微观本质.

按照玻尔兹曼分布,随着温度的降低,高能级上的粒子数减少,低能级上的粒子数增加.当温度降低到绝对零度时,所有的粒子都集中到最低能级,即基态.设基态的简并度为 ω_0,在定域子的情况下,绝对零度时的熵为

$$S_0 = k\ln\omega_0^N = Nk\ln\omega_0 \tag{12.2.19}$$

按照量子力学理论,粒子的基态能级无简并,即 $\omega_0 = 1$,于是得到绝对零度时的熵为 0,这说明了热力学第三定律的微观本质.

例 12.2.2　研究参数 α 的宏观意义.

解　考虑一个孤立系统,它由两相组成,各相的粒子数分别为 N_1 和 N_2,能量分别为 E_1 和 E_2.当两相之间相互热接触但不交换粒子时,约束条件为

$$N' = \sum_l a'_l,\quad N'' = \sum_l a''_l,\quad U = \sum_l a'_l\varepsilon'_l + \sum_l a''_l\varepsilon''_l$$

需要三个拉格朗日不定乘子,分别为 α',α'' 和 β.当子系统之间可以交换粒子时,约束条件成为

$$N = \sum_l a'_l + \sum_l a''_l,\quad U = \sum_l a'_l\varepsilon'_l + \sum_l a''_l\varepsilon''_l$$

平衡时只需要两个拉格朗日不定乘子,分别为 α 和 β.这表明当两相之间可以交换粒子时,具有一个共同的物理量 α,即两相平衡条件为 $\alpha' = \alpha'' = \alpha$,由此可以发现 α 的宏观意义是化学势.

12.3　配分函数的性质与计算

从宏观上来说,配分函数是热力学特征函数;从微观上来说,配分函数是粒子能量概率的归一化系数,它起着联系宏观与微观的桥梁作用,在统计物理中非常重要.下面研究配分函数的性质与计算方法.

12.3.1　配分函数的性质

首先来看一个典型的例子:固体中的原子可以在其平衡位置附近做微振动,爱

因斯坦假设各原子的振动是相互独立的简谐振动，且振动频率都相同，即固体中原子的热运动可以看作 $3N$ 个频率为 ω 的一维简谐振子的振动. 根据量子力学知识，一维简谐振子的能级为 $\varepsilon_n = \hbar\omega\left(n+\dfrac{1}{2}\right)$，简并度为 1，因此配分函数为

$$z = \sum_{n=0}^{\infty} \mathrm{e}^{-\beta\hbar\omega\left(n+\frac{1}{2}\right)} = \frac{\mathrm{e}^{-\beta\hbar\omega/2}}{1-\mathrm{e}^{-\beta\hbar\omega}}, \quad \ln z = \frac{-\beta\hbar\omega}{2} - \ln(1-\mathrm{e}^{-\beta\hbar\omega}) \tag{12.3.1}$$

由内能的统计表达式(12.2.8)，立即得到

$$U = -3N\frac{\partial \ln z}{\partial \beta} = \frac{3}{2}N\hbar\omega + \frac{3N\hbar\omega}{\mathrm{e}^{\beta\hbar\omega}-1} = \frac{3}{2}N\hbar\omega + \frac{3N\hbar\omega}{\mathrm{e}^{\hbar\omega/kT}-1} \tag{12.3.2}$$

由此得到热容量

$$C_V = \left(\frac{\partial U}{\partial T}\right)_V = 3Nk\left(\frac{\hbar\omega}{kT}\right)^2 \frac{\mathrm{e}^{\hbar\omega/kT}}{(\mathrm{e}^{\hbar\omega/kT}-1)^2} \tag{12.3.3}$$

在高温极限下，$\hbar\omega/kT \ll 1$，上式简化为

$$C_V = 3Nk \tag{12.3.4}$$

已知在高温条件下，测量固体热容量得到的经验公式(杜隆—珀替公式)为 $C_V = 3nR$，其中，n 为摩尔数，R 为普适气体常数. 将实验结果与理论公式相比较，得到玻尔兹曼常数为

$$k = \frac{R}{N_A} = 1.38\times 10^{-23}\ \mathrm{JK}^{-1} \tag{12.3.5}$$

在低温极限下，$\hbar\omega/kT \gg 1$，(12.3.3)式简化为

$$C_V = 3Nk\left(\frac{\hbar\omega}{kT}\right)^2 \mathrm{e}^{-\hbar\omega/kT} \to 0 \tag{12.3.6}$$

已知在低温条件下，固体热容量的实验结果为 $C_V \propto T^3 \to 0$，理论与实验定性符合，但定量比较误差较大，其原因是模型中 $3N$ 个简谐振子频率都相同的假设过于简单.

上例中计算出了配分函数的精确结果，这种情况在统计物理中非常少见，在一般情况下，往往需要对配分函数进行近似计算，这就需要了解其性质. 配分函数的主要性质有：

(ⅰ) 平移定理：粒子能量零点的不同选取，仅使配分函数的对数相差一个与 β 成正比的项，不影响除内能外的其他热力学量的值.

证明 假设由于能量零点的重新选择，使得各能级的能量由 ε_n 增加为 $\varepsilon_n' = \varepsilon_n + \Delta$，这并不改变简并度，因此配分函数成为

$$z' = \sum_l \omega'_l e^{-\beta\varepsilon'_l} = \sum_l \omega_l e^{-\beta(\varepsilon_l+\Delta)} = z e^{-\beta\Delta} \quad (12.3.7)$$

于是有

$$\ln z' = \ln z - \beta\Delta \quad (12.3.8)$$

由公式(12.2.8)、(12.2.9)和(12.2.10)可知,内能的改变量为 $N\Delta$,广义力与熵均保持不变.为了便于计算配分函数,统计物理中通常把基态取为粒子能量的零点.

(ⅱ)分解定理:如果粒子的能量可以分解为两个独立部分之和,对应的简并度可以相应地分解为两个独立部分之积,即

$$\varepsilon = \varepsilon_{n,m} = \varepsilon'_n + \varepsilon''_m, \quad \omega = \omega_{n,m} = \omega'_n \times \omega''_m \quad (12.3.9)$$

则粒子的配分函数可以分解为两个独立部分配分函数的乘积.

证明

$$z = \sum_{n,m} \omega_{n,m} e^{-\beta(\varepsilon_n+\varepsilon_m)} = \sum_n \omega'_n e^{-\beta\varepsilon'_n} \sum_m \omega''_m e^{-\beta\varepsilon''_m} = z' \times z'' \quad (12.3.10)$$

例如,三维准自由粒子的能量可以分解为 x 方向、y 方向和 z 方向三个独立部分之和,对应的简并度可以相应地分解为三个独立部分之积,即

$$\text{能量 } \varepsilon = \varepsilon^x + \varepsilon^y + \varepsilon^z, \quad \text{简并度 } \omega = \omega^x \times \omega^y \times \omega^z$$

因此配分函数为

$$z = z^x \times z^y \times z^z \quad (12.3.11)$$

考虑到在无外场时,系统具有各向同性,即 $z^x = z^y = z^z = z_1$.因此上式又可以简化为

$$z = z_1^3$$

例 12.3.1 将弹性双原子分子的配分函数进行分解.

解 由公式3.3.22～(3.3.25),弹性双原子分子的能量可以近似分解为平动、转动和振动三个独立部分之和,对应的简并度可以相应地分解为三个独立部分之积,即

$$\text{能量 } \varepsilon = \varepsilon^t + \varepsilon^r + \varepsilon^v, \quad \text{简并度 } \omega = \omega^t \times \omega^r \times \omega^v$$

因此配分函数为

$$z = z^t \times z^r \times z^v \quad (12.3.12)$$

12.3.2 配分函数的计算

计算配分函数的基本公式为

$$z = \sum_{l=0} \omega_l e^{-\beta\varepsilon_l} = \omega_0 e^{-\beta\varepsilon_0} + \omega_1 e^{-\beta\varepsilon_1} + \omega_2 e^{-\beta\varepsilon_2} + \cdots$$

定义 $\theta=\Delta\varepsilon/k$ 为特征温度,其中 $\Delta\varepsilon=\varepsilon_{n+1}-\varepsilon_n$ 为能级差,则

(ⅰ)当 $\theta\gg T$ 时,$\Delta\varepsilon\gg kT$,配分函数可以近似简化为

$$z\approx\omega_0\mathrm{e}^{-\beta\varepsilon_0}=1 \tag{12.3.13}$$

其中我们已经考虑到基态能量简并度 $\omega_0=1$,并取基态能量为 0. 上式为配分函数的低温极限情况.

(ⅱ)当 $\theta\ll T$ 时,$\Delta\varepsilon\ll kT$,配分函数中的求和可以近似化为积分,取基态能量为 0 后得到

$$z\approx\int_0^\infty \mathrm{e}^{-\beta\varepsilon}\omega(\varepsilon)\mathrm{d}\varepsilon \tag{12.3.14}$$

上式为配分函数的高温极限情况,称为连续近似. 借助(12.1.19)式,可以算出

$$z\approx\int_0^\infty \mathrm{e}^{-\beta\varepsilon}\sigma(1)\nu\varepsilon^{\nu-1}\mathrm{d}\varepsilon=\sigma(1)\beta^{-\nu}\Gamma(\nu+1) \tag{12.3.14a}$$

其中,$\Gamma(\nu+1)=\nu!$ 为欧拉函数.

下面,我们给出配分函数的一些典型计算结果.

(ⅰ)平动配分函数

根据量子力学的计算,自由分子的能级差 $\Delta\varepsilon$ 大约为 $10^{-30}\sim10^{-40}$ J,因此对应的特征温度 $\theta\approx10^{-10}\,\mathrm{K}\ll T$,满足连续近似条件,配分函数可以化为积分来计算. 对于在面积为 L^2 的区域中运动的二维粒子的平动部分(二维平动粒子),由 $\sigma_2(\varepsilon)=2\pi m\varepsilon L^2/h^2$ 得到

$$z_2\approx\int_0^\infty \mathrm{e}^{-\beta\varepsilon}\omega_2(\varepsilon)\mathrm{d}\varepsilon=\Gamma(2)\sigma_2(1)\beta^{-1}=L^2\frac{2\pi m}{\beta h^2} \tag{12.3.15}$$

根据分解定理,$z_2=z_1^2$,因此在长度为 L 的区域中运动的一维平动粒子,有

$$z_1=\sqrt{z_2}=\frac{\sqrt{\dfrac{2\pi m}{\beta}}L}{h} \tag{12.3.16}$$

而在体积为 L^3 的区域中运动的三维平动粒子,有

$$z_3=z_1^3=\left(\frac{\sqrt{\dfrac{2\pi m}{\beta}}L}{h}\right)^3 \tag{12.3.17}$$

(ⅱ)转动配分函数

根据量子力学的计算,分子转动的能级差 $\Delta\varepsilon$ 大约为 10^{-20} J,因此对应的特征温度 $\theta\approx10$ K,在通常条件下可以认为 $\theta\ll T$,满足连续近似条件,配分函数为

$$z_r=\sum_{l=0}^{\infty}(2l+1)\mathrm{e}^{-\beta l(l+1)\hbar^2/2I}\approx\int_0^\infty \mathrm{e}^{-\beta\varepsilon}\mathrm{d}\frac{2I\varepsilon}{\hbar^2}=\frac{2I}{\beta\hbar^2}=4\pi\frac{2\pi I}{\beta h^2} \tag{12.3.18}$$

转动部分的配分函数实际上就是空间转子的配分函数，与二维准平动粒子的配分函数(12.3.15)相比，可以发现两者十分类似.

(ⅲ) 振动配分函数

对于分子内部的原子振动，其特征温度 θ 的范围大约在 10^2 K 到 10^3 K 之间，在通常情况下无法采用上面的连续近似.然而，这个问题恰好可以严格计算，结果为(12.3.1)式，这也许是上帝对物理学家的特殊恩惠.当外界温度很高时，可以取连续近似

$$z_\nu = \sum_{n=0}^{\infty} e^{-\beta\hbar\omega n} = \int_0^{\infty} e^{-\beta\varepsilon} d\frac{\varepsilon}{\hbar\omega} = \frac{1}{\beta\hbar\omega} \tag{12.3.19}$$

对前面得到的严格解 (12.3.1)，连续近似条件相当于取极限 $\beta \to 0$，得到

$$z = \frac{e^{-\beta\hbar\omega/2}}{1 - e^{-\beta\hbar\omega}} \xrightarrow{\beta \to 0} \frac{1}{\beta\hbar\omega} \tag{12.3.20}$$

两者完全一致.

(ⅳ) 电子运动的配分函数

以氢原子为例，电子运动的能级差的数量级为 1 eV，特征温度 $\theta \approx 10^5$，一般可以认为 $\theta \gg T$，因此对应的配分函数近似为 $z_e = 1$.由于这个原因，在气体配分函数的计算中，通常不考虑原子内部的电子运动.

例 12.3.2　直接计算三维准自由粒子的配分函数，并将结果与分解定理的结果进行比较.

解　由例 12.1.3，三维准自由粒子能量在等能面内的状态数为 $\sigma_3(\varepsilon) = \frac{4\pi}{3}(2m\varepsilon)^{3/2}L^3/3h^3$，代入(12.3.14a)式后得

$$z_3 = \sigma_3(1)\beta^{-3/2}\Gamma\left(\frac{5}{2}\right) = \frac{4\pi}{3}\left(\frac{2m}{\beta}\right)^{3/2}\frac{L^3}{h^3}\Gamma\left(\frac{5}{2}\right) = \left(\frac{L\sqrt{2\pi m/\beta}}{h}\right)^3 = z_1^3$$

与分解定理所得到的结果相同.

12.3.3　微观力学量的分布律

现在考虑满足连续近似条件 $\theta \ll T$ 时，微观力学量的分布律.即微观力学量在某个取值范围内的概率.

先考虑能量分布律.由玻尔兹曼分布可知，每个能量为 ε 的状态中平均粒子数为 $f_s = e^{-\beta\varepsilon}/z$，在能量范围($\varepsilon \sim \varepsilon + d\varepsilon$)内的状态数为 $\omega(\varepsilon)d\varepsilon$，因此，在该范围内的粒子数为

$$dN = f_s\omega(\varepsilon)d\varepsilon = \frac{N}{z}e^{-\beta\varepsilon}\sigma(1)\nu\varepsilon^{\nu-1}d\varepsilon \tag{12.3.21}$$

利用(12.3.14a)式，$z\approx\sigma(1)\beta^{-\nu}\Gamma(\nu+1)$，上式简化为

$$dN = \frac{N\beta^{\nu}}{\Gamma(\nu)}e^{-\beta\varepsilon}\varepsilon^{\nu-1}d\varepsilon \tag{12.3.21a}$$

对应的概率为

$$dP = \frac{dN}{N} = \frac{\beta^{\nu}}{\Gamma(\nu)}e^{-\beta\varepsilon}\varepsilon^{\nu-1}d\varepsilon \tag{12.3.22}$$

上述说明对于具有幂函数形式的态密度，能量的概率密度完全由幂指数决定.

利用上述结果，我们立刻可以算出粒子能量的期望值为

$$\langle\varepsilon\rangle = \int_0^{\infty}\varepsilon dP = \frac{\beta^{\nu}}{\Gamma(\nu)}\int_0^{\infty}e^{-\beta\varepsilon}\varepsilon^{\nu}d\varepsilon = \frac{\nu}{\beta} = \nu k_B T \tag{12.3.23}$$

上式即经典统计物理学中的能量按平方项均分定律，简称能均分定律. d 维单原子分子气体，分子能量中具有 d 个平方项，态密度指数为 $1/2d$，平均能量为 $1/2dk_B T$，每个平方项分到的平均能量都是 $1/2k_B T$；双原子分子的转动能量具有 2 个平方项，态密度指数为 1，平均能量为 $k_B T$，每个平方项分到的平均能量也是 $1/2k_B T$；双原子分子的振动具有 2 个平方项，态密度指数为 1，平均能量为 $k_B T$，每个平方项分到的平均能量同样为 $1/2k_B T$.

能量的平方期望值为

$$\langle\varepsilon^2\rangle = \int_0^{\infty}\varepsilon^2 dP = \frac{\beta^{\nu}}{\Gamma(\nu)}\int_0^{\infty}e^{-\beta\varepsilon}\varepsilon^{\nu+1}d\varepsilon = \frac{\nu(\nu+1)}{\beta^2} = \nu(\nu+1)(k_B T)^2 \tag{12.3.24}$$

能量的方差为

$$(\Delta\varepsilon)^2 = \langle\varepsilon^2\rangle - \langle\varepsilon\rangle^2 = \nu k_B^2 T^2,\quad \Delta\varepsilon = \sqrt{\nu}k_B T \tag{12.3.25}$$

由此可见，微观粒子能量的相对涨落 $\Delta\varepsilon/\langle\varepsilon\rangle = 1/\sqrt{\nu}$是非常大的.

再考虑准自由粒子的速率分布律. 由速率与能量的关系 $\varepsilon = 1/2mv^2$，$d\varepsilon = mvdv$，代入(12.3.22)式立刻得到粒子速率在(v～－$v+dv$)范围内的概率为

$$dP = \frac{\beta^{\nu}}{\Gamma(\nu)}e^{-\beta\varepsilon}\left(\frac{1}{2}mv^2\right)^{\nu-1}mvdv \tag{12.3.26}$$

其中，ν 为粒子活动空间维数的二分之一.

一般的力学量是坐标和动量的函数，不能完全由能量确定，因此我们要改用相空间来表示概率. 在相空间范围 $d\mu$ 内的状态数为 $d\mu/h^2$，因此，在该范围内的粒子数为

$$\mathrm{d}N = f_s \frac{\mathrm{d}\mu}{h^r} = \frac{N}{z}\mathrm{e}^{-\beta H}\frac{\mathrm{d}\mu}{h^r} \tag{12.3.27}$$

对应的概率为

$$\mathrm{d}P = \frac{\mathrm{d}N}{N} = \frac{1}{zh^r}\mathrm{e}^{-\beta H}\mathrm{d}\mu = \frac{1}{zh^r}\mathrm{e}^{-\beta H(p_\alpha, q_\alpha)}\prod_\alpha \mathrm{d}p_\alpha \mathrm{d}q_\alpha \tag{12.3.28}$$

其中,$H(p_\alpha, q_\alpha)$为粒子的哈密顿函数.力学量$A(p_\alpha, q_\alpha)$的期望值为

$$\langle A\rangle = \iint A\mathrm{d}P = \frac{1}{zh^r}\iint A(p_\alpha, q_\alpha)\mathrm{e}^{-\beta H(p_\alpha, q_\alpha)}\prod_\alpha \mathrm{d}p_\alpha \mathrm{d}q_\alpha \tag{12.3.29}$$

相应地,作为概率的归一化系数,配分函数也可以由下式计算:

$$z = \iint \frac{1}{h^r}\mathrm{e}^{-\beta H}\mathrm{d}\mu = \frac{1}{h^r}\iint \mathrm{e}^{-\beta H(p_\alpha, q_\alpha)}\prod_\alpha \mathrm{d}p_\alpha \mathrm{d}q_\alpha \tag{12.3.30}$$

例 12.3.3 直接证明$\langle\varepsilon\rangle = -\dfrac{\partial \ln z}{\partial\beta}$和$(\Delta\varepsilon)^2 = -\dfrac{\partial}{\partial\beta}\langle\varepsilon\rangle$.

解 由(12.3.14)式,得到$\dfrac{\partial z}{\partial\beta} = -\displaystyle\int_0^\infty \varepsilon\mathrm{e}^{-\beta\varepsilon}\omega(\varepsilon)\mathrm{d}\varepsilon = -z\int_0^\infty \varepsilon\mathrm{d}P(\varepsilon) = -z\langle\varepsilon\rangle$,即$\langle\varepsilon\rangle = -\dfrac{1}{z}\dfrac{\partial z}{\partial\beta} = -\dfrac{\partial\ln z}{\partial\beta}$;同理$\dfrac{\partial^2 z}{\partial\beta^2} = \displaystyle\int_0^\infty \varepsilon^2\mathrm{e}^{-\beta\varepsilon}\omega(\varepsilon)\mathrm{d}\varepsilon = z\int_0^\infty \varepsilon^2\mathrm{d}P(\varepsilon) = z\langle\varepsilon^2\rangle$,由此推出$\dfrac{\partial}{\partial\beta}\langle\varepsilon\rangle = -\dfrac{1}{z}\dfrac{\partial^2 z}{\partial\beta^2} + \dfrac{1}{z^2}\left(\dfrac{\partial z}{\partial\beta}\right)^2 = -\langle\varepsilon^2\rangle + \langle\varepsilon\rangle^2 = -(\Delta\varepsilon)^2$.

12.4 理想气体

12.4.1 单原子分子理想气体

从微观上说,理想气体是由近独立的非定域分子所组成的.单原子分子的能量只有平动部分,其配分函数为

$$z = \left[\frac{\sqrt{\frac{2\pi m}{\beta}}L}{h}\right]^3 = \frac{V}{h^3}\left(\frac{2\pi m}{\beta}\right)^{3/2}, \quad \ln z = \ln V + \frac{3}{2}\ln\frac{2\pi m}{\beta h^2} \tag{12.4.1}$$

代入热力学基本函数的统计表达式(12.2.8)~(12.2.10),得到

$$U = -N\frac{\partial\ln z}{\partial\beta} = \frac{3}{2}Nk_{\mathrm{B}}T$$

$$p = \frac{N}{\beta}\frac{\partial \ln z}{\partial V} = \frac{Nk_B T}{V}$$

$$S = Nk_B\left(\ln z - \beta\frac{\partial \ln z}{\partial \beta}\right) - k_B \ln N! = Nk_B\left[\ln\frac{T^{3/2}V}{N} + \frac{5}{2} + \frac{3}{2}\ln\frac{2\pi m k_B}{\hbar^2}\right] \tag{12.4.2}$$

将配分函数代入总粒子数表达式，得到

$$e^{\alpha} = \frac{z}{N} = \frac{V}{Nh^3}(2\pi m k_B T)^{3/2} \tag{12.4.3}$$

容易看出 e^{α} 与粒子数密度 $n = N/V$ 成反比，与粒子质量 m 和温度 T 乘积的 3/2 次方成正比. 当粒子质量 m 一定时，气体的密度越低，温度越高，e^{α} 越大. 经典近似条件 $e^{\alpha} \gg 1$ 要求气体为低密度和高温度，这时才能适用玻尔兹曼统计. 从微观的角度来看，经典近似条件等价于

$$\sqrt[3]{e^{\alpha}} = \frac{d\sqrt{2\pi m k_B T}}{h} \sim \frac{d\sqrt{4m\langle\varepsilon\rangle}}{h} \approx \frac{\sqrt{2}d\langle p\rangle}{h} = \frac{\sqrt{2}d}{\langle\lambda\rangle} \gg 1 \tag{12.4.4}$$

其中，$d = \sqrt[3]{V/N}$ 为分子之间的平均距离，$\langle\varepsilon\rangle = U/N = \frac{3}{2}k_B T$ 为分子的平均能量，$\langle p\rangle$ 为平均动量，$\langle\lambda\rangle$ 为分子热运动的平均德布罗意波长，简称热波长. 由此可见，经典近似条件的物理实质是分子之间的平均距离远大于分子的热波长.

12.4.2　双原子分子理想气体

双原子分子的能量可以分解为平动部分 ε_t、转动部分 ε_r 和振动部分 ε_v，满足分解定理，因此其配分函数为对应的三部分配分函数之积. 已知平动部分的配分函数为

$$z_t = \left(\frac{\sqrt{\frac{2\pi m}{\beta}}L}{h}\right)^3 \tag{12.4.5}$$

与单原子分子完全相同；转动部分的配分函数为

$$z_r = \frac{8\pi^2 I}{\beta h^2} \tag{12.4.6}$$

而振动部分的配分函数为

$$z_v = \frac{e^{\frac{-\beta\hbar\omega}{2}}}{1 - e^{-\beta\hbar\omega}} \tag{12.4.7}$$

总配分函数为

$$z = z_t \cdot z_r \cdot z_v = \left(\frac{\sqrt{\frac{2\pi m}{\beta}}L}{h}\right)^3 \times \frac{8\pi^2 I}{\beta h^2} \times \frac{e^{\frac{-\beta\hbar\omega}{2}}}{(1 - e^{-\beta\hbar\omega})} \tag{12.4.8}$$

代入压强的统计表达式(12.2.9),得到

$$p = \frac{N}{\beta}\frac{\partial \ln z}{\partial V} = \frac{Nk_B T}{V}$$

与单原子分子理想气体相同,原因是配分函数中仅有平动部分与体积 V 有关.

当振动的特征温度 $\theta_v \gg T$ 时,振动配分函数可以用低温近似公式来计算,结果为 $z_v = 1$,总配分函数为

$$z = z_t \cdot z_r = \left(\frac{\sqrt{\frac{2\pi m}{\beta}}L}{h}\right)^3 \times \frac{8\pi^2 I}{\beta h^2} \times 1 \tag{12.4.9}$$

代入内能的统计表达式,得到

$$U = -N\frac{\partial \ln z}{\partial \beta} = \frac{5}{2}Nk_B T \tag{12.4.10}$$

对应的摩尔定容热容量为

$$C_V = \frac{5}{2}N_A k_B = \frac{5}{2}R \tag{12.4.11}$$

这种情况等效于分子内的原子之间不存在振动,称之为刚性双原子分子理想气体.

当振动的特征温度 $\theta_v \ll T$ 时,振动配分函数可以用高温近似公式来计算,结果为 $z_v = 1/\beta\hbar\omega$,总配分函数为

$$z = z_t \cdot z_r \cdot z_v = \left(\frac{\sqrt{\frac{2\pi m}{\beta}}L}{h}\right)^3 \times \frac{8\pi^2 I}{\beta h^2} \times \frac{1}{\beta\hbar\omega} \tag{12.4.12}$$

代入内能的统计表达式,得到

$$U = -N\frac{\partial \ln z}{\partial \beta} = \frac{7}{2}NkT \tag{12.4.13}$$

对应的摩尔定容热容量为

$$C_V = \frac{7}{2}N_A k = 3.5R \tag{12.4.14}$$

这种情况称之为弹性双原子分子理想气体.

定义绝热指数为定压热容量与定容热容量之比,即 $\gamma = C_p/C_V$. 利用迈尔公式(10.3.8),容易得到理想气体的绝热指数为

$$\gamma = \frac{R}{C_V} + 1 \tag{12.4.15}$$

于是弹性双原子分子理想气体的绝热指数为 $\gamma = 9/7$,刚性双原子分子理想气体的绝热指数为 $\gamma = 7/5$.

应当注意,双原子分子是弹性的还是刚性的,取决于原子之间振动的特征温度 θ_v 与环境温度 T 的相对大小. 在标准条件下(1 个大气压,293 K 温度),双原子分子理想气体绝热指数的实验数值及由此推出的摩尔定容热容量 $C_V = R/(\gamma - 1)$ 如表 12.1 所示.

表 12.1

气体	H_2	N_2	O_2	CO	NO	HCl
γ	1.407	1.398	1.398	1.396	1.38	1.4
$R/(1-\gamma)$	2.457	2.513	2.513	2.525	2.632	2.500

由此得知在标准条件下,双原子分子一般可以认为是刚性的.

12.4.3　理想气体分子整体运动的能量和速率分布

由(12.3.22)式的概率

$$\mathrm{d}P = \frac{\mathrm{d}N}{N} = \frac{\beta^{\nu}}{\Gamma(\nu)} \mathrm{e}^{-\beta\varepsilon} \varepsilon^{\nu-1} \mathrm{d}\varepsilon$$

再考虑准自由粒子的速率分布律. 由速率与能量的关系 $\varepsilon = \frac{1}{2} m v^2$, $\mathrm{d}\varepsilon = m v \mathrm{d}v$,代入(12.3.22)式立刻得到粒子速率在 $v \sim v + \mathrm{d}v$ 范围内的概率为

$$\mathrm{d}P = \frac{1}{\beta^{-\nu} \Gamma(\nu)} \mathrm{e}^{-\frac{1}{2}\beta m v^2} \left(\frac{1}{2} m v^2\right)^{\nu-1} m v \mathrm{d}v$$

其中,ν 为粒子活动空间维数的二分之一.

不考虑转动和内部的振动时,在一定体积范围内运动的分子可以看成准自由粒子,其质心运动的能量分布由(12.3.22)式给出,速率分布由(12.3.26)式给出. 为了具体起见,我们考虑二维准自由粒子的情况. 这时,$\nu = 1$,(12.3.22)式成为

$$\mathrm{d}P = \frac{\mathrm{d}N}{N} = \mathrm{e}^{-\beta\varepsilon} \beta \mathrm{d}\varepsilon \tag{12.4.16}$$

利用上述结果,我们立刻可以算出粒子能量的期望值为

$$\langle \varepsilon \rangle = \int_0^{\infty} \varepsilon \mathrm{d}P = \int_0^{\infty} \varepsilon \mathrm{e}^{-\beta\varepsilon} \beta \mathrm{d}\varepsilon = k_{\mathrm{B}} T \tag{12.4.17}$$

平方期望值为

$$\langle \varepsilon^2 \rangle = \int_0^{\infty} \varepsilon^2 \mathrm{d}P = \int_0^{\infty} \varepsilon^2 \mathrm{e}^{-\beta\varepsilon} \beta \mathrm{d}\varepsilon = 2 k_{\mathrm{B}}^2 T^2 \tag{12.4.18}$$

能量的方差为

$$\Delta\varepsilon^2 = \langle\varepsilon^2\rangle - \langle\varepsilon\rangle^2 = k_B^2T^2, \quad \Delta\varepsilon = k_BT \tag{12.4.19}$$

其能量的相对涨落 $\Delta\varepsilon/\langle\varepsilon\rangle = 100\%$，是非常大的.

由(12.3.26)式，得到二维准自由粒子的速率分布律

$$dP = e^{-\beta mv^2/2}\beta mv dv \tag{12.4.20}$$

由此，立刻可以算出粒子速率的期望值为

$$\langle v\rangle = \int_0^\infty v dP = \int_0^\infty v e^{-\beta mv^2/2}\beta mv dv = \sqrt{\frac{\pi k_B T}{2m}} \tag{12.4.21}$$

平方期望值为

$$\langle v^2\rangle = \int_0^\infty v^2 dP = \int_0^\infty v^2 e^{-\beta mv^2}\beta mv dv = \frac{2k_B T}{m} \tag{12.4.22}$$

速率的方差为

$$\Delta v^2 = \langle v^2\rangle - \langle v\rangle^2 = \frac{(4-\pi)k_B T}{2m} \tag{12.4.23}$$

速率的相对涨落为

$$\frac{\Delta v}{\langle v\rangle} = \sqrt{\frac{4}{\pi} - 1} \approx 0.5227 \tag{12.4.24}$$

速率分布的概率密度为

$$f(v) = \frac{dP}{dv} = e^{-\beta mv^2/2}\beta mv \tag{12.4.26}$$

由此得到最概然速率为

$$f'(v) = e^{-\beta mv^2/2}\beta m(1 - \beta mv^2) = 0 \quad \Rightarrow \quad v_m = \sqrt{\frac{k_B T}{m}} \tag{12.4.27}$$

利用最概然速率 v_m 为单位，引入无量纲速率 ξ，概率分布简化为

$$dP = e^{-(v/v_m)^2/2}\left(\frac{v}{v_m}\right)d\left(\frac{v}{v_m}\right)$$

$$\Rightarrow \quad dP = e^{-\xi^2/2}\xi d\xi,$$

$$\xi = \frac{v}{v_m} \tag{12.4.28}$$

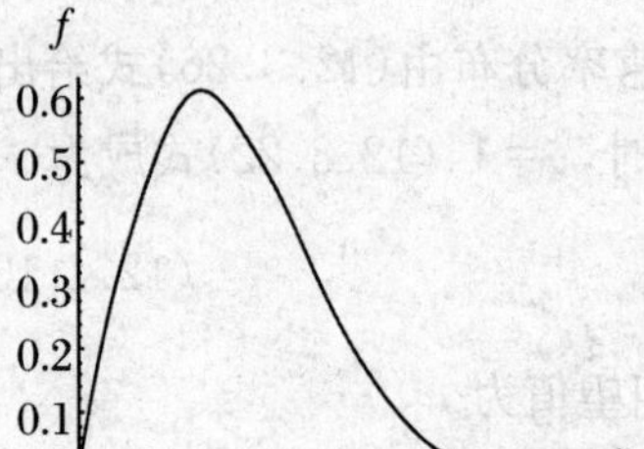

图 12.1　二维准自由粒子的概率密度

概率密度 $f(\xi) = dP/d\xi$ 的图像如图 12.1 所示.

例 12.4.1　推出三维准自由粒子的能量分布律，并求出能量期望值.

解　这时，$\nu=\frac{3}{2}$，(12.3.22)式成为 $\mathrm{d}P=\frac{\beta^{3/2}}{\Gamma\left(\frac{3}{2}\right)}\mathrm{e}^{-\beta\varepsilon}\varepsilon^{1/2}\mathrm{d}\varepsilon=\frac{2\beta^{3/2}}{\sqrt{\pi}}\mathrm{e}^{-\beta\varepsilon}\varepsilon^{1/2}\mathrm{d}\varepsilon$，

由此可以算出粒子能量的期望值为

$$\langle\varepsilon\rangle=\int_0^\infty\varepsilon\mathrm{d}P=\int_0^\infty\varepsilon\frac{2\mathrm{e}^{-\beta\varepsilon}}{\sqrt{\pi/\beta^3}}\varepsilon^{1/2}\mathrm{d}\varepsilon=\frac{3}{2}k_\mathrm{B}T$$

例 12.4.2　由上题的结果推出三维准自由粒子的速率分布律.

解　在上题所得概率中做变量变换 $\varepsilon=\frac{1}{2}mv^2$，$\mathrm{d}\varepsilon=mv\mathrm{d}v$，得到

$$\mathrm{d}P=\frac{\beta^{3/2}}{\Gamma\left(\frac{3}{2}\right)}\mathrm{e}^{-\beta\varepsilon}\varepsilon^{1/2}\mathrm{d}\varepsilon=\frac{2\beta^{3/2}}{\sqrt{\pi}}\mathrm{e}^{-\beta\frac{1}{2}mv^2}\sqrt{\frac{1}{2}mv^2}\,mv\mathrm{d}v$$

12.5　磁　介　质

12.5.1　顺磁体

从微观的角度看，顺磁体由定域的近独立磁偶极子组成. 为了简单起见，设形成磁偶极子的粒子自旋为 $s=\frac{1}{2}$，其自旋磁矩为 $\mu=\frac{1}{2}\frac{e\hbar}{m}$. 在磁感应强度为 B 的外磁场中，粒子有两个能级，能量为 $\varepsilon_\pm=\pm\mu B$，分别对应于磁矩与磁场方向相反或相同，简并度均为 1. 由此可以算出配分函数

$$z=\exp(-\beta\mu B)+\exp(+\beta\mu B)=2\cosh(\beta\mu B)\tag{12.5.1}$$

其对数为

$$\ln z=\ln 2+\ln\cosh(\beta\mu B)\tag{12.5.1a}$$

代入热力学基本函数的统计表达式，得到

$$U=-N\frac{\partial\ln z}{\partial\beta}=-N\mu B\tanh\beta\mu B$$

$$M=\frac{N}{\beta}\frac{\partial\ln z}{\partial B}=N\mu\tanh\beta\mu B\tag{12.5.2}$$

$$S=Nk\left(\ln z-\beta\frac{\partial\ln z}{\partial\beta}\right)=Nk(\ln 2\cosh\beta\mu B-\beta\mu B\tanh\beta\mu B)$$

其中,M 为顺磁体的磁矩.由此可得定磁场热容量 C_B 和磁化率 χ 分别为

$$
\begin{aligned}
C_B &= \left(\frac{\partial U}{\partial T}\right)_B = Nk_{\mathrm{B}}(\mu\beta B\operatorname{sech}\beta\mu B)^2 \\
\chi &= \left(\frac{\partial M}{\partial B}\right)_T = N\mu^2\beta\operatorname{sech}^2\beta\mu B
\end{aligned}
\tag{12.5.3}
$$

利用上述结果,可以得到一些重要的热力学关系:

(ⅰ)内能与磁矩的关系

$$U = -MB \tag{12.5.4}$$

(ⅱ)定磁场热容量与磁化率的关系

$$C_{\mathrm{B}} = k_{\mathrm{B}}\mu B^2\chi \tag{12.5.5}$$

例 12.5.1　在弱场或高温极限情况下,上述顺磁体模型的热力学函数.

解　在弱场或高温极限情况下,$\beta\mu B \ll 1$,$\tanh(\beta\mu B) \approx \beta\mu B$,由此得到

$$
\begin{aligned}
&U \approx -N\beta\mu^2B^2 \\
&C_V = Nk_{\mathrm{B}}(\beta\mu B)^2 \ll 1 \\
&M \approx N\beta\mu^2B = \frac{N\mu^2B}{k_{\mathrm{B}}T} \\
&S \approx Nk_{\mathrm{B}}\left[\ln 2 - \frac{1}{2}(\beta\mu B)^2\right]
\end{aligned}
\tag{12.5.6}
$$

与已知的实验结果(居里定律)$M \sim B/T$ 一致.

例 12.5.2　在强场或低温极限情况下,上述顺磁体模型的热力学函数.

解　在强场或低温极限情况下,$\beta\mu B \gg 1$,$\tanh(\beta\mu B) \approx 1$,由此得到

$$
\begin{aligned}
&U \approx -N\mu B \\
&C_{\mathrm{B}} \approx 0 \\
&M \approx N\mu \\
&S \approx 0
\end{aligned}
\tag{12.5.7}
$$

与已知的实验结果(热力学第三定律)一致.

下面我们来考虑在顺磁固体中粒子的分布律.按照玻尔兹曼分布律,两个能级上的粒子数分别为

$$N_- = \frac{N}{z}e^{\beta\mu B}, \quad N_+ = \frac{N}{z}e^{-\beta\mu B} \tag{12.5.8}$$

对应的概率分别为

$$p_- = \frac{1}{z}e^{\beta\mu B}, \quad p_+ = \frac{1}{z}e^{-\beta\mu B} \tag{12.5.9}$$

由此可以计算出下列微观粒子的平均能量为

$$\langle \varepsilon \rangle = \mu B p_- - \mu B p_+ = -\mu B \tanh \beta\mu B \tag{12.5.10}$$

平均平方能量为

$$\langle \varepsilon^2 \rangle = (\mu B)^2 p_- + (\mu B)^2 p_+ = (\mu B)^2 \tag{12.5.11}$$

能量的方差为

$$\Delta\varepsilon^2 = \langle \varepsilon^2 \rangle - \langle \varepsilon \rangle^2 = (\mu B)^2 \operatorname{sech}^2 \beta\mu B \tag{12.5.12}$$

能量的相对涨落为

$$\frac{\Delta\varepsilon}{\langle \varepsilon \rangle} = \frac{\mu B \operatorname{sech} \beta\mu B}{\mu B \tanh \beta\mu B} = \frac{1}{\sinh \beta\mu B} \tag{12.5.13}$$

在弱场或高温极限情况下,能量的相对涨落为 $kT/\mu B$,数值相当大;在强场或低温极限情况下,能量的相对涨落接近于零.

12.5.2 负温度现象

由(12.5.9)式,容易得到

$$\frac{N_-}{N_+} = e^{2\beta\mu B} \quad \Rightarrow \quad \frac{2\mu B}{kT} = \ln \frac{N_-}{N_+} \tag{12.5.14}$$

可以看出,当两能级中粒子数之比 N_-/N_+ 趋向于无穷大时,对应的温度 T 为零;当两能级中粒子数之比 N_-/N_+ 趋向于 1 时,对应的温度 T 为无穷大;当两能级中粒子数之比 N_-/N_+ 小于 1 时,对应的温度 T 为负.

我们知道,仅仅根据热力学第零定律,温度的大小和正负并不重要,重要的是两个系统的温度相等与否.但是采用了热力学绝对温度,按照热力学第二定律,温度的数值就只能为正,而且随着能量单调增加.在统计物理中,我们可以做到使粒子数之比 N_-/N_+ 小于 1,这时出现的负温度有什么物理意义?

利用内能的统计表达式

$$U = -N\mu B \tanh\left(\frac{\mu B}{kT}\right)$$

不难看出内能 U 是温度 T 的分段连续函数,定义域分别为 $(+0, \infty)$ 和 $(-\infty, -0)$.在正温度区间,内能 U 是温度 T 的单调增加函数,值域为 $(-N\mu B, -0)$;在负温度区间,内能 U 也是温度 T 的单调增加函数,值域为 $(+0, N\mu B)$;在正负温度之间,内能不连续,负温度对应的能量比正温度对应的能量更高

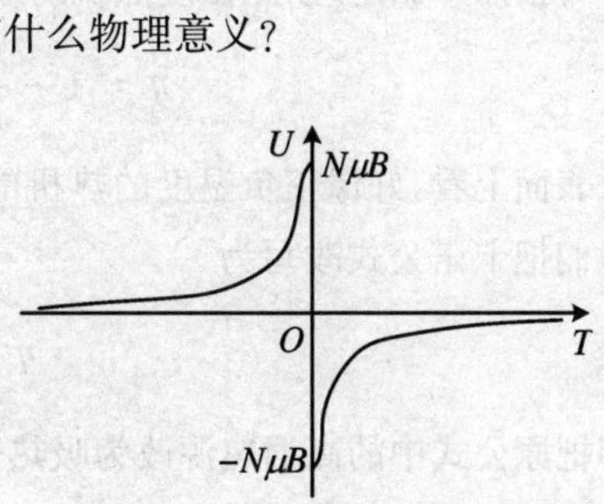

图 12.2　负温度状态

(图 12.2).换句话说,负温度是比正温度更热的一种状态,它不可能由正温度状态通过连续的热力学过程来达到.

由表达式(12.5.2)我们还可以看出,当温度为 $T=+\infty$ 时,内能 $U=0$;当温度为 $T=-\infty$ 时,内能 $U=0$,这表明正负无穷大温度对应于同一个能量,即正负无穷大温度一样热.这个结论虽然是从顺磁介质这个特例中得出的,但可以证明它是普遍成立的.

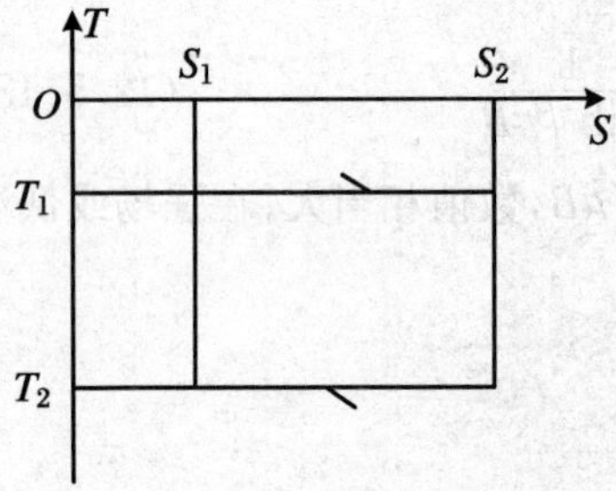

图 12.3　负温度热源的卡诺循环

我们考虑一个以负温度为热源的可逆卡诺热机,如图 12.3 所示.设高温热源的温度为 T_1,低温热源的温度为 T_2,则系统在高温热源处吸热 $Q_1=T_1(S_2-S_1)<0$,在低温热源处放热 $Q_2=T_2(S_1-S_2)<0$,即系统实际上是在高温热源放热,而在低温热源吸热.

即

$$Q_{吸}=|T_2|(S_2-S_1)$$
$$Q_{放}=|T_1|(S_2-S_1)$$

系统的所做的功为

$$W=Q_{吸}-Q_{放}=(|T_2|-|T_1|)\Delta S$$

该热机的效率为

$$\eta=\frac{W}{Q_{吸}}=1-\frac{Q_{放}}{Q_{吸}}=1-\frac{|T_1|}{|T_2|}<1 \tag{12.5.15}$$

符合热力学第二定律.

按照卡诺定理,正温度热机的效率为

$$\eta=1-\frac{T_2}{T_1}=1-\frac{|T_2|}{|T_1|}<1$$

从表面上看,好像正负温度的热机的效率不同,其实它们在本质上是统一的.只要我们把卡诺公式改写为

$$\eta=1-\frac{|T_{放}|}{|T_{吸}|} \tag{12.5.16}$$

即把原公式中的高温热源改为吸热热源,低温热源改为放热热源,就可以适用于负温度情况.但是热力学第二定律不允许同时出现正温度热源和负温度热源,这样将会导致热机的效率大于1,这与正负温度之间不连续的性质是一致的.

下面,我们来考察负温度系统存在的条件.从宏观上看,热力学基本方程给出

$$T = \left(\frac{\partial U}{\partial S}\right)_y \tag{12.5.17}$$

即在其他热力学参量不变的条件下，温度是内能对熵的偏导数. 在一般系统中，内能越大系统的熵越大，负温度意味着内能增加时系统的熵反而减少，因此这是一种非常特殊的系统. 从微观的角度看，内能越大，粒子可以到达的最高能级也越大，因而粒子在各个能级中的分布越分散，系统的熵就越大，这是通常的情况，对应于正温度系统. 如果粒子的能级有一个最大值，则当系统的内能大到一定的程度时，粒子数的分布就会向最高能级附近集中，这时系统的熵反而减小.

由于负温度不可能由正温度状态通过连续的热力学过程来达到，因此我们只有通过非热力学过程来得到负温度状态. 例如，对上述顺磁介质，在正温度的情况下，沿着磁场方向的粒子数 N_- 多于逆磁场方向的粒子数 N_+，这时我们把外磁场的方向突然倒转，则沿着倒转后的磁场方向的粒子数 $N'_- = N_+$ 少于逆磁场方向的粒子数 $N'_+ = N_-$，系统就进入了一个负温度的状态.

由于负温度系统比正温度系统热得多，因此，当两者热接触时，会进行非常迅速的热传递，最后到达一个平衡温度. 由于负温度系统的热容量非常小，两系统的平衡温度总是一个正的温度. 要使负温度系统能够存在，必须与外界保持完全的隔绝，而这一点是无法做到的. 更重要的是，像顺磁介质这样具有最高能级的粒子不可能只有一个自由度，除了自旋之外还有振动等，振动能量是没有上限的，因此，对应的是正温度系统. 我们没有办法把同属一个粒子的自旋自由度与振动自由度隔绝开，因此，各个自由度之间的热平衡必然导致系统处于正温度状态. 只有在尚未到达这种内部平衡的短暂时间内，才能在个别内部自由度上实现负温度.

12.5.3　铁磁体

由(12.5.2)式，本节前面模型得到系统的磁矩为 $M = N\mu\tanh\beta\mu B$，它随着外磁场的消失而消失，这是顺磁体的主要特征. 然而，自然界还有一类铁磁体，在外磁场消失的情况下仍然保持自己的磁性. 这又该如何解释？下面来研究这个问题.

一般情况下，磁偶极子不仅在外磁场中有能量，而且还有相互作用能. 其相互作用能量可以表示为 $E' = -\sum_{i,j} J\mu_i\mu_j$，正是这种内部的相互作用能量造成了铁磁性. 然而，要说明铁磁性的物理机制，困难也在这里，因为不忽略相互作用，就无法将系统看成近独立子系，从而用玻尔兹曼统计理论来处理.

对上述情况，物理学家的办法是将磁偶极子之间的相互作用等效为一个内部的平均场对磁偶极子的作用,即将其他磁偶极子对某个磁偶极子的作用等效为由这些磁偶极子所产生的平均磁场的作用.具体地说,就是将上述的相互作用等效为

$$E' = -\sum_{i,j} J\mu_i\mu_j \approx -\sum_i \mu_i B' \tag{12.5.18}$$

其中

$$B' = \left\langle \sum_j J\mu_j \right\rangle = \sum_j J\langle \mu_j \rangle = nJ\langle \mu \rangle \tag{12.5.19}$$

n 为近邻的相互作用粒子对数,而 B'就是假设的平均场.

在平均场假设下,相互作用的磁偶极子问题就转化为在平均场中的近独立磁偶极子问题.由前面的讨论结果(12.5.2)式可以得到

$$M = N\mu \tanh \beta\mu(B + B') \tag{12.5.20}$$

而由上式,我们又得到平均每个磁偶极子的磁矩为

$$\langle \mu_j \rangle = \frac{M}{N} = \mu \tanh \beta\mu(B + B')$$

与 (12.5.19)式联立后得到

$$B' = nJ\mu \tanh \beta\mu(B + B') \tag{12.5.21}$$

或者

$$M = N\mu \tanh \beta\mu\left(B + \frac{nJM}{N}\right) \tag{12.5.21a}$$

这就是平均场模型所对应的物态方程.

当外磁场 $B = 0$ 时,上式化为

$$M = N\mu \tanh\left(\frac{\beta\mu nJM}{N}\right) \tag{12.5.22}$$

由此可以解出一个不为零的系统磁矩 M,这就从理论上说明了铁磁性现象.

习　题　12

1. 计算限制在长度为 L 的空间中一维准自由粒子能量的态密度.
2. 在极端相对论情形下,粒子的能量动量关系为 $\varepsilon = cp$.试求在体积 V 内,在 ε 到 $\varepsilon + d\varepsilon$ 的能量范围内三维粒子的量子态数.
3. 根据公式 $p = -\sum_l a_l \frac{\partial \varepsilon_l}{\partial V}$,证明:处在边长为 L 的立方体中的单原子理想气体

在非相对论条件下满足关系 $p=\dfrac{2U}{3V}$,在相对论极限下满足关系 $p=\dfrac{U}{3V}$.这个结论对于玻耳兹曼分布、玻色分布和费米分布都成立.

4. 试证明,对于遵从玻耳兹曼分布的定域系统,熵函数可以表示为 $S=-Nk_B\sum\limits_s P_s\ln P_s$,式中,$P_s=\dfrac{e^{-\alpha-\beta\varepsilon_s}}{N}=\dfrac{e^{-\beta\varepsilon_s}}{z}$是粒子处在量子态 s 的概率.

5. 晶体含有 N 个原子.当原子离开晶体中的正常位置而占据晶格间的空隙位置时,晶体中就出现缺位和填隙原子.晶体的这种缺陷称为弗伦克尔(Frenkel)缺陷.

(1) 假设正常位置和填隙位置都是 N,试证明,由于在晶体中形成 n 个缺位和填隙原子而具有的熵等于$S=2k_B In\dfrac{N!}{n!\ (N-n)!}$.

(2) 设原子在填隙位置和正常位置的能量差为 u. 试由自由能 $F=nu-TS$ 为极小证明,温度为 T 时,缺位和填隙原子数为 $n\approx Ne^{-\frac{u}{2k_BT}}$(设 $n\ll N$).

6. 气体分子具有固有的电偶极矩 d_0,在电场 E 下转动能量的经典表达式为

$$\varepsilon^r=\frac{1}{2I}\left(p_\theta^2+\frac{1}{\sin^2\theta}p_\varphi^2\right)-d_0Ecos\theta$$

在连续近似条件下求转动配分函数.

7. N 个近独立简谐振子处于平衡态,单粒子能级为 $\varepsilon_n=A\left(n+\dfrac{1}{2}\right)V^{-1}(n=0,1,2,\cdots)$无简并,试求内能和物态方程.

8. 试求一般情况下双原子分子理想气体的振动熵.

9. 试求常温下双原子分子理想气体的转动熵.

10. 应用公式(12.3.30)证明广义能量均分定理$\left\langle x_i\dfrac{\partial H}{\partial x_j}\right\rangle=\delta_{ij}k_BT$,其中,$x_i$ 为广义坐标或广义动量中的一个.

11. 用广义能均分定理计算当恢复力与位移的立方成正比时,一维近独立子系统的热容量.

12. 已知粒子遵从经典玻耳兹曼分布,其能量表达式为 $\varepsilon=\dfrac{1}{2m}(p_x^2+p_y^2+p_z^2)+ax^2+bx$,其中,$a$,$b$ 是常量,求粒子的平均能量.

13. 求下列系统的温度:

(1) 6.0×10^{22}个氦气原子,在大气压下的体积为 2.0 L;

(2) 某近独立粒子系统在平衡时非简并能级的粒子数分布如下:

能量(eV)	0.030 1	0.021 5	0.012 9	0.004 3
粒子数分布	3.1%	8.5%	23%	63%

(3) 某恒星大气中氢原子的平均动能为 1.0 eV.

14. 在极端相对论情形下,求理想气体的物态方程和平动内能.

15. 写出二维准自由粒子的能量分布,由此计算平均能量,最概然能量和能量的标准差.

16. 证明三维准自由粒子的最概然速率,平均速率和速率的方差分别为

$$v_p = \sqrt{\frac{2k_B T}{m}},\quad \langle v\rangle = \sqrt{\frac{8k_B T}{\pi m}},\quad (\Delta v)^2 = \frac{k_B T}{m}\left(3-\frac{8}{\pi}\right)$$

17. 气体以恒定速度沿 z 方向作整体运动. 试证明:在平衡时分子动量的最概然分布为

$$e^{-\alpha-\frac{\beta}{2m}[p_x^2+p_y^2+(p_z-p_0)^2]}\frac{V\mathrm{d}p_x\mathrm{d}p_y\mathrm{d}p_z}{h^3}$$

18. 单原子分子气体以恒定速度 v_0 沿 z 方向作整体运动,求分子的平均动能.

19. 定域系统含有 N 个近独立粒子,每个粒子有两个非简并能级 ε_0 和 ε_1 ($\varepsilon_1>\varepsilon_0$).求在温度为 T 的热平衡状态下粒子在两能级的分布,以及系统的内能和熵.讨论在低温和高温极限下的结果.

20. 以 n 表示晶体中原子的密度.设原子的总角动量量子数为 1,磁矩为 μ.在外磁场 B 下原子磁矩可以有三个不同的取向,即平行、垂直、反平行于外磁场.假设磁矩之间的相互作用可以忽略.试求温度为 T 时晶体的磁化强度 M 及其在弱磁场高温极限和强场低温极限下的近似值.

21. 某体系有 N 个近独立定域粒子,每个粒子有两个非简并的能级:$0,\varepsilon>0$,对应的简并度分别为 g_1,g_2.求内能,热容量和熵,并对低温和高温两种极限情况进行讨论.

22. 某体系有 N 个近独立定域粒子,每个粒子有三个非简并的能级:$0,\varepsilon_1,\varepsilon_2$,且 $0\ll\varepsilon_1\ll\varepsilon_2$.求自由能、内能和熵,并对 $k_BT\ll\varepsilon_2$ 和 $\varepsilon_1\ll k_BT$ 两种情况进行讨论.

第 13 章　统计理论的拓展

玻尔兹曼统计理论的关键是计算配分函数，然而在大多数情况下配分函数难以精确计算；另一方面，玻尔兹曼统计理论仅适用于在热平衡情况下近独立的定域子系统，或者满足经典近似条件下的非定域子系统，对于非独立或者不满足经典近似条件的情况就无能为力了．这些都给玻尔兹曼统计理论的应用造成了极大的限制．本章中将介绍玻尔兹曼统计理论中配分函数的近似计算方法，并将该理论拓展到非独立子系统的情况，或者不满足经典近似条件下的非定域子系统．

13.1　玻尔兹曼统计中的近似计算

根据前面的讨论，对于一个由大量全同和近独立的粒子组成的系统，只要知道配分函数 z，就能求出该系统的内能、物态方程等，从而确定该系统平衡态的全部热力学性质．严格地计算配分函数是一件几乎不可能完成的任务，在满足连续近似的条件下，配分函数可以由积分(12.3.14)或者(12.3.30)来计算．

然而即使用了连续近似，除了几种特例之外，一般情况下配分函数仍然很难积分，只能做近似计算．下面我们介绍一种统计物理中近似计算配分函数的常用方法——累积展开法．该方法相当于量子力学中的微扰展开，条件是粒子的哈密顿函数 H 可以分解为两个部分，其中无微扰哈密顿 H_0 可以严格地计算出配分函数，而微扰哈密顿 H' 相对来说是一个小量．

13.1.1　累积展开法

设无微扰时，粒子的哈密顿函数为 H_0，相应的配分函数

$$z_0 = \int \mathrm{e}^{-\beta H_0}\,\mathrm{d}\mu \tag{13.1.1}$$

可以积出.为了简单起见,本节中将普朗克常量设为1.粒子在相空间中分布的概率密度为$\rho_0 = e^{-\beta H_0}/z_0$,而任意力学量$A$在无微扰时的期望值为

$$\langle A\rangle_0 = \int A\rho_0 \mathrm{d}\mu = \frac{1}{z_0}\int A e^{-\beta H_0}\mathrm{d}\mu \tag{13.1.2}$$

当有微扰存在时,哈密顿函数H可表示为

$$H = H_0 + H' = H_0 + \lambda H_1 \tag{13.1.3}$$

其中,λH_1是微扰项,λ是个小量,表示微扰项的数量级.这时配分函数可以表示为

$$z = \int e^{-\beta H_0 - \beta H'}\mathrm{d}\mu = z_0\int e^{-\beta H'}\rho_0 \mathrm{d}\mu = z_0\langle e^{-\beta H'}\rangle_0 = z_0\langle e^{-\beta\lambda H_1}\rangle_0 \tag{13.1.4}$$

或者

$$\ln z = \ln z_0 + \ln\langle e^{-\beta H'}\rangle_0 = \ln z_0 + \ln\langle e^{-\beta\lambda H_1}\rangle_0 \tag{13.1.4a}$$

考虑到参数λ是小量,可以把后一因子$\langle e^{-\beta\lambda H_1}\rangle_0$展开为$\lambda$的幂级数

$$\langle e^{-\beta\lambda H_1}\rangle_0 = \sum_{n=0}^{\infty}\frac{(-\beta)^n}{n!}\langle H_1^n\rangle_0\lambda^n \tag{13.1.5}$$

将上式代入(13.1.4)式,即得到配分函数z按微扰项的展开式.

然而实际计算中,重要的是配分函数的对数$\ln z$,而不是z本身.因此我们需要把上式的对数展开为λ的幂级数,即

$$\ln\langle e^{-\beta\lambda H_1}\rangle_0 = \sum_{n=1}^{\infty}\frac{(-\beta)^n}{n!}C_n\lambda^n \tag{13.1.6}$$

其中展开系数C_n称为第n阶累积.为了便于记忆,可把C_n形式地记为$\langle H_1^n\rangle_C$.由于当$\lambda=0$时,上式的左边等于零,故其右边没有第0阶项.将(13.1.5)式代入(13.1.6)式左边后再展开,比较两边λ^n的系数即可得各阶累积的明显表达式:

$$\begin{aligned}
\langle H_1\rangle_C &= \langle H_1\rangle_0\\
\langle H_1^2\rangle_C &= \langle H_1^2\rangle_0 - \langle H_1\rangle_0^2\\
\langle H_1^3\rangle_C &= \langle H_1^3\rangle_0 - 3\langle H_1\rangle_0\langle H_1^2\rangle_0 + 2\langle H_1\rangle_0^3\\
&\cdots
\end{aligned} \tag{13.1.7}$$

由(13.1.4)式和(13.1.6)式,我们即得到累积展开式:

$$\ln z = \ln z_0 + \ln\langle e^{-\beta\lambda H_1}\rangle_0 = \ln z_0 - \beta\lambda\langle H_1\rangle_C + \frac{1}{2}\beta^2\lambda^2\langle H_1^2\rangle_C + \cdots \tag{13.1.8}$$

令$H' = \lambda H_1$,就可以把$\ln z$明显地表示为

$$\ln z = \ln z_0 - \beta\langle H'\rangle_0 + \frac{1}{2}\beta^2[\langle H'^2\rangle_0 - \langle H'\rangle_0^2] + \cdots \tag{13.1.8a}$$

一般来说$\langle (H')^n \rangle_0$较容易求出，因此我们可以根据问题所需要的精确度具体计算 $\ln z$ 到某一级近似，从而克服了无法直接求出配分函数的困难.

13.1.2　累积展开法的应用

（ⅰ）理想气体公式的相对论修正

在非相对论情况下，自由粒子的哈密顿函数为 $H_0 = p^2/2m$，相应的配分函数为

$$z_0 = \int e^{-\beta H_0} dx^3 dp^3 = V\left(\frac{2\pi m}{\beta^2}\right)^{3/2}$$

而按狭义相对论，自由粒子的哈密顿函数的严格形式应为

$$H = \sqrt{p^2c^2 + m^2c^4} - mc^2$$

在一般情况下，$p \ll mc$，因此可以把 H 按 p/mc 的幂级数展开为

$$H = \frac{p^2}{2m} - \frac{p^4}{8m^3c^2} + \cdots$$

将第二项看成微扰，略去高阶小量，即取 $H' = -p^4/8m^3c^2$. 利用(13.1.2)式不难算出

$$\langle H' \rangle_0 = -\frac{15}{8}\frac{1}{mc^2\beta^2}$$

由(13.1.8a)式，精确到一阶近似的配分函数为

$$\ln z = \ln\left[V\left(\frac{2\pi m}{\beta^2}\right)^{3/2}\right] + \frac{15}{8}\frac{1}{mc^2\beta^2}$$

由此可以推出内能为

$$U = \frac{3}{2}Nk_B T + \frac{15}{8}\frac{Nk_B^2T^2}{mc^2}$$

热容量为

$$C_V = \frac{3}{2}Nk_B + \frac{15}{4}\frac{Nk_B^2 T}{mc^2}$$

故考虑了相对论效应之后，理想气体的热容量应有一修正，修正量的相对大小为 $\frac{5}{2}\frac{k_B T}{mc^2}$.

（ⅱ）非简谐振子

对于一维简谐振子，其哈密顿函数为

$$H = \frac{p^2}{2m} + \frac{1}{2}m\omega^2 x^2$$

其中，ω 为圆频率. 相应的配分函数为

$$z_0 = \int e^{-\beta H_0}\,dx\,dp = \frac{2\pi}{\beta\omega}$$

设有非简谐修正项 $H' = \lambda m^2\omega^4 x^4/4$. 当 $\lambda \ll \beta^{-1}$ 时，H' 可以看成微扰. 由公式(13.1.2)可以算出

$$\langle H' \rangle_0 = \frac{3\lambda}{4\beta^2}, \quad \langle H'^2 \rangle_0 = \frac{105}{16}\frac{\lambda^2}{\beta^4}$$

代入公式(13.1.8a)后，即可得到配分函数的二阶近似表达式

$$\ln z = \ln\frac{2\pi}{\beta\omega} - \frac{3}{4}\frac{\lambda}{\beta} + 3\frac{\lambda^2}{\beta^2}$$

故可得 N 个振子的系统的内能和热容量分别为

$$U = Nk_B T - \frac{3}{4}\lambda N k_B^2 T^2 + 6\lambda^2 N k_B^3 T^3$$

$$C_V = Nk_B - \frac{3}{2}\lambda N k_B^2 T + 18\lambda^2 N k_B^3 T^2$$

(ⅲ) 弱电场中的电偶极子

设电偶极子的电矩为 d，转动惯量为 I，定域在电场强度为 E 的外电场中. 其空间运动相当于一个空间转子，哈密顿函数为 $H = H_0 - dE\cos\theta$，其中，H_0 为转动动能.

当无外电场时，即 $E=0$ 时的配分函数由(12.3.18)式给出，即 $z_0 = 8\pi^2 I/\beta$；当外电场很弱，即 $\beta dE \ll 1$ 时，我们可以把电势能看成微扰，即令 $H' = -dE\cos\theta$，不难算出

$$\langle (H')^n \rangle_0 = (-dE)^n \frac{1-(-1)^{n+1}}{2(n+1)}$$

故可得微扰展开式

$$\ln z = \ln\frac{8\pi I}{\beta} + \frac{1}{6}(\beta dE)^2 - \frac{1}{180}(\beta dE)^4 + \cdots$$

由此算出电极化强度为

$$P = \frac{1}{\beta}\frac{\partial}{\partial E}\ln z = d\left[\frac{1}{3}\beta dE - \frac{1}{45}(\beta dE)^3 + \cdots\right]$$

实际上这个问题可以严格地解出，结果为

$$z = \frac{8\pi^2 I}{\beta} \cdot \frac{\sinh(\beta dE)}{\beta dE}, \quad P = d\left[\coth(\beta dE) - \frac{1}{\beta dE}\right]$$

把严格解按小量 βdE 展开后,不难看出它和用累积展开法所得到的结果是完全一致的.

13.2 非独立子系统的统计理论

13.2.1 正则系综

对不满足近独立条件下的非定域子系统,我们可以将它看成是一个具有非常多个内部自由度的巨型超级粒子.一般来说,系统之间的相互作用能量与其表面积成比例,而系统自身的能量与其体积成比例,因而对于足够大的系统(一般宏观尺度的电中性系统都满足),其相互作用能量就远远小于自身的能量.换句话说,这样的系统尽管其组成粒子之间有相互作用,但是作为整体之间是近独立的.即我们定义的超级粒子是近独立的,这就可以套用前面对有内部自由度的近独立分子配分函数的计算方法了.只不过在玻尔兹曼统计中的处理对象是组成系统的一个近独立粒子,所得到的配分函数严格地说是单粒子配分函数;而现在的处理对象是系统本身,所得到的配分函数是系统的配分函数,我们用大写字母 Z 来表示,以示区别.

现在的对象只是一个超级粒子,为了能够应用统计条件,我们进一步虚拟一个包含大量超级粒子的超级系统,称为系综.如果这些近独立的超级粒子相互之间可以交换能量但不能交换物质(对应封闭系统),称为正则系综;如果这些超级粒子相互之间不但可以交换能量而且能交换物质(对应开放系统),称为巨正则系综.

我们将正则系综与外界完全隔绝,则经过一段时间之后必然会达到平衡态.这时,对每个超级粒子来说,满足推广的玻尔兹曼统计.按照(12.3.14)式,有

$$Z = \sum_E \Omega(E) e^{-\beta E} \approx \int \Omega(E) e^{-\beta E} dE = Z(N, \beta, V) \tag{13.2.1}$$

其中,Z 为超级粒子的配分函数,即系统的配分函数;E 为超级粒子的能量,$\Omega(E)$ 为超级粒子的态密度.系统的配分函数 Z 也可以按照(12.3.30)式来计算,即

$$Z = \int e^{-\beta E} d\Gamma = \int e^{-\beta E} \prod_i d\mu_i \tag{13.2.2}$$

其中,E 为超级粒子的能量,$\mathrm{d}\Gamma = \prod_i \mathrm{d}\mu_i$ 为超级粒子的相空间体积元,它等于其组成粒子相空间体积元的乘积.

表 13.1 进一步给出 M 个超级粒子组成的系综与 N 个定域子的系统之间的类比关系.

表 13.1

	N 个定域子的系统	M 个超级粒子的系统
配分函数	$z = \sum w\mathrm{e}^{-\beta\varepsilon} = z(\beta, V)$	$Z = \sum \Omega\mathrm{e}^{-\beta E} = Z(N, \beta, V)$
内能	$U = -N\frac{\partial}{\partial\beta}\ln z$	$U_M = MU = -M\frac{\partial}{\partial\beta}\ln Z$
压强	$p = \frac{N}{\beta}\frac{\partial}{\partial V}\ln z$	$p = \frac{M}{\beta}\frac{\partial}{\partial(MV)}\ln Z$
熵	$S = Nk\left(\ln z - \beta\frac{\partial}{\partial\beta}\ln z\right)$	$S_M = MS = Mk\left(\ln Z - \beta\frac{\partial}{\partial\beta}\ln Z\right)$
自由能	$F = -NkT\ln z$	$F_M = MF = -MkT\ln Z$

需要注意的是,上述形式的类似中有一点重要区别:在系综理论中我们要得到的不是虚拟的系综值,而是一个超级粒子的值;而在玻尔兹曼理论中我们要得到的不是一个粒子的值,而是由大量粒子组成的系统值.因此,在表 13.1 中必须消去虚拟的超级粒子个数 M,得到正则系综的统计热力学公式:

$$
\begin{aligned}
U &= -\frac{\partial}{\partial\beta}\ln Z \\
p &= \frac{1}{\beta}\frac{\partial}{\partial V}\ln Z \\
S &= k_{\mathrm{B}}\left(\ln Z - \beta\frac{\partial}{\partial\beta}\ln Z\right) \\
F &= -kT\ln Z
\end{aligned}
\tag{13.2.3}
$$

同样,对于能量分布也有类比关系,如表 13.2 所示.

表 13.2

粒子	系统	超级粒子	正则系综
个数	$f_s = \frac{N}{z}\mathrm{e}^{-\beta\varepsilon_s}$	个数	$f_S = \frac{M}{Z}\mathrm{e}^{-\beta E_S}$
概率	$P_s = \frac{1}{z}\mathrm{e}^{-\beta\varepsilon_s}$	概率	$P_s = \frac{1}{Z}\mathrm{e}^{-\beta E_S}$

续表

粒子	系统	超级粒子	正则系综
期望值	$\langle\varepsilon\rangle=-\dfrac{\partial\ln z}{\partial\beta}$	期望值	$\langle E\rangle=-\dfrac{\partial\ln Z}{\partial\beta}$
涨落	$(\Delta\varepsilon)^2=-\dfrac{\partial}{\partial\beta}\langle\varepsilon\rangle$	涨落	$(\Delta E)^2=-\dfrac{\partial}{\partial\beta}\langle E\rangle$

例 13.2.1　估算理想气体能量的相对涨落.

解　理想气体的内能为 $E=C_VT$,涨落为$(\Delta E)^2=-\dfrac{\partial}{\partial\beta}\langle E\rangle=-\dfrac{\partial T}{\partial\beta}\dfrac{\partial}{\partial T}\langle E\rangle=k_BT^2C_V$,因此相对涨落为$(\Delta E)/E=\sqrt{k_B/C_V}\sim\sqrt{1/N}$.由于宏观系统的粒子数为$10^{23}$数量级,相对涨落完全可以忽略不计.

13.2.2　正则配分函数的计算

下面,我们具体计算一些简单情况下系统的正则配分函数.

(ⅰ)全同近独立定域子

对于有 N 个全同近独立定域子的系统,系统的能级为 $E_L=\sum\varepsilon_la_l$;按(10.3.9)式,对应的系统简并度为 $\Omega(E_L)=\dfrac{N!}{\prod a_l!}\prod w_l^{a_l}$,代入正则配分函数计算公式(13.2.1),得到

$$
\begin{aligned}
Z&=\sum\nolimits_L\Omega_L\mathrm{e}^{-\beta E_L}=\sum\frac{N!}{\prod a_l!}\prod\omega_l^{a_l}\mathrm{e}^{-\beta\sum\varepsilon_la_l}\\
&=\sum\frac{N!}{\prod a_l!}\prod(\omega_l\mathrm{e}^{-\beta\varepsilon_l})^{a_l}=\left(\sum\omega_l\mathrm{e}^{-\beta\varepsilon_l}\right)^N=z^N
\end{aligned}
\tag{13.2.4}
$$

即 $\ln Z=N\ln z$.将上式代入正则系综的统计热力学公式(13.2.3),得到

$$
\begin{aligned}
U&=-N\frac{\partial}{\partial\beta}\ln z\\
p&=\frac{N}{\beta}\frac{\partial}{\partial V}\ln z\\
S&=k_BN\left(\ln z-\beta\frac{\partial}{\partial\beta}\ln z\right)\\
F&=-NkT\ln z
\end{aligned}
\tag{13.2.5}
$$

所得结果与玻尔兹曼统计的结果相同.

(ⅱ)全同近独立离域子

类似地,对于全同近独立离域子所组成的系统,系统的能级为 $E_L = \sum \varepsilon_l a_l$;在满足经典近似条件时,对应的系统简并度由(12.1.9)式给出.代入公式(13.2.1),得到

$$Z = \sum_L \Omega_L e^{-\beta E_L} = \sum \frac{1}{\prod a_l!} \prod \omega_l^{a_l} e^{-\beta \sum \varepsilon_l a_l}$$

$$= \frac{1}{N!} \sum \frac{N!}{\prod a_l!} \prod (\omega_l e^{-\beta\varepsilon_l})^{a_l} = \frac{1}{N!} \left(\sum \omega_l e^{-\beta\varepsilon_l}\right)^N = \frac{1}{N!} z^N \tag{13.2.6}$$

即 $\ln Z = N\ln z - \ln N!$.容易验证,所得结果与玻尔兹曼统计的结果也相同.

特别的,对于单原子分子理想气体,单粒子配分函数为 $z_3 = V(\sqrt{2\pi m/\beta})^3$,系统的正则配分函数为

$$Z = \frac{1}{N!} z^N = \frac{1}{N!} V^N (\sqrt{2\pi m/\beta})^{3N} \tag{13.2.7}$$

(ⅲ)全同弱作用离域子

对于上述全同离域子所组成的系统,如果粒子之间有较弱的相互作用 Φ,即 $E = E_0 + \Phi$,$\Phi \ll E_0$ 时,我们可以采用 13.1 节中累积展开方法来处理.即

$$\ln Z = \ln Z_0 - \beta \langle \Phi \rangle_0 + \frac{1}{2}\beta^2 [\langle \Phi^2 \rangle_0 - \langle \Phi \rangle_0^2] + \cdots \tag{13.2.8}$$

其中

$$\langle A \rangle_0 = \frac{1}{Z_0} \int A e^{-\beta E_0} d\Gamma \tag{13.2.9}$$

例 13.2.2 直接计算顺磁体的正则配分函数,并由此求出系统的热力学量.

解 设系统由 N 个磁偶极子组成,其中,N_+ 个沿着外磁场 B 的方向,N_- 个逆着外磁场方向.在此状态下,系统的能量为 $E = -\mu B N_+ + \mu B N_-$,对应的系统简并度为 $N!/N_+!N_-!$.代入公式(13.2.1),得到

$$Z = \sum \Omega e^{-\beta E} = \sum \frac{N!}{N_+!N_-!} e^{-\beta\mu B N_+ + \beta\mu B N_-} = \sum \frac{N!}{N_+!N_-!} (e^{-\beta\mu B})^{N_+} (e^{\beta\mu B})^{N_-}$$

$$= (e^{-\beta\mu B} + e^{\beta\mu B})^N = [2\cosh(\beta\mu B)]^N$$

即 $\ln Z = N\ln[2\cosh(\beta\mu B)]$.进一步代入统计热力学公式(13.2.3),得到

$$U = -\frac{\partial}{\partial\beta}\ln Z = -N\mu B \tanh \beta\mu B$$

$$M = \frac{1}{\beta}\frac{\partial}{\partial B}\ln Z = N\mu \tanh \beta\mu B$$

与用玻尔兹曼统计理论得到的结果(12.5.2)式相同.

13.2.3　实际气体的物态方程

下面我们利用正则系综理论来研究气体分子间存在相互作用时,对理想气体物态方程的影响.显然,分子的内部自由度对物态方程没有影响,因此可以认为分子没有内部自由度,即考虑单原子分子.假设分子之间的相互作用能为 $\varphi(r)$,其中,r 为两个分子的距离.则系统内分子之间的总相互作用能为 $\Phi=\sum_{i<j}\varphi(|\boldsymbol{r}_i-\boldsymbol{r}_j|)$,共$\frac{1}{2}N(N-1)$对.

为了保证计算的收敛性,我们定义

$$f_{i,j}=\mathrm{e}^{-\beta\varphi(|\boldsymbol{r}_i-\boldsymbol{r}_j|)}-1\quad 或\quad \mathrm{e}^{-\beta\varphi(|\boldsymbol{r}_i-\boldsymbol{r}_j|)}=1+f_{i,j}\tag{13.2.10}$$

由于相互作用能可以看成微扰,因此 $f_{i,j}$ 也很小.于是有

$$\mathrm{e}^{-\beta\Phi}=\mathrm{e}^{-\beta\sum_{i<j}\varphi(|\boldsymbol{r}_i-\boldsymbol{r}_j|)}=\prod_{i<j}\mathrm{e}^{-\beta\varphi(|\boldsymbol{r}_i-\boldsymbol{r}_j|)}=\prod_{i<j}(1+f_{i,j})=1+\sum_{i<j}f_{i,j}+\cdots$$

在忽略边界效应时,有对称性$\langle f_{i,j}\rangle_0=\langle f_{1,2}\rangle_0$,由此得到无微扰的平均值为

$$\langle\mathrm{e}^{-\beta\Phi}\rangle_0\approx1+\sum_{i<j}\langle f_{i,j}\rangle_0=1+\frac{N(N-1)}{2}\langle f_{1,2}\rangle_0\tag{13.2.11}$$

利用平均值公式(13.2.9),可以求出

$$\langle f_{1,2}\rangle_0=\frac{1}{Z_0}\int f_{1,2}\mathrm{e}^{-\beta E_0}\mathrm{d}\Gamma=\frac{\iint f_{1,2}\mathrm{d}\tau_1\mathrm{d}\tau_2\int\mathrm{d}\tau_3\cdots\mathrm{d}\tau_N\int\mathrm{e}^{-\beta E_0}\mathrm{d}\boldsymbol{p}_1\mathrm{d}\boldsymbol{p}_2\cdots\mathrm{d}\boldsymbol{p}_N}{\iint\mathrm{d}\tau_1\mathrm{d}\tau_2\int\mathrm{d}\tau_3\cdots\mathrm{d}\tau_N\int\mathrm{e}^{-\beta E_0}\mathrm{d}\boldsymbol{p}_1\mathrm{d}\boldsymbol{p}_2\cdots\mathrm{d}\boldsymbol{p}_N}$$

$$=\frac{\iint f_{1,2}\mathrm{d}\tau_1\mathrm{d}\tau_2}{V^2}$$

化简中利用了动能 E_0与位置无关的特点.

在积分中引入质心位矢 $\boldsymbol{r}_C$ 和相对位矢 $\boldsymbol{r}=\boldsymbol{r}_2-\boldsymbol{r}_1$,上式可以进一步简化为

$$\langle f_{1,2}\rangle_0=\frac{1}{V^2}\iint f_{1,2}(|\boldsymbol{r}_2-\boldsymbol{r}_1|)\mathrm{d}\tau_1\mathrm{d}\tau_2=\frac{1}{V^2}\iint f(r)\mathrm{d}\tau\mathrm{d}\tau_C=\frac{1}{V}\int f(r)\mathrm{d}\tau\tag{13.2.12}$$

于是得到

$$\langle\mathrm{e}^{-\beta\Phi}\rangle_0\approx1+\frac{N(N-1)}{2V}\int f(r)\mathrm{d}\tau\approx1+\frac{N^2}{2V}\int f(r)\mathrm{d}\tau\tag{13.2.13}$$

为了便于与热力学公式比较,引入

$$B=-\frac{N}{2}\int f(r)\mathrm{d}\tau \tag{13.2.14}$$

上式又可以表示为

$$\langle \mathrm{e}^{-\beta\Phi}\rangle_0 \approx 1-\frac{N}{V}B \tag{13.2.13a}$$

由此我们最终推出

$$\ln Z = \ln Z_0 + \ln\langle \mathrm{e}^{-\beta\Phi}\rangle_0 \approx \ln Z_0 + \ln\left(1-\frac{N}{V}B\right) = \ln Z_0 - \frac{N}{V}B \tag{13.2.15}$$

例 13.2.3　当分子间的相互作用能为 $\varphi(r)=\begin{cases}0 & (r>d)\\ \infty & (r\leqslant d)\end{cases}$，其中 d 为分子半径，求气体的物态方程．

解　由(13.2.10) 可得 $f(r)=\mathrm{e}^{-\beta\varphi}-1=\begin{cases}0 & (r>d)\\ -1 & (r\leqslant d)\end{cases}$，代入(13.2.14)式后

$$B=-\frac{N}{2}\iiint f(r)\mathrm{d}\tau=-\frac{4\pi N}{2}\int f(r)r^2\mathrm{d}r=2\pi N\int_0^d r^2\mathrm{d}r=\frac{2\pi Nd^3}{3}$$

再代入(13.2.15)式，得到正则配分函数为

$$\ln Z=\ln Z_0-\frac{N}{V}B=\ln Z_0-\frac{N^2}{V}\frac{2\pi d^3}{3}$$

最后代入统计热力学公式(13.2.3)，得到物态方程

$$p=\frac{1}{\beta}\frac{\partial}{\partial V}\ln Z=\frac{1}{\beta}\frac{\partial}{\partial V}\ln Z_0+\frac{N}{V^2}B=\frac{Nk_{\mathrm{B}}T}{V}+\frac{N^2}{V^2}\frac{2\pi d^3}{3}$$

例 13.2.4　当分子间的相互作用能为 $\varphi(r)=\begin{cases}-a\left(\dfrac{d}{r}\right)^6 & (r>d)\\ \infty & (r\leqslant d)\end{cases}$ 时，求气体的内能和物态方程．

解　由(13.2.10) 可得

$$f(r)=\mathrm{e}^{-\beta\varphi}-1=\begin{cases}\mathrm{e}^{\beta a(d/r)^6}-1 & (r>d)\\ -1 & (r\leqslant d)\end{cases}\approx\begin{cases}\beta a\left(\dfrac{d}{r}\right)6 & (r>d)\\ -1 & (r\leqslant d)\end{cases}$$

代入(13.2.14)式后可以算出

$$B=-\frac{N}{2}\iiint f(r)\mathrm{d}\tau=\frac{2\pi Nd^3}{3}(1-a\beta)$$

再代入(13.2.15)式，得到正则配分函数为

$$\ln Z = \ln Z_0 - \frac{N}{V}B = \ln Z_0 - \frac{N^2}{V}\frac{2\pi d^3}{3}(1 - a\beta)$$

最后代入统计热力学公式(13.2.3),得到内能和物态方程为

$$U = -\frac{\partial}{\partial \beta}\ln Z = U_0 - \frac{2\pi d^3 a N^2}{3V}$$

$$p = \frac{1}{\beta}\frac{\partial}{\partial V}\ln Z = p_0 + \frac{N^2}{V^2}\frac{2\pi \mathrm{d}^3}{3}\left(1 - \frac{a}{kT}\right)$$

13.3　近独立子系的量子统计

13.3.1　巨配分函数与热力学统计表达式

对于不满足经典近似条件的非定域子系统,即使是近独立的,玻尔兹曼统计理论也不再适用.这时候,需要另辟蹊径.根据上一章的经验,问题的关键是找到一个可以联系微观量和宏观量的特征函数,即配分函数.

先考虑近独立的全同费米子系统,在达到平衡态时,系统内的粒子满足费米统计(12.1.5)

$$a_l = \frac{\omega_l}{\mathrm{e}^{\alpha + \beta\varepsilon_l} + 1}$$

上式可以改写为

$$a_l = -\omega_l \frac{\partial \ln(1 + \mathrm{e}^{-\alpha - \beta\varepsilon_l})}{\partial \alpha} \tag{13.3.1}$$

于是有

$$N = \sum_l a_l = -\sum_l \omega_l \frac{\partial \ln(1 + \mathrm{e}^{-\alpha - \beta\varepsilon_l})}{\partial \alpha} = -\frac{\partial \sum_l \omega_l \ln(1 + \mathrm{e}^{-\alpha - \beta\varepsilon_l})}{\partial \alpha} \tag{13.3.2}$$

定义

$$\ln\Theta = \sum_l \omega_l \ln(1 + \mathrm{e}^{-\alpha - \beta\varepsilon_l}) \quad 或 \quad \Theta = \prod_l (1 + \mathrm{e}^{-\alpha - \beta\varepsilon_l})^{\omega_l} \tag{13.3.3}$$

容易看出 $\Theta = \Theta(\alpha, \beta, V)$.由上式不难推出

$$U = \sum_l \alpha_l \varepsilon_l = -\frac{\partial \ln \Theta}{\partial \beta}$$
$$p = -\sum_l a_l \frac{\alpha \varepsilon_l}{\alpha V} = \frac{1}{\beta}\frac{\partial \ln \Theta}{\partial V} \tag{13.3.4}$$

由此还可以进一步验证

$$S = k_B\left(\ln\Theta - \alpha\frac{\partial \ln\Theta}{\partial \alpha} - \beta\frac{\partial \ln\Theta}{\partial \beta}\right) = k_B(\ln\Theta + \alpha N + \beta U) \tag{13.3.5}$$

这表明我们所引入的函数 Θ 是一个可以联系微观量和宏观量的特征函数.

类似地,对于近独立的全同玻色子系统,特征函数为

$$\ln\Theta = -\sum_l \omega_l \ln(1 - e^{-\alpha-\beta\varepsilon_l}) \quad 或 \quad \Theta = \prod_l (1 - e^{-\alpha-\beta\varepsilon_l})^{-\omega_l} \tag{13.3.6}$$

公式(13.3.4)和(13.3.5)仍然成立.

由开系的热力学基本方程(11.4.1)可以推出

$$dU = d(G + TS - pV) = TdS - pdV + \mu dn \tag{13.3.7}$$

于是得到

$$dS = \frac{1}{T}dU + \frac{p}{T}dV - \frac{\mu}{T}dn$$

将(13.3.5)式两边微分,结果为

$$dS = k_B\left(\frac{\partial\ln\Theta}{\partial V}dV - \alpha d\frac{\partial\ln\Theta}{\partial\alpha} - \beta d\frac{\partial\ln\Theta}{\partial\beta}\right) = k_B(p\beta dV + \alpha dN + \beta dU)$$

将上面两个式子进行比较,我们发现

$$-\frac{\mu}{T}dn = k_B\alpha dN \Rightarrow \alpha = -\frac{\mu}{k_B T}\frac{dn}{dN} = -\frac{\mu}{k_B T}\frac{1}{N_A} \tag{13.3.8}$$

这说明参数 α 的热力学意义为化学势.

而热力学中巨配分函数的统计表达式为

$$J = U - TS - \mu N = -kT\ln\Theta \tag{13.3.9}$$

这说明 Θ 的热力学意义为宏观的巨热力学势,因此称为巨配分函数.

13.3.2　巨配分函数的计算

下面我们来具体计算巨配分函数.为了简单起见,我们不考虑粒子的内部自由度,而且假设满足连续近似条件 $\theta \ll T$,这时有近似表达式

$$\ln\Theta = \pm\sum_l \omega_l \ln(1 \pm e^{-\alpha-\beta\varepsilon_l}) = \pm\int \ln(1 \pm e^{-\alpha-\beta\varepsilon})\omega(\varepsilon)d\varepsilon \tag{13.3.10}$$

其中,+号对应费米子系统,-号对应玻色子系统.

在满足经典近似条件的情况下,$e^{\alpha}\gg 1$, $\pm\ln(1\pm e^{-\alpha-\beta\varepsilon})\approx e^{-\alpha-\beta\varepsilon}$,上式成为

$$\ln\Theta = \int e^{-\alpha-\beta\varepsilon}\omega(\varepsilon)d\varepsilon = e^{-\alpha}z \tag{13.3.11}$$

其中,$z = \int e^{-\beta\varepsilon_l}\omega(\varepsilon)d\varepsilon$ 为单粒子配分函数.将上式代入(13.3.2)式,得到

$$N = -\frac{\partial\ln\Theta}{\partial\alpha} = -\frac{\partial}{\partial\alpha}(e^{-\alpha}z) = e^{-\alpha}z(\beta,V) \tag{13.3.12}$$

再代入 (13.3.4)式和(13.3.5)式,得到

$$U = -\frac{\partial\ln\Theta}{\partial\beta} = -e^{-\alpha}\frac{\partial z}{\partial\beta} = -\frac{N}{z}\frac{\partial z}{\partial\beta} = -N\frac{\partial\ln z}{\partial\beta}$$

$$p = \frac{1}{\beta}\frac{\partial\ln\Theta}{\partial V} = \frac{1}{\beta}e^{-\alpha}\frac{\partial z}{\partial V} = \frac{1}{\beta}N\frac{\partial\ln z}{\partial V} \tag{13.3.13}$$

$$S = k\left(\ln\Theta - \alpha\frac{\partial\ln\Theta}{\partial\alpha} - \beta\frac{\partial\ln\Theta}{\partial\beta}\right) = Nk\left(\ln z - \beta\frac{\partial\ln z}{\partial\beta}\right) - k\ln N!$$

这正是我们在玻尔兹曼统计中得到的结果.

在弱简并的情况下,即 $e^{-\alpha}$ 虽然很小,但还不能完全略去时,我们有

$$\pm\ln(1\pm e^{-\alpha-\beta\varepsilon}) \approx e^{-\alpha-\beta\varepsilon} \mp \frac{1}{2}e^{-2\alpha-2\beta\varepsilon} \tag{13.3.14}$$

巨配分函数为

$$\ln\Theta = \int\left[e^{-\alpha-\beta\varepsilon} \mp \frac{1}{2}e^{-2\alpha-2\beta\varepsilon}\right]\omega(\varepsilon)d\varepsilon = e^{-\alpha}z(\beta,V) \mp \frac{1}{2}e^{-2\alpha}z(2\beta,V) \tag{13.3.15}$$

考虑到 $z(\beta,V) = V\left(\frac{2\pi m}{\beta h^2}\right)^{3/2}$, $z(2\beta,V) = V\left(\frac{2\pi m}{2\beta h^2}\right)^{3/2} = \frac{1}{2\sqrt{2}}z(\beta,V)$,上式简化为

$$\ln\Theta = e^{-\alpha}z(\beta,V) \mp \frac{1}{2}e^{-2\alpha}z(2\beta,V) = e^{-\alpha}z(\beta,V)\left(1 \mp \frac{1}{4\sqrt{2}}e^{-\alpha}\right) \tag{13.3.16}$$

将结果代入 (13.3.4)式和(13.3.5)式,得到

$$N = -\frac{\partial \ln\Theta}{\partial\alpha} = e^{-\alpha}z(\beta,V) \mp e^{-2\alpha}z(2\beta,V) = e^{-\alpha}z(\beta,V)\left(1\mp\frac{1}{2\sqrt{2}}e^{-\alpha}\right)$$

$$U = -\frac{\partial \ln\Theta}{\partial\beta} = -e^{-\alpha}\frac{\partial z}{\partial\beta}\left(1\mp\frac{1}{4\sqrt{2}}e^{-\alpha}\right) = -N\frac{\partial \ln z}{\partial\beta}\left(1\pm\frac{1}{4\sqrt{2}}e^{-\alpha}\right)$$

$$p = \frac{1}{\beta}\frac{\partial \ln\Theta}{\partial V} = \frac{1}{\beta}e^{-\alpha}\frac{\partial z}{\partial V}\left(1\mp\frac{1}{4\sqrt{2}}e^{-\alpha}\right) = \frac{N}{\beta}\frac{\partial \ln z}{\partial V}\left(1\pm\frac{1}{4\sqrt{2}}e^{-\alpha}\right)$$

$$\begin{aligned} S &= k_B\left(\ln\Theta - \alpha\frac{\partial\ln\Theta}{\partial\alpha} - \beta\frac{\partial\ln\Theta}{\partial\beta}\right) \\ &= k_B N\left(\ln z - \beta\frac{\partial \ln z}{\partial\beta}\right) - k_B\ln N! \mp \left(\beta\frac{\partial\ln z}{\partial\beta}+1\right)\frac{Nk_B}{4\sqrt{2}}e^{-\alpha} \end{aligned}$$

在强简并的情况下，利用 $d\sigma(\varepsilon)=\omega(\varepsilon)d\varepsilon$，可以求出巨配分函数为

$$\begin{aligned} \ln\Theta &= \pm\int_0^\infty \ln(1\pm e^{-\alpha-\beta\varepsilon})\omega(\varepsilon)d\varepsilon = \pm\int_0^\infty \ln(1\pm e^{-\alpha-\beta\varepsilon})d\sigma(\varepsilon) \\ &= \ln(1\pm e^{-\alpha-\beta\varepsilon})\,\sigma(\varepsilon)\,\Big|_0^\infty \mp \int_0^\infty \sigma(\varepsilon)d\ln(1\pm e^{-\alpha-\beta\varepsilon}) \\ &= \int_0^\infty \frac{\beta e^{-\alpha-\beta\varepsilon}\sigma(\varepsilon)d\varepsilon}{1\pm e^{-\alpha-\beta\varepsilon}} = \beta\int_0^\infty \frac{\sigma(\varepsilon)d\varepsilon}{e^{\alpha+\beta\varepsilon}\pm 1} \end{aligned} \tag{13.3.17}$$

13.3.3　光子气体

现在我们来研究一种重要的玻色子系统，即光子气体．从波粒二象性的角度分析，光子是电磁场的颗粒，而电磁场是矢量场，对应粒子的自旋 $s=1$，为玻色子；而电磁波是横波，对应磁量子数 $m_s\neq 0$，因而自旋简并度 $g=2$；电磁波可以被发射或吸收，因此光子数不固定，参数 $\alpha=0$．

考虑到电磁波以光速运动，光子是极端相对论性的，能量为 $\varepsilon=cp$；由(12.1.13)式可以算出在等能面内的状态数为

$$\sigma(\varepsilon) = \frac{g}{h^3}\iiint\limits_{p<\varepsilon/c} d\boldsymbol{p}\iiint_V d\tau = \frac{8\pi}{3}\left(\frac{\varepsilon}{hc}\right)^3 V \tag{13.3.18}$$

将上面的结果代入到(13.3.17)式，积分后得到巨配分函数

$$\ln\Theta = \beta\int_0^\infty \frac{\sigma(\varepsilon)d\varepsilon}{e^{\beta\varepsilon}-1} = \beta\int_0^\infty \frac{\sigma(1)\varepsilon^3 d\varepsilon}{e^{\beta\varepsilon}-1} = \frac{1}{\beta^3}\sigma(1)\int_0^\infty \frac{x^3dx}{e^x-1} = \frac{1}{\beta^3}\sigma(1)\frac{\pi^4}{15} \tag{13.3.19}$$

将(13.3.19)式代入到统计热力学公式(13.3.19)，得到

$$U = -\frac{\partial \ln \Theta}{\partial \beta} = \frac{\pi^4}{5}\sigma(1)\beta^{-4} = \frac{8\pi^5}{15h^3c^3}(k_B T)^4 V$$

$$p = \frac{1}{\beta}\frac{\partial \ln \Theta}{\partial V} = \frac{\pi^4}{15}\frac{\sigma(1)}{V}\beta^{-4} = \frac{8\pi^5}{45h^3c^3}(k_B T)^4 = \frac{1}{3}\frac{U}{V} \tag{13.3.20}$$

$$S = k(\ln\Theta + \beta U) = \frac{32\pi^5}{45h^3c^3}(k_B T)^3 V$$

现在来研究分布律问题.利用(13.3.18)式,能量范围[$\varepsilon,\varepsilon+d\varepsilon$)内的光子数为

$$dN = \frac{1}{e^{\beta\varepsilon}-1}d\sigma(\varepsilon) = \frac{\sigma(1)}{e^{\beta\varepsilon}-1}3\varepsilon^2 d\varepsilon \tag{13.3.21}$$

能量为

$$dE = \varepsilon dN = \frac{\sigma(1)}{e^{\beta\varepsilon}-1}3\varepsilon^3 d\varepsilon \tag{13.3.22}$$

例 13.3.1　计算光子气体中的平均粒子数.

解　对(13.3.21)式进行积分,得到

$$N = \int_0^\infty dN = \int_0^\infty \frac{1}{e^{\beta\varepsilon}-1}3\sigma(1)\varepsilon^2 d\varepsilon = \frac{1}{\beta^3}3\sigma(1)\int_0^\infty \frac{x^2 dx}{e^x-1}$$

令 $I_3 = \int_0^\infty \frac{x^2 dx}{e^x-1} = 2.404$,得到 $N = \frac{1}{\beta^3}3\sigma(1)I_3 = 3\sigma(1)I_3\,(k_B T)^3$.

例 13.3.2　计算在频率范围[$\omega,\omega+d\omega$)内光子气体的能量密度.

解　利用光子能量与频率的关系 $\varepsilon=\hbar\omega$,代入(13.3.22)式后得到

$$dE = \frac{3\sigma(1)}{e^{\beta\hbar\omega}-1}\hbar^4\omega^3 d\omega$$

单位体积单位频率间隔内的光子能量为

$$u(\omega) = \frac{1}{V}\frac{dE}{d\omega} = \frac{1}{V}\frac{3\sigma(1)}{e^{\beta\hbar\omega}-1}\hbar^4\omega^3 = \frac{1}{\pi^2c^3}\frac{\hbar\omega^3}{e^{\beta\hbar\omega}-1}$$

这正是我们所熟悉的普朗克公式.

13.3.4　自由电子气体

最后我们来研究金属中的电子.在金属中有一部分价电子脱离了原子核的束缚,成为共有电子,可以在整个金属中运动,使金属具有了导电性.在金属内部运动的共有电子既受到两边原子核的吸引力,又受到两边其他电子的排斥力,这些作用相互抵消,因而可以将这些电子近似看成是准自由粒子.电子的自旋 $s=1/2$,是费

米子,自旋简并度 $g=2$;其运动速度远远小于光速,能量是非相对论性的,$\varepsilon=\dfrac{p^2}{2m}$.

因此,在等能面内的状态数为 $\sigma_3(\varepsilon)=\dfrac{g4\pi}{3}(2m\varepsilon)^{3/2}L^3/h^3$. 由此得到巨配分函数为

$$\ln\Theta=\beta\int_0^\infty\frac{\sigma(\varepsilon)\mathrm{d}\varepsilon}{\mathrm{e}^{\alpha+\beta\varepsilon}+1}=\beta\int_0^\infty\frac{\sigma(\varepsilon)\mathrm{d}\varepsilon}{\mathrm{e}^{\beta(\varepsilon-\mu)}+1}\tag{13.3.23}$$

其中,$\mu=-\alpha/\beta$ 为单个粒子的化学势.

在极低温的情况下,$T\to 0$,或 $\beta\to\infty$. 这时

$$f_s=\frac{1}{\mathrm{e}^{\beta(\varepsilon-\mu)}+1}=\begin{cases}1(\varepsilon<\mu)\\0(\varepsilon>\mu)\end{cases}\tag{13.3.24}$$

上式中的化学势称为费米能,记为 μ_F. 上式表明对能量小于费米能的状态,每个状态上都填满了电子;而能量大于费米能的状态都是空的,这说明费米能是此时电子所能达到的最大能量. 上述现象可以解释为:电子总是倾向于处于尽可能低的能级,但是由于泡利不相容原理的限制,每个低能状态最多只能放一个电子,于是电子按照从小到大的顺序,逐个填充能级,直到 $\mu_F\varepsilon=\mu_F$ 称为费米面,费米面内的电子数为

$$N=\int_0^{\mu_F}\mathrm{d}\sigma(\varepsilon)=\sigma(\mu_F)=\frac{8\pi(2m\mu_F)^{3/2}V}{3h^3}\tag{13.3.25}$$

由此得到

$$\mu_F=\frac{1}{2m}\left(\frac{3h^3N}{8\pi V}\right)^{\frac{2}{3}}=\frac{\hbar^2}{2m}(3\pi^2n)^{\frac{2}{3}}\tag{13.3.26}$$

其中,$n=N/V$ 为自由电子数密度. 而

$$p_F=\sqrt{2m\mu_F}=\hbar\sqrt[3]{3\pi^2n}\tag{13.3.27}$$

为电子的最大动量,称为费米动量.

与费米能对应的温度称为费米温度,即 $T_F=\mu_F/k_\mathrm{B}$. 当 $T\ll T_F$ 时

$$\mathrm{e}^\alpha=\mathrm{e}^{-\mu/(k_\mathrm{B}T)}\approx\mathrm{e}^{-\mu_F/(k_\mathrm{B}T)}=\mathrm{e}^{-T_F/T}\ll 1$$

说明这时电子气体是高度简并的.

对于我们所熟悉的金属铜,它的自由电子数密度为 $n=8.5\times10^{28}\ \mathrm{m}^3$. 代入(13.3.26)式可以算出费米能为 $\mu_F\approx1.1\times10^{-18}\ \mathrm{J}\approx6.9\ \mathrm{eV}$,对应的费米温度为 $T_F=7.8\times10^4\ \mathrm{K}$. 因此,在通常的温度下,金属铜中的自由电子完全可以应用上述结果.

例 13.3.3　估算在室温条件下,金属中自由电子的平均能量.

解　由于金属中的费米温度一般都非常高,因此在室温下可以利用极低温度时自由电子的性质,由此可以算出总能量为

$$U = \int_0^{\mu_F} \frac{3}{2}\sigma(1)\varepsilon^{\frac{3}{2}}\mathrm{d}\varepsilon = \frac{3}{5}\sigma(1)\mu_F^{5/2} = \frac{3}{5}N\mu_F$$

于是自由电子的平均能量为$\langle\varepsilon\rangle = \dfrac{U}{N} = \dfrac{3}{5}\mu_F$.

例 13.3.4　在低温条件下,有近似积分公式$\int_0^\infty \dfrac{\sigma(\varepsilon)\mathrm{d}\varepsilon}{\mathrm{e}^{\beta(\varepsilon-\mu)}+1} = \int_0^\mu \sigma(\varepsilon)\mathrm{d}\varepsilon + \dfrac{\pi^2}{6}(k_B T)^2\sigma'(\mu)$,由此计算电子气体的热力学函数.

解　将积分公式代入(13.3.23)式中,得到巨配分函数

$$\begin{aligned}\ln\Theta &= \beta\left[\int_0^\mu \sigma(\varepsilon)\mathrm{d}\varepsilon + \frac{\pi^2}{6}(k_B T)\sigma'(\mu)\right]\\ &= \frac{2}{5}\beta\sigma(1)\mu^{5/2} + \beta^{-1}\frac{\pi^2}{4}\sigma(1)\mu^{1/2} = \frac{2}{5}\sigma(1)\beta^{-3/2}(-\alpha)^{5/2}\left[1+\frac{5\pi^2}{8\alpha^2}\right]\end{aligned}$$

代入统计热力学公式后得到

$$N = -\frac{\partial\ln\Theta}{\partial\alpha} = \sigma(1)\left(\frac{-\alpha}{\beta}\right)^{3/2}\left[1+\frac{\pi^2}{8\alpha^2}\right]$$

$$U = -\frac{\partial\ln\Theta}{\partial\beta} = \frac{3}{5}\sigma(1)\left(\frac{-\alpha}{\beta}\right)^{5/2}\left[1+\frac{5\pi^2}{8\alpha^2}\right]$$

$$p = \frac{1}{\beta}\frac{\partial\ln\Theta}{\partial V} = \frac{2}{5}\frac{\sigma(1)}{V}\left(\frac{-\alpha}{\beta}\right)^{5/2}\left[1+\frac{5\pi^2}{8\alpha^2}\right] = \frac{2}{3}\frac{U}{V}$$

$$S = k(\ln\Theta + \alpha N + \beta U) = \frac{\pi^2}{2}k\sigma(1)\beta^{-3/2}(-\alpha)^{1/2}$$

习　题　13

1. 一维非简谐振子的势能为 $V = cx^2 - gx^3 + fx^4$,其中,c,g,f 均为常数,且 $g, f \ll c$.用累积展开方法求非简谐项对热容量和平均位置的修正.
2. 系统由两个原子组成,每个原子有三个量子态,能量分别为 $0,\varepsilon,2\varepsilon$,体系与温度为 T 的热源接触,就下列情况写出系统的正则配分函数.

(1) 服从经典统计,粒子可分辨;(2) 服从经典统计,粒子不可分辨;(3) 服从费米统计;(4) 服从玻色统计.

3. 由正则分布证明系统的熵与各个状态的概率 ρ_s 之间满足关系 $S = -k_B\sum_s \rho_s \ln\rho_s$.

4. 如果原子脱离晶体内部的正常位置而占据表面上的正常位置,构成新的一层,晶体内将出现缺位.晶体的这种缺陷称为肖脱基缺位.以 N 表示晶体中的原子数,n 表示晶体中的缺位数,u 表示原子在表面位置与正常位置的能量差.设 $n\ll N$,忽略晶体体积的变化,试求温度为 T 时晶体中的缺位数.

5. 分子间的相互作用能为 $\varphi(r)=\begin{cases}-a\left(\dfrac{d}{r}\right)^k & (r>d)\\ \infty & (r\leqslant d)\end{cases}$,求 $k>3$ 时气体的内能和物态方程.

6. 金属表面积为 A,把一个氦原子从金属表面移到无穷远处须做功 Φ.氦原子间无相互作用,它们可以在二维金属表面上自由运动.如果氦气的压强为 p,温度为 T,并与金属处于热平衡,求单位金属表面上平均吸附的氦原子数.

7. 为了改进爱因斯坦模型,德拜提出固体中 $3N$ 个振动频率由低到高可以取不同值,与光波相似,简并度为 $D(\omega)=B\omega^2$,其最高频率称为德拜频率,记为 ω_D.计算德拜频率并求计算系统在低温下的比热.

8. 石墨具有层状晶体结构,其层间碳原子耦合远远小于层内的耦合,实验发现低温下石墨的热容量与温度的平方成比例,对此给出理论解释.

9. 试证明,理想玻色和费米系统的熵可分别表示为

$$S_{\mathrm{BE}} = k_B\sum_s\left[f_s\ln f_s-(1+f_s)\ln(1+f_s)\right],$$

$$S_{\mathrm{FD}} = -k_B\sum_s\left[f_s\ln f_s+(1-f_s)\ln(1-f_s)\right]$$

其中 f_s 为量子态 s 上的平均粒子数.同时证明,当 $f_s\ll 1$ 时,有

$$S_{\mathrm{BE}}\approx S_{\mathrm{FD}}\approx S_{\mathrm{MB}} = -k_B\sum_s(f_s\ln f_s-f_s)$$

10. 推导二维空间中平衡辐射的普朗克公式,并据此求平均总光子数和内能.

11. 分别计算温度为 1 000 K 的平衡辐射和温度为 3 K 的宇宙背景辐射中光子的数密度.

12. 按波长分布太阳辐射能的极大值在 $\lambda\approx 480$ nm 处,求太阳表面的温度.

13. 根据玻色分布,证明理想玻色气体的化学势具有如下性质:

(1) $\left(\frac{\partial \mu}{\partial T}\right)_{N,V} < \frac{\mu-\varepsilon_0}{T} < 0$，其中，$\varepsilon_0$ 为单粒子基态能量；(2) $\left(\frac{\partial \mu}{\partial N}\right)_{T,V} > 0$；

(3) $\left(\frac{\partial N_0}{\partial T}\right)_{N,V} < 0$，其中，$N_0$ 为单粒子基态能级的粒子数.

14. 对理想玻色气体，证明：

(1) $\lim\limits_{T\to 0}\mu = \varepsilon_0$；(2) $\lim\limits_{T\to 0}N_0 = N$.

15. 根据玻色分布，证明存在一个温度 T_α，使三维非相对论理想玻色气体的基态粒子数满足关系 $N_0 = \alpha N (0<\alpha<1)$.

16. 证明在费米能级附近，费米分布函数 $f(\varepsilon) = \frac{1}{e^{\beta(\varepsilon-\mu)}+1}$ 的斜率随温度的降低而增大，并计算在费米能级处的斜率.

17. 室温下某金属中自由电子气体的数密度 $n = 6\times 10^{28}\ \mathrm{m^{-3}}$，某半导体中导电电子的数密度为 $n = 10^{28}\ \mathrm{m^{-3}}$，试验证这两种电子气体是否为简并气体.

18. 铅的密度为 $\rho = 11.4\ \mathrm{g/cm^3}$，原子量为 $M = 208\ \mathrm{g/mol}$，费米能为 9.4 eV. 试求其导电电子数密度，原子数密度和化学价.

19. 银的导电电子数密度为 $5.9\times 10^{28}\ \mathrm{m^{-3}}$. 试求 0 K 时电子气体的费米能量、费米速率和简并压.

20. 试求绝对零度下自由电子气体中电子的平均速率.

21. 求绝对零度下理想费米气体的等温压缩系数.

22. 已知声速 $a = \sqrt{\left(\frac{\partial p}{\partial \rho}\right)_S}$，其中，$\rho$ 为空气密度. 试证明在 0 K 理想费米气体中 $a = \frac{\mu_F}{\sqrt{3}}$.

23. 求一维准自由电子的费米能量和费米动量.

24. 假设自由电子在二维平面上运动，面密度为 n. 试求 0 K 时二维电子气体的费米能量、内能和简并压.

25. 试求在极端相对论条件下自由电子气体在 0 K 时的费米能量、内能和简并压.

26. 理想晶体能带中电子能量与动量之间的关系为 $\varepsilon = \sqrt{a+bp^2}$，式中，$a$，$b$ 为常数.

(1) 计算该能带中的态密度；(2) 计算费米能量.

27. 利用例 13.3.4 所得强简并巨配分函数的近似式 $\ln\Theta = \frac{2}{5}\sigma(1)\beta^{-3/2}(-\alpha)^{5/2}$

$\left(1+\frac{5\pi^2}{8\alpha^2}\right)$，计算低温条件下的化学势，并证明巨配分函数可以写成 $\ln\Theta=\frac{2\pi N}{5\theta}\left(1+\frac{5}{12}\theta^2\right)\left(\theta=\frac{\pi}{\beta\mu_F}\right)$.

28. 已知 0 K 时铜中自由电子气体的化学势 $\mu_F=7.04\ \mathrm{eV}$，试求 300 K 时的一级修正值.

29. 利用例 13.3.4 所得强简并费米气体的结果，求体胀系数和压强系数.

30. 利用例 13.3.4 所得强简并费米气体的结果，求定容热容量.

部分习题答案

习　题　1

1. 提示：$\mathrm{d}v^2 = 3\boldsymbol{v} \cdot \mathrm{d}\boldsymbol{v} = 0$.

2. 答案：$\dfrac{1}{v} = \dfrac{1}{v_0} - \dfrac{\cot\theta}{a}t$.

3. 提示：$v^2 = \dot{\rho}^2 + \rho^2\dot{\varphi}^2 = [\rho'(\varphi)]^2\dot{\varphi}^2 + \rho^2\dot{\varphi}^2$.

4. 答案：$\rho = 4R\sin\dfrac{1}{2}kt$.

5. 答案：午后 45 分两船距离最近，最近距离为 15.9 km.

6. 答案：$a_\rho = \lambda^2\rho - \mu^2\varphi^2/\rho$，$a_\varphi = \mu\varphi(\mu/\rho + \lambda)$.

7. 答案：$v_1 = v_0/\sqrt{1 + k^2 v_0^2}$.

8. 答案：$t = a/\sqrt{m\pi/2k}$.

9. 提示：$V(x) = -2kx^{-1/2} + V_0$.

10. 答案：$V = axy + bx^2y^3 + V_0$.

11. 答案：$F = -V'(r) = -k(1 + \alpha r)\mathrm{e}^{-\alpha r}/r^2$.

12,13. 提示：$m\boldsymbol{v}_C = \sum_i m_i\boldsymbol{v}_i$.

14. 提示：利用机械能守恒和平行分界面的动量守恒.

15. 提示：由机械能守恒和动量守恒，可得 $\boldsymbol{v}_1 \cdot \boldsymbol{v}_2 = 0$.

16. 提示：由能量守恒，得$\dfrac{1}{2}Mv^2 + Q = \dfrac{1}{2}m_1v_1^2$；由动量守恒，得 $Mv = m_1v_1$.

17. 答案：$L = \dfrac{1}{2}mR^2\omega$，$T = \dfrac{1}{4}mR^2\omega^2$.

18. 答案：$t = 3R\omega_0/(4\mu g)$.

习　题　2

1. 答案：$t=\ln(1+2kv_0\sin\alpha/g)/k$.

2. 答案：$T=\dfrac{(1/n)!}{(1/n-1/2)!}\sqrt{\dfrac{8\pi m}{E}}\sqrt[n]{\dfrac{E}{A}}$.

3. 答案：$T=\pi\sqrt{-2m/(Ek^2)}$.

4. 提示：在平衡位置附近 $V(x)=V_0k^2x^2$.

5. 答案：$T=2\pi/\sqrt{2V_0(1+k^2A^2)/m}$，其中，$A^2$ 满足关系 $E=V_0(A^2+k^2A^4)$.

6. 提示：由角动量守恒，得到 $r_fv_f=r_nv_n$.

7. 提示：利用例 2.2.2 中的方法.

8. 提示：质点运动轨迹的极坐标方程为 $\rho=2R\cos\varphi$.

9. 提示：质点运动轨迹的极坐标方程为 $\rho=e^{k\varphi}$.

10. 答案：$L^2=mkR(1-\alpha R)e^{-\alpha R}, E=-k(1-\alpha R)e^{-\alpha R}/(2R)$.

11. 答案：$\dfrac{1}{r}=A\cos(k\varphi+\varphi)+\dfrac{\mu^2}{k^2h^2}, k^2=\dfrac{h^2-\nu}{h^2}$（$A,\varphi$ 为积分常数）.

12. 答案：$d=\sqrt{h^2+c/v_\infty^2}$.

13. 答案：$\begin{cases}\ddot{x}_C=0\\ m\ddot{x}=-2kx\end{cases}, x_C=\dfrac{1}{2}(x_2+x_1), x=x_2-x_1-a$，其中，$a$ 为弹簧长度.

14. 提示：将氢原子中的质子质量换成电子质量.

习　题　3

1. 答案：(1) p_x, p_y, L_z；(2) p_z, L_z.

2. 答案：$\tan\theta=b^2/(a^2+2ab)$.

3. 答案：$L=\dfrac{1}{2}m(\dot{r}^2+\omega^2r^2\sin^2\alpha)-mgr\cos\alpha$.

4. 答案：$L=\dfrac{1}{2}m\dot{x}^2-V_0\tanh^2kx$.

5. 答案：有心力场中质点做平面运动，取极坐标后 $L=\dfrac{1}{2}m(\dot{\rho}^2+\rho^2\dot{\varphi}^2)+ke^{-\alpha\rho}/\rho$.

6. 答案：设质点距离转动轴的距离为 x，$L=\dfrac{1}{2}m(\dot{x}^2+\omega^2x^2)-mgx\sin\omega t$.

7. 答案：$d=a(2-\cos\omega t)$.

8. 提示：$L=\frac{1}{2}m(\dot{x}^2+\frac{x^2}{4a^2}\dot{x}^2+\omega^2x^2)-\frac{mgx^2}{4a}$.

9. 答案：$2a\omega^2=g$.

10. 答案：$l=\frac{4(c^2-2r^2)}{c}$.

11. 提示：$L=\frac{1}{2}m(\dot{\rho}^2+\dot{\rho}^2\cot^2\alpha+\rho^2\dot{\varphi}^2)-mg\rho\cot\alpha$.

12. 提示：取 A 端位置为 x，杆身与铅垂线的夹角为 θ，拉格朗日函数为

$$L=\frac{1}{2}m(\dot{x}^2+\frac{4}{3}a^2\dot{\theta}^2+2a\dot{x}\dot{\theta}\cos\theta)+mga\cos\theta$$

13. 提示：取 $x_C=\frac{m_1x_1+m_2x_2}{m}$ 和 $x=x_2-x_1-a$，$L=\frac{1}{2}(m\dot{x}_C^2+\mu\dot{x}^2)-\frac{1}{2}kx^2$.

14. 答案：$H=\frac{1}{2m}p^2+V_0\tanh^2kx$；$H=\frac{1}{2m}p^2-\frac{1}{2}m\omega^2x^2+mgx\sin\omega t$.

15. 答案：$H=\frac{1}{2m}p_\rho^2+\frac{1}{2m\rho^2}p_\varphi^2-\frac{k\mathrm{e}^{-\alpha\rho}}{\rho}$.

习 题 4

1. 提示：参考例 4.1.1.
2. 答案：$\ln x=C-a/(by)$.
3. 答案：$\rho=C_1, z=C_2$.
4. 答案：$\theta=C_1, \varphi=C_2$.
5. 提示：利用直角坐标系中梯度、散度和旋度的公式.
6. 提示：$\nabla\cdot(\phi\nabla\psi)=\phi\nabla^2\psi-\nabla\phi\cdot\nabla\psi$.
7. 提示：利用例 4.2.5 中的结果.
8. 提示：$\nabla A^2=\nabla(\boldsymbol{A}\cdot\boldsymbol{A})$.
9. 提示：考虑 $\int_V\boldsymbol{C}\cdot(\nabla\times A)\mathrm{d}\tau$，其中，$\boldsymbol{C}$ 为任意常矢量.
10. 提示：利用 $\nabla\times\nabla\psi=0$，$\nabla\cdot\boldsymbol{A}=0$.
11. 答案：$\nabla u=-Ak\mathrm{e}^{-kx}\sin\pi y\boldsymbol{e}_x+\pi A\mathrm{e}^{-kx}\cos\pi y\boldsymbol{e}_y$.
12. 答案：$\nabla u=-\frac{\rho_0}{2\varepsilon}\boldsymbol{e}_\rho\begin{cases}\rho & (\rho<a)\\ a^2/\rho & (\rho\geqslant a)\end{cases}$.

13. 答案：$\nabla u = A(\boldsymbol{e}_r\cos\theta - \boldsymbol{e}_\theta\sin\theta)$.

14. 答案：$\nabla u = -\boldsymbol{e}_r\dfrac{2p}{4\pi\varepsilon_0 r^3}\cos\theta - \boldsymbol{e}_\theta\dfrac{p}{4\pi\varepsilon_0 r^3}\sin\theta$.

15. 答案：$\nabla\cdot\boldsymbol{A} = ay + 2by, \nabla\times\boldsymbol{A} = -ax\boldsymbol{e}_z$.

16. 答案：$\nabla\cdot\boldsymbol{E} = \dfrac{\rho_0}{\varepsilon}\begin{cases}1 (\rho < a)\\0 (\rho \geqslant a)\end{cases}$.

17. 答案：$\nabla\cdot\boldsymbol{E} = \dfrac{\rho_0}{\varepsilon}\begin{cases}1 (r < a)\\0 (r \geqslant a)\end{cases}$.

18. 答案：(1) $\nabla\times\boldsymbol{B} = \mu\boldsymbol{J}_0\boldsymbol{e}_z\begin{cases}1 (\rho \leqslant a)\\0 (\rho > a)\end{cases}$；(2) $\nabla\times\boldsymbol{B} = \mu\boldsymbol{J}_0(\cos\theta\boldsymbol{e}_r - \sin\theta\boldsymbol{e}_\theta)\begin{cases}1 (\rho \leqslant a)\\0 (\rho > a)\end{cases}$.

19. 答案：最大值点为(1,1)，该点的风向沿着 $\boldsymbol{e}_x - 2\boldsymbol{e}_y$.

20. 答案：$\boldsymbol{q} = kA(\alpha r - 2)\mathrm{e}^{-\alpha r}\boldsymbol{r}, \nabla\cdot\boldsymbol{q} = kA(6\alpha r - \alpha^2 r^2 - 6)\mathrm{e}^{-\alpha r}$.

21. 答案：$\boldsymbol{J} = 2\alpha^2 DN\mathrm{e}^{-\alpha^2 r^2}\boldsymbol{r}, \Phi = 8\pi\alpha^2 a^3 DN\mathrm{e}^{-\alpha^2 a^2}$.

22. 答案：$|\nabla h| = 2h_0\alpha^2\mathrm{e}^{-\alpha^2 y^2}\sqrt{x^2 + (1-\alpha^2 x^2)^2 y^2}$.

23. 答案：$\nabla\cdot\boldsymbol{v} = 0, \nabla\times\boldsymbol{v} = 2\boldsymbol{\omega}$.

24. 答案：$\nabla\times\boldsymbol{v} = 0.001(2y - 100)\boldsymbol{e}_z$.

25. 提示：$\nabla\cdot(\rho\boldsymbol{v}) = \nabla\rho\cdot\boldsymbol{v} + \rho\nabla\cdot\boldsymbol{v}$.

26. 答案：$q = e_0(5\mathrm{e}^{-2} - 1) \approx -0.323e_0$.

27. 答案：$\rho = 3Q/(4\pi a^3)(r < a); \rho = 0(r > a)$.

28. 答案：电荷密度 $\rho = -\varepsilon_0 Ak\mathrm{e}^{-kr}/r^2$，$\Phi = Aa\mathrm{e}^{-ka}$.

29. 提示：设 $\boldsymbol{E} = E\boldsymbol{e}_z$，考虑$\nabla\cdot\boldsymbol{E} = 0, \nabla\times\boldsymbol{E} = 0$.

30. 答案：$\boldsymbol{E} = \rho\boldsymbol{r}/3\varepsilon_0$.

31. 提示：该系统可视为带正电($+\rho$)的 R 球与带负电的($-\rho$)的 R_1 球的叠加而成.

32. 提示：利用 $\boldsymbol{p}(t) = \sum_i q_i\boldsymbol{r}'_i(t)$.

33. 答案：$\rho = \dfrac{E_0\varepsilon_0}{4\pi}\dfrac{kr\cos(kr-\omega t) + \sin(kr-\omega t)}{r^2}, \boldsymbol{J}_D = \dfrac{E_0\varepsilon_0}{4\pi}\dfrac{-\omega\cos(kr-\omega t)}{r}\boldsymbol{e}_r$.

34. 答案：取对称轴为 z 轴，则 $\boldsymbol{J}_D = -\dfrac{\varepsilon U_0\omega}{d}\sin\omega t\boldsymbol{e}_z, I_D = \pi a^2 J_D$.

35. 提示:利用高斯定理(4.2.9)和斯托克斯定理(4.2.12).

36. 答案:$\dot{\rho}_f = \nabla \cdot \dot{\boldsymbol{D}} = \nabla \cdot \nabla \times \boldsymbol{H} - \nabla \cdot \boldsymbol{J}_f = -\nabla \cdot \boldsymbol{J}_f$.

37. 答案:(1) $\sigma_{PA} = -kb, \sigma_{PB} = k(b+l)$;(2) $\rho_P = -k$;(3) $Q_P = 0$.

38. 答案:$\rho_P = \left(\frac{\varepsilon_0}{\varepsilon} - 1\right)\rho(r<R)$;$\sigma_P = \frac{1}{3}\left(1 - \frac{\varepsilon_0}{\varepsilon}\right)R\rho(r=R)$.

39. 提示:$\boldsymbol{J}_M = \nabla \times \boldsymbol{M}, \boldsymbol{J}_f = \nabla \times \boldsymbol{H}, \boldsymbol{M} = \frac{1}{\mu_0}\boldsymbol{B} - \boldsymbol{H}$.

40. 提示:类比例 4.4.3.

41. 答案:$E_1 = \frac{\sigma_f}{\varepsilon_1}, E_2 = \frac{\sigma_f}{\varepsilon_2}, \sigma_p = \left(\frac{\varepsilon_0}{\varepsilon_2} - \frac{\varepsilon_0}{\varepsilon_1}\right)\sigma_f$, $\sigma_{P1} = -\sigma_f\left(1 - \frac{\varepsilon_0}{\varepsilon_1}\right), \sigma_{P2} = \sigma_f\left(1 - \frac{\varepsilon_0}{\varepsilon_2}\right)$.

42. 答案:$\boldsymbol{D} = \frac{Q}{4\pi r^2}\boldsymbol{e}_r, \boldsymbol{P} = -\frac{Q}{4\pi r^2}Kr\boldsymbol{e}_r, \sigma_a = \frac{Q}{4\pi a}K, \sigma_b = -\frac{Q}{4\pi b}K$.

43. 提示:(1) 利用边值关系 $\boldsymbol{n} \times \Delta\boldsymbol{E} = 0$;(2) 利用边值关系 $\boldsymbol{n} \cdot \Delta\boldsymbol{D} = 0$.

44. 答案:(1) $\rho' = \rho, \boldsymbol{E}' = -\boldsymbol{E}, \boldsymbol{B}' = \boldsymbol{B}, \boldsymbol{J}' = -\boldsymbol{J}$;(2) $\rho' = \rho, \boldsymbol{E}' = \boldsymbol{E}, \boldsymbol{B}' = -\boldsymbol{B}, \boldsymbol{J}' = -\boldsymbol{J}$;(3) $\rho' = -\rho, \boldsymbol{E}' = -\boldsymbol{E}, \boldsymbol{B}' = -\boldsymbol{B}, \boldsymbol{J}' = -\boldsymbol{J}$.

45. 提示:利用上题的结果.

习 题 5

1. 提示:利用$\nabla \cdot \boldsymbol{D} = \rho$ 和$\boldsymbol{D} = \varepsilon\boldsymbol{E}$.

2. 提示:利用边值关系为 $\boldsymbol{n} \cdot \Delta\boldsymbol{D} = \sigma$.

3. 答案:$\phi(r) = \frac{b}{12\varepsilon_0}\begin{cases} 4a^3 - r^3 & (r<a) \\ 3a^4 r^{-1} & (r>a) \end{cases}, \boldsymbol{E} = \boldsymbol{e}_r \frac{b}{4\varepsilon_0}\begin{cases} r^2 & (r<a) \\ a^4/r^2 & (r>a) \end{cases}$.

4. 答案:$\phi(r) = \frac{\rho_0}{6\varepsilon_0}\begin{cases} 3(b^2 - a^2) & (r<a) \\ 3b^2 - r^2 - 2a^3/r & (a<r<b) \\ 2(b^3 - a^3)/r & (b<r) \end{cases}, \boldsymbol{E} = \frac{\rho_0 \boldsymbol{e}_r}{3\varepsilon_0}\begin{cases} 0 & (0<r<a) \\ r - a^3/r^2 & (a<r<b) \\ (b^3 - a^3)/r^2 & (b<r) \end{cases}$.

5. 答案:$\phi(r) = \frac{-\lambda a^4}{12\varepsilon_0}\begin{cases} z^4/a^4 & (z \leqslant a) \\ 4z/a - 3 & (z>a) \end{cases}, \boldsymbol{E} = \frac{-\lambda}{3\varepsilon_0}\begin{cases} z^3 & (|z| \leqslant a) \\ a^3 & (|z|>a) \end{cases}$.

6. 答案:$\phi(z) = \frac{U_0\bar{\varepsilon}}{d}\int_0^z \frac{1}{\varepsilon}\mathrm{d}z, \boldsymbol{E} = -\frac{U_0\bar{\varepsilon}}{d\varepsilon}\boldsymbol{e}_z$,其中,$\bar{\varepsilon} = d\Big/\int_0^d \frac{1}{\varepsilon}\mathrm{d}z$.

7. 答案:(1) $\phi(\rho)=\dfrac{U_0\ln(\rho/a)}{\ln(b/a)}$, $\boldsymbol{E}=-\dfrac{U_0}{\ln(b/a)\rho}\boldsymbol{e}_\rho$.

8. 答案:(2) $\rho_p=0$, $\sigma_p=(\varepsilon-\varepsilon_0)\dfrac{U_0}{a\ln(b/a)}(0<\varphi<\alpha)$.

9. 答案:(1) $\phi(r)=\dfrac{1-a/r}{1-a/b}U_0$. $\boldsymbol{E}=-\dfrac{aU_0}{1-a/b}\dfrac{\boldsymbol{e}_r}{r^2}$.

10. 答案:$\boldsymbol{E}=\dfrac{Q\boldsymbol{e}_r}{4\pi r^2}\begin{cases}1/\varepsilon\ (r<R)\\1/\varepsilon_0\ (r>R)\end{cases}$, $\varphi=\dfrac{Q}{4\pi\varepsilon}\begin{cases}\varepsilon r^{-1}/\varepsilon_0 & (r>R)\\(\varepsilon/\varepsilon_0-1)R^{-1}+r^{-1} & (r>R)\end{cases}$.

11. 答案:$\boldsymbol{E}=\dfrac{1}{4\pi\varepsilon}\dfrac{Q}{r^3}\boldsymbol{r}-\dfrac{1}{4\pi\varepsilon}\dfrac{r^2\boldsymbol{p}-3(\boldsymbol{r}\cdot\boldsymbol{p})\boldsymbol{r}}{r^5}$.

12. 答案:(1) $Q=\lambda_0 a$, $\boldsymbol{p}=\dfrac{1}{2}\lambda_0 a^2\boldsymbol{k}$;(2) $\boldsymbol{E}\approx\dfrac{1}{4\pi\varepsilon}\dfrac{\lambda_0 a}{r^3}\boldsymbol{r}-\dfrac{\lambda_0 a^2}{8\pi\varepsilon}\dfrac{r^2\boldsymbol{k}-3z\boldsymbol{r}}{r^5}$.

13. 答案:(1) $Q=4q$, $\boldsymbol{p}=8qa\boldsymbol{k}$;(2) $\boldsymbol{E}\approx\dfrac{1}{4\pi\varepsilon}\dfrac{4q}{r^3}\boldsymbol{r}-\dfrac{2qa}{\pi\varepsilon}\dfrac{r^2\boldsymbol{k}-3z\boldsymbol{r}}{r^5}$.

14. 答案:(1) $Q=\sigma_0 ab$, $\boldsymbol{p}=\dfrac{1}{2}\sigma_0 ab(a\boldsymbol{i}+b\boldsymbol{j})$;(2) $\phi(\boldsymbol{r})\approx\dfrac{1}{4\pi\varepsilon}\dfrac{\sigma_0 ab}{r}+\dfrac{\sigma_0 ab}{8\pi\varepsilon}\dfrac{ax+by}{r^3}$.

15. 答案:(1) $Q=4q$, $\boldsymbol{p}=2q(a\boldsymbol{i}+b\boldsymbol{j})$;(2) $\phi(\boldsymbol{r})\approx\dfrac{1}{4\pi\varepsilon}\dfrac{4q}{r}+\dfrac{1}{4\pi\varepsilon}\dfrac{2q(ax+by)}{r^3}$.

16. 提示:质心系中的电偶极矩为 $\boldsymbol{p}'=\int\boldsymbol{r}'\rho(\boldsymbol{r})\mathrm{d}\tau$, $\boldsymbol{r}'=\boldsymbol{r}-\boldsymbol{r}_{\mathrm{c}}$.

17. 答案:$D_{zz}=\lambda_0 a^3$, $\phi^{(2)}=\dfrac{\lambda_0 a^3}{24\pi\varepsilon}\cdot\dfrac{3z^2-r^2}{r^5}$; $D_{zz}=18qa^2$, $\varphi^{(2)}=\dfrac{3qa^2}{4\pi\varepsilon}\cdot\dfrac{3z^2-r^2}{r^5}$.

18. 提示:参见例 5.1.5.

19. 提示:用电像法.

20. 提示:电偶极矩 $\boldsymbol{p}=p(\sin\theta\boldsymbol{i}+\cos\theta\boldsymbol{k})$;像偶极矩为 $\boldsymbol{p}'=p(-\sin\theta\boldsymbol{i}+\cos\theta\boldsymbol{k})$.

21. 提示:电偶极矩 $\boldsymbol{p}=p\boldsymbol{e}_r$;像偶极矩为 $\boldsymbol{p}'=R^3\boldsymbol{p}/(R+h)^3$.

22. 提示:电像有 3 个,分布为$(-a,b,0)$,$-q$;$(a,-b,0)$,$-q$;$(-a,-b,0)$,q.

23. 答案:$\phi=I/4\pi\sigma r$.

24. 提示:相当于介电常数为 σ,在$(0,0,h)$和$(0,0,-h)$两处分别放置电量为 I 的正负点电荷.

25. 答案:$\dfrac{q^2}{8\pi\varepsilon}\cdot\dfrac{d}{a^2}$.

26. 答案：$C=\dfrac{2\pi\varepsilon}{\ln(b/a)}$，$W_E=\dfrac{\pi\varepsilon U_0^2}{\ln(b/a)}$；$C=\dfrac{\alpha\varepsilon+(2\pi-\alpha)\varepsilon_0}{\ln(b/a)}$，$W_E=\dfrac{1}{2}CU_0^2$.

27. 答案：$C=\dfrac{4\pi\varepsilon}{1/a-1/b}$，$W_E=\dfrac{2\pi\varepsilon aU_0^2}{1-a/b}$.

28. 提示：考虑电偶极子电场中点电荷所受到的相互作用力和相互作用能.

29. 答案：$\boldsymbol{F}=\dfrac{3}{4\pi\varepsilon}\dfrac{r^2[(\boldsymbol{p}_1\cdot\boldsymbol{p}_2)\boldsymbol{r}+(\boldsymbol{p}_1\cdot\boldsymbol{r})\boldsymbol{p}_2+\boldsymbol{p}_1(\boldsymbol{r}\cdot\boldsymbol{p}_2)]-5(\boldsymbol{r}\cdot\boldsymbol{p}_1)(\boldsymbol{r}\cdot\boldsymbol{p}_2)\boldsymbol{r}}{\varepsilon r^7}$，

$W=\dfrac{1}{4\pi\varepsilon}\dfrac{r^2(\boldsymbol{p}_1\cdot\boldsymbol{p}_2)-3(\boldsymbol{r}\cdot\boldsymbol{p}_1)(\boldsymbol{r}\cdot\boldsymbol{p}_2)}{r^5}$.

30. 答案：(1) $\boldsymbol{F}=-\dfrac{1}{4\pi\varepsilon}\dfrac{q^2}{(2h)^2}$；(2) $W=\dfrac{1}{16\pi\varepsilon}\dfrac{q^2}{h}$.

31. 提示：点电荷与导体球的相互作用等效于与像电荷的相互作用.

32. 答案：$\boldsymbol{F}=\dfrac{-3p^2}{64\pi\varepsilon h^4}(1+\cos^2\theta)$.

33. 提示：应用唯一性定理求磁感应强度.

34. 答案：$\boldsymbol{B}=\dfrac{\mu\mu_0}{\mu+\mu_0}\dfrac{I}{\pi\rho}\boldsymbol{e}_\varphi$，$\boldsymbol{I}_M=\dfrac{\mu-\mu_0}{\mu+\mu_0}\boldsymbol{I}$.

35. 提示：$\nabla\times\boldsymbol{A}'=\nabla\times\boldsymbol{A}$.

36. 答案：$\varphi=B_0xy+C$.

37. 提示：利用磁场的边值关系 $\boldsymbol{n}\times\Delta\boldsymbol{H}=\boldsymbol{\alpha}$，和 $\boldsymbol{H}=\nabla\times\boldsymbol{A}/\mu$.

38. 提示：$\nabla\times\boldsymbol{H}=\boldsymbol{J}$，$\boldsymbol{H}=\nabla\times\boldsymbol{A}/\mu$.

39. 答案：故 $\boldsymbol{A}=\dfrac{\mu J_0a^2\boldsymbol{e}_z}{4}\begin{cases}1-\rho^2/a^2 & (\rho\leqslant a)\\ -2\ln(\rho/a) & (\rho>a)\end{cases}$，$\boldsymbol{B}=\dfrac{1}{2}\mu J_0\boldsymbol{e}_\varphi\begin{cases}\rho & (\rho\leqslant a)\\ a^2/\rho & (\rho>a)\end{cases}$.

40. 答案：$\boldsymbol{A}=\dfrac{\mu_0J_0a^2\boldsymbol{e}_z}{4}\begin{cases}\mu(1-\rho^2/a^2) & (\rho\leqslant a)\\ -2\mu_0\ln\rho/a & (\rho>a)\end{cases}$，$\boldsymbol{B}=\dfrac{\mu_0J_0a^2\boldsymbol{e}_\varphi}{2}\begin{cases}\mu\rho/a^2 & (\rho\leqslant a)\\ -\mu_0/\rho & (\rho>a)\end{cases}$.

41. 提示：利用第 39 题结果和叠加原理.

42. 答案：$\boldsymbol{A}=\dfrac{\mu_0nI\rho}{2}\boldsymbol{e}_\phi\quad(\rho\leqslant a)$；$\boldsymbol{A}=\dfrac{\mu_0nIa^2}{2\rho}\boldsymbol{e}_\varphi\quad(\rho>a)$.

43. 答案：$\boldsymbol{B}=\dfrac{1}{2}\begin{cases}\mu\rho_e\omega(a^2-\rho^2)\boldsymbol{e}_z & (\rho<a)\\ 0 & (\rho>a)\end{cases}$.

44. 提示：利用磁标势求解.

45. 答案：$\boldsymbol{M}=\sigma a\boldsymbol{\omega}$.

46. 答案：$W=\dfrac{\pi}{16}\mu J_0^2a^4$，$L=\dfrac{1}{8\pi}\mu$.

47. 答案：$W=\dfrac{\mu\pi}{24}\rho_e^2\omega^2a^6, L=\dfrac{\mu\pi}{3}a^2$.

48. 答案：$\boldsymbol{L}=\dfrac{\mu}{4\pi}\boldsymbol{m}_2\times\dfrac{3(\boldsymbol{r}\cdot\boldsymbol{m}_1)\boldsymbol{r}-r^2\boldsymbol{m}_1}{r^5}, W=\dfrac{\mu}{4\pi}\dfrac{r^2(\boldsymbol{m}_1\cdot\boldsymbol{m}_2)-3(\boldsymbol{r}\cdot\boldsymbol{m}_1)(\boldsymbol{r}\cdot\boldsymbol{m}_2)}{r^5}$.

49. 答案：(1) $p_i=\sum\limits_j M_{i,j}\dot{Q}_j$；(2) $\sum\limits_j M_{i,j}\ddot{Q}_j=-\dfrac{\partial V(Q)}{\partial Q_i}$.

(3) $H=\dfrac{1}{2}\sum\limits_{i,j}M_{i,j}^{-1}p_jp_i+V(Q)$，其中，$\boldsymbol{M}^{-1}$为电感矩阵的逆.

50. 答案：(1) $\ddot{Q}+\omega^2Q=0, \omega^2=\dfrac{1}{MC}$；(2) $H=\dfrac{1}{2M}p^2+\dfrac{1}{2C}Q^2, p=M\dot{Q}$.

习 题 6

1. 提示：利用例 6.1.1 中的结果.

2. 答案：$\begin{cases}\nabla'\times\boldsymbol{E}_0=\mathrm{i}\omega\boldsymbol{B}_0 & (\nabla'\cdot\boldsymbol{E}_0=0)\\ \nabla'\times\boldsymbol{B}_0=-\mathrm{i}\omega\mu\varepsilon\boldsymbol{E}_0 & (\nabla'\cdot\boldsymbol{B}_0=0)\end{cases}$，其中，$\nabla'=\mathrm{i}k_x\boldsymbol{e}_x+\mathrm{i}k_y\boldsymbol{e}_y+\boldsymbol{e}_z\dfrac{\partial}{\partial z}$.

3,4. 答案：$\begin{cases}\nabla^2\boldsymbol{E}_0+\mu\varepsilon\omega^2\boldsymbol{E}_0=0\\ \nabla^2\boldsymbol{B}_0+\mu\varepsilon\omega^2\boldsymbol{B}_0=0\end{cases}$.

5. 答案：(1) $\lambda=2\pi/k$；(2) $\boldsymbol{e}_x$；(3) $\boldsymbol{e}_z$.

6. 答案：(1) $\lambda=2\pi/k, k=|\boldsymbol{k}|, \boldsymbol{k}=k_x\boldsymbol{e}_x+k_z\boldsymbol{e}_z, \nu=v/\lambda$，其中，$v$ 为电磁波的传播速度；(2) $\boldsymbol{B}=\dfrac{1}{\omega}(k_x\boldsymbol{e}_z-k_z\boldsymbol{e}_x)E_0\mathrm{e}^{\mathrm{i}(k_xx+k_yy)}$；(3) $\langle\boldsymbol{S}\rangle=\dfrac{1}{\mu\omega}E_0^2(k_x\boldsymbol{e}_x+k_z\boldsymbol{e}_z)$.

7. 答案：$kE_0=\omega B_0$.

8. 答案：$n=\sqrt{\mu_r\varepsilon_r}$.

9. 提示：磁感应强度的复数形式为 $\boldsymbol{B}=-\mathrm{i}B_0\mathrm{e}^{\mathrm{i}ky-\alpha x}\boldsymbol{e}_x$.

10. 提示：设 $\boldsymbol{E}=E_0\mathrm{e}^{-\alpha z}\mathrm{e}^{\mathrm{i}\beta z-\mathrm{i}\omega t}\boldsymbol{e}_x$.

11. 答案：$\delta=72, 0.5, 0.016$.

12. 提示：将 $\boldsymbol{B}=\nabla\times\boldsymbol{A}, \boldsymbol{E}=-\nabla\phi-\dot{\boldsymbol{A}}$代入介质中的麦克斯韦方程组.

13. 提示：$\boldsymbol{A}=A_0\mathrm{e}^{\mathrm{i}kr}\boldsymbol{e}_z/r$.

14. 答案：电荷与电流都是稳定分布，不发生辐射.

15. 提示：电偶极矩为 $\boldsymbol{p}=qz_0\mathrm{e}^{-\mathrm{i}\omega t}\boldsymbol{e}_z$.

16. 提示：分别求出 $\boldsymbol{p}_1, \boldsymbol{p}_2$ 在远处的辐射场，然后再叠加.

17. 答案:(1) $\boldsymbol{m}=\pi a^2 I_0 \mathrm{e}^{-\mathrm{i}\omega t}\boldsymbol{e}_z$;(2) $\boldsymbol{A}=\dfrac{-\mathrm{i}k\mu_0 a^2 I_0 \mathrm{e}^{\mathrm{i}kr-\mathrm{i}\omega t}\sin\theta}{4r}\boldsymbol{e}_\varphi$;

(3) $P=\dfrac{\mu_0\pi\omega^4 a^4 I_0^2}{12c^3}$.

18. 提示:结合例 4.4.2 和例 4.3.4 的结果.

19. 答案:以旋转轴为 z 轴,$\langle \boldsymbol{S}\rangle=\dfrac{\mu_0 m_0^2\omega^4}{32\pi^2 c^3 r^2}(1+\cos^2\theta)\boldsymbol{e}_r$, $m_0=\dfrac{4\pi R^3}{3}M_0$,

$P=\dfrac{\mu_0 m_0^2\omega^4}{6\pi c^3}$.

20. 提示:(1) $\boldsymbol{p}=\mathrm{e}z\boldsymbol{e}_z=\mathrm{e}a\mathrm{e}^{-bt}\boldsymbol{e}_z$.

21. 提示:取质心系,系统的电偶极矩为零.

22. 提示:电偶极矩为 $p=\dfrac{q_2 m_1-q_1 m_2}{m_1+m_2}r$,以角频率 $\omega=\sqrt{\dfrac{q_1 q_2(m_1+m_2)}{4\pi\varepsilon_0 m_1 m_2 r^3}}$绕质心转动.

23. 答案:(1) 拉格朗日方程为$\dfrac{\mathrm{d}}{\mathrm{d}t}\boldsymbol{p}=q\boldsymbol{v}\times\boldsymbol{B}$.

24. 答案:(1) $\boldsymbol{p}=\dfrac{m\boldsymbol{v}}{\sqrt{1-v^2/c^2}}$;(2) $\dfrac{\mathrm{d}}{\mathrm{d}t}\dfrac{m\boldsymbol{v}}{\sqrt{1-v^2/c^2}}=0$;(3) $H=c\sqrt{\boldsymbol{p}^2+m^2c^2}$.

25. 答案:(1) $\boldsymbol{P}=\boldsymbol{p}+q\boldsymbol{A}$;(2) $\dfrac{\mathrm{d}}{\mathrm{d}t}\boldsymbol{p}=q\boldsymbol{E}+q\boldsymbol{v}\times\boldsymbol{B}$;(3) $H=c\sqrt{(\boldsymbol{P}-q\boldsymbol{A})^2+m^2c^2}+q\phi$.

习 题 7

1. 答案:$A=\sqrt{30/a^5}$.

2. 答案:$x_m=\dfrac{1}{k}$,$\langle x\rangle=\dfrac{3}{2k}$,$\sigma_x^2=\dfrac{3}{4k^2}$.

3. 答案:(1) $\langle x\rangle=0$,$\langle x^2\rangle=\dfrac{1}{7}a^2$,$\langle p\rangle=0$,$\langle p^2\rangle=\dfrac{5\hbar^2}{2a^5}$;(2) $(\Delta x)^2=\dfrac{1}{7}a^2$,

$(\Delta p)^2=\dfrac{5\hbar^2}{2a^2}$.

4. 答案:$\langle p\rangle=0$,$\langle E_k\rangle=9\hbar^2k^2/(10m)$.

5. 答案:$(\Delta p)^2=\dfrac{5}{4}\hbar^2k^2$,$(\Delta x)^2=\infty$.

6. 提示:氢原子能量为 $E=\frac{1}{2m}p^2-\frac{e_s^2}{r}$.

7. 答案:$[\hat{p}_x,\hat{x}^n]=in\hbar\,\hat{x}^{n-1}$,$[\hat{p}_x^2,\hat{x}^n]=i2n\hbar\,\hat{x}^{n-1}\hat{p}_x-n(n-1)\hbar^2\,\hat{x}^{n-2}$.

8. 提示:利用公式(7.2.33).

9. 答案:$[\hat{a},\hat{a}^+]=1$.

10. 提示:$\frac{1}{2}[\nabla^2,r]=\frac{1}{2}\left[\frac{1}{r}\frac{\partial^2}{\partial r^2}r,r\right]$.

11. 提示:$\boldsymbol{p}\times\boldsymbol{A}-\boldsymbol{A}\times\boldsymbol{p}=\frac{\hbar}{i}\nabla\times\boldsymbol{A}$.

12. 提示:利用 $\int\psi_n^*\hat{H}\psi_n\mathrm{d}\tau=E_n$,$\int\psi_n^*\psi_n\mathrm{d}\tau=1$.

13. 提示:$\int\varphi_n(x)\frac{\hbar\,\hat{p}}{\mathrm{i}\mu}\varphi_m(x)\mathrm{d}x=\int\varphi_n(x)[\hat{H},\hat{x}]\varphi_m(x)\mathrm{d}x$.

14. 答案:$J=\frac{\hbar}{m}[c_1^2k_1+c_2^2k_2+c_1c_2(k_1+k_2)\cos(k_2-k_1)x]$.

15. 答案:$\mathbf{J}(\boldsymbol{r})=\hbar k\boldsymbol{e}_r/(mr^2)$.

16. 答案:$V(x)=\frac{\hbar^2}{2\mu}\left[\frac{s(s-1)}{x^2}-\frac{2s}{ax}\right]$,$E=-\frac{1}{a^2}$.

17. 答案:$E=\frac{\hbar^2}{2ma^2}$,$U(r)=E+\frac{\hbar^2}{2ma^2}\left(1-\frac{2a}{r}\right)$.

18. 提示:有心力场中的哈密顿算符为 $\hat{H}=\hat{\boldsymbol{p}}^2/(2\mu)+V(r)=-\hbar^2\nabla^2/(2\mu)+V(r)$.

19. 提示:考虑状态 $\cos kx$.

20. 提示:利用概率流守恒定律.

21. 答案:$\hat{H}=\frac{1}{2m}(\boldsymbol{p}-q\boldsymbol{A})+q\varphi=\frac{1}{2m}(\boldsymbol{p}+qBy\boldsymbol{j})-qEy$.

习　题　8

1. 答案:取基态能量 E_1 为单位,可能值 1,4,对应的概率 1/5,4/5;$\langle E\rangle=17/5$,$\sigma=6/5$.

2. 答案:$\langle E\rangle=5\hbar^2/(ma^2)$.

3. 答案:$\sigma(E)=12E_1/5$.

4. 答案:$\psi(x,t)=\frac{1}{\sqrt{10}}(3\psi_1\mathrm{e}^{-\mathrm{i}E_1t/\hbar}-\psi_3\mathrm{e}^{-\mathrm{i}E_3t/\hbar})$.

5. 答案：$\psi(x,t)=\sqrt{\frac{4}{5}}(\psi_1 e^{-i\omega t}+\frac{1}{2}\psi_3 e^{-9i\omega t})$，$\omega=\frac{\hbar}{2m}$；$\bar{E}=\frac{13}{5}E_1$，$P=\frac{1}{2}$.

6. 答案：$E_n=V_0+\frac{\pi^2\hbar^2}{2ma^2}n^2(n=\boldsymbol{Z}^+)$；$\phi_n(x)=\begin{cases}\sqrt{\frac{2}{d-c}}\sin\frac{n\pi(x-c)}{d-c} & (c\leqslant x\leqslant d)\\ 0 & (x\leqslant c\text{ 或 }x\geqslant d)\end{cases}$

7. 答案：$E_{1,1}=2E_1$，$E_{1,2}=E_{2,1}=5E_1$，$E_{2,2}=8E_1$，$E_{1,3}=E_{3,1}=10E_1$，$E_1=\frac{\pi^2\hbar^2}{2ma^2}$.

8. 答案：$-\kappa=k\cot ka$，$k=\sqrt{2mE/\hbar^2}$，$\kappa=\sqrt{2m(U_0-E)/\hbar^2}$.

9. 答案：3 条光谱线，频率分别为 $\omega_{3\to 0}=3\omega$，$\omega_{2\to 0}=\omega_{3\to 1}=2\omega$，$\omega_{1\to 0}=\omega_{2\to 1}=\omega_{3\to 2}=\omega$.

10. 答案：以$\frac{1}{2}\hbar\omega$ 为能量单位，可能值 3,5,7，对应的概率$\frac{1}{6}$，$\frac{1}{6}$，$\frac{4}{6}$；$\bar{E}=6$，$\sigma(E)=\sqrt{\frac{7}{3}}$.

11. 答案：以$\frac{1}{2}\hbar\omega$ 为能量单位，可能值 1,5,9，对应的概率$\frac{1}{15}$，$\frac{8}{15}$，$\frac{6}{15}$；$\bar{E}=\frac{19}{3}$.

12. 答案：$\langle E_k\rangle=\langle V\rangle=\frac{7}{4}\hbar\omega$.

13. 答案：$x=\pm 1/\alpha$.

14. 答案：$\bar{x}=\frac{1}{\alpha}\sqrt{\frac{n}{2}}\sin 2\beta\cos\omega t$.

15. 提示：能量本征值为简谐振子的奇激发态能量，本征函数为简谐振子的奇本征函数.

16. 提示：将势能在极小值点泰勒展开.

17. 提示：将问题分离变量.

18. 答案：以$\frac{1}{2}\hbar\omega$ 为能量单位，能量 3,5,7,9,11，对应的简并度 1,1,2,2,3.

19. 提示：坐标的选择不影响透射系数.

20. 答案：$D\approx\exp(-\pi m\omega x_0^2/\hbar)$.

21. 答案：$E<V_0$ 时，$R=1$；$E>V_0$ 时，$R=\frac{(k-k_1)^2}{(k+k_1)^2}$，$k=\frac{\sqrt{2mE}}{\hbar}$，$k_1=\frac{\sqrt{2m(E-V_0)}}{\hbar}$.

22. 提示：仿照上一题.

23. 答案：$D=\frac{4}{4+(ak_0^2/k)^2}$.

24. 答案：只有一个束缚态，$E = -a^2 mV_0^2/2\hbar^2$，$\psi = \sqrt{\kappa/2}\mathrm{e}^{-\kappa|x|}$，$\kappa = maV_0/\hbar^2$.
25. 提示：将 $H' = Ax^3 + Bx^4$ 作为微扰，利用谐振子本征函数的递推公式计算.
26. 答案：$E_n^{(1)} = ka/2$.
27. 答案：基态无简并，能量修正为零；第一激发态 2 度简并，能量修正为 $\pm\lambda/\alpha^2$.

习　题　9

1. 答案：$H = \dfrac{1}{2\mu a^2}L_z^2$，$E_n = \dfrac{\hbar^2 n^2}{2\mu a^2}(n\in\mathbf{N})$，$\psi_n = \dfrac{1}{\sqrt{2\pi}}\mathrm{e}^{\pm\mathrm{i}n\varphi}$.
2. 答案：$H = \dfrac{1}{2\mu a^2}L_z^2 + V(\varphi)$，$E_n = \dfrac{\pi^2\hbar^2 n^2}{2\mu a^2\alpha^2}(n\in\mathbf{Z}^+)$，$\psi_n = \sqrt{\dfrac{2}{\alpha}}\sin\dfrac{n\pi\varphi}{\alpha}$.
3. 提示：$A = 1/3$.
4. 答案：可能值 $\hbar^2/I$，$3\hbar^2/I$，概率 4/9，5/9，期望值 $19\hbar^2/9I$.
5. 提示：$\hat{H} = \dfrac{1}{2I_1}\hat{L}^2 + \left(\dfrac{1}{2I_2} - \dfrac{1}{2I_1}\right)\hat{L}_z^2$.
6. 答案：$E_0^{(1)} = 0$.
7. 提示：考虑算符对任意函数 $\psi(r)$ 的作用.
8. 答案：$E_{n,0} = \dfrac{\hbar^2\pi^2 n^2}{2m\,(b-a)^2}$，$\psi_{n,0,0} = \dfrac{1}{\sqrt{2\pi(b-a)}}\dfrac{\sin k_n(r-a)}{r}$.
9. 提示：利用习题 8 中 15 题的结果.
10. 答案：$\overline{L^2} = \dfrac{10}{9}\hbar^2$，$\bar{E} = \dfrac{-7}{12}E_I$，其中 $E_I = 13.6\ \mathrm{eV}$.
11. 答案：$\langle r^n\rangle = 2^{1-n}a_B^n(n+2)!$.
12. 答案：$\langle V\rangle = -e_s^2/a_B$，$\langle T\rangle = e_s^2/2a_B$.
13. 答案：最概然值 $r_m = n^2 a_B/Z$，期望值 $r_m = a_B(2n+1)/2Z$，标准差 $\Delta r = a_B\sqrt{2n+1}/2Z$.
14. 提示：利用梯度算符在球坐标中的表示形式.
15. 答案：$f(\theta) = -\dfrac{\pi mA}{2k\hbar^2\sin^2\dfrac{1}{2}\theta}$.

习　题　10

1. 答案：$c(p) = \mathrm{e}^{-\frac{p^2}{2\alpha^2\hbar^2}}/\sqrt{\alpha\hbar\sqrt{\pi}}$.

2. 提示:利用例 10.1.2 中的结果.

3. 提示:在动量表象中的定态薛定谔方程为$\frac{p^2}{2m}c(p) - V_0\frac{1}{\sqrt{2\pi\hbar}}\psi(0) = Ec(p)$.

4. 提示:$\cos bx = \frac{1}{2}(e^{ikx} + e^{-ikx})$.

5. 答案:本征值为 $\lambda = 0, \pm 1$,本征函数为 $\psi_0 = \frac{1}{\sqrt{2}}(1,0,-1)^+$,$\psi_{\pm 1} = \frac{1}{2}(1, \pm\sqrt{2}, 1)^+$.

6. 答案:$\langle L_x \rangle = 2\hbar/3$.

7. 答案:$\langle L_y \rangle = 0$,$(\Delta L_y)^2 = \frac{1}{3}2\sqrt{2}\hbar^2$.

8. 提示:考虑状态 $\psi = (1, b, 1)^+$.

9. 答案:$\psi = \sqrt{1/10}(3,0,-1,0,\cdots)^+$.

10. 答案:$x_{k,k} = \frac{a}{2}$,$x_{n,k} = \frac{a}{\pi^2}\frac{4kn[(-1)^{n-k}-1]}{(k^2-n^2)^2}\ (n \neq k)$;$p_{k,k} = 0$,$p_{n,k} = \frac{2\hbar k}{ia}\frac{[1-(-1)^{n-k}]n}{n^2-k^2}$.

11. 答案:本征值为 $1, -4$,对应的本征函数为$\frac{1}{\sqrt{5}}\begin{pmatrix}2\\1\end{pmatrix}$,$\frac{1}{\sqrt{5}}\begin{pmatrix}1\\-2\end{pmatrix}$.

12. 答案:$\boldsymbol{A}$ 表象中$\boldsymbol{A} = \begin{pmatrix}1 & 0\\0 & -1\end{pmatrix}$,$\boldsymbol{B} = \begin{pmatrix}0 & e^{i\varphi}\\e^{-i\varphi} & 0\end{pmatrix}$.

13. 答案:$\lambda_1 = 13$,$\lambda_2 = -13$.

14. 答案:$E_1^{(1)} = E_2^{(1)} = b$.

15. 提示:设$[\boldsymbol{A}, \boldsymbol{\sigma}_x] = [\boldsymbol{A}, \boldsymbol{\sigma}_y] = [\boldsymbol{A}, \boldsymbol{\sigma}_z] = 0$.

16. 提示:将 $e^{i\xi\sigma_x}$ 泰勒展开,并利用泡利算符的性质 $\boldsymbol{\sigma}_x^2 = \boldsymbol{\sigma}_y^2 = \boldsymbol{\sigma}_z^2 = 1$.

17. 提示:利用上题的结果.

18. 提示:仿照例 10.2.4.

19. 答案:本征值为 $\pm\hbar/2$,本征态为

$$\psi_+ = \frac{1}{2\sin\left(\frac{1}{4}\pi - \frac{1}{2}\alpha\right)}\begin{pmatrix}\cos\alpha\\1-\sin\alpha\end{pmatrix},\psi_- = \frac{1}{2\cos\left(\frac{1}{4}\pi - \frac{1}{2}\alpha\right)}\begin{pmatrix}-\cos\alpha\\1+\sin\alpha\end{pmatrix}$$

20. 答案:$\overline{(\Delta S_x)^2} \cdot \overline{(\Delta S_y)^2} = \frac{1}{16}\hbar^4$.

21. 答案：$\lambda_1=5,\lambda_2=-5$.

22. 提示：运动方程为 $\mathrm{i}\hbar\frac{\partial}{\partial t}\begin{pmatrix}a\\b\end{pmatrix}=-\frac{1}{2}\mu_B B\begin{pmatrix}0&1\\1&0\end{pmatrix}\begin{pmatrix}a\\b\end{pmatrix}$，初始条件为 $\psi(0)=\begin{pmatrix}0\\1\end{pmatrix}$.

23. 答案：$\langle L_z\rangle=\frac{1}{4}\hbar,\langle S_z\rangle=-\frac{1}{4}\hbar$.

24. 答案：能量平均值为 $\bar{E}=\frac{-3}{8}E_0$，自旋角动量 z 分量的平均值为 $\overline{S_z}=-\frac{1}{3}\hbar$.

25. 提示：利用无耦合表象中的形式(10.2.12)和单电子自旋态的正交归一性.

26. 提示：哈密顿又可表示为 $\hat{H}=\frac{1}{2}J(\hat{S}^2-\hat{S}_1^2-\hat{S}_2^2-\hat{S}_3^2)=\frac{1}{2}J\left(\hat{S}^2-\frac{9}{4}\hbar^2\right)$.

27. 提示：利用总自旋角动量 $\hat{S}=\hat{S}_1+\hat{S}_2$.

28. 答案：$\frac{1}{\sqrt{2}}[\varphi_1(x_1)\varphi_2(x_2)+\varphi_2(x_1)\varphi_1(x_2)]\chi_{0,0}$，$\frac{1}{\sqrt{2}}[\varphi_1(x_1)\varphi_2(x_2)-\varphi_2(x_1)\varphi_1(x_2)]\chi_{1,M}$.

29. 答案：波函数为 $\varphi_1(x_1)\varphi_1(x_2)\chi_{0,0}$.

30. 答案：$\varphi=\frac{1}{2\pi\sqrt{2}}(\mathrm{e}^{\mathrm{i}k_1x_1+\mathrm{i}k_2x_2}+\mathrm{e}^{\mathrm{i}k_1x_2+\mathrm{i}k_2x_1})$.

31. 提示：2 个单粒子波函数为 $\varphi(\boldsymbol{r})=\psi_0(x)\psi_0(y)\psi_0(z)$，$\varphi(\boldsymbol{r})=\psi_1(x)\psi_0(y)\psi_0(z)$.

32. 提示：不考虑电子云的屏蔽效应时，单电子状态 $2s$ 与 $2p$ 能量相同，合成一个能级.

习 题 11

1. 答案：广延量有 V,n,pV，强度量有 p,RT,p^2.

2. 答案：$\alpha=\frac{R}{pV},\beta=\frac{1}{T},\kappa_T=\frac{RT}{p^2V}$.

3. 答案：$\Delta p=622p_n,\Delta V/V=4.07\times10^{-4}$.

4. 答案：$W=7.47\times10^3\ \mathrm{J},Q=7.47\times10^3\ \mathrm{J}$.

5. 答案：$W=33.1\ \mathrm{J\cdot mol^{-1}}$.

6. 提示：多方过程中的热容量为 $C_n=\lim\limits_{\Delta T\to0}\left(\frac{\Delta Q}{\Delta T}\right)_n=\left(\frac{\partial U}{\partial T}\right)_n+p\left(\frac{\partial V}{\partial T}\right)_n$.

7. 提示：$C_n=C_V+p\left(\frac{\partial V}{\partial T}\right)_n$.

8. 提示：$\Delta S_p = \int C_p \mathrm{d}T/T, \Delta S_V = \int C_V \mathrm{d}T/T$.

9. 答案：$\Delta S_{水} = 1\ 305\ \mathrm{J \cdot k^{-1}}$，$\Delta S_{热源} = -1\ 121\ \mathrm{J \cdot K^{-1}}$，$\Delta S_{总} = \Delta S_{水} + \Delta S_{热源} = 184\ \mathrm{J \cdot K^{-1}}$.

10. 提示：将物体、热机和热源看成一个系统，再应用熵增加原理.

11. 提示：将物体和制冷机看成一个系统，再应用熵增加原理.

12. 提示：利用 T-S 图.

13. 提示：利用 $C_V = T(\partial S/\partial T)_V$，$C_p = T(\partial S/\partial T)_p$.

14. 提示：气体的压强为 $p = f(V)T$.

15. 提示：利用麦氏关系.

16. 提示：$\mathrm{d}L = (\partial L/\partial T)_J \mathrm{d}T + (\partial L/\partial J)_T \mathrm{d}J$.

17. 答案：(1) $Y = \dfrac{bT}{A}\left(\dfrac{L}{L_0} + \dfrac{2L_0^2}{L^2}\right)$；(2) $\alpha = \alpha_0 - \dfrac{1}{T}\left(1 - \dfrac{L_0^3}{L^3}\right)\left(1 + \dfrac{2L_0^3}{L^3}\right)^{-1}$，$\alpha_0 = \dfrac{1}{L_0}\left(\dfrac{\partial L_0}{\partial T}\right)_J$.

18. 答案：$W = -5bTL_0/8$.

19. 提示：与简单系统类比.

20. 答案：$Q = -bTL_0\left(1 - \dfrac{5}{2}\alpha_0 T\right)$，$\Delta U = \dfrac{5}{2}\alpha_0 bT^2 L_0$.

21. 答案：$\left(\dfrac{\partial T}{\partial L}\right)_S = \dfrac{bT}{C_L}\left[\left(\dfrac{L}{L_0} - \dfrac{L_0^2}{L^2}\right) - \alpha_0 T\left(\dfrac{L}{L_0} + \dfrac{2L_0^2}{L^2}\right)\right]$.

22. 提示：与简单系统类比.

23. 答案：$Q = \dfrac{cV}{T}(E_f^2 - E_i^2)$，$T_f^2 - T_i^2 = \dfrac{cV}{C_E}(E_f^2 - E_i^2)$.

24. 答案：$F_m(T, V_m) = -RT\ln(V_m - b) - \dfrac{a}{V_m} + f(T)$.

25. 答案：$s = -R[\ln p + \varphi(T)] - RT\varphi'(T)$，$v = RT/p$，$u = -RT^2\varphi'(T) - RT$，$h = -RT^2\varphi'(T)$，$f = RT[\ln p + \varphi(T)] - RT$.

26. 提示：利用上题结果 $h = -RT^2\varphi'(T)$.

27. 提示：(1) 在自由能的表达式 $\mathrm{d}F = -S\mathrm{d}T - p\mathrm{d}V + \mu\mathrm{d}n$ 中令体积不变；(2) 在自由焓的表达式 $\mathrm{d}G = -S\mathrm{d}T + V\mathrm{d}p + \mu\mathrm{d}n$ 中令温度不变.

28. 答案：$\Delta u = L - RT$.

29. 答案：$T_t = 195.2\ \mathrm{K}$，$p_t = 5\ 934\ \mathrm{Pa}$，$L_{升} = 3.120 \times 10^4\ \mathrm{J}$，$L_{汽} = 2.547 \times 10^4\ \mathrm{J}$.

30. 答案:(1) $L=540$;(2) $H_l=100$;(3) $G_l=-16$.

31. 答案:(1) $V_c=3nb, p_c=\dfrac{a}{27b^2}, T_c=\dfrac{8a}{27bR}$;(2) $a=\dfrac{3p_cV_c^2}{n^2}, b=\dfrac{V_c}{3n}$;(3) $\left(\tilde{p}+\dfrac{3}{\tilde{V}^2}\right)\left(\tilde{V}-\dfrac{1}{3}\right)=\dfrac{3}{8}\tilde{T}$.

32. 提示:利用热力学势之间的关系.

33. 提示:广延量是广延量的一次齐次函数,是强度量的零次齐次函数.

34. 提示:混合前系统的自由焓为 $G_0=n_1g_1+n_2g_2$;混合后为 $G=n_1\mu_1+n_2\mu_2$.

35. 提示:平衡时溶剂在气液两相的化学势应相等,即 $\mu_1(T,p,x)=\mu_1'(T,p)$.

36. 提示:平衡常量为 $K_p=x_1^{1/2}\cdot x_2^{3/2}\cdot x_3^{-1}p$.

37. 答案:$\varepsilon=\dfrac{V_e-V_0}{V_0}\cdot\dfrac{\nu_1+\nu_2}{\nu_3+\nu_4-\nu_1-\nu_2}$.

38. 提示:电离反应中的电离度相当于化学反应中的反应度.

习 题 12

1. 答案:$D(\varepsilon)\mathrm{d}\varepsilon=\dfrac{2L}{h}\left(\dfrac{m}{2\varepsilon}\right)^{1/2}\mathrm{d}\varepsilon$.

2. 答案:$D(\varepsilon)\mathrm{d}\varepsilon=\dfrac{4\pi V}{(ch)^3}\varepsilon^2\mathrm{d}\varepsilon$.

3. 提示:非相对论 $\varepsilon=\dfrac{1}{2m}\left(\dfrac{2\pi\hbar}{L}\right)^2(n_x^2+n_y^2+n_z^2)$,相对论 $\varepsilon=c\dfrac{2\pi\hbar}{L}(n_x^2+n_y^2+n_z^2)^{\frac{1}{2}}$.

4. 提示:$\ln P_s=-\ln z-\beta\varepsilon_s, E=\sum_s P_s\varepsilon_s$.

5. 提示:可能的微观状态数为 $\Omega=C_N^nC_N^n=\dfrac{N!}{n!\,(N-n)!}\cdot\dfrac{N!}{n!\,(N-n)!}$.

6. 答案:$z=\dfrac{8\pi^2I}{\beta^2h^2d_0E}\sinh(\beta d_0E)$.

7. 答案:$U=\dfrac{NA}{2V}\coth\dfrac{A}{2Vk_BT}, p=\dfrac{NA}{2V^2}\coth\dfrac{A}{2Vk_BT}$.

8. 答案:$S^v=Nk_B\left[\dfrac{\theta_v/T}{\mathrm{e}^{\theta_v/T}-1}-\ln(1-\mathrm{e}^{-\theta_v/T})\right]$,其中,$\theta_v=\dfrac{\hbar\omega}{k_B}$是振动的特征温度.

9. 答案:$S=Nk_B[\ln(2I/\beta\hbar^2)+1]$.

10. 提示:用分部积分计算.

11. 答案:$C_V=3k_BN/4$.

12. 答案:$\langle\varepsilon\rangle=2k_BT-b^2/(4a)$.

13. 提示:(1) $T=\dfrac{pV}{Nk_B}$;(2) $n_1/n_2=e^{-\beta(\varepsilon_1-\varepsilon_2)}$;(3) $\varepsilon=\dfrac{3}{2}k_BT$.

14. 答案: $p=Nk_BT/V,U=3Nk_BT$.

15. 答案:$\varepsilon_m=0,\langle\varepsilon\rangle=k_BT,\Delta\varepsilon=k_BT$.

16. 提示:速率分布由(12.3.26)给出.

17. 提示:考虑随着气体整体运动的参考系中的分布,再作伽利略变换.

18. 答案:$\langle\varepsilon\rangle=\dfrac{3}{2}k_BT+\dfrac{1}{2}mv_0^2$.

19. 提示:取两个能级的平均值为能量零点,再与顺磁体类比.

20. 答案:$M=\dfrac{2N\mu\sinh\beta\mu B}{1+2\cosh\beta\mu B}$,强场低温极限下,$M\approx N\mu$;弱场高温极限下,$M\approx 0$.

21. 提示:$z=g_1+g_2e^{-\beta\varepsilon}$.

22. 提示:配分函数为 $z=(1+e^{-\beta\varepsilon_1}+e^{-\beta\varepsilon_2})^N$.

习 题 13

1. 答案:对比热的修正为$\dfrac{3}{2}k_B^2T\left(\dfrac{5g^2}{4c^3}-\dfrac{f}{c^2}\right)$,对平均位置的修正为$\dfrac{3gk_B^2T}{4c^2}$.

2. 答案:(1) $Z=(1+e^{-\beta\varepsilon}+e^{-2\beta\varepsilon})^2$;(2) $Z=\dfrac{1}{2!}(1+e^{-\beta\varepsilon}+e^{-2\beta\varepsilon})^2$;

(3) $Z=e^{-\beta\varepsilon}+e^{-2\beta\varepsilon}+e^{-3\beta\varepsilon}$;(4) $Z=1+e^{-\beta\varepsilon}+2e^{-2\beta\varepsilon}+e^{-3\beta\varepsilon}+e^{-4\beta\varepsilon}$.

3. 提示:参考习题 12 中 12 题.

4. 答案:$n\approx N\exp(-u/k_BT)$.

5. 答案:$U=U_0-\dfrac{2\pi d^3aN^2}{(k-3)V},p=p_0+\dfrac{N^2}{V^2}\dfrac{2\pi d^3}{3}\left(1-\dfrac{3a\beta}{k-3}\right)$,其中,$U_0,p_0$ 为理想气体值.

6. 答案:$\dfrac{N_s}{A}=\dfrac{p}{(k_BT)^{\frac{3}{2}}}\dfrac{h}{\sqrt{2\pi m}}e^{\beta\Phi}$.

7. 答案:$\omega_D=\sqrt[3]{\dfrac{9N}{B}},C_V=3Nk_B\dfrac{4\pi^4}{5}\left(\dfrac{k_BT}{\hbar\omega_D}\right)^3$.

8. 提示：可以用二维德拜理论来说明.

9. 提示：$f_s = a_l/\omega_l$.

10. 答案：$u(\omega)d\omega = \frac{A}{\pi c^2}\frac{\hbar\omega^2}{e^{\beta\hbar\omega}-1}d\omega$，$N = \frac{\pi A}{6c^2\hbar^2}k_B^2T^2$，$u = \frac{2.404A}{\pi c^2\hbar^2}k_B^3T^3$.

11. 答案：在 1 000 K 下，有 $n \approx 2\times 10^{16}\ m^{-3}$.；在 $3K$ 下，有 $n \approx 5.5\times 10^{8}\ m^{-3}$.

12. 答案：$T \approx 6\ 000$ K.

13. 提示：$N_n = \frac{\omega_n}{e^{\beta(\varepsilon_n-\mu)}-1}$.

14. 提示：利用上题结果.

15. 提示：激发态的粒子数之和为 $N_e = \int_{\varepsilon_1}^{\infty}\frac{d\sigma}{e^{\beta(\varepsilon-\mu)}-1}$，基态的粒子数为 $N_0 = N - N_e$.

16. 答案：$f'(\mu) = -1/(4k_BT)$.

17. 提示：非简并性条件为 $e^{\alpha} \gg 1$，即 $n\lambda^3 \ll 1$.

18. 答案：$n_e = 1.3\times 10^{29}\ m^{-3}$，$n_{Pb} = 3.3\times 10^{28}\ m^{-3}$，$f = 4$.

19. 答案：$\mu_F = 0.876\times 10^{-18}$ J，$v_F = 1.4\times 10^6\ m\cdot s^{-1}$，$p_F \approx 2.1\times 10^{10}$ Pa.

20. 答案：$\langle v\rangle = 3v_F/4$.

21. 答案：$\kappa_T = 3/(5p) = 3/(2n\mu_F)$.

22. 提示：$n = \rho/m$.

23. 答案：$p_F = hn/2$，$\mu_F = p_F^2/(2m)$.

24. 答案：$\mu_F = \frac{h^2}{4\pi m}\frac{N}{A} = \frac{h^2}{4\pi m}$，$U = \frac{N}{2}\mu_F$，$p = \frac{1}{2}n\mu_F$.

25. 答案：$\mu_F = \left(\frac{3n}{8\pi}\right)^{\frac{1}{3}}ch$，$U = \frac{3}{4}N\mu_F$，$p = \frac{1}{4}n\mu_F$.

26. 答案：(1) $\sigma = g\,\frac{4\pi V\varepsilon}{3h^3b}\left(\frac{\varepsilon^2-a}{b}\right)^{-1/2}$；(2) $\mu_F = \sqrt{b\left(\frac{3h^3n}{8\pi}\right)^2 + a}$.

27. 提示：$\mu_F = \mu\left(1+\frac{\pi^2}{8\beta^2\mu^2}\right]^{2/3}$.

28. 答案：$\Delta\mu_F = -7.88\times 10^5$ eV.

29. 答案：$\alpha = \frac{\pi^2k_B^2T}{2\mu_F^2}\left(1-\frac{1}{12}\theta^2\right)$，$\beta = \frac{5\pi^2k_B^2T}{6\mu_F^2}\left(1-\frac{5}{12}\theta^2\right)$.

30. 答案：$C_V = \pi k_BN\theta/2$.

常用物理常量

物理常数	符号或公式	量 值
真空中光速	c	$c = 299\ 792\ 458\ \mathrm{m \cdot s^{-1}}$
真空磁导率	μ_0	$\mu_0 = 4\pi \times 10^{-7}\ \mathrm{N \cdot A^{-2}}$
真空介电常量	$\varepsilon_0 = 1/\mu_0 c^2$	$\varepsilon_0 = 8.854\ 187 \times 10^{-12}\ \mathrm{Fm^{-1}}$
普朗克常量	h	$h = 6.626\ 075\ 5 \times 10^{-34}\ \mathrm{Js}$
狄拉克常量	$\hbar = h/2\pi$	$\hbar = 1.054\ 572\ 66 \times 10^{-34}\ \mathrm{Js}$
电子电荷	e	$e = 1.602\ 177\ 33 \times 10^{-19}\ \mathrm{C}$
电子静止质量	m_e	$m_\mathrm{e} = 9.109\ 389\ 7 \times 10^{-31}\ \mathrm{kg}$
质子静止质量	m_p	$m_\mathrm{p} = 1.672\ 623\ 1 \times 10^{-27}\ \mathrm{kg}$
电子经典半径	$r_\mathrm{e} = h\alpha/m_e c$	$r_\mathrm{e} = 2.817\ 940\ 92 \times 10^{-15}\ \mathrm{m}$
玻尔磁子	$\mu_\mathrm{B} = e\hbar/2m_e$	$\mu_\mathrm{B} = 9.274\ 015\ 4 \times 10^{-24}\ \mathrm{J \cdot T^{-1}}$
核磁子	$\mu_\mathrm{N} = e\hbar/2m_p$	$\mu_\mathrm{N} = 5.050\ 786\ 6 \times 10^{-27}\ \mathrm{J\ T^{-1}}$
电子伏特	eV	$1\ \mathrm{eV} = 1.602\ 177\ 33 \times 10^{-19}\ \mathrm{J}$
玻尔半径	$a_\mathrm{B} = 4\pi\varepsilon_0 \hbar^2/m_e e^2$	$a_0 = 0.529\ 177\ 249 \times 10^{-10}\ \mathrm{m}$
里德伯常量	R_H	$R_\mathrm{H} = 1.096\ 775\ 810 \times 10^7\ \mathrm{m^{-1}}$
阿伏伽得罗常量	N_A	$N_\mathrm{A} = 6.022\ 136\ 7 \times 10^{23}\ \mathrm{mol^{-1}}$
摩尔气体常数	R	$R = 8.314\ 510\ \mathrm{J \cdot mol^{-1}\ K^{-1}}$
玻尔兹曼常量	$k_\mathrm{B} = R/N_\mathrm{A}$	$k = 1.380\ 658 \times 10^{-23}\ \mathrm{J\ K^{-1}}$
斯特藩常量	$\sigma = 2\pi^5 k^4/15h^3 c^3$	$\sigma = 5.670\ 51 \times 10^{-8}\ \mathrm{W\ m^{-2} \cdot K^{-4}}$
标准摩尔体积	V_mol	$V_\mathrm{mol} = 22.414\ 1\ \mathrm{L \cdot mol^{-1}}$
标准大气压	P_n	$1P_n = 101\ 325\ \mathrm{Pa}$
万有引力常量	G	$G = 6.672\ 59 \times 10^{-11}\ \mathrm{m^3 \cdot kg^{-1}} \cdot s^{-2}$
地球质量	M_e	$M_\mathrm{e} = 5.977 \times 10^{24}\ \mathrm{kg}$
太阳质量	M_s	$M_\mathrm{s} = 1.99 \times 10^{30}\ \mathrm{kg}$
日地距离(天文单位)	AU	$1AU = 1.496 \times 10^8\ \mathrm{km}$

参考文献

[1] 朗道 П Д ,栗弗席兹 E M. 朗道理论物理教程:力学[M]. 北京:高等教育出版社,2007.

[2] 朗道 П Д,栗弗席兹 E M. 朗道理论物理教程:场论[M]. 北京:高等教育出版社,2012.

[3] 朗道 П Д,栗弗席兹 E M. 朗道理论物理教程:量子力学[M]. 北京:高等教育出版社,2008.

[4] 朗道 П Д,栗弗席兹 E M. 朗道理论物理教程:统计物理学 1[M]. 北京:高等教育出版社,2011.

[5] 朗道 П Д,栗弗席兹 E M. 朗道理论物理教程:连续媒质电动力学[M]. 北京:人民教育出版社,1963.

[6] 周衍柏. 理论力学教程[M]. 3 版. 北京:高等教育出版社,2009.

[7] 郭硕鸿. 电动力学[M]. 3 版. 北京:高等教育出版社,2008.

[8] 周世勋. 量子力学教程[M]. 2 版. 北京:高等教育出版社,2003.

[9] 曾谨言. 量子力学[M]. 4 版. 卷 1.北京:科学出版社,2007.

[10] 汪志诚. 热力学·统计物理[M]. 4 版. 北京:高等教育出版社,2010.

[11] 强元棨,程稼夫. 物理学大题典:力学[M]. 北京:科学出版社,2005.

[12] 刘金汉,等. 物理学大题典:电磁学与力学[M]. 北京:科学出版社,2005.

[13] 郑久仁,周子舫. 物理学大题典:热学、热力学、统计物理[M]. 北京:科学出版社,2005.

[14] 张永德,等. 物理学大题典:量子力学[M]. 北京:科学出版社,2005.